城镇污水处理厂
问题诊断
与调控

李激　王燕　等◎著

CHENGZHEN WUSHUI CHULICHANG
WENTI ZHENDUAN
YU
TIAOKONG

化学工业出版社
·北京·

内容简介

本书全面介绍了我国污水处理行业的发展现状,包括处理规模、污染物排放标准演变及技术进步,内容主要包括污水处理厂达标诊断方法、出水达标问题诊断与优化调控、设备设施全流程诊断三大部分。书中详细剖析了污水处理厂在运行过程中面临的主要问题,如进水水质和水量波动、工艺设计缺陷、设备设施故障及出水指标不达标等。针对这些问题,书中提出了多种达标诊断方法,包括历史数据分析、全流程测试、活性污泥性能测试及优化模拟实验等。随后,深入探讨了 COD、总氮、氨氮及总磷等关键指标的达标问题诊断与优化调控策略,分析了影响各指标达标的关键因素,并提供了全流程诊断与优化调控的案例分析。

此外,本书还对污水处理厂的设备设施进行了全流程诊断,涵盖了预处理、生物处理、深度处理、消毒处理及污泥处理等各个环节,详细介绍了各种设备的工作原理、常见问题及解决方案。

本书旨在帮助污水处理厂从业人员解决稳定达标生产运行中面临的实际问题,适用于城镇污水处理厂设计和运营相关的专业技术人员和管理人员,也可作为高校环境工程、环境科学等相关专业师生的参考书。

图书在版编目(CIP)数据

城镇污水处理厂问题诊断与调控 / 李激等著.
北京:化学工业出版社,2025. 5. -- ISBN 978-7-122
-47316-5
 Ⅰ. X505
中国国家版本馆 CIP 数据核字第 2025KJ2507 号

责任编辑:卢萌萌   文字编辑:郭丽芹
责任校对:宋 玮   装帧设计:王晓宇

出版发行:化学工业出版社
    (北京市东城区青年湖南街 13 号 邮政编码 100011)
印 装:北京捷迅佳彩印刷有限公司
787mm×1092mm 1/16 印张 20¾ 彩插 4 字数 471 千字
2025 年 10 月北京第 1 版第 1 次印刷

购书咨询:010-64518888   售后服务:010-64518899
网 址:http://www.cip.com.cn
凡购买本书,如有缺损质量问题,本社销售中心负责调换。

定 价:168.00 元   版权所有 违者必究

《城镇污水处理厂问题诊断与调控》
著者人员名单

主　任：李　激　　王　燕

副主任：郑凯凯　　高俊贤

著　者：

王小飞	支　尧	阮智宇	支丽玲	李易寰
王艳红	吴　伟	邱　勇	罗国兵	谈振娇
白向兵	吕　贞	陈　宇	郝家厚	李怀波
周　政	邵彦鋈	李　美	缪　绎	叶　亮
施　昱	杨薇兰	陈　豪	周　勇	陈思思
张海川	王秉政	王　硕	黄　桂	王志豪
刘　遥	陈晓光	周　振	周　圆	徐　伟
王　涛	丁　海	张　立	彭志英	

  李激教授请我为她的新著《城镇污水处理厂问题诊断与调控》作序，使我有机会先睹为快，也多学习了一些关于污水处理厂运行和管理的知识。这些知识来自对污水处理厂的长期观察、深入研究和系统分析，是理论与实践完美融合的结果，使业内一些似知而非知的知识更加清晰可靠。为此，它更弥足珍贵。

  一本好书是有灵魂的，著者如果写出了灵魂，而又能让读者体会灵魂的力量，该有多么不容易。如果我们认真审视污水处理厂的工艺和工程，也不难发现它的灵魂就是让水清洁循环、让环境安全美好。但如何做到，却蕴含着复杂的学问。其中，如何诊断问题并实现精准调控即是行业共同的学问追求。从 1923 年上海北区建成我国首座污水处理厂，到今天已建成城市和县城近 5000 座污水处理厂，我国城镇污水处理总规模超过 $2.5 \times 10^8 \, \mathrm{m}^3/\mathrm{d}$，位列世界第一。在这样浩大的工程运行和管理中，出现的问题同样复杂多变，掌握其规律、诊断其问题、优化其调控，是污水处理降本增效、减污降碳、安全绿色的关键。然而，现有分析方法无法迅速准确地诊断问题根源，导致难以确定最佳解决方案。在此背景下，本书作者团队历经 10 多年，对全国近 400 座污水处理厂开展了现场研究，积累了大量宝贵的数据资料，建立了一套科学合理的污水处理厂全流程诊断方法，探明了污水处理厂实际运行问题的根源，提出了针对性的解决方案和切实可行的调控策略。在此基础上，作者团队又用时 3 年系统总结和研究了这些宝贵的实践经验和案例，著成此书。可以说，它展现给我们的是来自实践的知识与学问。

  本书的内容和风格反映了作者团队负责人江南大学李激教授的职业经历和从业气质：从污水处理厂运行班工人，到技术员、厂长、分管污水处理厂建设运行的副总经理，再到江南大学环境工程专业教授和宜兴概念厂专家委员会成员，她始终聚焦污水处理厂，几十年钻研污水处理工艺技术和运行管理，是我国水务行业难得的集理论与实践于一身的行业专家。如今，她又把对污水处理事业的热爱和实践成就写在了这本新书里，无疑是值得庆幸的。希望通过本书的出版，拓宽污水处理厂技术管理人员解决运行问题的思路，提高污水处理厂的技术管理水平，助力我国污水处理行业的高质量发展。

  期待此书早日付梓，增添行业新知。

序
2
FOREWORD

近二十年来我国的城市化高速发展，城镇污水处理厂已成为保护城市生态环境安全的重要设施。目前，城镇污水的收集率和处理率已分别达到 70％ 和 90％ 以上。随着国家从高速发展转向高质量发展，污水处理行业也进入了以提质增效为主的发展模式。国家对生态环境保护事业的重视和支持力度不断提升，在对污水处理厂处理出水水质要求日益严格的情况下，进一步提出了节能降耗和低碳运行的新目标。因此，解决污水处理厂运行中存在的问题，提升运行技术水平，适应新目标的要求，已成为污水处理行业持续发展的新动力。

《城镇污水处理厂问题诊断与调控》一书是江南大学李激教授与合作团队积多年之经验，对城镇污水处理厂运行中存在的技术问题及诊断调控方法的总结。旨在帮助城镇污水处理厂技术人员解决稳定达标生产运行中面临的各种实际问题。主要内容包括污水处理厂达标运行中存在问题的诊断方法、导致出水水质不达标的问题诊断与调控，以及设备设施全流程的问题诊断等。书中首先对污水处理厂运行问题诊断的方法学进行了阐述，而后从污水中的碳去除、脱氮和除磷三个主要方面逐一探讨了常见问题的诊断与控制方法。作者主张在对问题进行诊断时要进行具体的实验测试，以实验数据为判断问题和做出结论的基础。难能可贵的是书中对每一个实验都给出了详细的实验方法和步骤，具有很强的可操作性。本书的内容对污水处理厂的技术人员判断污水处理系统运行是否正常和诊断存在的问题具有重要的指导作用。

李激教授从污水处理厂厂长到无锡市排水有限公司的高管，再到江南大学任教，对污水处理领域不仅有深刻的理论见解，而且具有非常丰富的实践经验。她曾任全国污水处理厂绩效评比专家组组长，对各地污水处理厂进行了深入的调研，并热心帮助解决运行中的实际问题。本书的编写团队以江南大学为主，并包括了清华大学和无锡市水务集团等单位的研究与管理人员。涵盖了国家水体污染控制与治理科技重大专项和国家重点研发计划相关课题的多项研究成果。因此，本书是著者多年科研与实践经验的结晶，将对污水处理厂解决运行中的问题，优化控制运行条件，实现稳定达标与提质增效具有重要的指导意义。

前言

PREFACE

随着城市化进程的加速，城镇污水处理厂已经成为城市环境保护的重要组成部分。然而，随着污水处理厂规模的不断扩大，其运营过程中面临的问题也逐渐增多。在目前越来越严格的污水排放标准压力下，部分污水处理厂在运行中存在无法稳定达标和运行成本较高等问题。因此，为保障新形势下污水处理厂的稳定运行，城镇污水处理厂需要对污水处理过程中的问题进行科学诊断与合理调控。

本书介绍了城镇污水处理厂在运营过程中存在的问题，如水质、水量、工艺设计、设备设施等方面的问题，以及如何通过科学方法进行诊断和调控，以提高污水处理效果和经济效益。同时，本书还介绍了影响出水水质达标的重点难点指标，总结了该指标达标的主要影响因素，以典型案例进行全流程诊断与优化调控分析，建立一套系统性的污水处理厂达标诊断方法，为提标改造提供技术参考。并结合编者的科研和实际工程项目实践分享了多个案例解析，方便各位读者有针对性地阅读参考。

本书的目的是帮助城镇污水处理厂技术人员提升污水处理过程问题科学诊断和调控水平，提高运行稳定性和出水稳定达标率，持续改善水环境质量。本书由李激、王燕等著，参与著写的有郑凯凯、高俊贤、王小飞、支尧、阮智宇、支丽玲、李易寰、王艳红、吴伟、邱勇、罗国兵、谈振娇、白向兵、吕贞、陈宇、郝家厚、李怀波、周政、邵彦銮、李美、缪绎、叶亮、施昱、杨薇兰、陈豪、周勇、陈思思、张海川、王秉政、王硕、黄桂、王志豪、刘遥、陈晓光、周振、周圆、徐伟、王涛、丁海、张立和彭志英。本书总结了国家水体污染控制与治理科技重大专项和国家重点研发计划相关课题成果，课题编号信息如下：污水处理系统区域优化运行及城市面源削减技术研究与示范（2011ZX07301-002）、城镇污水处理厂提标技术集成与设备成套化应用（2013ZX07314-002）、重点流域城市污水处理厂污泥处理处置技术优化应用研究（2013ZX07315-003）、产业集中区排水系统优化与减排控污技术研究与综合示范（2014ZX07035-001）、城市污水能源资源开发及氮磷深度控制技术的集成研究与综合示范（2015ZX07306-001）、工业聚集区污染控制与尾水水质提升技术集成与应用（2017ZX07202-001）、市政供排水设施节能减碳关键技术研究与应用示范（2023YFC3804700）和资源循环-能源自给型污水处理厂构建关键技术与沿江群链式应用研究（2023YFC3207600）等。

"水体污染控制与治理"科技重大专项是为实现中国经济社会又好又快发展，调整经济结构，转变经济增长方式，缓解我国能源、资源和环境的瓶颈制约，根据《国家中长期科学和技术发展规划纲要（2006—2020年）》设立的十六个重大科技专项之一，旨在为中国水体污染控制与治理提供强有力的科技支撑；国家重点研发计划是当前我国最高级别的研发项目，是事关国计民生的重大社会公益性研究，以及事关产业核心竞争力、整体自主创新能力和国家安全的战略性、基础性、前瞻性重大科学问题、重大共性关键技术和产品，为国民经济和社会发展主要领域提供持续性的支撑和引领。在此感谢各课题和项目对本书的大力支持。

本书在编写过程中得到了无锡市水务集团有限公司、常州市排水管理处、无锡市锡山环保能源集团有限公司、苏州水务集团有限公司、苏州市吴江水务集团有限公司、中国水环境集团有限公司、中持水务股份有限公司和江苏金陵环境股份有限公司等有关单位的支持，他们提出了许多宝贵意见和建议。同时，编者还参考了有关文献和资料，吸收了其中的技术成就和丰富的实践经验，在此一并表示衷心的谢意。限于编者的理论水平和实践经验，书中难免存在疏漏和欠妥之处，恳切地希望读者批评指正。

本书受江南大学学术专著出版基金赞助，特此感谢！

目录
CONTENTS

第 **1** 章

绪 论

1.1 我国污水处理行业发展现状

1.1.1 我国污水处理规模的发展

随着城市化和工业化进程的加速，水资源紧张、水体污染及水环境治理形势严峻，这些问题已成为制约我国经济可持续发展的重要因素。水环境污染程度与工业废水、生活污水排放紧密相关。近年来，我国废水排放总量持续上升，污水治理需求不断增加。2018年全国污水年排放总量为 521.12 亿立方米，到 2021 年超过 600 亿立方米，增长了19.95%；2022 年全年污水排放总量迅速增至 638.97 亿立方米，同比增长 2.22%。

自党的十八大以来，我国对生态环境保护行业的重视和支持力度不断提升，各地积极践行"绿水青山就是金山银山"的可持续发展理念。生态环境保护工作日益受到国家重视和公众关注，《水污染防治行动计划》《城镇污水处理提质增效三年行动方案(2019—2021)》《关于推进污水资源化利用的指导意见》等一系列支持污水处理行业发展的政策法规相继出台。如图 1-1 所示，我国城镇污水处理厂数量迅速增长，2010 年全国城市污水处理厂数量仅为 1444 座，到 2022 年 12 月底，全国已建成城市污水处理厂2894 座。12 年间，污水处理厂总数量翻倍。2019 年，全国纳入调查的污水处理厂共有9322 家，从处理规模来看，$10000 \sim 50000 \mathrm{m}^3/\mathrm{d}$ 污水处理厂数量最多，达 3147 座，占比 33.8%；$5000 \sim 10000 \mathrm{m}^3/\mathrm{d}$ 污水处理厂共 989 座，占比 10.6%；$1000 \sim 5000 \mathrm{m}^3/\mathrm{d}$污水处理厂共 2282 座，占比 24.5%；$1000 \mathrm{m}^3/\mathrm{d}$ 以下污水处理厂共 1602 座，占比17.2%。总体上，我国城镇污水处理厂以小规模（$10000 \mathrm{m}^3/\mathrm{d}$ 以下）为主，合计达4873 座，占比 52.3%。

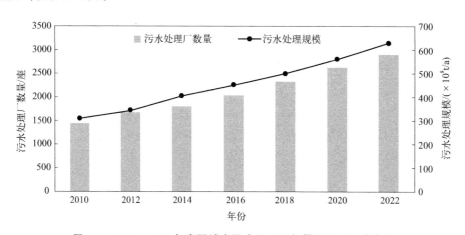

图 1-1　2010～2022 年我国城市污水处理厂数量及处理规模走势

随着污水处理厂数量的持续增加，我国污水处理能力也不断提高，污水处理量从 2010年的 312 亿吨提升至 2022 年的 627 亿吨，水污染治理能力显著提升。

1.1.2 城镇污水处理厂污染物排放标准的演变

自国家环境保护"九五"计划实施以来，我国逐步加大城镇污水处理工程的建设和运行力度，这已成为实现水污染物减排目标的主要途径之一。得益于中央财政资金和地方配套政策的大力支持，我国城镇污水处理设施得到了快速发展。

在城镇污水处理规模快速增长的同时，污水处理厂的出水排放标准也经历了显著的提升。1973 年 8 月，我国发布了首个涉及污染物排放的标准《工业"三废"排放试行标准》(GBJ 4—73)，这标志着我国污染物排放标准制定的开始。该标准规定了工业污染的废气、废水和废渣的容许排放量与浓度，包括 19 项有害物质的工业废水最高容许排放浓度。然而，这一时期城镇污水的治理问题尚未受到关注。

为了有效控制水污染，1988 年我国出台了《污水综合排放标准》(GB 8978—88)，并于 1989 年开始实施。该标准对不同排放水体的水质提出了不同要求，并对排入污水处理厂的非生活污水也提出了相应的水质要求。此外，该标准首次明确了城市二级污水处理厂的排放限值："$BOD_5 \leqslant 30mg/L$、$COD \leqslant 120mg/L$ 和 $SS \leqslant 30mg/L$"。1996 年 10 月，我国对该标准进行了修订，修订后的《污水综合排放标准》(GB 8978—1996) 分年限规定了 69 项水污染物的最高允许排放浓度及部分行业的最高允许排放量。城市二级污水处理厂的排放标准被划分为三级，并分别设定了相应的污染物排放浓度。此外，还单独列出了水质 BOD_5、COD 和 SS 指标的最高允许排放浓度，但其他污染物指标仍与其他排污单位执行相同的排放限值。

进入 21 世纪后，国家环境保护总局制定了《城镇污水处理厂污染物排放标准》(GB 18918—2002)，该标准分为三级标准、二级标准、一级 B 标准和一级 A 标准。不同区域的城镇污水处理厂根据要求执行不同程度的污染物排放标准。2005 年 10 月 11 日，国家环境保护总局首次要求排入重点流域的城镇污水处理厂需执行一级 A 标准。2006 年，国家环境保护总局对 GB 18918—2002 进行了修订，发布了第 21 号公告，将 GB 18918—2002 的第 4.1.2.2 条改为"城镇污水处理厂出水排入国家和省确定的重点流域及湖泊、水库等封闭、半封闭水域时，执行一级标准的 A 标准，排入 GB 3838 地表水Ⅲ类功能水域（划定的饮用水源保护区和游泳区除外）、GB 3097 海水二类功能水域时，执行一级标准的 B 标准"。2007 年 5 月，太湖流域因蓝藻暴发造成重大水污染事件，导致无锡地区供水危机。此后，国家环境保护部门提出了太湖流域城镇污水处理厂应严格执行 GB 18918—2002 一级 A 标准的要求。江苏省环保厅也出台了《太湖地区城镇污水处理厂及重点工业行业主要水污染物排放限值》DB 32/ 1072—2007，对 COD、TN、NH_3-N、TP 四项指标提出了更为严格的限值要求，从而推动了全国城镇污水处理厂提标改造的进程。

我国地域广阔，不同地区的水质需求差异较大。根据不同地区水环境的具体特点，部分省市相继出台了地方排放标准。例如，北京市于 2012 年 7 月 1 日实施了《城镇污水处理厂水污染物排放标准》(DB11/ 890—2012)，天津市于 2015 年 10 月 1 日实施了《城镇污水处理厂污染物排放标准》(DB12/ 599—2015)，江苏省于 2021 年 1 月 1 日实施了新修订的《太湖地区城镇污水处理厂及重点工业行业主要水污染物排放限值》(DB 32/ 1072—2018)。

图 1-2 为我国城镇污水处理厂污染物排放标准的演变。表 1-1 显示了不同城镇污水处理厂污染物排放标准基本控制项目的对比，可以看出各地方标准均对出水水质提出了更高的要求。

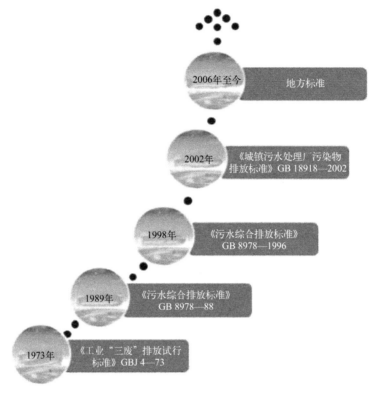

图 1-2　我国城镇污水处理厂污染物排放标准的演变

表 1-1　不同城镇污染物排放标准基本控制项目对比

基本控制项目	GB 18918—2002			DB11/ 890—2012		DB32/ 4440—2022	
	一级 A 标准	一级 B 标准	二级标准	A 标准	B 标准	A 标准	B 标准
化学需氧量（COD）/（mg/L）	50	60	100	20	30	30	40
生化需氧量（BOD₅）/（mg/L）	10	20	30	4	6	10	10
悬浮物（SS）/（mg/L）	10	20	30	5	5	10	10
动植物油/（mg/L）	1	3	5	0.1	0.5	1.0	1.0
石油类/（mg/L）	1	3	5	0.05	0.5	1.0	1.0
阴离子表面活性剂/（mg/L）	0.5	1	2	0.2	0.3	0.5	0.5
总氮[①]/（mg/L）	15	20	—	10	15	10（12）	10（12）

基本控制项目	GB 18918—2002			DB11/ 890—2012		DB32/ 4440—2022	
	一级 A 标准	一级 B 标准	二级标准	A 标准	B 标准	A 标准	B 标准
氨氮[①]/(mg/L)	5 (8)	8 (15)	25 (30)	1.0 (1.5)	1.5 (2.5)	1.5 (3.0)	3.0 (5.0)
总磷[②]/(mg/L)	0.5 (1)	1 (1.5)	3	0.2	0.3	0.3	0.3
色度（稀释倍数）	30	30	40	10	15	30	30
pH 值	6～9						
粪大肠菌群数/(个/L)	10^3	10^4	10^4	500	1000	1000	1000

① 在低温时执行括号内数值，不同地区执行时间不同，具体参见各标准。

② 在 2005 年 12 月 31 日前建设的污水处理厂执行括号内数值。

地方标准的发布与实施，对城镇污水处理厂的技术水平提升及地区水环境质量的改善起到了积极作用。然而，我国环境保护工作尚在发展中，受到技术水平、政府关注度等因素的限制，大多数城镇污水处理厂仍遵循 GB 18918—2002 一级 A 标准。如图 1-3 所示，70％的城镇污水处理厂执行一级 A 标准，24％执行一级 B 标准，而执行更优的地方标准（优于一级 A 标准）的仅占 6％。因此，有必要继续提高污水处理技术水平和效果，降低能耗和成本，以持续改善水环境质量。

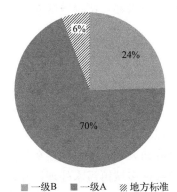

■ 一级B　■ 一级A　▨ 地方标准

图 1-3　我国城镇污水处理厂执行标准占比（数据来源于全国城镇
污水处理信息管理系统，截至 2020 年底）

1.1.3　我国污水处理技术的发展

我国污水处理行业虽起步较晚，但在发展过程中积极借鉴了国际经验，并结合国情进行了技术创新，逐步形成了适合中国特色的污水处理工艺。我国地域广阔，各城市地理位置和发展水平的差异，导致了污水处理技术和工艺的多样化。不同城市的污水处理厂根据水质、环境和经济特点，采用了多种污水处理技术，使得我国污水处理市场成为全球技术的展示窗口，吸引了世界各国的先进技术。

目前，活性污泥法仍是我国城市污水处理中的一项关键技术，由曝气池、沉淀池、污泥回流和剩余污泥排放等系统组成，模拟自然水体自净过程，实现污水深度处理。此方法在我国广泛应用，并在全球范围内被普遍采用，是一种高效的生物处理工艺。

20世纪80年代前，我国超过一半的城市污水处理系统采用常规曝气活性污泥法，虽然对COD、BOD$_5$、NH$_3$-N等常规指标的去除效果良好，但对总氮、总磷的去除率较低。随着水体富营养化问题的加剧，脱氮除磷成为污水处理的重要需求。许多污水处理厂通过改造原有工艺，增强了脱氮和除磷功能。氧化沟工艺因操作简便、出水水质好、设备简单等特点，在我国得到了广泛应用。为了满足中小型污水处理厂的需求，引入了序批式活性污泥法（SBR），集调节池、曝气池和二沉池功能于一体，节省占地和投资，但存在不能连续进水和脱氮除磷能力较弱的问题。为解决这些问题，我国又引进了多种改良SBR工艺，如ICEAS、CAST、UNITANK等。

目前，我国城镇污水处理厂主要采用AAO及其变形工艺，通过增加缺氧池，实现了脱氮除磷功能。该工艺具有脱氮除磷效果好、出水稳定、管理简便等优点，并在供氧方式、运转条件、反应器设备等方面进行了创新和改进。

随着生态文明建设的推进，我国对城镇污水处理厂出水水质要求不断提高。出水标准的提升促使深度处理技术如生物滤池、高级氧化、物理吸附、化学絮凝、膜过滤等得到广泛应用。特别是执行一级A及以上标准的城镇污水处理厂，根据水质和地域特性，在二级处理后增加了反硝化滤池、曝气生物滤池、臭氧催化氧化、活性炭吸附、膜过滤等深度处理工艺。污水深度处理与回用技术的兴起，使得污水处理重点由减少污染物排放转变为水资源的再生利用。

1.2 运行存在问题

我国污水处理行业虽然在处理规模、处理技术和排放标准方面不断发展，但污水处理厂运行中仍然存在进水水质水量波动大、工艺设计存在缺陷、设备设施故障率高、出水指标达标困难等问题。这些问题导致许多城镇污水处理厂经常会出现进水水质水量冲击、设备运行不稳定、工艺管理困难、出水指标波动、运行能耗高等情况。因此，为保障新形势下污水处理厂的稳定运行，这些问题亟须解决。

1.2.1 进水水质水量

我国南北地区城镇污水情况差异较大，特别是南方地区通常水系发达、河网密集、地下水位高，常出现管道错混接，地下水、河道水、湖泊水以及雨水等外水大量涌入污水管网，导致"清水"占据了污水管道容量，使污水管道旱天高水位、满管流。这进而导致污水处理厂出现进水水质浓度、碳氮比普遍偏低、无机悬浮物浓度偏高等问题。

已有研究发现，我国城镇污水处理厂进水各污染物指标浓度波动规律与降雨量趋势呈现一定的负相关关系。分流制与合流制排水体系的差别较小，这表明部分城市分流制系统雨污分流不彻底，可能存在管网渗漏、倒灌等现象。此外，污水厂进水水质水量受降雨影响较大。图 1-4 展示了全国、北京市、太湖流域城镇污水处理厂进水 COD 平均值年变化。由图可知，2007 年至 2017 年，全国和太湖流域城镇污水处理厂进水 COD 浓度逐年降低，2017 年进水 COD 仅 250～300mg/L，远低于生活污水 COD 浓度理论值。这可能是因为进水中接纳了企业预处理后的低浓度工业废水、地下管网存在渗漏、地下水位低导致河水和地下水等倒灌等。北京作为北方地区代表城市，其进水 COD 浓度较高且较为稳定，主要是因为该地区地下水位低，管网质量较好，工业废水含量较少。

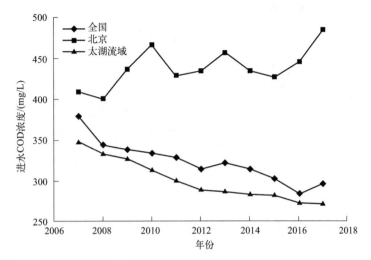

图 1-4　全国、北京市、太湖流域城镇污水处理厂进水 COD 平均值年变化

根据图 1-5 的数据，2007～2017 年全国城镇污水处理厂进水 BOD_5/TN 的波动范围为 3～4。虽然污水处理中进水理论 BOD_5/TN 达到 2.86 可满足生物脱氮需求，但在实际运行中，往往需达到 4～5 才能满足脱氮需求。因此，我国城镇污水碳氮比相对偏低，生物脱氮存在碳源不足问题。

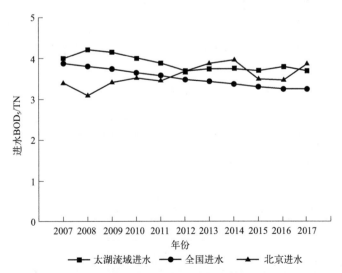

图 1-5　全国、北京市、太湖流域城镇污水处理厂进水 BOD_5/TN 平均值年变化

图 1-6 的数据显示，2007～2017 年全国城镇污水处理厂进水 SS/BOD$_5$ 的年平均值波动范围为 1.4～1.7，且呈逐年上升趋势。发达国家污水处理厂进水 SS/BOD$_5$ 约为 1.1，而我国近 65% 的城镇污水处理厂中的进水 SS/BOD$_5$ 大于 1.1，有 43% 超过了 1.5，部分城市甚至高于 2.0。这说明我国城镇污水中无机物含量偏高。

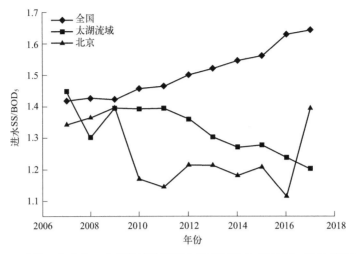

图 1-6　全国、北京市、太湖流域城镇污水处理厂进水 SS/BOD$_5$ 平均值年变化

1.2.2　工艺设计

污水处理厂工艺设计是一项复杂的系统工程，涉及多专业协作。实际工作中，设计深度不足和设计缺陷等问题屡见不鲜。调研发现，设计中常见问题包括以下几个方面。

（1）实际进水水质、水量与设计值差异显著

表 1-2 展示了 2017～2019 年 10 座城镇污水处理厂进水 COD 均值及负荷率。结果显示，这些厂的 COD 浓度负荷仅为设计值的 30%～72%，远低于预期。实际进水水质、水量偏低导致活性污泥生长繁殖受阻、处理效率下降、运行管理难度增加、设备闲置或低效运行等一系列问题。同时，碳源投加成本也随之增加。

表 1-2　10 座城镇污水处理厂 2017～2019 年进水 COD 均值及负荷率

厂名	进水 COD 设计值 /(mg/L)	实际进水年平均值/(mg/L)			3 年平均值 /(mg/L)	负荷率/%
		2017 年	2018 年	2019 年		
厂一	450	214.5	195.7	209.3	206.5	46.5
厂二	690	342.9	335.3	237.5	305.2	34.4
厂三	500	381.4	344.0	300.8	342.1	60.2
厂四	590	260.6	206.9	177.1	214.9	30.0
厂五	500	442.7	202.2	220.0	288.3	44.0
厂六	500	271.4	249.5	231.8	250.9	46.4

厂名	进水 COD 设计值 /(mg/L)	实际进水年平均值/(mg/L)			3 年平均值 /(mg/L)	负荷率/%
		2017 年	2018 年	2019 年		
厂七	500	322.9	305.0	315.5	314.5	63.1
厂八	500	414.3	394.8	360.5	389.9	72.1
厂九	500	402.8	288.3	257.0	316.0	51.4
厂十	500	412.2	313.1	238.9	321.4	47.8
平均值	523	346.6	283.5	254.8	295.0	49.6

（2）设计功能单元的实际运行效能不足

在针对近 100 座污水处理厂的工艺沿程特征指标分析中，研究团队依据污水处理工艺的功能区划分，在每个功能区进行了布点取样。这一过程涉及检测各功能区设定的目标污染物（例如，在厌氧释磷区检测 TP 和 PO_4^{3-}-P 浓度，在反硝化区检测 TN 和 NO_3^--N 浓度）的浓度变化，以评价功能区的运行状态。测试结果表明，约 30% 的污水处理厂中，设计的缺氧段（预期具有反硝化作用）并未真正实现反硝化作用；同样，设计的厌氧段（预期具有厌氧释磷功能）也未发挥其释磷作用。

（3）设计过程中的设备选型问题

污水处理过程，从预处理到生物处理，再到深度处理，涉及多种功能设备，如拦截和过滤设备。设备选型的合理性对工艺运行效果至关重要。调研发现，由于设备选型设计和设备间组合不当，运行问题频发。例如，某污水处理厂采用 CAST 工艺，在整个周期中溶解氧（DO）浓度始终维持在 2.5mg/L 以上，在曝气阶段甚至达到 6.0～7.0mg/L，导致整个过程处于好氧状态，不利于反硝化脱氮。这主要是由于该厂鼓风机设计选型过大，受风量调节范围限制，无法将风量降低至生物池所需水平。此外，许多厌氧和缺氧池内出现了大量盲区，这些区域污泥沉降严重，主要是由于生物系统搅拌器选型不合理，搅拌力度不足，可能导致池底沉泥搅拌不均，从而降低活性污泥的活性，影响处理效果。

1.2.3 处理设备设施

随着我国城镇污水处理厂出水标准的不断提高，工艺流程也变得更加复杂，从预处理到深度处理，流程长且设备众多。污水处理厂各处理单元设备的使用过程反映了设备的使用寿命。设备运行管理的好坏直接影响污水处理厂的运行效率。不恰当的设备使用不仅会缩短设备的"服役期"、降低使用寿命，还会增加修理次数和维护费用，提高运行成本，从而增加污水处理厂的生产成本。特别是进口设备，如果运行管理和维护不到位，一旦出现故障，不仅难以及时修复，影响生产运行，还可能给污水处理厂带来较大的经济损失。通过对 100 多座污水处理厂关键设备设施的调研，发现设备设施选择和运行过程中存在一些问题，具体见表 1-3。

表 1-3　城镇污水处理厂关键设备设施常见问题和优化策略

处理单元	关键设备设施	常见问题
预处理	格栅	① 截留效果有限。 ② 故障率高：多数污水处理厂污泥处理系统压滤液和污泥浓缩池上清液均回流至细格栅的入口，压滤液和污泥浓缩池上清液携带大量的污泥可能会导致格栅的堵塞及频繁的反洗，影响格栅处理效果和使用寿命。 ③ 转鼓格栅过流量减小：部分污水处理厂转鼓内侧挂纤维严重，过流量减小，导致其无法正常运行
	沉砂池	① 旋流沉砂池砂水分离器冒水，吸砂管堵塞，提砂高度不够，除砂效率低甚至不出砂；出砂含水率高。 ② 曝气沉砂池除砂效率下降，出砂有机物含量高，出水溶解氧过高
生物处理	曝气系统	① 风机配置过大或调节范围有限，风机无法在高效区运行，能耗高。 ② 曝气器易堵塞，引起风机压力升高。 ③ 精确曝气系统运行过程易因风机、曝气器等不匹配导致运行不畅。 ④ 大部分日处理量大于 5 万吨的污水处理厂选用的均是带变频的节能风机，而一些乡镇小型污水处理厂选用的仍是高耗能的罗茨风机，曝气电耗占总电耗的比例高达 60% 以上
	推流搅拌系统	① 搅拌能力不足，生物池出现泥水分离。 ② 搅拌器磨损严重，并且同步化学除磷易造成搅拌器腐蚀，严重影响正常使用
	悬浮填料系统	① 填料挂膜效果差，表现在挂膜启动慢、填料上生物量少、处理效果不佳。 ② 曝气池内的填料分布不均，局部出现堆积的现象，出水拦截筛网堵塞。 ③ 格栅栅渣出现填料或二沉池等工艺段出现填料。原因在于拦截筛网附近曝气量过大填料从上部越过筛网，以及填料通过放空管或回流泵进入处理系统。 ④ 填料沉积在池水表面下，以及填料磨损严重的现象。原因在于曝气和搅拌控制失调，不能使填料呈流化状态
	MBR	① 跨膜压差持续升高，在线洗膜无法有效恢复透水性，或经过离线清洗后，膜透水性仍无法恢复。 ② 冬季膜产水率下降，冬季低温导致污泥过滤性差，黏度增高，跨膜压差升高，膜清洗恢复效果差。 ③ 膜丝大量断裂，产水浊度升高，以及膜丝大量脱皮，产水夹带气泡增加。原因在于膜组器曝气强度过大，导致膜丝拉断。此外膜池内有异物，会割断膜丝离线清洗。并且过高冲洗水压也会造成大量断丝
深度处理	反硝化滤池	① 滤池在长期运行过程中，过滤截留的油、活性污泥和其他无机物积淀会导致滤料的板结，长期运行会导致液位高、过水量减少。 ② 在反冲洗过程，如果冲洗强度不当易出现滤料的流失，反冲洗回流水会导致污水厂泵房进水 SS 升高。 ③ 碳源不足容易导致反硝化效果不佳。 ④ 碳源投加量大，导致反硝化滤池内生长了大量的水栉霉等真菌，严重堵塞滤池，过水量急剧下降
	活性砂滤池	① 易跑砂、不易挂膜，反硝化效果差，其原因是砂滤池需要定期进行反冲洗和清洗，洗砂过程会导致其中的活性砂流失，冲刷生物膜，因此不易形成生物膜。 ② 提砂困难，可能是供气系统故障，提砂管堵塞导致的。 ③ 布水不均导致处理效果差，主要是滤池布水位置施工表面不平，导致布水不均匀

处理单元	关键设备设施	常见问题
深度处理	滤布滤池	① 易堵塞，通常滤布滤池与高密度沉淀池进行连通，但高密度沉淀池运行中需要投加大量化学药剂达到除磷效果，但过量投加的药剂会在滤布滤池过滤环节被拦截在滤布表面，长期运行导致滤布表面堵塞严重，反冲洗频繁则会影响滤布滤池的正常运行。 ② 抗冲击负荷能力弱，滤布滤池属于表面过滤，其对进水水质要求较高，抗冲击负荷能力相对较低，当污水处理厂二级出水 TP 较高，加药混凝后滤池进水 SS 偏高时（一般要求进水 SS≤30mg/L），较易堵塞，故设计和运行中应该关注混凝出水 SS 浓度，实时调整滤池负荷。 ③ 反洗较砂滤频繁，反洗泵易堵塞，可能因为进水中携带的垃圾杂质等堵塞反洗泵叶轮，造成反洗泵无法出水
除臭系统		① 除臭风量大，除臭效果差。 ② 投资成本和运行成本高

1.2.4　出水指标达标

保证出水水质达标排放不仅是污水处理厂的最终目标，也是水污染防治法的规定。然而，影响污水处理厂出水稳定达标的因素众多，包括进水水质、工艺设计、设备选型与运行、工艺运行调控等，这些因素相互关系复杂。以下分析几项重点和难点指标。

1.2.4.1　化学需氧量

化学需氧量（chemical oxygen demand，COD）是通过化学方法测量水样中需要被氧化的还原性物质的量，即污水中能被强氧化剂氧化的物质（一般为有机物）的氧当量。COD 是评估水质有机物污染的重要参数。COD 值越高，表明有机物含量越高，水体受有机物污染越严重。通过测定污水处理厂进水中的 COD，可以初步判断供生化处理段利用的碳源是否充足。城镇污水中的 COD 可分为溶解性快速生物降解有机物、溶解性难生物降解有机物、悬浮性慢速可生物降解有机物、悬浮性难生物降解有机物等，其中，溶解性难生物降解有机物是影响出水稳定达标的主要因素。

污水处理厂进水中的难降解 COD 主要来源于上游排污单位排放的工业废水。我国早期以经济建设为主，城镇管网及污水处理系统不够完善，导致大部分城镇污水处理厂存在工业污水与生活污水混排的问题。工业废水成分复杂、性质多变，甚至含有一定量的难生物降解物质，如重金属和复杂有机物。因此，目前我国城镇污水处理厂出水 COD 指标达标难的主要原因是接管工业废水后，污水中溶解性难降解 COD 含量高，而城镇污水处理厂的常规工艺无法有效降解这部分 COD。

研究表明，接纳高比例工业废水的城镇污水处理厂，其出水 BOD_5 浓度通常较低（一般小于 5mg/L），但 COD 浓度仍高于 40mg/L，说明出水中含有高浓度的溶解性不可降解 COD。图 1-7 和图 1-8（书后另见彩图）分别展示了含有工业废水和生活污水的污水处理厂进出水 COD 浓度。可见，当污水处理厂进水中含有工业废水时，其出水 COD 浓度一般可达 30~50mg/L；而进水为纯生活污水时，出水 COD 浓度基本维持在 20mg/L 以下。因此，工业废水（尤其是化工、印染、电子等行业）的处理难度显著高于生活污水。

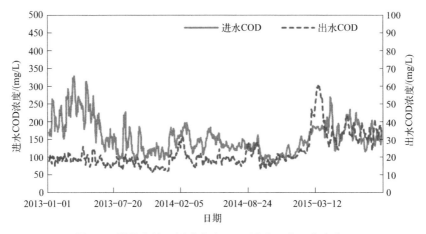

图 1-7　某污水处理厂进出水 COD 浓度（含工业废水）

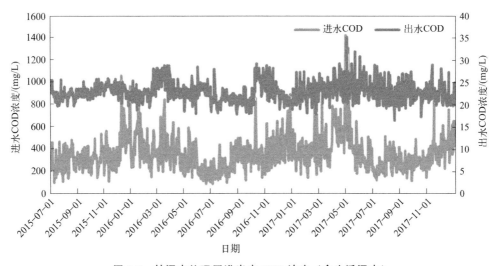

图 1-8　某污水处理厂进出水 COD 浓度（含生活污水）

1.2.4.2　氨氮

氨氮（ammonia nitrogen，NH_3-N）是指以氨或铵离子形式存在的化合氮，它是水体中的营养素，可能导致水体富营养化，同时也是水体中的主要耗氧污染物，对鱼类和水生生物具有毒害作用。因此，去除污水中的氨氮是污水处理厂的重要任务之一。氨氮的降解途径包括：

进水中的有机氮在氨化细菌的作用下转化为氨氮，这一反应在厌氧、缺氧和好氧条件下均可进行。在好氧池中，氨氮通过硝化过程转化为亚硝态氮和硝态氮。硝化过程分为两步：首先，氨氧化细菌（也称亚硝酸细菌，AOB）将氨氧化为亚硝态氮；然后，亚硝酸盐氧化细菌（也称硝酸细菌，NOB）将亚硝态氮氧化为硝态氮。

硝化细菌（也称硝化菌）主要是化能自养菌，在氧气存在的条件下，以 CO_2、CO_3^{2-}、HCO_3^- 等作为碳源，并通过氧化氨或亚硝态氮获得生长所需的能量。硝化细菌均为好氧菌，氨氮的硝化过程需要大量溶解氧，其需氧量（以单位质量的 $NH_3\text{-}N$ 消耗的 O_2 的质量计）约为 4.57g/g。

氨氮主要通过二级生化处理去除，影响其去除效果的因素包括溶解氧（DO）、污泥浓度、污泥有机质含量（混合液挥发性悬浮固体浓度/混合液悬浮固体浓度，MLVSS/MLSS）、温度、进水水质和水力停留时间（HRT）等。其中，DO 和污泥浓度是最主要的影响因素。通过研究和实际工艺运行发现，好氧池内活性污泥的硝化速率是衡量硝化反应及脱氮效果的重要指标。

图 1-9 展示了部分污水处理厂的硝化速率对比。由图可知，不同污水处理厂的硝化速率（以单位时间单位质量的挥发性悬浮固体硝化的 $NO_3^-\text{-}N$ 的质量计）存在显著差异，最高值为 7.8mg/(g·h)，最低值仅为 0.78mg/(g·h)。硝化速率的差异受多种因素影响，主要包括进水水质成分（如 BOD_5/TN、pH 值等）、曝气池 DO、污泥浓度、水温等运行参数，以及污水处理工艺的类型。

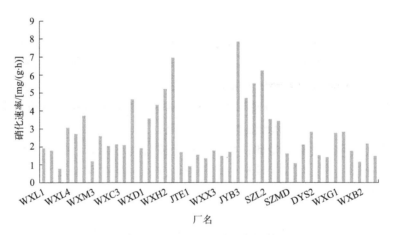

图 1-9　我国部分污水处理厂硝化速率

1.2.4.3　总氮

总氮（total nitrogen，TN）是水中各种形态无机和有机氮的总量，是评估水质的重要指标之一。它包括无机氮（如 NO_3^-、NO_2^- 和 NH_4^+）和有机氮（如蛋白质、氨基酸和有机胺）。在污水处理过程中，总氮主要通过活性污泥的硝化和反硝化反应去除。反硝化是一种无氧呼吸过程，由反硝化细菌（也称反硝化菌）在缺氧条件下进行，以硝酸盐作为电子受体，将其还原为氮气，从而实现脱氮。

反硝化的主要影响因素包括碳源、回流比、回流溶解氧、污泥浓度、搅拌混合效果、pH 值和水温等。反硝化反应需要消耗碳源，碳源不足会抑制反硝化反应。回流比影响反硝化反应的硝态氮供应，但过大的回流比会导致回流液中的溶解氧抑制反硝化。当环境中存在分子态氧时，反硝化细菌会优先利用分子态氧，而不是硝酸盐。当溶解氧（DO）浓度≤0.5mg/L时，反硝化细菌可以利用污水中的碳源作为氢供体，有效进行反硝化。污泥浓度与反应体系中活性微生物总量成正比，污泥浓度过低会影响反硝化反应的微生物量，而过高则可能导致污泥老化，降低反硝化性能。

此外，泥水充分接触对实现反硝化作用至关重要。除了上述因素，碱度和温度等也对反硝化过程有影响。在这些因素中，碳源是制约反硝化脱氮过程的最主要因素，占比达85.5%，碳源不足会导致反硝化脱氮过程缺乏电子供体，无法稳定进行。其次是回流比，占比16.4%，回流比不足会导致好氧池中的硝态氮无法有效转移到缺氧环境进行反硝化脱氮。此外，DO、搅拌等因素也对反硝化脱氮有一定影响。

1.2.4.4　总磷

水中磷的存在形式包括正磷酸盐、缩合磷酸盐、焦磷酸盐、偏磷酸盐和有机团结合的磷酸盐等。总磷（total phosphorus，TP）是指水中所有形态的无机磷和有机磷的总量。磷的主要来源包括生活污水、化肥、有机磷农药及洗涤剂中的磷酸盐增洁剂等。水体中的磷是藻类生长的关键元素，但过量磷会导致水体污染、富营养化和赤潮等问题。

污水中磷的去除主要通过生物除磷和化学除磷两种方式。

生物除磷依靠聚磷菌（PAOs）在厌氧条件下释放磷，在好氧条件下过量吸收磷，然后通过排出剩余污泥去除污水中的磷。PAOs在厌氧条件下吸收挥发性脂肪酸，利用聚磷水解和细胞内多糖水解的能量，合成聚 β-羟基丁酸（PHB），同时释放细胞内的磷酸盐。厌氧条件下合成的PHB为好氧吸磷过程提供能量。生物除磷效果受碳源水平、厌氧区硝态氮浓度和是否存在同步化学除磷过程等因素影响。

化学除磷则是通过投加铝盐和铁盐等无机金属盐类絮凝剂，与水中的磷酸盐反应生成惰性磷酸盐化学沉淀，从而去除磷酸盐。化学除磷主要有同步化学除磷和后置化学除磷两种药剂投加方式，药剂主要为铝盐和铁盐。化学除磷效果取决于药剂的种类和投加量。

我国城镇污水处理厂除磷面临的主要问题包括：进水中有机磷的冲击、厌氧区高浓度硝态氮影响厌氧释磷反应、化学除磷对生物除磷过程的抑制以及未有效比选除磷药剂种类和确定合理投加量。

（1）进水中有机磷的冲击

污水处理厂通常处理的主要是无机磷，特别是正磷酸盐。活性污泥和化学除磷药剂通常无法有效去除溶解性有机磷，因此，当污水处理厂受到溶解性有机磷工业废水冲击时，TP的稳定达标排放会受到影响。

（2）厌氧区高浓度硝态氮影响厌氧释磷反应

部分污水处理厂的厌氧区存在高浓度硝态氮，这会导致无法形成厌氧环境，不利于释磷反应。此外，反硝化细菌利用碳源的速率优于聚磷菌，因此，厌氧区高浓度硝态氮会导致易降解有机物被反硝化脱氮过程优先利用，限制了生物释磷能力，导致生物除磷能力逐渐丧失。理论和实际工程经验表明，厌氧池中硝态氮浓度超过 1.5mg/L 时，会对生物释磷产生抑制现象。

（3）化学除磷对生物除磷过程的抑制

活性污泥系统生物除磷效率主要取决于进水中的易降解有机物浓度等。由于我国城镇污水处理厂普遍存在进水碳源不足现象，生物除磷效率较低。调研发现，超过 90% 的污水处理厂需要持续投加化学除磷药剂以实现出水总磷的达标排放。大部分污水处理厂选择在生化池末端或二沉池进水口阶段性或连续投加化学除磷药剂，以确保出水 TP 的稳定达标。同步化学除磷所投加的药剂部分通过排泥排出系统，但少部分在污泥内累积，长期影响生物种群结构和微生物降解效能。根据调研和实验结果，多数城镇污水处理厂存在好氧池末端投加的化学除磷药剂超出实际需求量的问题，导致药剂在回流污泥中残留，进而影响预缺氧池或厌氧池的厌氧释磷过程。

（4）未有效比选除磷药剂种类和确定合理投加量

目前，我国大多数城镇污水处理厂需要投加化学除磷药剂以实现出水总磷的达标排放，但有相当数量的污水处理厂未进行有效的除磷药剂比选，且存在投加过量问题。

参考文献

[1] 陈玲. 污水处理厂达标外排水对受纳水体及修复植物的影响研究 [D]. 苏州：苏州大学，2009.

[2] 张利平，夏军，胡志芳. 中国水资源状况与水资源安全问题分析 [J]. 长江流域资源与环境，2009，18（02）：116-120.

[3] 李喆，赵乐军，朱慧芳，等. 我国城镇污水处理厂建设运行概况及存在问题分析 [J]. 给水排水，2018，54（04）：52-57.

[4] 陈肖娟. 城镇地下水污染防治法律制度研究 [D]. 厦门：厦门大学，2014.

[5] 米天戈. 我国污染物排放标准制度研究 [D]. 苏州：苏州大学，2015.

[6] 郑兴灿. 城镇污水处理厂一级 A 稳定达标技术 [M]. 北京：中国建筑工业出版社，2015.

[7] 马世豪，何星海.《污水综合排放标准》的实施与监测 [J]. 环境监测管理与技术，1998（05）：26-29.

[8] 郭伟杰，刘燕.《我国城市污水处理现状及发展趋势》浅释 [J]. 环境科学，2017，3：146.

[9] 郑兴灿. 太湖流域城镇污水处理厂执行一级 A 标准的问题讨论 [J]. 建设科技，2008（14）：8-12.

[10] 何星海，马世豪，罗孜. 北京市《城镇污水处理厂水污染物排放标准》解读 [J]. 给水排水，2013，39（10）：123-127.

[11] 刘红磊，李安定，邵晓龙，等. 天津市《城镇污水处理厂污染物排放标准》解读 [J]. 城市环境与城市生态，2015，28（06）：22-28.

[12] 孙晓杰，王嘉捷，赵孝芹，等. 我国城市污水厂推行一级 A 标提标改造探讨 [J]. 环境工程，2013，31（06）：12-15.

[13] 王阿华. 城镇污水处理厂提标改造的若干问题探讨 [J]. 中国给水排水，2010，26（02）：19-22.

[14] 王立东，王阿华. 污水处理厂提标改造措施选择与工程实践 [J]. 中国给水排水，2010，26（08）：30-36.

[15] 杨敏，孙永利，郑兴灿，等. 悬浮填料强化硝化及其最佳填充率研究 [J]. 中国给水排水，2012，28（11）：79-81.

[16] 陈凡阵，马千里，郝赫，等. 天津市大港区污水处理厂升级改造工程实践 [J]. 中国给水排水，2010，26（12）：80-83.

[17] Qiu Y，Shi H，He M. Nitrogen and phosphorous removal in municipal wastewater treatment plants in China：A review [J]. International Journal of Chemical Engineering，2010，2010：324-333.

[18] 张晨. 低碳源城镇污水处理厂CAST工艺改造与调控 [D]. 哈尔滨：哈尔滨工业大学，2014.

[19] 任福民，毛联华，卓葳，等. 中国城镇污水处理厂运行能耗影响因素研究 [J]. 给水排水，2015，41（01）：42-47.

[20] 袁宏林，陈宏儒，李为. 城市污水处理厂能耗分析与节能降耗途径 [J]. 给水排水，2012，38（增1）：244-247.

[21] 郑兴灿，尚巍，孙永利，等. 城镇污水处理厂一级A稳定达标的工艺流程分析与建议 [J]. 给水排水，2009，35（05）：24-28.

第 **2** 章

污水处理厂达标诊断方法

2.1 概述

目前，中国大多数城镇污水处理厂的管理方式较为粗放，主要依赖经验数据进行工艺调控，而未对工艺各功能段进行详细分析与优化。因此，工艺调控措施通常较为滞后，缺乏针对性，存在较大的提升空间。鉴于此，有必要建立一套系统性的污水处理厂达标诊断方法，以便有针对性地解决工艺中遇到的问题，从而提升工艺调控水平。

2.1.1 诊断方法类别

污水处理厂的工艺诊断方法众多，众多学者对此进行了深入研究。然而，从众多案例来看，若直接采用未经适当优化的通用诊断方法来调整污水处理厂的工艺参数，可能会对出水水质产生较大影响。因此，建议先通过小试和中试优化方案，再对实际工艺参数进行调控，以实现优化目标。

目前，较为成熟的污水处理厂达标诊断方法通常包括以下四个步骤：历史数据分析、全流程测试、活性污泥性能测试及优化模拟实验。具体流程如下：首先，分析污水处理厂的历史进出水数据，基于这些数据找出基本问题点；其次，通过对污水处理厂进行工艺全流程测试，分析各功能段的实际效果，以判断可能存在的问题；接着，对活性污泥性能进行测试，以评估其活性状态；最后，进行针对性的优化模拟实验测试，从前三个步骤中确定优化关键点，并通过优化前后的模拟实验测试，得出切实可行的工艺运行优化方案。

2.1.2 诊断意义

经过大量调研，发现在日益严格的出水排放标准压力下，部分污水处理厂在运行中普遍面临无法稳定达标和运行成本较高的问题。因此，如何确保污水处理厂的稳定运行成为管理人员迫切需要解决的主要问题。掌握污水处理厂达标诊断方法，不仅有助于从业人员解决生产运行中遇到的实际问题，而且对我国已建成污水处理厂运行管理的进一步完善具有积极意义。此外，它还为拟建污水处理厂在选择污水处理工艺时提供了技术参考。

2.2 历史数据分析方法

城镇污水处理厂的进水污染物浓度对于污水处理工艺的设计和运行管理至关重要。污染物浓度负荷是评估污水处理设施及其辅助设备运行效果的关键，同时也是确保出水稳定达标的必要条件。因此，污水处理厂日常监测的进出水水质数据是评估其当前运行状态的最佳手段。研究污水处理厂进出水水质特征，对于提升污水处理工艺和设施的运行效果具有实际意义。然而，我国城镇污水处理厂的运行管理人员对水质数据分析尚不够全面。他们通常重视 COD、NH_3-N 等污染指标的测定，而相对忽视 TP、TN、BOD_5 等营养元素的测定。此外，他们倾向于关注瞬时样本的测定结果，而忽略对历史数据的追溯分析。同时，他们只重视单个指标的测试结果，而忽视了这些指标之间的相互关系。特别是，对于影响一级 A 稳定达标的溶解性不可降解 COD 和不可氨化总氮等指标，缺乏足够的测试和分析。因此，进行完善的水质分析工作是诊断的第一步。

历史数据分析方法包括：对污水处理厂的进出水基本水质参数（如 COD、BOD_5、TN、TP、NH_3-N、SS 等）进行统计分析，以获取这些参数的年变化规律曲线，并从中找出它们随时间变化的规律（如季节变化、温度变化等）。对进出水的目标污染物数据进行累积分布统计，以揭示其分布特征。对 BOD_5/COD、BOD_5/SS、BOD_5/TN 以及 BOD_5/TP 等参数进行累积分布统计，并绘制进水关键指标的累积分布曲线，以识别出影响污水处理厂稳定运行的主要因素的污染物特征。通过以上数据分析，可以最终得到不同时间段污水处理厂运行状态的特征，并推测出影响出水稳定达标的因素。

2.2.1 浓度分析

通过分析污水处理厂的历史进水水质数据（以 2～3 年数据为佳）以及 24 小时进水水质数据（例如 COD、BOD_5、TN、TP、NH_3-N、SS 等），进行统计分析，计算并分析 BOD_5/COD、BOD_5/TN 以及 BOD_5/TP 等关键指标数据，这些指标对于出水氮磷稳定达标至关重要。通过这种方式，可以识别出对污水处理厂稳定运行产生影响的主要因素，并初步分析稳定达标的难易程度。另一方面，通过对污水处理厂的历史出水水质数据及 24 小时出水水质数据进行统计分析，掌握出水基本水质参数的变化情况，可以甄别出影响该污水处理厂稳定运行的主要水质参数，并发现不同时间段需要针对处理的主要污染物类型。据此，可以得出污水处理厂在不同时间段的针对性运行调控策略。

以某污水处理厂的进出水 COD 变化情况为例，如图 2-1 所示（书后另见彩图），进水

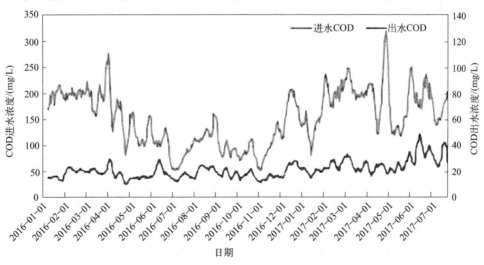

图 2-1　某污水处理厂进出水 COD 历史曲线

COD 的最高值约为 330mg/L，最低值约为 54mg/L，平均值为 154mg/L，处于该地区进水 COD 的正常范围（200～300mg/L）之内。进水 COD 的季节变化规律表现为冬季浓度相对稳定，而春季和夏季波动较大且浓度相对较低。出水 COD 在 15～50mg/L 之间波动，平均值为 31.84mg/L，能够稳定达到一级 A 标准。然而，如果该厂的出水 COD 需要提标至 40mg/L，可能难以确保稳定达标。因此，需要考虑进行工艺优化，以提高去除 COD 的能力。

图 2-2 展示了某污水处理厂 24h 进出水 COD 浓度曲线。从图中可以观察到，进水 COD 浓度在 150～300mg/L 范围内，表现出较大的波动性。溶解性 COD（SCOD）浓度则相对稳定，大约在 100mg/L，这表明进水 COD 的波动可能是由悬浮固体（SS）的变化引起的。SCOD/COD 的比值在 0.24～0.6 之间，平均值为 0.51，这表明进水中的 COD 主要以固态形式存在，可以通过一级处理去除大部分 COD。

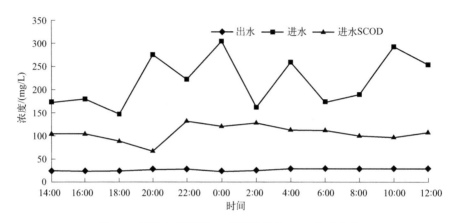

图 2-2　某污水处理厂 24 小时进出水 COD 浓度曲线

2.2.2　累积分布

累积分布图是一种以所测数据为横坐标，数据出现的频次概率为纵坐标的散点图。通过累积分布图，可以清晰地反映某一数据出现的概率，并发现目标污染物的累积分布特征，从而更好地对指标数据进行分析。

图 2-3 展示了某污水处理厂进水 BOD_5/TN 浓度的累积分布。从图中可以看出，该污水处理厂进水 BOD_5/TN 的范围在 0.89～8.50 之间，全年进水 BOD_5/TN 的平均值约为 3.38。BOD_5/TN 通常被用作鉴别污水处理过程中是否能够采用生物脱氮的主要指标。理论上，当 BOD_5/TN 大于 2.86 时，即满足脱氮要求。然而，在实际的污水处理厂运行过程中，由于溶解氧与硝酸盐竞争电子供体的影响，通常需要碳氮比大于 5.00 才能满足脱氮要求。在图 2-3 中，该厂进水 BOD_5/TN 有 86% 以上小于 5.00，可以判断该厂进水的碳源总体处于较低水平。因此，如果需要强化脱氮效果，可能需要添加外部的碳源。

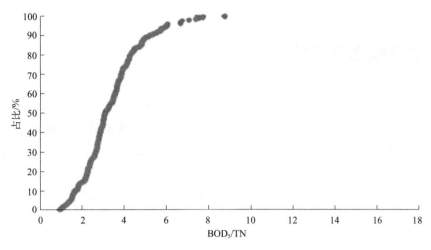

图 2-3　某污水处理厂进水 BOD_5/TN 浓度累积分布

2.2.3　频数/频率分布

除了累积分布图，污水处理厂水质数据还可以利用频数/频率分布特征图进行分析。频数/频率分布特征图是一种以某指标的指定数据区间为横坐标，频数或频率为纵坐标绘制的柱形图。通过这种图表，可以详细了解某一区间数据出现的频数或频率，从而更好地分析水质数据的变化趋势。

图 2-4 展示了某污水处理厂进水 COD 的频数/频率分布特征。从图中可以得知，该污水处理厂进水 COD 浓度有 40％在 201～400mg/L 之间，而大约各有 20％的概率分布在 0～200mg/L 和 401～600mg/L 之间。在 800mg/L 以下的概率约为 90％。因此，在工艺设计和运行管理时，应优先考虑 COD 浓度在 800mg/L 以下情况，对 800mg/L 以上情况视为应急情况处理。

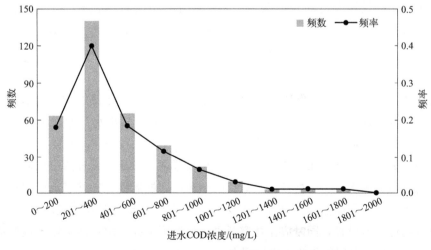

图 2-4　某污水处理厂进水 COD 频数/频率分布特征

2.3　全流程测试方法

目前，我国城镇污水处理厂的生物处理段通常分为几个特定的功能区，如厌氧区、缺氧区和好氧区等。在这些功能区内，活性污泥中的微生物发挥不同的作用，从而达到去除污水中复杂污染物质的效果。然而，当前我国大部分污水处理厂的运行管理模式相对单一，污水处理工艺的调控方式主要局限于调节溶解氧（DO）和回流比，且调控策略相对固定。从业人员通常根据规划设计单位提供的标准值进行调控，很少能根据污水处理厂的实际运行情况进行灵活调整。当遇到进水水质变化或活性污泥活性改变等情况时，运行人员往往不了解实际功能区内各阶段的水质参数变化，无法对污水处理厂工艺进行有效调控，难以保障工艺的稳定运行。

工艺全流程测试是根据城镇污水处理厂处理工艺的生物系统划分的各个功能区，通过沿程布点，分析主要污染物的沿程变化特征，并对工艺系统的不同功能区（如厌氧区、缺氧区和好氧区）污染物的去除效果进行测试。这样，可以掌握工艺的运行情况，发现运行中存在的问题，并最终实现对整个工艺的优化。

2.3.1　全流程采样布点

城市污水处理工艺虽然种类繁多，但其基本原理保持一致，即利用活性污泥中微生物的新陈代谢功能，实现对污水中污染物质的分解和转化。由于活性污泥中微生物种类众多，且在不同环境条件及底物浓度下，优势菌种会发生变化。因此，可以通过模拟特定环境条件来促使特定微生物发挥作用，从而达到降解目标污染物的目的。工艺全流程测试的实质是根据污水处理工艺功能区的划分，在每个功能区进行布点取样。然后，根据功能区设定的目标污染物设计合适的检测项目（例如，在厌氧释磷区测定 TP、PO_4^{3-}-P 浓度，在反硝化区测定 TN、NO_3^--N 浓度等）。通过统计分析这些检测项目的浓度变化规律，可以综合评价该功能区的运行状态，并最终提出该工艺的优化运行方案。

以某采用 AAO-MBR 工艺的污水处理厂进行工艺全流程功能测试分析为例，该工艺的运行规模为 $1.5×10^4$ t/d，出水执行一级 A 标准。其具体工艺流程为：进水—粗格栅—细格栅—旋流沉砂池—膜格栅—AAO—MBR—接触消毒池—出水。考虑到粗格栅及细格栅主要对污水中的垃圾等杂质进行去除，因此在这两个工艺段不设采样点。为了全面研究工艺段污染物的去除效果，在后续所有工艺段均设置了采样点。设置的沿程取样监测点如下：①旋流沉砂池出水；②膜格栅出水；③厌氧池；④缺氧池；⑤好氧池前端；⑥好氧回流口；⑦好氧末端；⑧膜池；⑨出水。生化池的采样点需要根据各功能段的面积、长度、回流点位等特性进行设置，同时应注意避开进水口等因搅拌不均可能会影响数据准确性的点位。图 2-5 为某污水厂生化池取样检测点。

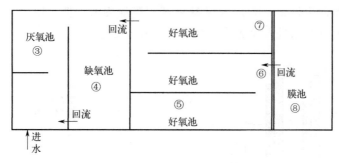

图 2-5　某污水厂生化池取样检测点

2.3.2　化验检测

根据制定的方案，在采样后进行水质检测。如果需要对工艺进行全面检测，应对工艺单元采集的样品进行 COD、SCOD、TN、溶解性总氮（STN）、TP、溶解性总磷（STP）、NH_3-N、NO_3^--N、PO_4^{3-}-P 等水质指标的测定。水质检测方法应按照表 2-1 所列进行，测试结果应按照工艺流程的先后顺序进行图表制作。

表 2-1　水质检测方法

测试指标	分析方法
温度（T）	温度计测定法
溶解氧（DO）	便携式溶氧仪测定法
氧化还原电位（ORP）	便携式 ORP 测定法
悬浮物（SS）	重量法
化学需氧量（COD）	快速消解分光光度法
氨氮（NH_3-N）	纳氏试剂分光光度法
硝酸盐氮（NO_3^--N）	紫外分光光度法
总氮（TN）	过硫酸钾氧化-紫外分光光度法
磷酸盐（PO_4^{3-}-P）	钼锑抗分光光度法
总磷（TP）	过硫酸钾消解-钼酸铵分光光度法

2.3.3　数据分析

水质检测完成后，可以根据点位顺序，将存在相关性的指标进行图表分析。

图 2-6 展示了某污水处理厂沿程 TN、NH_3-N、NO_3^--N 变化情况。从图中可以看出，该污水处理厂进水中的 TN 以 NH_3-N 为主，占比约为 95%；而出水中的 TN 以 NO_3^--N 为主，占比约为 82%。TN 和 NO_3^--N 在缺氧池中明显下降，表明该厂工艺的缺氧段反硝

化效果良好，脱氮效果显著。NH₃-N 从缺氧区到膜池逐渐降低，说明不仅在好氧池发生了硝化反应，而且在污水进入膜池后仍然发生了硝化反应。

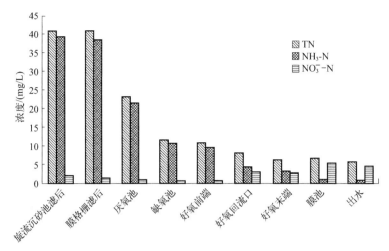

图 2-6　某污水处理厂沿程 TN、NH₃-N、NO₃⁻-N 变化情况

图 2-7 展示了某污水处理厂工艺沿程的 COD 变化情况。旋流沉砂池和膜格栅出水的 COD 分别为 436mg/L 和 434mg/L，而 SCOD 分别为 178mg/L 和 152mg/L，这表明该厂进水中不溶性 COD 较多。COD 在进入厌氧池后迅速降至约 80mg/L，从厌氧池到缺氧池 COD 下降较快，而从缺氧池到好氧池 COD 下降较慢。这说明生化反应首先消耗易降解的 COD，而难降解的 COD 较难分解，提供生化反应的能量，因此下降速率较慢。该图还反映出该厂碳源不足，可能需要添加外部碳源。

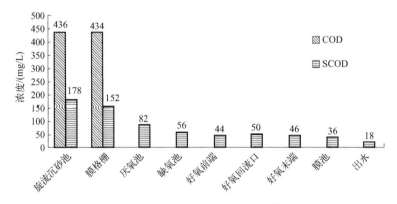

图 2-7　某污水处理厂沿程 COD 变化情况

2.4　活性污泥性能测试方法

由于活性污泥中的微生物在污水处理厂工艺的特定功能区（如厌氧区、缺氧区和好氧区等）发挥不同的作用，在对污水处理厂工艺进行诊断评估时，需要对特定功能区内活性污泥的去除效能进行测试，以确定污水处理厂工艺功能区是否正常运行。

一般功能区模拟测试的指标包括硝化速率、反硝化速率、释磷速率以及呼吸速率等。目前常用的硝化速率、反硝化速率以及释磷速率的测定方法主要有两种：第一种是根据实际生产运行中进出水的 NH_3-N、NO_3^--N、PO_4^{3-}-P 浓度变化情况，结合水力停留时间来核算污水处理厂活性污泥的硝化速率、反硝化速率以及释磷速率；第二种方法是采集污水处理厂相应功能区的部分活性污泥进行小试实验，以测定其中活性污泥的硝化速率、反硝化速率以及释磷速率，呼吸速率一般也采用小试实验进行测定。由于实际生产运行中影响因素（如进水水质变化、回流量变化等）较为复杂，计算出的实际活性污泥硝化速率、反硝化速率以及释磷速率往往误差较大。因此，在污水处理厂的日常管理中，通常使用后一种方法进行测定。

2.4.1　硝化速率测试

污水生物硝化是生物脱氮过程中的一个重要环节，它涉及在好氧条件下将氨氮氧化为硝酸盐氮和亚硝酸盐氮，同时消耗反硝化过程产生的碱度，从而维持整个活性污泥系统 pH 值的相对稳定。硝化细菌对 pH 值非常敏感，其活性最强状态为整个脱氮过程的顺利进行提供了保障。研究发现，硝化速率是评估硝化反应及脱氮效果好坏和硝化能力高低的重要依据。

硝化速率的测试方法如下：

① 取一定体积的好氧区活性污泥混合液（例如 8L）；

② 加入一定量的 NH_4Cl 以保持初始 NH_3-N 浓度与进水浓度相似，并加入一定量的 $NaHCO_3$ 以满足硝化过程对碱度的需求；

③ 曝气至溶解氧达到实际好氧池的浓度，然后在 0min、5min、10min、20min、30min、40min、50min、60min 时取样，测定混合液中的 NO_3^--N 或 NH_3-N 浓度（由于 NO_3^--N 测试较为简便，可优先考虑检测 NO_3^--N）；

④ 根据混合液中 NO_3^--N 或 NH_3-N 浓度的变化情况绘制线性回归曲线（以时间为横坐标，NO_3^--N 或 NH_3-N 浓度为纵坐标），得到污泥系统的硝化曲线。然后根据污泥系统的污泥浓度推算出系统的硝化速率［硝化速率＝斜率/VSS，单位为 $mg/(g \cdot h)$，以 NO_3^--N 或 NH_3-N 计］。

图 2-8 展示了某污水处理厂的活性污泥硝化速率曲线，其挥发性悬浮固体浓度为 3.55g/L。根据公式计算，硝化速率（以 NO_3^--N 计）为 3.58mg/(g·h)，表明该厂的活性污泥硝化速率略低于正常水平［该地区污水处理厂活性污泥硝化速率一般为 4～6mg/(g·h)］。根据该污水处理厂工艺运行情况分析，硝化速率偏低可能是由好氧池溶解氧低造成的。因此，为提高硝化速率，可以考虑适当提高好氧区的溶解氧。

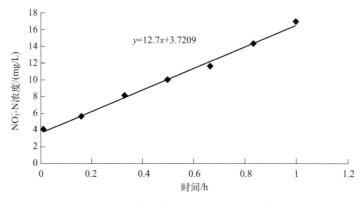

$$y = 12.7x + 3.7209$$

图 2-8　某污水处理厂硝化速率曲线

2.4.2　反硝化速率/潜力测试

在污水处理过程中，脱氮的主要途径包括硝化和反硝化两个阶段。硝化过程涉及氨氮在好氧条件下被硝化细菌（包括氨氧化菌和亚硝酸盐硝化菌）氧化为氧化态氮（主要是硝态氮）。反硝化过程则是在缺氧条件下，反硝化细菌利用碳源作为电子供体，将硝化生成的 NO_3^- 和 NO_2^- 还原为氮气，从而实现污水中氮的去除。

反硝化脱氮的化学反应方程式如式（2-1）。

$$C_{10}H_{19}O_3N + 10NO_3^- \longrightarrow 5N_2 + 10CO_2 + 3H_2O + NH_3 + 10OH^- \tag{2-1}$$

硝化细菌和反硝化细菌对环境的要求差异较大，硝化细菌需要高溶解氧环境且污泥龄较长；而反硝化细菌则需要缺氧环境，并且需要提供有机物。

反硝化速率的测定方法如下：

① 取一定体积的缺氧区活性污泥混合液（例如 8L），搅拌并测定其溶解氧浓度至 0mg/L。

② 加入一定量的 KNO_3 以保持初始 NO_3^--N 浓度（25～35mg/L），并根据实验目的适量加入一定量的进水以及碳源（如醋酸钠）。

③ 搅拌模拟缺氧池环境，然后在 0min、1min、3min、5min、10min、15min、20min、30min、45min、60min、90min、120min 时测定混合液中的 NO_3^--N 浓度。

④ 根据混合液中 NO_3^--N 浓度的变化情况分阶段作线性回归（以时间为横坐标，NO_3^--N 浓度为纵坐标），得到不同阶段污泥系统的反硝化曲线。一般反硝化速率根据碳源的情况可分为三段：第一段为消耗快速碳源阶段；第二段为消耗慢速碳源阶段；第三段为消耗内碳源阶段。然后根据污泥系统的污泥浓度可以推算出系统的反硝化速率［反硝化速率＝斜率/VSS，单位为 mg/(g·h)］。

图 2-9 展示了某污水处理厂活性污泥的反硝化速率曲线，其 MLVSS 为 3.59g/L。根据公式计算，第一段反硝化速率为 1.52mg/(g·h)，第二段为 0.74mg/(g·h)。这表明该厂的反硝化速率较低［该地区污水处理厂反硝化速率一般为 4～6mg/(g·h)］。这可能

是进水碳源较少所致。当第二段易降解碳源被利用完后，碳源更少，导致反硝化速率进一步降低。因此，该厂可能需要添加外部的碳源以提高工艺的反硝化能力。

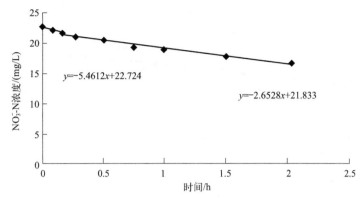

图 2-9　某污水处理厂反硝化速率曲线

2.4.3　释磷速率/潜力测试

传统生物除磷方式依赖于聚磷菌（PAOs）在好氧与缺氧环境交替过程中实现磷的去除。在厌氧条件下，PAOs 细胞内的多聚磷酸盐水解释放能量，同时吸收污水中的挥发性脂肪酸（VFA），在细胞内形成生物聚合物（PHA），并生成大量正磷酸盐。在有氧环境中，PAOs 氧化分解其体内储存的 PHA，最终氧化成 CO_2，这一过程不仅为 PAOs 提供能量和碳源，还使它们从外部环境中过量摄取磷。这些磷主要用于合成三磷酸腺苷（ATP）以支持聚磷菌的生长，而大部分磷则以聚合磷酸盐的形式储存在细胞内，最终通过富含磷的污泥排出，从而实现污水中磷的去除。因此，释磷速率是衡量生物除磷效果好坏和能力高低的重要指标。

释磷速率的测定方法如下：

① 取一定体积的厌氧区活性污泥混合液（例如 8L），用蒸馏水洗涤（2～3 遍）以去除污水中的 NO_3^--N，以防发生反硝化反应产生干扰，然后搅拌并测定其溶解氧浓度至 0mg/L。

② 根据研究目的加入一定量的进水或碳源（如醋酸钠）。

③ 搅拌模拟厌氧池环境，然后在 0min、10min、20min、30min、40min、50min、60min 时测定混合液中的 PO_4^{3-}-P 浓度。

④ 根据混合液中 PO_4^{3-}-P 浓度的变化情况分阶段作线性回归（以时间为横坐标，PO_4^{3-}-P 浓度为纵坐标），得到不同阶段污泥系统的释磷曲线。一般释磷速率根据碳源的情况可分为三段：第一段为消耗快速碳源阶段；第二段为消耗慢速碳源阶段；第三段为消耗内碳源阶段。最后根据污泥系统的污泥浓度可以推算出系统的释磷速率［释磷速率＝斜率/VSS，单位为 mg/(g·h)，以 PO_4^{3-}-P 计］。

图 2-10 展示了某污水处理厂污泥的释磷速率曲线，其 MLVSS 为 3.03g/L。根据公式计算，第一段释磷速率为 6.83mg/(g·h)，第二段为 0.62mg/(g·h)。这表明该污水处

理厂的生物释磷速率较高，生物除磷效果较好。加入进水后，释磷速率开始较高，随后逐步降低，原因是进水中的优质碳源已被利用完，厌氧释磷只能利用难降解碳源，从而导致释磷速率降低。

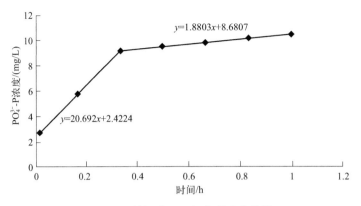

图 2-10　某污水厂厌氧释磷速率曲线

2.4.4　呼吸速率测试

呼吸速率，也称为耗氧速率，是指单位时间内单位体积混合液中微生物消耗的氧量。当活性污泥系统受到具有毒性或抑制性的进水影响时，微生物活性会受到抑制或中毒，导致微生物消耗的氧量下降和呼吸速率降低。在活性污泥中加入不同类型的进水，通过测定其呼吸速率，可以判断进水对活性污泥的抑制作用。

当污水处理厂进水含有多种类型废水，并且污染物成分复杂，含有多种难生物降解物质和抑制微生物生长的毒性物质时，可以通过将这些进水加入到活性污泥中进行耗氧速率实验，快速甄别进水水质对活性污泥的影响，为后期预处理段采取优化措施及升级改造提供参考。

呼吸速率的测定方法如下：将需要测试的水样分别设置为实验组，按照污泥与进水1∶1的比例混合，曝气至溶解氧（DO）饱和后停止曝气，然后继续搅拌。每隔1min测定一次DO，以时间为横坐标，DO为纵坐标绘制散点图（添加趋势线），计算出斜率。根据污泥系统的污泥浓度推算出系统的呼吸速率［呼吸速率＝斜率/VSS，单位为 mg/(h·g)，以DO计］。

图 2-11（书后另见彩图）展示了不同进水条件下活性污泥的耗氧速率变化曲线。该实验分为 A、B、C 三组，其中各组活性污泥相同，而水样不同。根据污泥浓度分别计算出如下数据：A 组的呼吸速率为 4.98mg/(h·g)，曝气饱和后 DO 下降到 2.1mg/L 耗时 60min；B 组呼吸速率为 8.09mg/(h·g)，曝气饱和后 DO 下降到 0mg/L 耗时 35min；C 组呼吸速率为 12.42mg/(h·g)，曝气饱和 35min 后 DO 下降到 0mg/L。当废水对活性污泥有抑制作用时，导致污泥呼吸速率下降。上述实验证明了 A 组废水对活性污泥有一定的抑制作用，导致活性污泥微生物消耗的氧量下降和呼吸速率降低。因此，在使用活性污泥法处理前，需要对 A 组废水进行一定的预处理以消除其生物毒性。

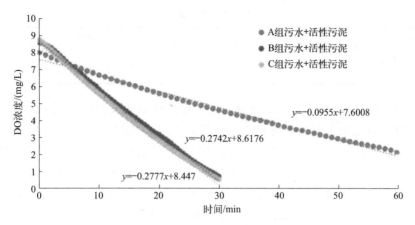

图 2-11　某污水处理厂耗氧速率曲线

2.5　优化模拟实验方法

不同污水处理厂由于进水水质、水量、工艺参数以及运行管理等方面的差异，各自在实际运行中可能存在的问题也不尽相同。因此，需要通过历年数据分析、工艺全流程功能测试分析、功能区指标模拟测试分析等方法，找出适合各厂具体情况的问题解决方案。

由于污水处理厂需要不间断地处理城市生活污水和部分工业废水，不能随时进行方案的改造或及时进行运行调控实验，因此，需要针对各个污水处理厂的具体情况设计相应的实验，模拟对应的解决方案，为下一步的优化运行提供切实可行的依据。对于城镇污水处理厂工艺运行出现的部分问题，可以通过设计针对性小试实验模拟工艺运行状态，从而确定污水处理工艺运行的优化策略。

2.5.1　除磷药剂比选

在污水除磷处理过程中，通过投加无机金属盐药剂与污水中溶解性的磷酸盐反应，生成颗粒状、非溶解性物质，这一化学沉析过程最终实现了化学除磷。高价金属离子药剂，如 Fe^{3+} 盐、Fe^{2+} 盐和 Al^{3+} 盐，通常被用于这一过程，因为它们与污水中的溶解性磷离子结合，生成难溶解性的化合物。这些药剂以溶液和悬浮液状态使用，考虑到经济因素，它们是磷沉析中的常见选择。不同水质及工艺的污水处理厂可能需要不同的除磷药剂，因此，通过有针对性的小试实验进行测试，以选择最优除磷药剂并优化其投加量，是非常必要的。

除磷药剂的比选实验方法如下：取 1 升原污水（泥水混合物）置于烧杯中，加入适量的化学除磷药剂后，使用搅拌器进行混合。混凝条件可参考表 2-2。混合后，取上清液进行测试，测定总磷（TP）、磷酸根（PO_4^{3-}-P）和化学需氧量（COD）等指标。

表 2-2 混凝条件

条件	快速搅拌	中速搅拌	慢速搅拌	沉淀
时间/min	1	5	5	15
转速/(r/min)	500	100	30	0

图 2-12 和图 2-13 展示了某污水处理厂进行除磷药剂比选的实验结果，其中选用了聚合硫酸铁、聚合氯化铝和聚合氯化铝铁三种除磷药剂。从图 2-12 中可以看出，随着投药量的增加，实验样品中上清液的 PO_4^{3-}-P 浓度呈现下降趋势，说明这三种药剂均能有效用于该水样的除磷处理。然而，通过对比图 2-13 的结果，可以观察到聚合硫酸铁在磷酸盐去除方面表现最佳，其次是聚合氯化铝，而聚合氯化铝铁的效果相对较差。基于这些实验数据，该污水处理厂可以选择聚合硫酸铁作为最佳的除磷药剂。

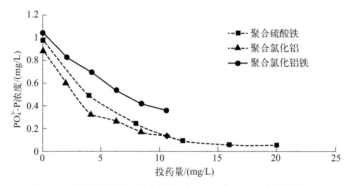

图 2-12 活性污泥加进水混凝实验 PO_4^{3-}-P 浓度变化情况

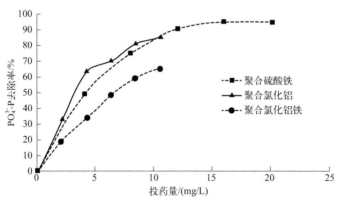

图 2-13 活性污泥加进水混凝实验 PO_4^{3-}-P 去除率变化情况

2.5.2 内回流比调整

内回流即硝化液回流，是指好氧区混合液回流至缺氧区，其比例大小是影响生物脱氮效果的重要因素之一。内回流比例偏小会导致缺氧区硝态氮浓度降低，减少硝态氮的降解量，从而影响脱氮效率。相反，内回流比例偏大会导致回流液中携带的溶解氧破坏缺氧区的缺氧环境，同样不利于脱氮效果。在工程设计中，AAO 工艺的内回流比通常设定为进

水量的 $100\% \sim 300\%$。然而，在实际生产运行中，许多污水处理厂往往忽视了对内回流比的控制。因此，通过内回流比调整的小试实验可以相对简便地确定工艺的最佳内回流比，从而优化脱氮效果。

内回流比调整实验方法如下。

① 模拟现场实验的设置：模拟现场的泥水比例，将进缺氧区前的泥水混合液、进水和好氧池回流污泥混合。确保好氧池回流污泥的溶解氧与现场实际情况一致。混合后立即开始计时，并在 0min、1min、3min、5min、7min、10min、15min、20min、30min、45min、60min、90min、120min 时取样测定硝酸盐氮，以评估反硝化效果。

② 调整回流比实验的设置：进缺氧区前的泥水混合液和进水均模拟现场比例，好氧池回流污泥量设置为拟调整的回流比。同样确保好氧池回流污泥的溶解氧与现场实际情况一致。混合后立即开始计时，并在 0min、1min、3min、5min、7min、10min、15min、20min、30min、45min、60min、90min、120min 时取样测定硝酸盐氮，以评估反硝化效果。

图 2-14 和图 2-15 展示了某污水处理厂内回流比调整的实验结果。模拟现场实验的内回流比为 400%，而调整后的内回流比为 200%。从图中可以看出，两组实验在初始 10 分钟内由于溶解氧过高，$NO_3^- \text{-N}$ 浓度出现上升现象。之后，$NO_3^- \text{-N}$ 浓度开始下降。当回流比为 400% 时，$NO_3^- \text{-N}$ 浓度的下降量为 1.4mg/L；而当回流比为 200% 时，$NO_3^- \text{-N}$ 浓度的下降量为 2.1mg/L。这表明，该污水处理厂回流硝化液中的高溶解氧对反硝化有较大影响，降低回流比可提高 $NO_3^- \text{-N}$ 的降解量。因此，可以考虑适当减少内回流比以提高脱氮效果。

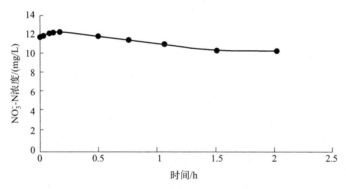

图 2-14　某污水处理厂内回流比（400%）模拟现场实验

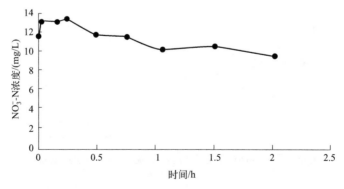

图 2-15　某污水处理厂内回流比降低（200%）模拟现场实验

2.5.3 好氧/缺氧段水力停留时间

好氧和缺氧段的水力停留时间是影响活性污泥硝化和反硝化效果的关键因素之一。在特定条件下，增加好氧段的水力停留时间可以提高工艺的硝化效果，从而降低出水中的氨氮浓度。同样，增加缺氧段的水力停留时间可以延长反硝化反应的时间，进而提高反硝化脱氮的效果。然而，硝化和反硝化反应受到多种因素的影响，因此在实际工艺调控中，需要通过小试实验来确定延长或缩短好氧和缺氧段水力停留时间对脱氮效率的具体影响。

通常，AAO 和氧化沟等工艺的功能区划分较为固定，因此在工艺设计阶段之外，难以调整好氧和缺氧段的水力停留时间。相比之下，SBR 或 CAST 等工艺类型则提供了更大的灵活性，允许对好氧和缺氧段的水力停留时间进行调控。

以 CAST 工艺为例，好氧和缺氧段水力停留时间的调整实验方法如下：

① 模拟现场实验：模拟现场的污泥和进水比例，将泥水混合，模拟现场运行模式，实验周期设置为 0～120min 曝气（0～40min，DO＝0.6mg/L；40～120min，DO＝2.0mg/L），120～240min 静沉。在实验周期内 1min、3min、4min、5min、7min、10min、15min、25min、40min、60min、75min、90min、120min、180min 和 240min 时取样，其中在 1min、3min、4min、5min、7min、10min、15min、25min、40min 测定硝酸盐氮，以评估反硝化效果；在 1min、3min、4min、5min、7min、10min、15min、25min、40min、60min、75min、90min、120min、180min 和 240min 测定氨氮，以评估硝化效果。

② 强化脱氮实验：模拟现场的污泥和进水比例，将泥水混合。设计增加缺氧时间，实验周期设置为 0～40min 缺氧搅拌，40～120min 曝气（40～60min，DO＝1.0mg/L；60～120min，DO＝2.0mg/L），120～240min 静沉。在实验周期内 1min、3min、4min、5min、7min、10min、15min、25min、40min、60min、75min、90min、120min、180min 和 240min 时取样，其中在 1min、3min、4min、5min、7min、10min、15min、25min、40min 测定硝酸盐氮，以评估反硝化效果；在 1min、3min、4min、5min、7min、10min、15min、25min、40min、60min、75min、90min、120min、180min 和 240min 测定氨氮，以评估硝化效果。

从图 2-16 中可以看出，强化脱氮实验模式下，硝酸盐氮从 11mg/L 降低至 8mg/L 左右，共降解了 3mg/L 的硝酸盐氮。而模拟现场实验模式下，该阶段处于曝气阶段，硝酸盐氮浓

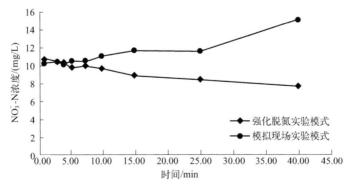

图 2-16　某污水处理厂好氧/缺氧段水力停留时间模拟实验硝酸盐氮变化曲线

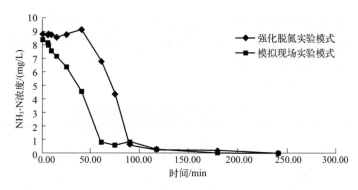

图 2-17　某污水处理厂好氧/缺氧段水力停留时间模拟实验氨氮变化曲线

度呈现上升趋势。另外，从图 2-17 进一步判断，在缩短曝气时间情况下，氨氮在 100min 后仍可降至 1mg/L 以下。综上表明，为了进一步强化脱氮效果，该厂可以利用 CAST 工艺特性，考虑增加 40min 的缺氧时间，这将对硝酸盐氮的降解有利，同时不会影响出水氨氮达标。

2.5.4　碳源投加比选

调研结果表明，许多污水处理厂面临进水碳源不足和脱氮效果不佳的问题。为确保出水达标，这些厂通常会在生化段补充碳源，如乙酸、乙酸钠和葡萄糖等。为了确定这些碳源是否适合特定工艺，以及碳源的投加比例，需要进行模拟实验。

碳源投加的比选实验方法如下：

① 取一定体积的缺氧区活性污泥混合液（例如 8 升），搅拌并调整其溶解氧浓度至 0mg/L。

② 加入一定量的 KNO_3，以确保初始的 $NO_3^- -N$ 浓度在 25mg/L 至 35mg/L 之间，并根据实验目的添加不同种类或不同浓度的碳源。

③ 搅拌模拟缺氧池环境，在 0min、1min、3min、5min、10min、15min、20min、30min、45min、60min、90min、120min 时测定混合液中的 $NO_3^- -N$ 浓度。

④ 根据混合液中 $NO_3^- -N$ 浓度的变化及污泥浓度，可以推算出不同种类或不同浓度碳源的反硝化速率［反硝化速率＝斜率/VSS，单位为 mg/(g·h)］，并计算 $NO_3^- -N$ 的削减量。

图 2-18 和表 2-3 展示了某污水处理厂不同碳源浓度比选的实验结果。实验中使用的碳

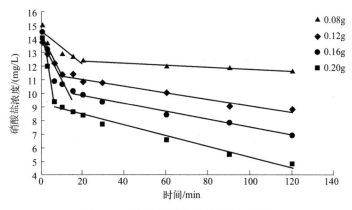

图 2-18　某污水处理厂碳源投加实验

源为乙酸钠，投加量分别为 0.08g、0.12g、0.16g、0.20g（换算成 COD 浓度分别为 10.4mg/L、15.6mg/L、20.8mg/L、26.0mg/L）。实验结果表明，当出水总氮（TN）浓度超过 15mg/L 时，为了将 TN 降低至 12mg/L 以下，所需的 COD 投加量需要达到 15.6mg/L 以上。

表 2-3　某污水处理厂碳源投加量实验汇总

乙酸钠投加量/g	0.08	0.12	0.16	0.20
折算为 COD/(mg/L)	10.4	15.6	20.8	26.0
第一段斜率	0.121	0.300	0.294	0.960
速率/[mg/(g·h)]	1.70	4.25	4.06	13.06
第二段斜率	0.008	0.024	0.029	0.039
速率/[mg/(g·h)]	0.11	0.34	0.40	0.54
3h 降解硝酸盐/(mg/L)	3.5	5.7	7.5	9.2

参考文献

[1] 静贺，邱勇，沈童刚，等 . 城市污水处理厂进水动态特性及其影响研究 [J]. 给水排水，2010，36（08）：35-38.

[2] 陈清 . 污水处理厂进水水质变化对污染物去除效率的影响分析 [J]. 水资源开发与管理，2015（02）：80-84.

[3] 邹吕熙，李怀波，郑凯凯，等 . 太湖流域城镇污水处理厂进水水质特征分析 [J]. 给水排水，2019，045（07）：39-45.

[4] 张玲玲，陈立，郭兴芳，等 . 南北方污水处理厂进水水质特性分析 [J]. 给水排水，2012，38（01）：45-49.

[5] 郭泓利，李鑫玮，任钦毅，等 . 全国典型城市污水处理厂进水水质特征分析 [J]. 给水排水，2018（6）：12-15.

[6] 江涛 . 温度对聚磷菌的影响特性研究 [D]. 西安：西安建筑科技大学，2013.

[7] Oehmen A，Lemos P C，Carvalho G，et al. Advances in enhanced biological phosphorus removal：From micro to macro scale [J]. Water Research，2007，41（11）：2271-2300.

[8] 尹博涵，黄宁俊，王社平，等 . 城市污水处理厂运行除磷效果影响因素分析 [J]. 给水排水，2011，37（12）：41-45.

[9] 蒋柱武，张仲航，陈礼洪，等 . 反硝化生物膜滤池脱氮影响因素分析 [J]. 中国给水排水，2019，35（07）：109-114.

[10] Albertsen M，Hansen L B，Saunders A M，et al. A metagenome of a full-scale microbial community carrying out enhanced biological phosphorus removal. [J]. Isme Journal，2012，6（6）：1094-1096.

[11] 任健，李军，苏雷，等 . 酸化液对厌氧释磷好氧吸磷速率的影响研究 [J]. 环境工程，2011，29（增1）：103-107.

[12] 王社平，王卿卿，惠灵灵，等 . 分段进水 A/O 脱氮工艺反硝化速率的测定 [J]. 环境工程，2008，26（03）：56-58.

[13] 张志斌，周峰，杜明臣，等 . 化学同步除磷药剂的优选研究 [J]. 中国给水排水，2010，26（11）：104-106.

[14] 孙永利，李鹏峰，隋克俭，等 . 内回流混合液 DO 对缺氧池脱氮的影响及控制方法 [J]. 中国给水排水，2015，31（21）：81-84.

第 **3** 章

COD达标问题诊断与优化调控

3.1 COD 的组成与降解

3.1.1 COD 的组成成分分析

化学需氧量（chemical oxygen demand，COD）是评估污水中有机物污染程度的关键参数。在城镇污水处理厂的运行过程中，COD 的测定通常遵循《水质 化学需氧量的测定 重铬酸盐法》（HJ 828—2017）或《水质 化学需氧量的测定 快速消解分光光度法》（HJ/T 399—2007）的标准。这两个标准下的 COD 测定，指的是在一定条件下，水样中的溶解性物质和悬浮物通过重铬酸钾氧化处理所消耗的重铬酸钾相对应的质量浓度，以 mg/L 表示。本书采用了这两种标准来测定污水中的 COD。一般来说，COD 值越高，表明水中的有机物含量越高，水体受到的有机物污染越严重。

根据有机污染物（COD）是否可以通过孔径为 $0.45\mu m$ 的滤膜，可以将 COD 分为溶解性有机物（soluble organic matter，SOM）和颗粒有机物（又称悬浮有机物，particulate organic matter，简称 POM）。根据其生物降解性，COD 又可分为可生物降解有机物（biodegradable organic matter，BOM）、难降解有机物（refractory organic matter，ROM）和不可降解有机物（non-biodegradable organic matter，NBOM）。不可降解有机物包括持久性有机物和塑料等，城镇污水中的不可降解有机物含量通常较低，因此在本章中不进行讨论。颗粒有机物是污水中有机物的重要组成部分，可以通过沉淀和过滤方法去除。这部分有机物不仅为微生物提供碳源和附着表面，而且为污水脱氮除磷提供碳源。

根据上述分类方式，城镇污水中的 COD 主要分为溶解性可生物降解有机物（soluble biodegradable organic matter，SBOM）、溶解性难生物降解有机物（soluble refractory organic matter，SROM）、悬浮性可生物降解有机物（particulate biodegradable organic matter，PBOM）和悬浮性难生物降解有机物（particulate refractory organic matter，PROM）。在本章中，城镇污水中总 COD 表示为 COD，溶解性有机物表示为 SCOD（soluble chemical oxygen demand，SCOD），而 COD 和 SCOD 的差值即可表示颗粒有机物（particulate chemical oxygen demand，PCOD）。

本章选择了太湖流域进水工业废水占比从 0% 到 80% 的 43 座城镇污水处理厂，研究了其进水的 COD 和 SCOD，如图 3-1 所示。调研的 43 座城镇污水处理厂进水 COD 浓度范围为 62~979mg/L，平均值为 308mg/L；SCOD 浓度范围为 18~826mg/L，平均值为 177mg/L。这表明我国城镇污水处理厂的进水 COD 和 SCOD 存在较大差异。COD 中溶解性有机物的组成比例如图 3-2 所示。在 43 座污水处理厂中，有 8 座的进水中溶解性 COD 比例低于 40%，大部分污水处理厂的溶解性 COD 比例在 40%~90% 之间。然而，由于各污水处理厂溶解性 COD 比例的差异较大，因此不能直接通过 COD 的值来推断 SCOD。

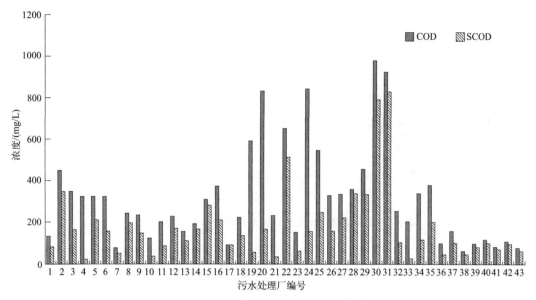

图 3-1　全国 43 座城镇污水处理厂进水 COD 和 SCOD

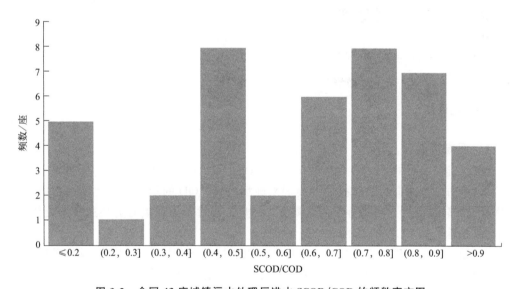

图 3-2　全国 43 座城镇污水处理厂进水 SCOD/COD 的频数直方图

　　由于颗粒有机物是悬浮固体（suspended solid，简称 SS）的组成部分，城镇污水处理厂进出水的 SS 含量在一定程度上可以反映污水中颗粒有机物的含量。太湖流域 43 座城镇污水处理厂进水的悬浮性 COD 与 SS 的相关性如图 3-3 所示。污水处理厂进水的悬浮性 COD 与 SS 大致成正比例关系，即进水 SS 的浓度越高，进水 COD 中悬浮性 COD 的含量也越高。由于污水处理厂在日常检测中需要测定进水的 SS 和 COD 等指标，因此可以通过进水的 SS 浓度初步推断悬浮性 COD 的含量。

　　可生物降解有机物通常指在一定条件下可以被微生物降解的有机物。在城镇污水中，这种有机物通常用五日生化需氧量（5-day biochemical oxygen demand，BOD_5）来表示。

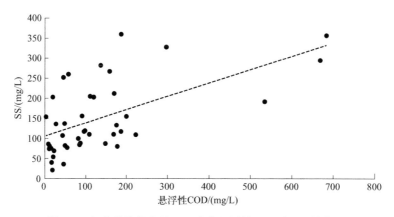

图 3-3　部分城镇污水处理厂进水悬浮性 COD 与 SS 的关系

难降解有机物可以通过 COD 和 BOD_5 的差值来估算。在污水处理过程中，BOD_5/COD 的比值被用来表示污水的可生物降解性。这个比值不仅反映了污水中可生物降解有机物的比例，还反映了污水中有机物通过生物处理的难度。

3.1.2　COD 的去除原理

针对上述 COD 的组成，城镇污水处理厂对 COD 的去除方法主要可以分为物理法、生物法和化学法三类。

3.1.2.1　物理法

（1）混凝沉淀法

混凝沉淀法是针对 SCOD 中的胶体 COD（粒径在 1～100 纳米之间的有机物）的处理方法。这种方法通过向污水中投加混凝剂来破坏胶体 COD 的稳定性，促使污水中的胶体 COD 凝聚成较大尺寸、易于分离的絮凝体。随后，通过重力或离心力将这些絮凝体分离，从而实现去除胶体 COD 的目的。

在城镇污水处理厂的生产运行过程中，可以通过调整混凝剂的种类、投加量和水力条件等参数来提高混凝沉淀的效率。目前常用的混凝剂包括聚合氯化铝（poly aluminium chloride，PAC）、聚合氯化铁（poly ferric chloride，PFC）和聚合氯化铝铁（poly aluminium ferric chloride，PAFC）等。由于混凝剂的种类、投加量和复配比例都会显著影响混凝效果，因此需要通过小试实验来确定它们的最佳配比。

混凝过程一般分为两个阶段：混合阶段和反应阶段。这两个阶段需要相应的搅拌强度和搅拌时间相互配合：在混合阶段，需要快速和剧烈地搅拌，以确保混凝剂和污水混合均匀，这个阶段的搅拌时间应控制在 1 分钟以内；在反应阶段，随着絮体的长大，搅拌强度应逐渐降低，以避免破坏已形成的絮体，这个阶段的搅拌时间通常控制在 15～30 分钟。

（2）吸附法

吸附是一种表面化学现象，利用固体表面的张力、表面能，通过吸附剂吸附去除水中的溶解性和胶体有机物。

在城镇污水处理中，常用的固体吸附剂包括活性炭和活性焦等。活性炭是通过在隔绝空气的条件下加热有机原料（如果壳、煤、木材等）以减少非碳成分，然后与气体反应，在其表面形成发达的微孔结构。活性炭具有较高的比表面积和发达的微孔结构，对溶解性有机物有较强的吸附作用，常用于去除溶解性难降解有机物。活性焦则是以煤粉、焦粒为原料，经过炭化和活化处理获得的炭。与活性炭相比，活性焦的比表面积较小，但由于其具有更多的中孔和丰富的分级多孔结构，因此更有利于吸附溶解性难降解大分子有机物。

（3）膜分离法

膜分离是指利用膜的选择透过性将离子、分子或某些微粒从水中分离出来的过程。用膜分离溶液时，使溶质通过膜的方法称为渗析；使溶剂通过膜的方法称为渗透。根据溶质或溶剂透过膜的推动力和膜种类不同，膜分离法通常分为电渗析、反渗透、纳滤、超滤及微滤等。在城镇污水处理中常采用的膜分离法主要有微滤、超滤和纳滤等。

微滤是利用膜两侧压力差和颗粒或分子大小与膜孔径的差异，截留无机颗粒、微生物或大颗粒胶体等。微滤膜孔径在 $0.1 \sim 10 \mu m$ 之间，能够截留直径在 $0.05 \sim 1 \mu m$ 之间的颗粒或分子量大于 1000000 的高分子物质。其具有便捷、高效、节能的特点，不会产生二次废水。在污水处理领域一般用于 SS 和活性污泥的截留。

超滤是一种筛孔分离过程，是在静压差的推动下，水和小分子有机物从高压的一侧透过半透膜到低压一侧，而大分子有机物被截留下来，达到净化污水的目的。超滤主要用于去除污水中的大分子有机物、微生物和油脂。超滤膜孔径在 $0.005 \sim 1 \mu m$ 之间，被分离有机物直径大约为 $0.01 \sim 0.1 \mu m$（分子量 $1000 \sim 300000$ 的大分子和胶体粒子）。超滤需要消耗能源提供过滤所需压力，但分离效率高。一般经超滤处理的污水可作为回用水。

纳滤是利用纳滤膜的筛分效应和电荷效应分离粒径大于 1nm 的有机物。纳滤主要用于去除分子量为 $80 \sim 1000$ 的小分子有机物和多价盐。纳滤的截留率高，但不能去除污水中的氯，当污水中氯含量较高时，纳滤膜寿命会明显缩短，而且进水中 Ca^{2+}、Mg^{2+} 含量较高也容易造成膜污染。一般用于截留微量高毒污染物和高价重金属离子等，出水一般仅含有一价离子和极小分子的有机物。

3.1.2.2 生物法

（1）好氧生物法（好氧活性污泥法）

好氧活性污泥法是一种利用好氧微生物的新陈代谢过程对污水进行净化处理的方法。这种方法中，活性污泥对有机物的去除过程可以分为三个阶段：

第一阶段，活性污泥絮体对污水中的有机物具有较强的吸附能力，因此污水中的有机物会吸附在活性污泥絮体表面。

第二阶段，吸附在活性污泥絮体表面的溶解性大分子有机物在胞外水解酶的作用下分解为小分子有机物。

第三阶段，这些小分子有机物透过细胞膜被胞内酶降解，一部分被活性污泥中的有机物组成同化，另一部分被微生物降解为 CO_2、H_2O、NO_3^-、PO_4^{3-} 等。

（2）厌氧生物法

城镇污水处理中的厌氧生物法通常指水解酸化法，主要应用于悬浮物含量较高、生化性偏低的污水处理厂中，以降低进水中的悬浮性污染物浓度，提高污水的可生化性。厌氧生物法是在无氧条件下，由兼性厌氧菌和专性厌氧菌分解难降解有机物和高浓度有机物，最终生成小分子有机酸（如乙酸、丙酸、丁酸等）的过程。

水解酸化过程分为两个阶段：

第一阶段为水解阶段。在这个阶段，难降解有机物等复杂有机物在厌氧菌胞外酶的作用下被分解为小分子有机物，例如纤维素和多糖经水解转化为单糖；蛋白质转化为简单的氨基酸；脂肪转化为长链脂肪酸和甘油。

第二阶段为酸化阶段。水解阶段产生的简单有机物在产酸菌的作用下转化为短链脂肪酸（如乙酸、丙酸、丁酸等）、醇类、CO_2 和 H_2O 等。

含有较多难降解有机物和高浓度 COD 的污水经过水解酸化处理后，可以有效降低 COD 并提高其可生化性。尽管水解酸化法可以降解难降解有机物，但它不能完全分解有机物，因此在城镇污水处理中，水解酸化法通常仅作为预处理工艺，起到为后续好氧生物处理提供优质碳源的作用。

3.1.2.3　化学法

（1）臭氧氧化法和臭氧催化氧化法

臭氧氧化法利用臭氧的强氧化性来氧化污水中的有机物，以达到去除 COD 的目的。臭氧氧化去除污水中有机物的主要途径包括：

臭氧直接与有机物反应，这种反应对有机物的去除具有选择性。然而，臭氧与饱和有机酸类物质的反应较为缓慢，且无法将有机物完全矿化为 CO_2 和 H_2O。

臭氧与水中的 OH^- 反应，生成具有强氧化性的羟基自由基。这种反应对有机物的去除没有选择性，但与易降解的短链有机物反应速率较快。此外，生成的羟基自由基数量有限。因此，臭氧氧化法对难降解有机物的去除具有选择性，需要在工艺设计前进行小试实验以确定去除效果。

臭氧催化氧化法利用臭氧催化剂分解臭氧，生成羟基自由基、单线态氧或超氧自由基等活性氧自由基，然后利用这些活性氧自由基氧化有机物并矿化为 CO_2 和 H_2O。因此，这种方法对难降解有机物的去除和矿化具有广谱性。

（2）芬顿氧化法

芬顿氧化法利用二价铁离子（Fe^{2+}）和过氧化氢（H_2O_2，又称双氧水）反应生成的羟基自由基来氧化降解有机物。其化学反应机制如下：

$$H_2O_2 + Fe^{2+} \longrightarrow \cdot OH + OH^- + Fe^{3+} \longrightarrow Fe(OH)_3 \downarrow$$

芬顿氧化法不仅具有氧化作用，反应生成的铁和氢氧根的络合物还具有絮凝作用，可以絮凝和络合沉淀污水中的大分子有机物。芬顿氧化法主要用于去除污水中的难降解有机物。该方法氧化速度快，所需的停留时间短，通常只需 0.5～1h。此外，相对反应槽容积不需要太大，可以节省空间。

但是传统的芬顿氧化法需要消耗 H_2O_2 和 Fe^{2+} 并产生较多的化学污泥。因此，开发出了电芬顿法。电芬顿法通过消耗电能在阴极产生 H_2O_2，并与水中添加的 Fe^{2+} 或固载于电极上的铁氧化物反应生成羟基自由基氧化有机物，反应生成的 Fe^{3+} 也会在阴极被还原为 Fe^{2+}。反应方程式如下：

$$O_2 + 2H^+ + 2e^- \longrightarrow H_2O_2$$
$$Fe^{3+} + e^- \longrightarrow Fe^{2+}$$

电芬顿法无需添加 H_2O_2 且产生较少的化学污泥或几乎不产生化学污泥，但是电芬顿法存在能耗较高，大电极的稳定性较差且易产生电极污染等问题，因此目前仅应用于小型污水处理厂。

3.2 COD 达标主要影响因素分析

城镇污水处理厂通过预处理、二级处理（生化处理）和深度处理等工艺流程来去除不同种类的 COD。预处理设施通常包括格栅、沉砂池、初沉池和水解酸化池。格栅主要用于拦截污水中的较大颗粒悬浮物，对 COD 的去除效果有限。沉砂池主要用于去除污水中粒径大于 0.2mm 的颗粒，同时也可以去除部分黏附于颗粒上的有机物，其对 COD 的去除效果也较为有限。初沉池可以有效去除颗粒态 COD，但如果其对 COD 的去除率过高，可能会导致后续生化处理段碳源不足，因此在我国的城镇污水处理厂中通常不设置初沉池。水解酸化池主要用于去除污水中的难降解有机物，可以有效降低 COD 并提高其可生化性。

由于城镇污水中绝大部分可生物降解有机物和悬浮态有机物在生化处理阶段被去除，因此二级处理出水中剩余的 COD 主要由溶解性难降解有机物组成。当二级处理出水 COD 无法达到排放标准时，需要增加深度处理工艺来去除这些溶解性难降解有机物。深度处理通常采用活性炭/焦吸附法、臭氧氧化法、臭氧催化氧化法、混凝沉淀法和芬顿氧化法。

目前，城镇污水处理厂 COD 达标的主要困难在于溶解性难降解有机物的含量较高，其次是好氧段水力停留时间较短和悬浮物浓度较高。这些因素共同影响着 COD 的去除率和处理成本，因此需要通过优化工艺设计和运行参数来提高处理效果。

3.2.1 溶解性难降解有机物

溶解性难降解有机物通常难以被城镇污水处理厂的生化处理工艺有效去除。如果深度处理工艺段未增设有效的难降解有机物去除设施，可能会导致出水 COD 超标。污水处理厂出水中溶解性难降解有机物的来源主要是进水，因此进水中难降解有机物的含量是 COD 能否实现达标排放的关键影响因素之一。

江苏省及下辖 13 市城镇污水处理厂进水的 BOD_5/COD 比值如图 3-4 所示，其中虚线

表示 $BOD_5/COD=0.4$。这个比值可以用来评估污水中有机物的可生物降解性。一般来说，BOD_5/COD 比值越高，表明污水中有机物的可生物降解性越好，生化处理工艺的效率也越高。如果 BOD_5/COD 比值较低，说明污水中难降解有机物的含量较高，这可能会对生化处理工艺的效率产生负面影响。

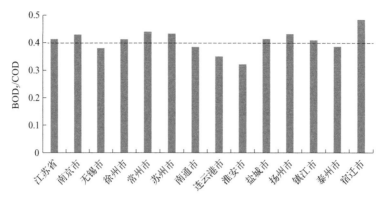

图 3-4　江苏省及下辖 13 市城镇污水处理厂进水 BOD_5/COD

一般认为，污水中 BOD_5/COD 的比值大于 0.4 时，表示污水的可生化性较好。在统计的江苏省及下辖 13 市中，江苏省城镇污水处理厂进水 BOD_5/COD 均值高于 0.4，但有5 个城市的 BOD_5/COD 小于 0.4，进水可生化性较差。

江苏省及下辖 13 个城市的城镇污水处理厂出水平均 COD 和 BOD_5 如图 3-5 所示。江苏省出水平均 COD 为 18mg/L，低于一级 A 标准（50mg/L）和各地更严格的标准（30mg/L）。13 个城市出水平均 COD 也均低于 30mg/L。但其中 BOD_5 均低于 10mg/L，大部分低于 5mg/L，表明出水中可生物降解有机物含量较低，因此出水 COD 以难降解COD 为主，占比高达 76%～90%。

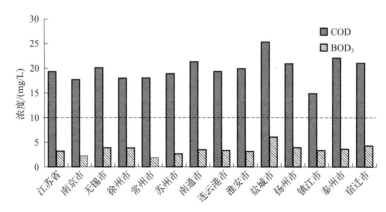

图 3-5　江苏省及下辖 13 市城镇污水处理厂出水 COD 和 BOD_5

3.2.2　好氧段水力停留时间

由于城镇污水处理厂出水排放标准中对氮、磷的要求日益提高，我国的城镇污水处理厂在生化处理段基本具备脱氮除磷功能。这一工艺段通过消耗污水中易生物降解的有机物来实现脱氮除磷的目的。由于我国城镇污水处理厂进水中可生物降解 COD 的含量普遍较低，因此，在完成脱氮除磷的厌氧缺氧段中，易生物降解的 COD 通常已被完全去除，剩余的降解速率较慢的 COD 需要在好氧段去除。

活性污泥在好氧段曝气过程中，对有机物的降解过程可以分为两个阶段：吸附阶段和转化阶段。在吸附阶段，由于活性污泥具有大比表面积和表面黏性的糖类和蛋白质类物质，污水中的有机物快速吸附于活性污泥表面，这一过程通常在 15～45 分钟内完成。吸附阶段对污水中的悬浮性和胶体态的 COD 有较好的去除效果。在转化阶段，吸附于活性污泥表面的有机物和污水中溶解性小分子有机物在活性污泥的同化、分解作用下，分别转化为活性污泥微生物体和 CO_2、H_2O 等无机物。

活性污泥对有机物的去除过程可以根据去除速率分为两段：第一阶段，当污水中有机物浓度较高时，活性污泥对有机物的去除过程符合零级动力学，即在相同的污泥浓度条件下，单位时间内去除的有机物量保持不变。第二阶段，当污水中有机物浓度较低时，活性污泥对有机物的去除过程符合一级动力学，即在相同的污泥浓度条件下，随着有机物浓度的降低，有机物的去除速率也逐步降低。有机物浓度随时间的变化曲线如图 3-6 所示。

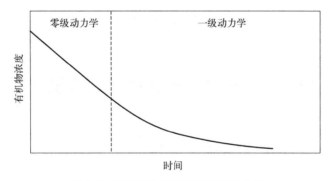

图 3-6　有机物浓度随时间的变化曲线

在活性污泥浓度一定的情况下，活性污泥对有机物的去除速率随有机物浓度的降低而降低。降解速率较慢的 COD 需要一定的时间来完全降解，因此，在好氧段需要保证有一定的水力停留时间，以确保降解速率较慢的 COD 能够完全降解。

3.2.3 悬浮性难降解有机物

出水中悬浮物浓度较高可能导致出水 COD 超标，因此在 COD 超标时需要测试水样的溶解性 COD。如果溶解性 COD 值较低，并且水样已经过较长时间的好氧生物处理，这表明出水中可能含有较多的悬浮性难生物降解有机物。

如图 3-7 所示，在统计的全国及各省城镇污水处理厂中，仅新疆生产建设兵团的城镇污水处理厂的出水 SS（悬浮固体）超过 10mg/L。通常情况下，当出水 SS 低于 10mg/L 时，悬浮物中含有的难降解有机物较少，对出水 COD 的影响也较小。当出水 COD 由于悬浮性难降解有机物过高而难以达到排放标准时，可以在深度处理工艺段中增设混凝沉淀和过滤工艺来截留悬浮物，从而有效降低出水 SS。这种方法可以帮助污水处理厂提高出水质量，确保出水 COD 达到排放标准。

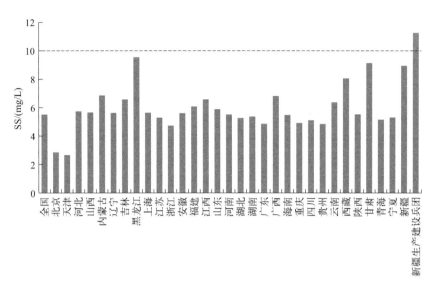

图 3-7　全国及各省城镇污水处理厂出水 SS

3.3　COD 达标全流程诊断与优化调控案例分析

3.3.1　典型污水处理厂全流程 COD 分布

污水处理厂对 COD 的去除效果不仅与进水中的 COD 种类和含量有关，而且直接受到进水中是否含有难降解的工业废水的影响。以下是对进水为纯生活污水和含有工业废水掺入的典型污水处理厂的全流程 COD 分布情况进行对比分析。

3.3.1.1　进水中无工业废水的城镇污水处理厂

该城镇污水处理厂的污水日处理规模为 18 万吨，收集的污水全部为生活污水，不含工业废水。其中一期工程的日处理规模为 6 万吨，生化处理段的主体工艺为 AAO 工艺。该厂的工艺流程如图 3-8 所示。预处理段包括粗格栅、进水泵房、细格栅和曝气沉砂池，生化处理段采用 AAO 工艺（厌氧段 HRT 为 2.4 小时，缺氧段 HRT 为 6.1 小时，好氧段 HRT 为 9.7 小时），深度处理包括高效沉淀池、V 型滤池和紫外消毒渠。该厂的设计和实际进水 COD 和 BOD$_5$ 数据如表 3-1 所列。实际进水 COD 的均值为 369mg/L，符合设计值，但进水 BOD$_5$ 的均值仅为 135mg/L，显著低于设计值，同时实际 SS 的均值也低于设计值。

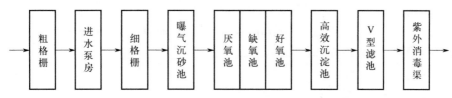

图 3-8　工艺流程图

表 3-1　污水处理厂设计和实际进水以及实际出水 COD_{Cr}、BOD_5 和 SS

项目	COD_{Cr}/(mg/L)	BOD_5/(mg/L)	SS/(mg/L)
设计进水	360	180	250
实际进水	369	135	179
实际出水	23.3	2.5	4.1

进水 BOD_5/COD 比值如图 3-9 所示，进水 BOD_5/COD 比值在 0.08～0.96 之间，平均值为 0.38，虽然波动较大，但整体上表明进水的可生化性较好。该厂出水 COD 和 BOD_5 的均值分别显著低于 50mg/L 和 10mg/L 的限值，因此该厂出水能够稳定达到一级 A 排放标准，并且符合《太湖地区城镇污水处理厂及重点工业行业主要水污染物排放限值》（DB32/ 1072—2018）和苏州特别排放限值的要求。

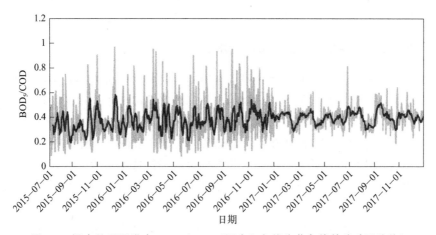

图 3-9　污水处理厂进水 BOD_5/COD（图中红色线为蓝色线的移动平均值）

该厂全流程 COD 分布如图 3-10 所示。进水 COD 为 185mg/L，SCOD/COD 比值为 66.5%，表明不可溶 COD 占比较小。其中溶解性 BOD_5/SCOD 比值为 64.6%，进水的可生化性良好。曝气沉砂池出水中不可溶 COD 浓度为 140mg/L，SCOD/COD 比值为 61.4%，略低于进水，这可能与进水水质和水量的波动有关。进水预处理段出水 SCOD/COD 比例大于 60%，溶解性 BOD_5/SCOD 比值为 63.6%，有利于后续生物段的处理。

进入厌氧池后，由于生物释磷作用（消耗部分 COD）以及外回流的稀释作用，厌氧池的 SCOD 降至 35mg/L，BOD_5/SCOD 比值为 92.5%，有利于生物释磷及之后的生物工艺段处理。进入缺氧池后会进行反硝化作用，即反硝化菌利用碳源，去除水体中的硝态

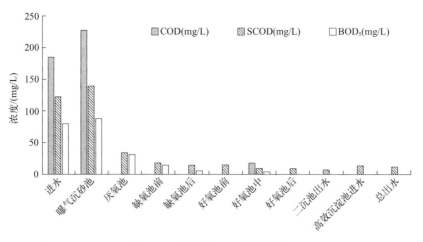

图 3-10 全流程 COD 分布情况

氮，该过程会消耗大量的 COD，缺氧池 SCOD 出水为 15mg/L，BOD$_5$ 为 5.73mg/L。生化池出水 COD 为 9mg/L，此时进水中的 BOD$_5$ 已经完全被利用，COD 剩余组分为微生物难降解 COD。经高效沉淀池沉淀处理后，出水 SCOD 为 12.1mg/L，能够稳定控制在 30mg/L 以下。

由于该厂进水中没有工业废水且可生化性较好，因此经过生化处理后 COD 已经可以稳定达标排放，无需在深度处理中增设难降解有机物的去除设施。

3.3.1.2 进水中工业废水含量高的城镇污水处理厂

该城镇污水处理厂的污水日处理规模为 3 万吨，收集的污水主要是生活污水和印染废水，其中印染废水占比较高。原本该厂执行《太湖地区城镇污水处理厂及重点工业主要水污染物排放限值》（DB32/ 1072—2007），并能稳定达标排放。但从 2021 年 1 月 1 日起，需要执行 DB32/ 1072—2018 标准中的一、二级保护区排放限值。因此，需要对污水处理厂的工艺全流程进行达标问题诊断与评估，为提标改造提供技术参考。

该污水处理厂生化处理段的主体工艺为粉末活性炭-活性污泥处理工艺（powdered activated carbon treatment process，PACT）。工艺流程如图 3-11 所示，包括预处理段（粗格栅、调节池和初沉池）和生化处理段（PACT 工艺，HRT 为 26.6 小时），以及深度处理段（混凝沉淀池、砂滤池和炭滤池，HRT 为 4.8 小时）。该厂的设计和实际进水 COD 和 BOD$_5$ 数据如表 3-2 所列。实际进水 COD 的均值为 477mg/L，略低于设计值 500mg/L，但进水 BOD$_5$ 的均值仅为 103mg/L，显著低于设计值。此外，实际 SS 的均值也低于设计值。进水 BOD$_5$/COD 的均值为 0.22，SS 的均值为 221mg/L，表明进水的可生化性较差，且含有较多的溶解性难降解有机物。

该厂出水 COD 和 BOD$_5$ 的均值分别低于 60mg/L 和 10mg/L，因此该厂出水可以满足 DB32/ 1072—2007 标准的要求。然而，对于 DB32/ 1072—2018 标准中的一、二级保护区排放限值，出水 COD 存在达标难度，因此 COD 是提标改造中需要重点优化的水质指标。该厂出水 BOD$_5$ 的均值仅为 1.5mg/L，表明出水 COD 中的可生物降解有机物已完全去除，

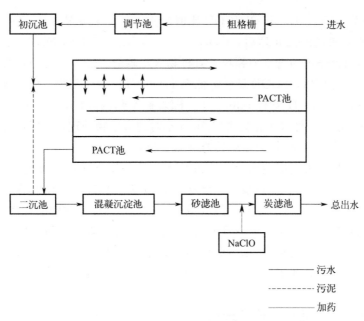

图 3-11 工艺流程图

表 3-2 污水处理厂设计和实际进水以及实际出水 COD_{Cr}、BOD_5 和 SS

项目	$COD_{Cr}/(mg/L)$	$BOD_5/(mg/L)$	$SS/(mg/L)$
设计进水	500	150	300
实际进水	477	103	221
实际出水	55	1.5	7.5

剩余的均为难降解有机物，因此需要对其进行相应的优化调控。

为了更深入地了解该厂全流程 COD 的去除情况，进行了全流程工艺段 COD 的分布分析，如图 3-12 所示。

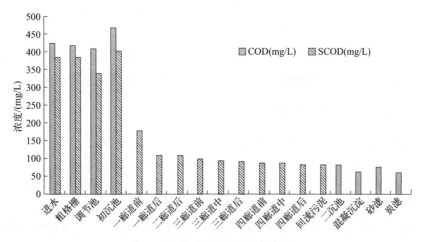

图 3-12 全流程 COD 分布情况

进水 COD 为 427mg/L，SCOD/COD 比值为 90.3％，表明悬浮性 COD 占比较小。经过粗格栅、调节池和初沉池处理后，COD 为 468mg/L，SCOD/COD 比值为 86.1％，没有显著变化，这可能是因为进水中颗粒态有机物含量较低。进入生化处理段后，由于分配进水和外回流的稀释作用，SCOD 显著降低至 178mg/L。由于至第二廊道末始终有分配进水，因此第二廊道末 SCOD 仍有 108mg/L，随着微生物的降解，SCOD 缓慢降低，至二沉池时降低至 84mg/L。经过生化处理段 26.6 小时的微生物处理，SCOD 仍维持在 84mg/L 不变，这表明这部分 COD 均为溶解性难降解有机物。

经过深度处理段的混凝沉淀和活性炭滤池处理后，COD 逐步降低至 60mg/L，仅能勉强满足 DB32/ 1072—2007 标准的要求，无法达到 DB32/ 1072—2018 标准中的一、二级保护区排放限值。因此，溶解性难降解有机物是该厂 COD 达标排放的重点优化目标。

尽管该污水处理厂已在深度处理段增设了去除溶解性难降解有机物的混凝沉淀和活性炭滤池，可以去除部分溶解性 COD，但仍不能稳定达到 DB32/ 1072—2018 标准的要求，这表明工业废水（尤其是化工、印染、电子等行业）的处理难度显著高于生活污水。

3.3.2 难降解 COD 测试与分析

鉴于溶解性难降解有机物是城镇污水处理厂 COD 达标排放的最主要影响因素，因此有必要对污水处理厂进出水中的难降解 COD 含量和组分进行测定与分析，以指导污水处理厂出水 COD 稳定达标。

3.3.2.1 污水中溶解性难降解 COD 的测试方法

① 测试污水处理厂进水中溶解性难降解 COD 时，取进水 1L，并加入二沉池浓缩污泥 1L，泥水混合物总体积为 2L。测试生化段出水中溶解性难降解 COD 时，取生化池内好氧段末泥水混合物 2L 或取二沉池出水 1L 并混合加入二沉池浓缩污泥 1L。

② 对上述泥水混合进行曝气，维持溶解氧高于 2mg/L，持续 10～30 小时（曝气时间可根据污水处理厂自身好氧段停留时间确定）。

③ 每隔 30 分钟取泥水混合液，过 $0.45\mu m$ 滤膜得清澈液体，然后测试清澈液体的 COD。

随着曝气时间延长，刚开始时 COD 会迅速下降，之后降速放缓，最终 COD 随时间延长无显著变化。当 COD 不变化时，测得的 COD 即为污水中溶解性难降解 COD。

3.3.2.2 污水中溶解性难降解 COD 分析

为举例分析污水中溶解性难降解 COD，选取了两座主要进水为工业园区废水的污水处理厂，DE 厂和 WJFZGYY 厂，两厂的进水 BOD_5/COD 均小于 0.4，进水可生化性较差。DE 厂服务于金坛区（包含尧塘镇工业园区等）和金城镇部分区域。WJFZGYY 厂服务于常州市武进纺织工业园，进水以印染废水为主。

DE 厂进水溶解性难降解 COD 测试结果如图 3-13 所示。进水中溶解性 COD 为 105mg/L，经活性污泥曝气处理 3h 后，溶解性 COD 降低至 61mg/L，而后随着曝气时间延长，溶解性 COD 并没有显著降低，表明进水中溶解性可生物降解 COD 已被完全去除，仅剩余溶解性难降解 COD，DE 厂进水中溶解性难降解 COD 为 60mg/L。

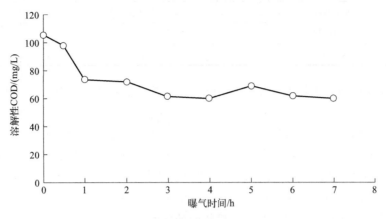

图 3-13　DE 厂进水溶解性难降解 COD 测试

上述结果表明 DE 厂进水含有较多溶解性难降解 COD。测得其中有机物组分如表 3-3 所列。DE 厂进水中主要检出的含量在 1% 以上的有机物有 19 种，根据气相色谱-质谱法（GC-MS）检测结果，进水中有机物种类主要为烷烃、酯类、酚类、醇类等。同时与 DE 厂上游四家重点工业企业（分别为造纸厂、光伏厂、钢管厂和水洗厂）的废水有机物检测结果进行比较。

表 3-3　金坛区 DE 厂进水气相色谱-质谱检测结果

序号	分子式	中文名称	含量/%
1	$C_6H_{12}O$	环己醇	14.52
2	$C_{21}H_{44}$	二十一烷	8.49
3	$C_{14}H_{22}O$	4-(1,1,3,3-四甲基丁基)苯酚	7.12
4	$C_{24}H_{38}O_4$	邻苯二甲酸二异辛酯	6.93
5	$C_{27}H_{56}$	二十七烷	4.8
6	$C_6H_{12}O_3$	1-甲氧基-2-丙基乙酸酯	3.35
7	$C_{54}H_{108}Br_2$	1,54-二溴五十四烷	3.32
8	$C_{41}H_{77}F_5O_2$	五氟丙酸三十八酯	3.19
9	$C_{35}H_{70}$	17-烯-三十五烷	3.08
10	$C_6H_{15}O_4P$	磷酸三乙酯	2.36
11	$C_{39}H_{76}O_3$	3-(十八烷氧基)十八烯酸丙酯	2.15
12	$C_{14}H_{26}O_2$	2,4,7,9-四甲基-5-癸炔-4,7-二醇	2.11
13	$C_{25}H_{52}$	二十五烷	1.94
14	$C_{22}H_{46}$	二十二烷	1.87
15	$C_{26}H_{54}$	3-乙基-5-(2-乙基丁基)十八烷	1.44
16	$C_{10}H_{19}N_5S$	扑草净	1.39

序号	分子式	中文名称	含量/%
17	$C_{14}H_{22}O$	2,4-二叔丁基苯酚	1.12
18	$C_{16}H_{22}O_4$	邻苯二甲酸二丁酯	1.02
19	$C_{44}H_{90}$	四十四烷	1

造纸厂废水中的有机物组分如表3-4所列，主要有机物成分包括二十一烷、棕榈酸甲酯、四十四烷、(Z,Z,Z)-9,12,15-十八烷三烯酸甲酯、9,12,15-十八烷三烯酸甲酯等长链烷烃和酯类有机物。这些有机物的分子量较大，这增加了它们的降解难度，使得它们较难被生物降解，但并不具有生物毒性。此外，该厂废水中还存在邻苯二甲酸二异辛酯、1,54-二溴五十四烷，这两种物质的总含量占总有机物含量的3.54%。这两种物质具有一定生物毒性，可能对污水处理厂的污泥活性产生影响。因此，在处理这类废水时，需要特别注意这些难降解和具有一定毒性的有机物的处理效果。

表3-4 造纸厂废水气相色谱-质谱检测结果

序号	分子式	中文名称	含量/%
1	$C_{21}H_{44}$	二十一烷	30.1
2	$C_{44}H_{90}$	四十四烷	21.54
3	$C_{17}H_{34}O_2$	棕榈酸甲酯	5.08
4	$C_{19}H_{32}O_2$	(Z,Z,Z)-9,12,15-十八烷三烯酸甲酯/9,12,15-十八烷三烯酸甲酯	3.1
5	$C_{24}H_{38}O_4$	邻苯二甲酸二异辛酯	2.22
6	$C_6H_{12}O$	环己醇	1.87
7	$C_{54}H_{108}Br_2$	1,54-二溴五十四烷	1.32

光伏厂废水中的有机物组分如表3-5所列，其中含量高的有机物为二十一烷（40.28%）、四十四烷（8.63%）和二十七烷（6.6%），这些均为长链烷类物质，其性质较稳定，因此较难被生物降解。与造纸厂废水相比，光伏厂废水中除了存在邻苯二甲酸二异辛酯、1,54-二溴五十四烷外，还含有具有生物毒性的$17\alpha(H),21\alpha(H)$-28,30-降藿烷。藿烷类物质不是由生物体直接合成的，而是由死亡生物体经地球化学过程演化而来的，常见于石油和煤中。该厂废水中具有生物毒性的物质总含量为4.24%，这表明光伏厂废水中含有较高比例的难降解和具有一定生物毒性的有机物。

表3-5 光伏厂废水气相色谱-质谱检测结果

序号	分子式	中文名称	含量/%
1	$C_{21}H_{44}$	二十一烷	40.28
2	$C_{44}H_{90}$	四十四烷	8.63
3	$C_{27}H_{56}$	二十七（碳）烷	6.6
4	$C_6H_{12}O$	环己醇	1.95

序号	分子式	中文名称	含量/%
5	$C_{27}H_{56}$	二十七（碳）烷	1.85
6	$C_{20}H_{34}O$	5-(7α-异丙烯基-4,5-二甲基八氢茚并-4-基)-3-甲基戊-2-烯-1-醇	1.77
7	$C_{24}H_{38}O_4$	邻苯二甲酸二异辛酯	1.71
8	$C_{28}H_{48}$	17α(H),21α(H)-28,30-降藿烷	1.32
9	$C_{20}H_{42}$	2-甲基十九烷	1.22
10	$C_{54}H_{108}Br_2$	1,54-二溴五十四烷	1.21
11	$C_{21}H_{44}$	2-甲基二十烷	1.03

钢管厂废水中的有机物组分如表 3-6 所列，主要有机物成分包括二十一烷、二十七烷、四十四烷、三十一烷等，这些均为长链烷烃。这些有机物虽然较难被生物降解，但它们不具有生物毒性。此外，该厂废水中还含有环己醇、17α(H),21α(H)-28,30-降藿烷、邻苯二甲酸二异辛酯、1,54-二溴五十四烷等物质，并且它们的含量较高，占总有机物含量的 11.83%。由于这些物质具有生物毒性，它们可能对污水处理厂的污泥活性产生不利影响。

表 3-6 钢管厂废水气相色谱-质谱检测结果

序号	分子式	中文名称	含量/%
1	$C_{21}H_{44}$	二十一烷	18.14
2	$C_{27}H_{56}$	二十七烷	12.74
3	$C_{44}H_{90}$	四十四烷	10.36
4	$C_{31}H_{64}$	三十一烷	6.18
5	$C_{28}H_{48}$	17α(H),21α(H)-28,30-降藿烷	4.11
6	$C_{25}H_{52}$	二十五（碳）烷	3.76
7	$C_6H_{12}O$	环己醇	3.58
8	$C_{35}H_{70}$	17-烯-三十五烷	3.08
9	$C_{24}H_{38}O_4$	邻苯二甲酸二异辛酯	2.85
10	$C_{20}H_{34}O$	5-(7α-异丙烯基-4,5-二甲基八氢茚并-4-基)-3-甲基戊-2-烯-1-醇	1.3
11	$C_{54}H_{108}Br_2$	1,54-二溴五十四烷	1.29

水洗厂废水中的有机物组分如表 3-7 所列，主要有机物成分也包括二十一烷、二十七烷、四十四烷、三十一烷、17-烯-三十五烷等，这些有机物同样较难被生物降解，但不具有生物毒性。此外，该厂废水中也存在 17α(H),21α(H)-28,30-降藿烷、邻苯二甲酸二异辛酯、1,54-二溴五十四烷等物质，且总含量占总有机物含量高达 12.25%。这些具有生物毒性的有机物可能对污水处理厂的污泥活性产生影响。

表 3-7　水洗厂废水气相色谱-质谱检测结果

序号	分子式	中文名称	含量/%
1	$C_{21}H_{44}$	二十一烷	19.16
2	$C_{44}H_{90}$	四十四烷	12.17
3	$C_{54}H_{108}Br_2$	1,54-二溴五十四烷	8.45
4	$C_{31}H_{64}$	三十一烷	8.18
5	$C_{27}H_{56}$	二十七烷	7.01
6	$C_{35}H_{70}$	17-烯-三十五烷	5.35
7	$C_{34}H_{70}$	11-癸基二十四烷	2.53
8	$C_{34}H_{64}O_2$	(Z,Z)-9-十六烯酸-9-十八烯酯	2.27
9	$C_{24}H_{38}O_4$	邻苯二甲酸二异辛酯	2.16
10	$C_6H_{12}O$	环己醇	1.92
11	$C_{41}H_{77}F_5O_2$	五氟丙酸三十八酯	1.7
12	$C_{28}H_{48}$	$17\alpha(H),21\alpha(H)$-28,30-降藿烷	1.64
13	$C_{22}H_{46}$	二十二烷	1.32
14	$C_{19}H_{34}O_2$	(E,E,Z)-1,3,12-十九碳三烯-5,14-二醇	1.23

　　DE 厂进水中的有机物主要包括烷烃类、卤代烷类、酯类、酚类和醇类物质。其中，烷烃类包括二十一烷、二十七烷、二十二烷、四十四烷、二十五烷等，这些物质在以上四个厂废水中均存在。卤代烷类主要为 1,54-二溴五十四烷，也在四个厂废水中被检出，其中水洗厂废水中含量最高。酯类物质包括 1-甲氧基-2-丙基乙酸酯、磷酸三乙酯、邻苯二甲酸二异辛酯、五氟丙酸三十八酯，其中邻苯二甲酸二异辛酯在以上几个厂废水中都有检出，而五氟丙酸三十八酯只在水洗厂中有检出。酚类物质包括 2,4-二叔丁基苯酚、4-(1,1,3,3-四甲基丁基)苯酚，在四个厂中均没有检出，说明这些酚类物质可能不是来源于被检测的四个企业废水。醇类物质包括环己醇、2,4,7,9-四甲基-5-癸炔-4,7-二醇等，其中环己醇含量较高。

　　DE 厂进水中含量高的有机物为环己醇、4-(1,1,3,3-四甲基丁基)苯酚、二十一烷、邻苯二甲酸二异辛酯四种。

　　环己醇一般用于表面活性剂以及工业溶剂等，较难被生物降解，在以上分析的四厂废水中均存在，其中钢管厂废水中环己醇占其有机物比例最大为 3.58%。而 DE 厂进水中环己醇含量高达 14.52%，因此需要核算各个企业排水的水量和 COD 浓度，才能推断各厂对污水处理厂进水中环己醇含量的贡献值。

　　4-(1,1,3,3-四甲基丁基)苯酚含量为 7.12%，苯酚是一种重要的有机合成原料，可用来制取酚醛塑料（电木）、合成纤维（尼龙）、医药、染料、农药等。苯酚可凝固蛋白质，有杀菌效力，可对污水厂的活性污泥活性产生不利影响，而上述检测的四个重点企业废水中均没有苯酚类物质，可能为其他企业排入。

　　二十一烷占总有机物含量的 8.49%，属长链烷烃，较难被生物降解，该物质在以上检测的四家工业企业废水中均有检出，且在光伏厂废水和造纸厂废水中含量最高。

邻苯二甲酸二异辛酯占进水有机物总量的 6.93%，由于苯环和酯键的存在使其难以被生物降解。其在四个厂废水中均大量存在，其中在钢管厂废水中含量最高。

上述结果表明 DE 厂进水中溶解性难降解 COD 主要来源于工业企业，特别是环己醇、4-(1,1,3,3-四甲基丁基)苯酚、二十一烷和邻苯二酸二异辛酯的含量较高，这些物质的存在增加了污水处理的难度。

WJFZGYY 厂进水溶解性难降解 COD 的测试结果如图 3-14 所示。进水中的溶解性 COD 为 246mg/L，经过活性污泥曝气处理 26 小时后，溶解性 COD 降低至 54mg/L。随着曝气时间的延长，溶解性 COD 没有显著降低，这表明进水中的溶解性可生物降解 COD 已经被完全去除，因此，剩余的 COD 主要是溶解性难降解 COD。因此，WJFZGYY 厂进水中的溶解性难降解 COD 为 54mg/L。

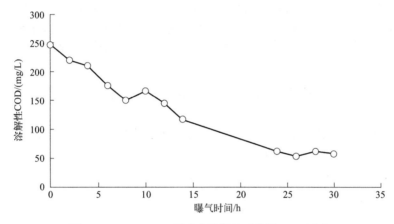

图 3-14　WJFZGYY 厂进水溶解性难降解 COD 测试

上述结果表明 WJFZGYY 厂进水含有较多的溶解性难降解 COD。通过气相色谱-质谱法（GC-MS）测得的溶解性有机物组分如表 3-8 所列。WJFZGYY 厂进水中主要检出的含量在 1% 以上的有机物有 14 种。根据 GC-MS 检测结果，进水中的有机物种类主要包括醇类、酮类、酚类、芳香类等。这些有机物中大部分是印染废水的典型有机物，其中 $4,4'$-二氟二苯甲醇和 $2,4'$-二氟二苯甲酮是主要的难生物降解有机物。因此，$4,4'$-二氟二苯甲醇和 $2,4'$-二氟二苯甲酮是 WJFZGYY 厂的特征溶解性难降解有机物。

表 3-8　WJFZGYY 厂进水气相色谱-质谱检测结果

序号	化学式	中文名称	含量/%
1	$C_{13}H_{10}F_2O$	$4,4'$-二氟二苯甲醇	18.99
2	$C_{13}H_8F_2O$	$2,4'$-二氟二苯甲酮	11.22
3	C_9H_7N	喹啉	8.88
4	C_6H_7N	苯胺	8.86
5	$C_{13}H_8F_2O$	$4,4'$-二氟二苯甲酮	3.35
6	$C_{10}H_{22}O_2$	2-(2-乙基己氧基)乙醇	2.81

序号	化学式	中文名称	含量/%
7	$C_{12}H_{26}O$	2-丁基-1-辛醇	2.26
8	$C_{14}H_{14}O$	苄醚	1.81
9	$C_{10}H_9N$	2-甲基喹啉	1.8
10	$C_6H_{12}O_2$	4-羟基-4-甲基-2-戊酮	1.76
11	$C_{10}H_{22}O$	2-丙基-1-庚醇	1.1
12	$C_{14}H_{22}O$	2,4-二叔丁基苯酚	1.42
13	$C_8H_7NO_3S$	N-甲基糖精	1.94
14	$C_6H_5Cl_2N$	3,5-二氯苯胺	1.16

为了进一步降低出水 COD，在增设深度处理单元时，需要重点考虑对这两种有机物的去除。这可能涉及特定的处理工艺，如高级氧化工艺、吸附工艺或膜分离技术，以有效去除这些难降解有机物，从而提高出水质量，满足更严格的排放标准。

3.3.3　水解酸化效果对于 COD 去除的影响分析

针对溶解性难降解 COD，污水处理厂通常可在预处理段增设水解酸化工艺提高进水可生化性，或在深度处理段增设臭氧氧化工艺、臭氧催化氧化工艺、芬顿氧化工艺和活性炭/活性焦吸附工艺去除生化段出水中的溶解性难降解 COD。下面分析了上述各工艺的原理、特点、效果和影响因素。

3.3.3.1　原理与工艺特点

水解酸化工艺是一种不完全厌氧的生化反应过程，主要通过水解酸化菌的作用将长链高分子聚合物和含杂环类有机物水解酸化为可生化性更强的有机小分子醇或酸，也可以将部分不可生化或生化性较弱的杂环类有机物破环降解成可生化的有机分子。

水解酸化工艺的特点包括：

① 基建费用低，运行管理方便：水解酸化工艺的建设和运行成本相对较低，且操作管理简单。

② 抗有机负荷冲击能力强：水解酸化工艺对有机负荷的变化具有较强的适应性，能够有效处理有机负荷的波动。

③ 改善污水可生化性：水解酸化过程可以改变污水中有机物的形态和性质，有利于后续的好氧处理。水解和产酸阶段的产物主要为小分子有机物，其可生物降解性一般较好。

④ 减少污泥产生量和能耗：通过对固体有机物的降解，水解酸化工艺可以减少污泥的产生量，并降低后续处理的能耗。

⑤ 工艺简单，维护方便：水解酸化池不需要密闭，也不需要搅拌器和水、气、固三相分离器，因此降低了造价并便于维护。

这些特点使得水解酸化工艺在处理含有难降解有机物的污水时具有较高的应用价值，特别是在城镇污水处理和工业废水处理中。

3.3.3.2 实验研究与结果分析

针对难降解 COD 的去除，部分污水处理厂在预处理单元采用水解酸化的方式来提升生化池进水的可生化性，从而减轻后续处理的压力，提高污水处理效果。

为了验证水解酸化对难降解 COD 的去除效果，进行了模拟实验，实验用污水为某含制药废水的无锡市 MS 厂进水。实验中对比了有/无填料情况下水解酸化的处理效果，分别如图 3-15 和图 3-16 所示。

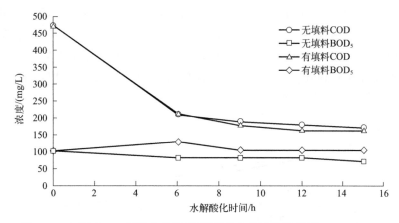

图 3-15　无锡市 MS 厂进水经有/无填料的水解酸化处理后 COD、BOD$_5$

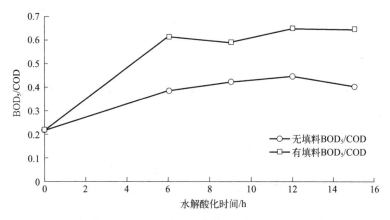

图 3-16　无锡市 MS 厂进水经有/无填料的水解酸化处理后 BOD$_5$/COD

无锡市 MS 厂进水经过预处理后，COD 浓度约为 470mg/L，BOD$_5$ 浓度约为 103mg/L，BOD$_5$/COD 约为 0.22，表明其可生化性较差，不适合直接进入后续的生化池进行处理。经过 6 小时的水解酸化处理，无填料组的出水 COD 降至 207mg/L，去除率可达 56%。随着水解酸化时间的延长，COD 逐渐降低，BOD$_5$ 略有下降，BOD$_5$/COD 先增加后减少。当水解酸化时间为 12 小时时，出水 BOD$_5$/COD 达到最高，可以将进水 BOD$_5$/COD 从

0.22 提高到 0.45。有填料组的水解酸化对进水 COD 的去除率略高于无填料组，但 BOD_5 没有降低，经过 12 小时水解酸化后，BOD_5 维持在 105mg/L，因此 BOD_5/COD 可提高至 0.65，显著高于无填料组。

实验结果表明，经过水解酸化处理后，进水中的 COD 大幅度降低，BOD_5 略有下降或保持不变，BOD_5/COD 显著提高。通常认为 BOD_5/COD 大于 0.45 时废水易于生物降解，因此填料式水解酸化显著提高了该厂废水的可生化性。无论是否添加填料，实验都发现该厂水解酸化的最适时间是 12 小时。

图 3-17 和图 3-18 是某制药企业废水处理站出水的实验结果。某制药企业废水处理站出水的 COD 浓度约为 304mg/L，BOD_5 浓度约为 36mg/L，BOD_5/COD 仅为 0.12，表明其可生化性较差且 BOD_5 浓度较低。经过 6 小时的水解酸化处理，无填料组的出水 COD 降至 269mg/L，去除率仅为 11.5%。随着水解酸化时间的延长，COD 逐渐降低，BOD_5 略有升高，BOD_5/COD 先上升后降低。当水解酸化时间为 12 小时时，出水 BOD_5/COD 达到最高，可以将进水 BOD_5/COD 从 0.12 提高到 0.21（无填料），但污水可生化性仍然较低，不利于后续的好氧生化处理。

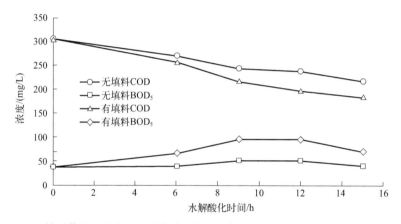

图 3-17　某制药企业废水处理站出水经有/无填料的水解酸化处理后 COD、BOD_5

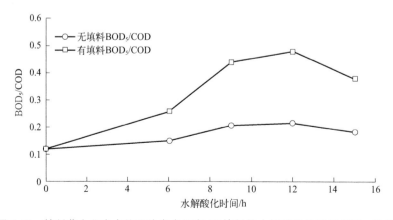

图 3-18　某制药企业废水处理站出水经有/无填料的水解酸化处理后 BOD_5/COD

有填料组的水解酸化对进水 COD 的去除率显著高于无填料组，且 BOD$_5$ 升高较为明显。经过 12 小时水解酸化后，BOD$_5$ 升高至 95mg/L，BOD$_5$/COD 提高至 0.48，显著高于无填料组，且出水可生化性较好。

填料式水解酸化从形式上来说属于膜法，填料上附着的大量水解酸化菌会逐渐形成生物膜，不仅增加了水解池内的生物量，还强化了水解产酸菌与底物之间的传质作用，因此填料式水解酸化效果更优。此外，研究也表明水解酸化工艺可以有效去除进水中的大量 COD，提高污水的可生化性，提升后续工艺对 COD 的去除效果，增强对难降解有机物的去除。然而，在污水处理厂的实际运行过程中，水解酸化工艺的处理效果并不理想。

表 3-9 显示了无锡市 HD 污水处理厂水解酸化池进出水的水质变化情况。该厂水解酸化池出水 COD 和 BOD$_5$ 均低于进水，但水解酸化池出水 BOD$_5$/COD 值较进水没有明显提高，说明该厂水解酸化池未处于最佳运行状态，也未能提高污水的可生化性。这可能与水解酸化池的操作条件、填料的选择和维护，以及进水水质的波动等因素有关。因此，在实际应用中，需要对水解酸化工艺进行优化，以提高其处理效果。

表 3-9　无锡市 HD 污水处理厂水解酸化池进出水水质变化情况

水样	COD/(mg/L)	BOD$_5$/(mg/L)	BOD$_5$/COD
进水	140	70	0.50
出水	117	55	0.47

3.3.3.3　应用建议

对实际工程中水解酸化池的运行效果调研发现，近 90% 的水解酸化池未能达到预期的处理效果，主要原因是系统未能正常排泥和搅拌等。具体问题包括：

① 大部分水解酸化池长期不排泥，导致泥位过高，水力停留时间不足，影响处理效果。

② 部分污水处理厂存在水解酸化池无搅拌的问题，导致池中泥水分层现象明显，从而影响处理效果。

针对水解酸化池在实际运行中存在的问题，为了优化水解酸化池的运行条件，提高其处理效果，提出以下五点建议：

① 水解酸化池的设置、水力停留时间和泥龄等参数的选择，应依据模拟实验或工程实际运行效果确定，以确保参数设置的科学性和合理性。

② 水解酸化池前宜设置超细格栅，以降低颗粒/缠绕物等对厌氧水解池运行的影响。有条件时可适当加大布水管管径，增设布水管冲洗系统，以提高进水质量。

③ 尽量减小水解酸化池进、出水端的跌水复氧现象，降低碳源损耗，确保水解酸化过程在厌氧条件下进行。

④ 注重运行过程的排泥控制，定期进行排泥操作，以维持水解酸化池的正常泥位和泥龄，提高水解效果。

⑤ 定期监测 BOD$_5$/COD 的变化，评估水解酸化池的运行状态及效果，及时发现并解决问题，确保水解酸化池的稳定运行。

3.3.4 臭氧氧化深度去除 COD

3.3.4.1 原理和特点

臭氧是一种极强的氧化剂，在天然元素中其氧化能力仅次于氟。臭氧分解反应产生的自由基 $HO_2 \cdot$ 及 $\cdot OH$ 具有很强的氧化能力，可以与许多物质发生反应，包括有机物或官能团，如 $C=C$、$C≡C$、芳香化合物、杂环化合物、$N=N$、$C=N$ 等。

臭氧氧化工艺具有反应速度快，低浓度时可瞬时反应，杀菌能力为氯的数百倍，并且不产生污泥和酚臭味，无二次污染等特点。对水的脱色，脱臭，去味，杀菌灭藻，除铁锰、氰化物、酚类、二氧化氮、二氧化硫等有毒物质以及降低 COD、BOD_5 等均有明显作用。

由于臭氧氧化具有选择性，容易氧化具有双键的有机物，而对某些小分子有机酸、醛类等反应速率较低，因此臭氧只能氧化部分有机物，无法稳定去除出污水中的难降解有机物。

3.3.4.2 研究分析

针对城镇污水处理厂生化处理出水中含有大量溶解性难降解有机物且难以稳定达标排放的情况，可在深度处理段增设臭氧氧化或臭氧催化氧化工艺。但由于各污水处理厂水质差异较大，臭氧氧化处理的效果也存在较大差异。五座进水中含有工业废水的城镇污水处理厂二级出水经臭氧氧化处理后，COD 随臭氧投加量的变化趋势如图 3-19 所示。

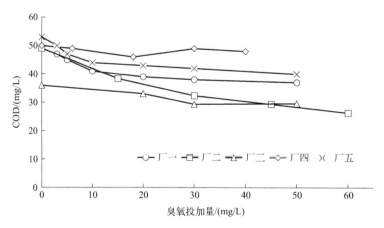

图 3-19　臭氧氧化对五座城镇污水处理厂二级出水 COD 的去除效果

厂一、厂二、厂三、厂四和厂五二级出水 COD 分别为 49mg/L、49mg/L、36mg/L、50mg/L 和 53mg/L。由图 3-19 可知臭氧氧化处理仅对厂二二级出水有较好的处理效果。当臭氧投加量为 60mg/L 时，臭氧氧化对 COD 的去除量为 23mg/L，厂二二级出水 COD 降低至 26mg/L，可满足当前出水排放标准。不过，臭氧氧化处理对厂一、厂五的处理效果一般，当臭氧投加量为 50mg/L 时，臭氧氧化对厂一、厂五二级出水 COD 的去除量分别为 12mg/L 和 13mg/L，出水 COD 仅能降低至 37mg/L 和 40mg/L，虽然可满足一级 A 标准要求，但无法满足更高标准的要求。对于厂三和厂四，臭氧氧化处理对 COD 的去除量仅为 6mg/L 和 2mg/L，效果极为有限，尤其是对厂四基本无去除。

由于原水均为城镇污水处理厂二级出水，pH 值均在 7.0 左右，因此 pH 值对臭氧氧化去除 COD 的影响可以忽略。去除效果出现较大差异的主要原因是三座污水处理厂进水水质差异。厂一上游主要工业企业有医药、农药、橡胶、食品企业等，二级出水中含有的主要难降解有机物组分如表 3-10 所列。在臭氧氧化过程中，臭氧会首先攻击有机物电子密度高的部位，因此较易与含有碳碳双键、碳碳三键、硝基苯类和硝基酚类有机物发生反应。厂一二级出水中的难降解有机物，如 2,6-二甲基硝基苯、2,4-二甲基硝基苯、4′-羟基查耳酮和 2-羟基查耳酮等可被臭氧降解，但均无法完全矿化，且相应的臭氧氧化产物中大部分有机物仍为难降解有机物，因此 COD 去除率仅为 24.49%。

表 3-10　厂一二级出水难降解有机物组分分布

有机物名称	化学式	该有机物占总有机物的比例/%	主要来源
2,6-二甲基硝基苯	$C_8H_9NO_2$	21.89	医药企业
4-氨甲基苯甲酸	$C_8H_9NO_2$	13.57	医药企业
格拉非宁	$C_{19}H_{17}ClN_2O_4$	4.96	医药企业
2-壬酮	$C_9H_{18}O$	4.31	食品企业
2,4-二甲基硝基苯	$C_8H_9NO_2$	3.70	农药企业
4′-羟基查耳酮	$C_{15}H_{12}O_2$	1.64	医药企业
2-羟基查耳酮	$C_{15}H_{12}O_2$	1.61	橡胶或制药企业
生物素化甲状旁腺激素（44-68）片段（人类）	$C_{117}H_{199}N_{41}O_{41}$	0.95	医药企业
甲基壬基甲酮	$C_{11}H_{22}O$	0.64	食品企业
2,4-二叔丁基苯酚	$C_{14}H_{22}O$	0.56	橡胶、塑化剂或农药企业
癸醛	$C_{10}H_{20}O$	0.52	食品企业

厂二上游主要工业企业为印染企业，经营范围主要为毛麻针纺织品加工，该厂二级出水中的主要难降解有机物为染料及助剂，主要包括表面活性剂、水杨酸酯、苯甲酸、邻硝基苯酚、苯酚和间二苯酚等，其中邻硝基苯酚、苯酚和间二苯酚均较易被臭氧氧化为小分子有机物，而苯甲酸作为甲苯臭氧氧化的最终产物，无法直接被臭氧氧化。因此臭氧可去除厂二二级出水中部分难降解有机物，对 COD 的去除率可达 46.94%。

厂三上游主要工业企业为印染企业，经营范围包括丝绸印染、仿羽绒布系列、色布、服装布料及制品、针织品、工艺编织品等。与厂二相比，厂三在仿真丝印染和含涤纶布印染过程中，大量人造纤维会进入印染废水中，其主要水解产物对苯二甲酸为难降解有机物，难以被臭氧氧化去除。因此，臭氧对厂三二级出水的去除率仅为 16.67%。

厂四是某印染工业园中的污水处理厂，其二级出水中含有的主要难降解有机物组分如表 3-11 所列。除了二乙二醇外，其余有机物均难以被臭氧氧化。因此，臭氧基本无法降解厂四二级出水中的绝大部分难降解有机物，对 COD 的去除率仅为 4%。

表 3-11　厂四二级出水难降解有机物组分分布

有机物名称	化学式	该有机物占总有机物的比例/%
2,4′-二氟二苯甲酮	$C_{13}H_8F_2O$	19.46
4-羟基-4-甲基-2-戊酮	$C_6H_{12}O_2$	15.18
N,N-二乙基甲胺	$C_5H_{13}N$	6.12
二乙二醇	$C_4H_{10}O_3$	3.82
六甲基环三硅氧烷	$C_6H_{18}O_3Si_3$	3.07
4,4′-二氟二苯甲酮	$C_{13}H_8F_2O$	2.67
4,4′-二氟二苯甲醇	$C_{13}H_{10}F_2O$	2.16
4-羟基-2-戊酮	$C_5H_{10}O_2$	2.08

　　城镇污水处理厂二级出水中难降解有机物的种类和浓度对深度处理中臭氧氧化处理效果有很大影响。特别是对于含有较多饱和有机酸类物质的污水，臭氧氧化效果较差。因此，在采用臭氧氧化工艺前，建议进行实验以确定其效果。

　　由于臭氧氧化的选择性和分解有机物的不彻底性，经臭氧氧化处理的污水中，难降解有机物可能会被转化为臭氧无法氧化的小分子微生物可利用有机物，还可能增加水中 BOD_5。因此，对臭氧氧化处理后污水的 BOD_5 进行测试。厂一二级出水经不同浓度臭氧处理后 BOD_5 的变化趋势如表 3-12 所列。处理前该厂出水 BOD_5 为 2.10mg/L，经臭氧氧化后出水 BOD_5 均低于检测下限（2.0mg/L）。这表明经臭氧氧化后出水 BOD_5 未升高。这是由于臭氧氧化去除水中有机物存在两条途径：一是臭氧直接与有机物发生反应，该反应对有机物的去除具有选择性；二是臭氧与水中 OH^- 发生反应生成具有强氧化性的·OH，该反应对有机物的去除没有选择性，但和易降解的短链有机物反应速率较快。同时，途径二能够生成的·OH 极为有限。因此，原水中大部分 COD 由臭氧直接氧化去除，而过程中产生的少量 BOD_5 被臭氧与 OH^- 生成的·OH 去除。尽管有大量研究表明臭氧氧化工艺可提高污水的可生化性，但研究发现对于 COD 低于 100mg/L 的污水，经臭氧氧化处理后最多可产生 BOD_5 5～10mg/L，且随着臭氧投加量的增加，BOD_5 逐渐减少。

表 3-12　厂一二级出水经不同浓度臭氧氧化后的 BOD_5

臭氧投加量/(mg/L)	BOD_5/(mg/L)	臭氧投加量/(mg/L)	BOD_5/(mg/L)
0	2.1	20	<2
3	<2	30	<2
5	<2	50	<2
10	<2		

　　对厂一二级出水进行为期一个月左右的臭氧氧化中试实验。中试实验的进出水 BOD_5 和 COD 变化如图 3-20 所示。原水 BOD_5 和 COD 的浓度分别为 10～35mg/L 和 65～99mg/L。经过臭氧氧化处理后，BOD_5 和 COD 均显著降低，BOD_5 的浓度均低于 5mg/L。这表明臭氧氧化过程使原水中的 COD 和 BOD_5 同步下降。

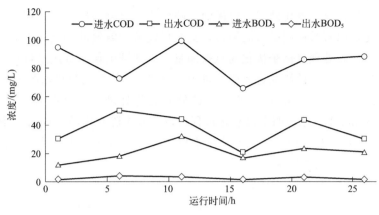

图 3-20 中试进出水的 COD 和 BOD₅

这一现象与厂一二级出水中含有的难降解有机物有关。根据表 3-10 所列的主要难降解有机物组分，虽然这些有机物大部分可被臭氧不同程度氧化，但其氧化产物仍为难降解有机物，因此原水 COD 的降低并未转化为 BOD₅。这一实验结果与上述小试实验结果相符，说明在设计深度处理工艺并确保其稳定运行时，如果臭氧氧化工艺后串联生物滤池和曝气生物滤池，需要考虑碳源问题。这意味着，虽然臭氧氧化可以有效降低 COD，但可能不会显著提高污水的可生化性，因此在后续的生物处理工艺中可能需要额外的碳源来支持微生物的生长和代谢。

经臭氧氧化处理后，污水中含氮难降解有机物的分解可能会产生氨氮，同时氨氮也可能被臭氧氧化为硝态氮。因此，臭氧氧化处理过程有可能使污水处理厂出水氨氮浓度升高。

厂二二级出水经不同浓度臭氧处理后，氨氮（NH₃-N）的变化趋势如图 3-21 所示。原水 NH₃-N 浓度为 0.88mg/L。随着臭氧投加量的增加，水中 NH₃-N 浓度先增加后减少。当臭氧投加量为 90mg/L 时，NH₃-N 浓度与原水相近。这表明，在臭氧投加量较低时，水中含氮有机物的降解会生成氨氮，导致处理后水中氨氮浓度升高。然而，随着臭氧投加量的增加，部分氨氮被氧化，处理后氨氮浓度没有显著增长。因此，当臭氧投加量充足时，臭氧氧化过程不会增加污水处理厂的出水 NH₃-N 浓度。

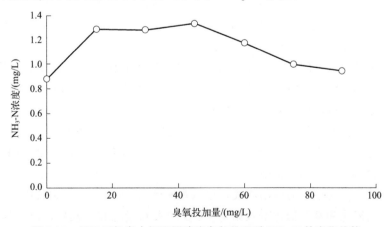

图 3-21 厂二二级出水经不同浓度臭氧处理后 NH₃-N 的变化趋势

这一结果表明，臭氧氧化处理对氨氮的影响取决于臭氧的投加量。在适当的臭氧投加量下，臭氧氧化可以有效控制氨氮的增加，甚至可能减少氨氮的浓度。因此，在实际应用中，需要根据水质和处理目标来优化臭氧投加量，以达到最佳的氨氮控制效果。

在对厂一臭氧氧化中试研究过程中，进出水 NH₃-N 的变化趋势如图 3-22 所示。中试进水 NH_3-N 浓度为 0.20～4.78mg/L，经过臭氧氧化处理后，出水 NH_3-N 浓度显著降低，均低于 1.50mg/L。这表明臭氧氧化过程可以有效去除水中的 NH_3-N。因此，在生化段出水 NH_3-N 已经达标的情况下，不建议增设生物滤池或曝气生物滤池，因为臭氧氧化已经能够满足 NH_3-N 的去除需求。

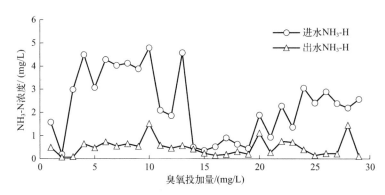

图 3-22　中试进出水 NH_3-N 的变化

经核算，针对厂二二级出水进行的臭氧氧化小试中，运行成本增加了约 0.54 元/m³。厂一臭氧氧化中试的运行成本增加了约 0.3 元/m³。如果臭氧投加量较大时，运行成本会大幅增加。因此，如果为了满足污染物的去除需求而需要投加较高浓度的臭氧，建议与活性炭或活性焦吸附技术和臭氧催化氧化技术进行比选。在相同条件下，对比这三种技术对污染物的去除效果和经济成本，优先选择对污染物去除效果较优且经济成本较低的方案。这样可以确保在满足环保要求的同时，也考虑到了运行成本的合理性。

由于臭氧氧化处理对难降解有机物具有选择性且氧化不彻底，因此二级出水中难降解有机物的种类对臭氧氧化处理效果有较大影响。臭氧催化氧化工艺利用臭氧催化剂高效催化臭氧生成·OH，对于去除难降解有机物具有广谱性，因此可以应用于采用臭氧氧化工艺无法稳定达标的城镇污水处理厂深度处理。

某接入大量制药废水的污水处理厂二级出水经臭氧氧化和臭氧催化氧化后的 COD 变化情况如图 3-23 所示。原水 COD 约为 120mg/L，经臭氧氧化处理后 COD 降至 80mg/L 左右，但仍无法达到排放标准要求。采用臭氧催化氧化工艺后，COD 降至 22mg/L 左右，可以稳定达到排放标准。然而，运行 19 天后发现出水 COD 显著升高，5 天内 COD 升高至 42mg/L，随后出水 COD 稳定在 40mg/L 左右，针对 DB32/ 1072—2018 标准一、二级保护区 COD 排放限值存在达标风险。

对比臭氧催化剂对原水的吸附曲线，可以观察到前 15 天臭氧催化氧化工艺对 COD 的去除量等于臭氧氧化和臭氧催化剂吸附对 COD 的去除量之和。此后，由于臭氧催化剂吸附逐渐饱和，出水 COD 逐渐升高，最终臭氧催化氧化对 COD 的去除率稳定在 66% 左右，

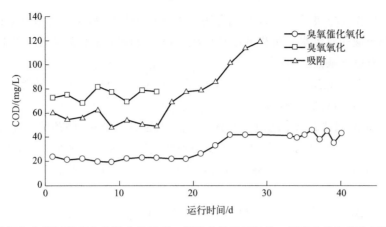

图 3-23　某接入大量制药废水的污水处理厂二级出水经臭氧氧化、吸附和臭氧催化氧化后的 COD

为臭氧氧化对 COD 去除率的两倍左右。

对于二级出水 COD 为 50mg/L 左右的城镇污水处理厂，只需去除约 20mg/L COD 即可稳定达标。按上述臭氧催化剂饱和吸附量核算，臭氧催化氧化的长期稳定运行状态需启动运行约 90 天，而目前臭氧催化氧化实验一般只进行 1～2 个月，无法准确获得臭氧催化氧化工艺对 COD 长期稳定的去除效果。因此，对于臭氧催化氧化工艺的长期稳定运行效果，需要更长时间的运行数据来评估。

3.3.4.3　应用注意要点

① 由于臭氧直接氧化具有选择性，臭氧氧化工艺对不同水质污水的处理效果存在较大差异，因此设计选用前需进行实验确定臭氧氧化效果。这是因为不同水质中的有机物种类和浓度不同，臭氧氧化的效果也会有所差异。通过实验可以确定臭氧氧化工艺对特定水质的处理效果，从而优化工艺参数，确保处理效果。

② 臭氧氧化工艺一般不会增加出水 BOD_5 和 NH_3-N，因此不建议在臭氧氧化工艺后增设生物滤池和曝气生物滤池。这是因为臭氧氧化主要针对难降解有机物，而不会显著增加可生物降解的有机物（BOD_5）和氨氮（NH_3-N）。因此，如果出水已经满足 BOD_5 和 NH_3-N 的排放标准，那么在臭氧氧化工艺后增设生物滤池可能不是必要的。

③ 针对臭氧氧化工艺去除效果不佳的污水处理厂，可增设臭氧催化氧化工艺。臭氧催化氧化工艺利用催化剂提高臭氧的氧化效率，对难降解有机物的去除具有广谱性。然而，为了确定臭氧催化氧化工艺对 COD 的长期稳定去除效果，设计前的小试实验需进行至少 2 个月，使臭氧催化剂达到吸附饱和状态。这样可以确保在实际应用中，臭氧催化氧化工艺能够稳定地去除 COD，满足排放标准。

3.3.5　芬顿氧化深度去除 COD

3.3.5.1　特点

芬顿氧化工艺可以去除城镇污水处理厂二级出水中的溶解性难降解有机物。该工艺具有以下优点：操作简单灵活，可以在现有污水处理厂中即时实现，无需复杂的设备改造；所需药品，如硫酸和双氧水，价格低廉且容易获得；反应本身不需要额外的能源输入。

但是也具有以下缺点：

① H_2O_2 的储存和运输存在一定安全风险：双氧水（H_2O_2）是易燃易爆的化学品，其储存和运输需要严格的安全措施。

② 需要大量酸调节废水 pH 值：芬顿反应需要在 pH＝2～4 的条件下进行，因此需要投加大量酸来调节废水 pH 值，处理后还需中和处理过的溶液，增加了操作的复杂性。

③ 产生大量化学沉淀污泥：芬顿氧化过程中会产生大量的化学沉淀污泥，需要进一步处理。

④ 整体矿化效率不高：由于有机物被氧化形成的羧酸类物质会与 Fe^{3+} 形成配合物，难以被羟基自由基破坏，因此芬顿氧化对有机物的整体矿化效率不高。

综上所述，芬顿氧化工艺在处理城镇污水处理厂二级出水中的溶解性难降解有机物时，虽然操作简单、成本较低，但存在操作复杂、污泥产生量大和矿化效率不高等问题，且存在安全风险。因此，在实际应用中需要综合考虑这些因素，并根据具体情况选择合适的处理工艺。

3.3.5.2 研究分析

芬顿氧化小试实验显示，芬顿氧化可以有效去除某污水处理厂二级出水中的溶解性难降解 COD。实验中，取 500mL 某污水处理厂二级出水，加入不同剂量的芬顿试剂（30% H_2O_2 和 $FeSO_4 \cdot 7H_2O$），以 0.09mL 30% H_2O_2 和 24mL $FeSO_4 \cdot 7H_2O$ 为一个单位的药剂量。

图 3-24 实验结果表明，COD 去除率随着芬顿试剂药剂量的增加而升高。当药剂投加量为 0.09mL 30% H_2O_2 和 24mL $FeSO_4 \cdot 7H_2O$ 时，溶解性 COD 降至 40mg/L，可以稳定满足一级 A 标准要求，但仍然不能稳定达到 DB32/ 1072—2018 一、二级保护区排放限值标准。当药剂投加量增加到 0.45mL 30% H_2O_2 和 120mL $FeSO_4 \cdot 7H_2O$ 时，溶解性 COD 降至 35mg/L，可以稳定达到 DB32/ 1072—2018 一、二级保护区排放限值的要求。

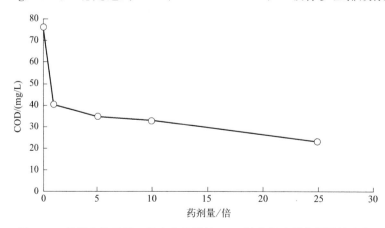

图 3-24 某污水处理厂二级出水溶解性 COD 随芬顿试剂药剂量的变化

如果采用芬顿氧化工艺，污水处理厂应根据水质情况及时调整芬顿试剂投加量并改变操作条件，以提高处理效率并节约成本。芬顿氧化工艺的运行需要根据实际出水情况灵活调整，以实现最佳的 COD 去除效果和经济性。

3.3.5.3 应用注意要点

在芬顿氧化工艺的实际操作中，需要精确控制反应条件，包括 pH 值、硫酸亚铁和双氧水的投加量，以确保处理效果和降低运行成本。

① 及时准确调节池内 pH 值：芬顿氧化反应需要在 pH＝3～4 的条件下进行，因此需要及时准确地调节池内的 pH 值。这可以通过投加酸或碱来实现，以确保反应条件稳定。

② 硫酸亚铁投加量需准确计算：硫酸亚铁（$FeSO_4 \cdot 7H_2O$）的投加量需要根据进水 COD 的浓度进行准确计算，以保证反应的效率。如果投加量不当，可能会导致出水色度升高，影响出水质量。如果出水色度有所上升，可能需要进行额外的脱色处理。

③ 根据进水 COD 投加适量的芬顿试剂：芬顿氧化工艺中，双氧水（H_2O_2）和硫酸亚铁的投加量需要根据进水 COD 的浓度进行调整。投加量过多可能会导致产生过多的化学污泥，增加后续处理的负担。因此，需要根据进水 COD 的浓度，精确控制芬顿试剂的投加量，以实现高效的 COD 去除和减少污泥的产生。

3.3.6 活性炭/活性焦深度去除 COD

3.3.6.1 原理

活性炭和活性焦吸附工艺是城镇污水处理厂针对二级出水中含有大量溶解性难降解有机物且难以稳定达标排放的情况，在深度处理段增设的常见工艺。

活性炭是一种典型的吸附材料，具有独特的孔结构和吸附性能，能够有效去除污水中的大部分有机物和某些无机物。由于其高效的吸附能力，活性炭已被广泛应用于水质净化过程中，成为城市污水和工业废水深度处理最有效的方法之一。

活性焦是一种与活性炭相似的材料，但其比表面积相对较小，一般中孔发达，具有良好的吸附能力。成型活性焦已用于工业烟气脱硫，并有望替代活性炭在废水处理中使用。目前的研究结果表明，活性焦处理废水的效果不亚于活性炭，尤其在脱色方面甚至优于活性炭。活性焦能够使水中的细微悬浮粒子和胶体离子脱稳、聚集、絮凝、混凝和沉淀，从而达到净化处理的效果。

3.3.6.2 研究分析

（1）活性炭

针对二级出水 COD 不能达标且含有可溶性难降解有机物较多的污水处理厂，进行了活性炭滤池吸附小试实验。实验采用连续流的方式进行，活性炭填充有效体积为 1L。A厂和 B 厂二级出水 COD 随活性炭吸附停留时间的变化如图 3-25 所示。

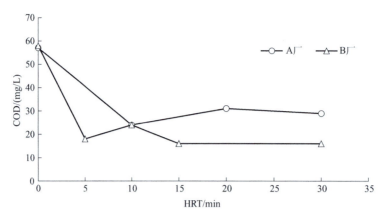

图 3-25　A 厂和 B 厂二级出水 COD 随活性炭吸附停留时间的变化

由图可知，A 厂和 B 厂二级出水溶解性 COD 分别为 57mg/L 和 58mg/L，且均经历了 15 小时左右的好氧生物处理。结果表明这两座厂二级出水中含有较多溶解性难降解有机物。经活性炭吸附处理后，溶解性 COD 均显著下降。

A 厂二级出水经水力停留时间为 10 分钟和 20 分钟的活性炭吸附处理后，溶解性 COD 分别降低至 24mg/L 和 31mg/L。当水力停留时间延长至 30 分钟时，出水 COD 为 29mg/L。

B 厂二级出水经水力停留时间为 5 分钟、10 分钟、15 分钟和 30 分钟的活性炭吸附处理后，溶解性 COD 分别降低至 18mg/L、24mg/L、16mg/L 和 16mg/L。

上述结果表明，水力停留时间为 5～10 分钟时，活性炭吸附处理即可实现溶解性 COD 的有效去除。此外，进一步延长水力停留时间并不能有效提高溶解性 COD 的去除率。这说明在一定范围内，活性炭吸附对溶解性 COD 的去除效果较为显著，但过长的停留时间并不会带来额外的去除效果。

（2）活性焦

针对二级出水 COD 不能达标且其中可溶性难降解有机物较多的污水处理厂进行了活性焦吸附小试实验。实验采用粉末投加到烧杯的方式进行，A 厂、B 厂和 C 厂二级出水溶解性 COD 随活性焦投加量的变化如图 3-26 所示。

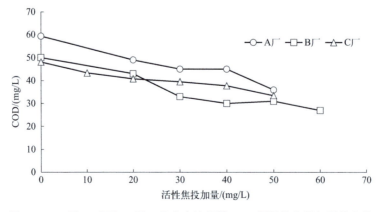

图 3-26　A 厂、B 厂和 C 厂二级出水溶解性 COD 随活性焦投加量的变化

A 厂、B 厂和 C 厂二级出水溶解性 COD 浓度分别为 60mg/L、50mg/L 和 48mg/L，且均经历了较长时间的好氧生物处理，因此这三座污水处理厂二级出水中含有较多的溶解性难降解有机物。这三座厂出水溶解性 COD 经活性焦吸附处理后均显著降低，且随着活性焦投加量的增加而持续降低。

当活性焦投加量为 50mg/L 时，A 厂、B 厂和 C 厂的出水溶解性 COD 浓度分别降低至 36mg/L、31mg/L 和 33.5mg/L，去除率分别为 40％、38％和 30.2％，可稳定达到一级 A 和 DB32/ 1072—2018 一、二级保护区排放限值要求。

这些结果表明，活性焦吸附对去除二级出水中的溶解性难降解有机物具有显著效果，且随着活性焦投加量的增加，去除效果更加明显。在实际应用中，可以根据出水 COD 的浓度和处理要求，适当调整活性焦的投加量，以实现最佳的 COD 去除效果和经济性。

虽然不同污水处理厂的水质不同，但活性焦对有机物的吸附是非选择性吸附，主要利用其较大的比表面积和复杂的孔结构对有机物进行吸附，因此对绝大部分难降解有机物均具有较好的吸附效果。研究表明，采用不同原材料和不同工艺制备的活性焦的表面积和孔结构具有较大差异，因而对有机物的吸附效果也存在较大差异。因此，D 厂采用了 7 种类型的活性焦对二级出水进行吸附处理。由于碘值能够较为直接地表征活性焦对有机物的吸附能力和吸附容量，因此测试了 7 种活性焦的碘值，1～7 号活性焦的碘值分别为 443mg/g、450mg/g、500mg/g、500mg/g、600mg/g、700mg/g 和 850mg/g。

如图 3-27 和图 3-28 所示，D 厂二级出水溶解性 COD 和 TN 分别为 26mg/L 和 8.3mg/L，经 7 种活性焦吸附处理后，溶解性 COD 和 TN 的下降均较为明显，且活性焦碘值越高，对溶解性 COD 和 TN 去除效果也越好。然而，研究也表明，即使碘值相同的活性焦对 D 厂二级出水 COD 的去除效果也存在差异。因此，在选择活性焦种类时，不仅要关注碘值，还需要进行小试实验确定适用于污水处理厂的活性焦种类。这表明活性焦的选择不仅取决于其物理化学特性，还取决于待处理水质的性质。通过小试实验，可以评估不同活性焦对特定水质的吸附性能，从而选择最合适的活性焦材料，以实现最佳的污水处理效果。

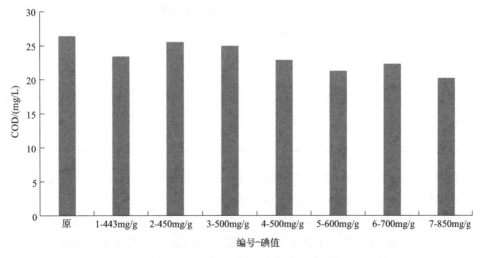

图 3-27　7 种活性焦对 D 厂二级出水溶解性 COD 的去除效果

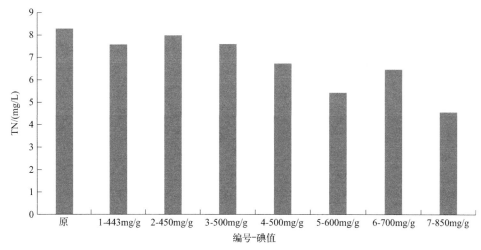

图 3-28　7 种活性焦对 D 厂二级出水 TN 的去除效果

　　目前，我国部分污水处理厂不可避免地接入一些难降解的废水，如垃圾渗滤液，其中的难降解有机物含量较高。因此为了探究活性焦吸附对难降解有机物的处理能力，进行了对垃圾渗滤液有机物的去除情况测试。首先比较了 5 种活性焦吸附对垃圾渗滤液的处理效果，包括它们的物理特性（如表 3-13 所列）以及对垃圾渗滤液的处理效果（如表 3-14 所列）。

表 3-13　5 种活性焦的物理特性

种类	R1	R2	R3	R4	R5
平均孔径/nm	2.985	4.713	3.432	3.091	3.546
比表面积/(m²/g)	865	126	647	741	467
孔容/(cm³/g)	0.1998	0.3765	0.230	0.219	0.302

表 3-14　5 种活性焦对垃圾渗滤液的处理效果

项目	原水	R1 出水	R2 出水	R3 出水	R4 出水	R5 出水
COD/(mg/L)	5680	1500	1730	1840	2030	2040
UV_{254}	2.7	0.569	1.335	1.437	1.506	1.467
pH 值	7.62	7.54	7.46	7.97	7.89	7.6
色度/倍数	2800	240	800	760	600	300
TN/(mg/L)	435	245	329	342	367	369

　　经过活性焦吸附后，垃圾渗滤液的颜色由深黑色变为澄清，恶臭减小，这表明活性焦吸附有效去除了垃圾渗滤液中产生恶臭和色度的物质。COD 去除率平均达到 64.1％以上。这五种活性焦对 COD 的去除效果为 R1＞R2＞R3＞R4＞R5，其中 R1 对 COD 的去除率达到 73.6％。UV_{254} 的值由 2.7 下降至 0.569，说明垃圾渗滤液中存在的腐殖质类大分子有机物以及含 C＝C 和 C＝O 的芳香族化合物得到了有效去除。

由于活性焦在吸附过程中主要去除了难以生物降解的芳香族类物质，因此出水更易生物降解，有利于后续的生化处理。同时，活性焦吸附对垃圾渗滤液中的 TN（总氮）也有一定的去除效果，这表明活性焦不仅对有机物有吸附作用，还对含氮化合物有一定的去除能力。

这些结果表明，活性焦吸附是一种有效的处理方法，可以显著改善垃圾渗滤液的水质，去除其中的难降解有机物和含氮化合物，为后续的生化处理创造有利条件。

活性焦吸附处理垃圾渗滤液的主要影响因素包括活性焦投加量、废水 pH 值和吸附时间。活性焦投加量对垃圾渗滤液 COD 处理效果的影响如图 3-29 所示。随着活性焦浓度的增加，出水 COD 浓度逐渐降低。这是因为随着活性焦浓度的增加，提供的吸附位点增多，从而去除的污染物量也随之增多。同时，也观察到随着活性焦浓度的增加，吸附出水的颜色逐渐变淡。当投加量为 40mg/L 时，出水变为无色。然而，当活性焦浓度超过 20mg/L 时，去除效果并没有明显变化。因此，在工程应用中，应综合考虑经济性和去除效果，建议选择最佳活性焦浓度为 20mg/L。

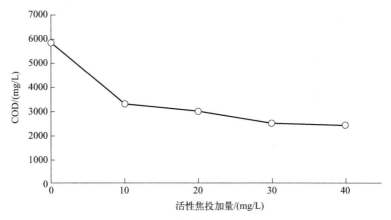

图 3-29　活性焦投加量对垃圾渗滤液 COD 处理效果的影响

垃圾渗滤液的 pH 值对 COD 处理效果的影响如图 3-30 所示。随着 pH 值的升高，出水 COD 逐渐升高。酸性条件下更有利于活性焦的吸附；近中性条件（pH 值为 6.0、8.0）下，出水 COD 略有上升；当 pH 值达到 10.0 时，出水 COD 明显增加。

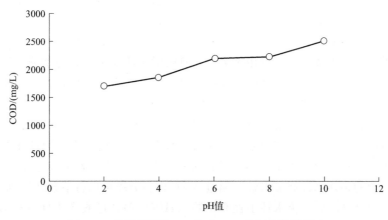

图 3-30　垃圾渗滤液 pH 值对 COD 处理效果的影响

这种现象的原因可能与有机污染物在吸附系统中的形态随 pH 值变化而发生的相应改变有关。pH 值的变化会影响有机物与吸附剂之间的 π-π 色散力、疏水作用以及静电力的作用。在酸性条件下，有机物表面的酚羟基可以与活性焦表面的含氧官能团形成氢键，从而更易被吸附。此外，pH 值还可以影响活性焦表面的化学性质，进而增强活性焦对垃圾渗滤液中有机物的吸附能力。研究表明，吸附剂表面的含氧官能团对其吸附能力依赖于溶液的 pH 值。当溶液 pH 值接近污染物的零电荷点时，污染物在氧化活性吸附剂上的吸附量最大。这是因为吸电子的含氧官能团使活性吸附剂的零电荷点下降。在最佳 pH 值下，活性吸附剂表面官能团离解，表面带负电荷。而当污染物以阳离子形式存在时，具有较大的静电作用力，因此推断吸附作用力为静电作用力以及污染物分子和活性吸附剂骨架之间的色散力。

吸附时间对垃圾渗滤液 COD 处理效果的影响如图 3-31 所示。随着吸附时间的增加，出水 COD 逐渐降低，但变化趋势逐渐变缓。当吸附时间为 1 小时时，COD 去除率达到 55％。1 小时后，吸附速率变缓，COD 去除效果变化不明显。

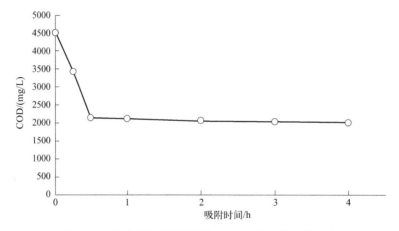

图 3-31　吸附时间对垃圾渗滤液 COD 处理效果的影响

在吸附初期，活性焦的表面吸附位点较多，因此 0～30 分钟内可以快速吸附。而 30 分钟到 1 小时期间，吸附位点逐渐变少，这是因为水分子通过与含氧官能团之间的氢键作用吸附在活性焦上。吸附的水分子成为二级吸附位点，从而能吸附更多的水分子，水在含氧官能团上以二聚物的形式存在，进而形成分子簇，阻止了有机物向活性焦内部的扩散。

水分子与有机污染物分子之间的竞争吸附削弱了活性焦对有机污染物的吸附，但仍然存在一部分吸附位点未被占据可以用于吸附；且吸附于活性焦表面的水分子形成小分子水簇，与亲水性有机物作用，从而使吸附速率出现小幅度下降。1 小时后，活性焦表面的位点均被占据，吸附作用不明显，因此出水 COD 趋于稳定。

这些结果表明，活性焦吸附处理垃圾渗滤液时，吸附时间对 COD 去除效果有显著影响，但随着时间的延长，吸附速率会逐渐减缓，直至达到平衡状态。因此需要根据处理需求和成本考虑，选择适当的吸附时间，以实现最佳的 COD 去除效果和经济性。

根据有机物的亲疏水性和酸碱性，通过 XAD 树脂分级可以将溶解性有机物分为五类：疏水性有机酸（HPO-A）、疏水性中性有机物（HPO-N）、过渡亲水性有机酸（TPI-A）、过渡亲水性中性有机物（TPI-N）和亲水性有机物（HPI）。经活性焦吸附后，垃圾渗滤液中溶解性有机物的分布特征发生了变化，如图 3-32 所示，溶解性有机物组分的变化如表 3-15 所列。可以看出，渗滤液原水中 HPO-A、HPO-N 含量较高。经过活性焦吸附后，这五种组分均有所下降，其中 HPO-A、HPO-N 和 TPI-A 下降最为明显。

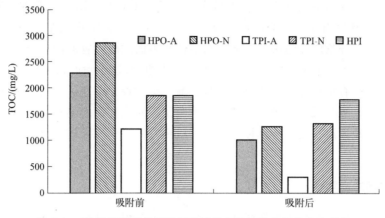

图 3-32　活性焦吸附前后垃圾渗滤液各溶解性有机物分布特征

表 3-15　活性焦吸附前后垃圾渗滤液的溶解性有机物组分

组分	主要有机物种类	
	垃圾渗滤液原水	活性焦吸附出水
HPO-A	苯甲醛、苯乙酸甲酯、苯丙酸、2,4-二甲基苯酚、硬脂酸甲酯肟	环四硅氧烷、苯丙酸、六甲基环三硅氧烷
HPO-N	甲基苯、三（叔丁基二甲基甲硅烷氧基）肟、六甲基环三硅氧烷、戊二腈	环己烷羧酸、戊二腈、甲基苯、六甲基环三硅氧烷
TPI-A	苯甲醛、砷酸、（三甲基甲硅烷基）酯、二甲基苯酚、油醇、三氟乙酸盐	苯甲醛、二甲基苯酚、2,6,10,14-四甲基十六烷、油醇、三氟乙酸盐
TPI-N	萘、乙基己酸、己二酸、2-甲基-5-亚甲基-二甲酯、1,2-苯二甲酸、双（2-甲基丙基）酯、1,2-苯二甲酸丁酯、2-甲基丙酯、苯并呋喃酮、9,10-蒽二酮、2-己酮	甲基丙烯酸乙酯、环戊硅氧烷、苯乙酮
HPI	环戊硅氧烷、四氢环丙茚、环十五硅氧烷、十四烷、苯甲酸苄酯、苯二甲酸甲基酯、苯甲酸甲酯	苯甲酸甲酯、十九烷、十烷、七烷、四甲基十六烷、二十六烷

　　HPO-A 为疏水性有机酸，其疏水性质有利于其在活性焦表面的吸附。GC-MS 结果显示，该组分中的有机物主要为苯甲醛、苯乙酸甲酯、苯丙酸等芳香族大分子有机物，而活性焦表面的中孔结构对吸附这类大分子有机物有利。TPI-A 组分的 TOC 去除率为 75.9%，该类化合物种类较复杂，多为醛、酸、酯、酚、油醇等物质，其中含量较高的三氟乙酸盐是一种强羧酸盐类，其特殊结构使其性质不同于其他醇类物质，可能与活性焦表面的官能团发生反应从而被吸附。

　　TPI-N 和 HPI 组分略有下降，HPI 组分的 TOC 去除率为 3.67%，吸附出水中 HPI

组分含量最高，该类物质的有机物多为分子量相对较小、易于生物降解的亲水性有机物，活性焦表面的中孔对这些小分子物质的吸附能力较弱，难以捕捉远小于其孔径的 HPI 类物质。此外，该类有机物多为亲水性，较之疏水性物质不易被活性焦吸附。

垃圾渗滤液中 TPI-N 组分物质种类较多，但活性焦对其吸附能力较差，其 TOC 去除率仅为 29.1％。其原因在于该类物质多为亲水性物质，与水分子的结合力强，难以被活性焦吸附，此外该组分物质均为中性，无法与活性焦表面的酸性官能团反应。

活性焦吸附后 HPO-A、HPO-N、TPI-A 三类组分较低，而 TPI-N、HPI 组分较高。活性焦吸附出水中有机物为环戊硅氧烷、苯乙酮、十九烷、十烷、七烷、四甲基十六烷和二十六烷等物质，多为长链烷烃，与芳香类大分子物质相比更容易被生物利用。因此，经活性焦吸附后，垃圾渗滤液中溶解性有机物可以更好地被生化处理，从而降低后续生物处理的难度。

3.3.6.3 应用注意要点

目前，污水处理厂在采用活性炭或活性焦吸附工艺深度处理二级出水时，一般采用活性炭/活性焦滤池。然而，调研发现这些滤池在设计和运行中存在一些问题，这些问题需要通过优化对策来解决。

问题包括：

① 池底易板结、易堵塞：长期运行中，过滤截留的油、活性污泥和其他无机物积累可能导致滤料板结，影响过水量和出水水质。

② 排水槽距离炭层高度不合适：间距过小易造成炭粒流失，间距过大则不利于反冲洗废水及时排出，且会消耗大量多余反冲洗用水。

③ 滤后水浊度较高：活性炭滤池出水 SS 浓度较高，可能由于进水量或 SS 浓度超出设计范围、活性炭破碎流失、混凝剂投加过量等原因。

④ 布水不均：布水位置施工表面不平，会导致布水不均匀，布水不均可能导致处理效果差。

针对这些问题，建议的优化对策如下：

① 针对板结和易堵塞问题，优化对策为：分析确定合适的反冲洗方式，以保持滤池的清洁和畅通。

② 针对排水槽距离炭层高度不合适问题，优化对策为：后续补充新炭增加碳层高度，设计时需适当留有余地，以确保合适的排水槽高度。

③ 针对滤后水浊度较高问题，优化对策为：减少进水量，通过工艺调控降低进水 SS。若二级出水投加混凝剂，则建议减少混凝剂投加量，以降低出水浊度。

④ 针对布水不均问题，优化对策为：优化施工水平，确保布水器运行稳定，以提高布水均匀性。

参考文献

[1] 高廷耀，顾国维，周琪. 水污染控制工程 [M].3 版. 北京：高等教育出版社，2007.

[2] 唐玉斌. 水污染控制工程 [M]. 哈尔滨：哈尔滨工业大学出版社，2006.

[3] 周群英，王士芬. 环境工程微生物学 [M].3 版. 北京：高等教育出版社，2008.

[4] 周圆，李怀波，郑凯凯，等. 印染工业园区集中废水处理达标难点及 DOM 特征解析 [J]. 环境工程学报，2020，14（08）：207-216.

[5] 王丹. 污水颗粒有机物在脱氮除磷过程中的双重影响 [D]. 扬州：扬州大学，2016.

[6] 高俊贤，阮智宇，徐科威，等. 臭氧氧化工艺对污水处理厂二级出水的处理特性 [J]. 环境工程，2020，38（7）：88-92.

[7] 单威，王燕，郑凯凯，等. 高工业废水占比城镇污水处理厂 COD 提标技术比选与分析 [J]. 环境工程，2020，38（7）：32-37.

[8] 王东，庞之鹏，沈斐，等. 活性焦对垃圾渗滤液中难降解有机物的吸附及影响因素研究 [J]. 环境科学学报，2017，37（12）：4653-4661.

[9] 林荣忱，李玉友. 活性污泥法有机物去除动力学的研究 [J]. 天津大学学报，1987（3）：4-14.

[10] 高蒙. 膜分离法污水处理技术研究 [J]. 化工管理，2019，1：91.

总氮达标问题诊断与优化调控

当前，氮污染导致的水体富营养化问题已严重影响了农业、渔业以及旅游业等众多行业的发展。随着国家对水污染防治工作的要求日益严格，氮的排放标准也在不断提高。例如，在江苏省，自 2021 年 1 月 1 日起，太湖流域污水处理厂需按照《太湖地区城镇污水处理厂及重点工业行业主要水污染物排放限值》（DB 32/ 1072—2018）执行，其中对出水总氮（total nitrogen，TN）浓度限值要求低于 10mg/L。因此，污水处理厂新一轮提标改造迫在眉睫。

城镇污水处理厂的提标改造工作应从经济成本角度出发，考虑现有生物脱氮工艺中反硝化性能的可能影响因素，并加强调控，保障污水处理厂出水达标。目前，我国城镇污水处理厂处理工艺中脱氮技术以生物处理法为主。由于活性污泥对氮的去除主要是通过硝化及反硝化菌的生物作用实现的，因此影响这些微生物生存环境的参数（如进水水质、溶解氧、污泥浓度和有毒物质等）的变化势必对整个系统的微生物反硝化速率产生较大影响。此外，污水处理工艺的设计条件和进水碳源等因素也会进一步限制氮的去除，因此反硝化效果不稳定导致出水总氮超标是多数污水处理厂面临的主要问题。

一般污水处理厂在对脱氮工艺进行优化时，通常采取延长缺氧段水力停留时间（HRT）、延长污泥龄、控制较低的溶解氧浓度或投加优质碳源等措施来提高系统的反硝化能力。然而，由于各个污水处理厂的进水水质及实际运行条件差异较大，上述方法并非对所有的污水处理厂都适用。因此，针对活性污泥系统的反硝化速率优化问题，首先要明确活性污泥的反硝化速率机制及其影响因素，然后才能精准对症下药以避免不必要的资源浪费。

4.1 总氮的组成与去除原理

4.1.1 总氮的组成分析

总氮（total nitrogen，TN）是指水体中各种形态的氮（氨氮、硝酸盐氮、亚硝酸盐氮和各种有机氮）的总量，它是反映水体污染程度和水体富营养化程度的重要指标之一。进入水体中的氮主要分为无机氮和有机氮，其中无机氮包括氨态氮（简称氨氮）和硝态氮。污水生物处理过程中氮元素组成如图 4-1 所示。

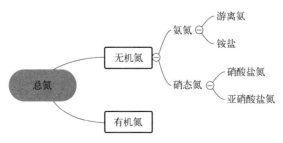

图 4-1 总氮组成分析

氨氮是指水中以游离氨和铵离子形式存在的氮，主要来源于生活污水中含氮有机物经过微生物分解的产物，以及一些工业废水中也含有氨氮。在无氧的环境中，水中亚硝酸盐可被微生物分解，还原成氨；在有氧环境中，水中的氨也可以转变为亚硝酸盐或者硝酸盐。

硝态氮分为硝酸盐氮和亚硝酸盐氮，在有氧条件下，水中硝酸盐氮在各种形态含氮化合物中最稳定，它通常用以表示含氮有机物无机化作用最终阶段的分解产物。亚硝酸盐氮是氮循环的中间产物。它不稳定，可以氧化成硝酸盐氮，也可以还原成氨氮。

污水中的有机氮主要包括尿素、氨基酸、蛋白质、核酸、尿酸、脂肪胺、有机碱、氨基糖等含氮有机物，按其溶解性可分为颗粒性有机氮和溶解性有机氮。污水处理中，二级生物处理能实现颗粒性有机氮的稳定去除。溶解性有机氮是指能够通过 $0.45\mu m$ 滤膜的含氮有机物，它是各种含氮官能团的聚合物。常采用分子质量、来源、分子极性和生物利用度等标准进行分类：按分子质量划分为低分子质量溶解性有机氮（＜3kDa）（如核酸和DNA 等）和高分子质量溶解性有机氮（＞3kDa）（如富里酸和腐殖质等）；按来源可分为外源溶解性有机氮（如生活污水、工业废水和雨水径流等来源）和内源溶解性有机氮（如微生物代谢死亡和自然源等）；按极性划分为亲水性有机氮和疏水性溶解性有机氮；按生物降解的难易程度划分为活性溶解性有机氮、半活性溶解性有机氮和抑制性溶解性有机氮，其中活性和半活性溶解性有机氮能够被微生物直接或间接利用。

4.1.2　TN 去除原理

在污水中，氮主要以 NH_3-N（氨氮）和有机氮的形式存在，这两种形式的氮合在一起称为凯氏氮（total kjeldahl nitrogen，TKN）。生物脱氮是利用自然界氮的循环原理，依靠水体中微生物的新陈代谢作用将不同形态的氮转化为氮气的过程，它包括好氧硝化和缺氧反硝化两个过程。

氨化作用是进水水质中的有机氮经过氨化细菌的脱氨作用转化为氨氮。氨化细菌可以利用有机物获取能量并进行生长代谢，且其在好氧和缺氧环境都可生长。硝化作用是在好氧条件下，氨氮由自养型的亚硝化细菌和硝化细菌逐渐氧化为亚硝酸盐氮和硝酸盐氮。其中的硝酸盐氮在缺氧条件下由异养型的反硝化细菌还原为亚硝酸盐氮，并继续还原为氮气等气体，最终完成脱氮。

反硝化作用是反硝化菌主要参与系统中硝酸盐及亚硝酸盐被还原的过程，是生化系统中硝酸盐氮去除的主要功能菌。硝酸盐还原过程主要分为以下四个部分：

反硝化菌将硝酸盐还原为亚硝酸盐：$2NO_3^- + 4H^+ + 4e^- \longrightarrow 2NO_2^- + 2H_2O$

亚硝酸盐进一步被还原为一氧化氮：$2NO_2^- + 4H^+ + 2e^- \longrightarrow 2NO + 2H_2O$

一氧化氮进一步被还原为氧化亚氮：$2NO + 2H^+ + 2e^- \longrightarrow N_2O + H_2O$

氧化亚氮最终被还原为氮气，完成脱氮过程：$N_2O + 2H^+ + 2e^- \longrightarrow N_2 + H_2O$。

污水中总氮的去除主要依靠这些菌种的作用，它们在不同的环境条件下发挥各自的功能，共同完成氮的生物转化和去除过程。

生物处理中氮的转化如图 4-2 所示。

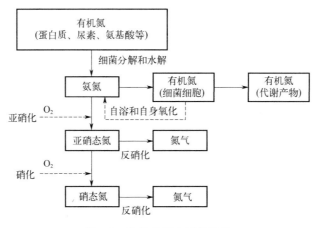

图 4-2　生物处理中氮的转化

4.2　TN 达标影响因素分析

反硝化是指在反硝化细菌的作用下，以硝酸盐作为电子受体进行的无氧呼吸过程，最终将硝酸盐还原为 N_2 达到脱氮目的。反硝化的主要影响因素包括碳源、回流比、回流溶解氧、污泥浓度、搅拌混合效果、pH 值以及水温等。

反硝化反应需要消耗碳源，碳源不足会抑制反硝化反应的进行。回流比可以为反硝化反应提供所需的硝态氮，这样反硝化菌可以利用污水中的碳源提供电子供体，很好地实现反硝化功能。但回流比过大，回流液携带的溶解氧也会抑制反硝化反应。当环境中存在分子态氧时，反硝化细菌将优先利用分子态氧作为最终电子受体，氧化分解有机物。污泥浓度与反应体系中具有活性的微生物总量成正比。当污泥浓度过低时，没有充足的微生物进行反硝化反应；而污泥浓度过高会使污泥老化，反硝化性能降低。泥水经过搅拌均匀充分接触后才能很好地实现反硝化功能。碱度、温度等因素也对反硝化过程产生一定影响。

在对污水处理厂全流程工艺诊断的过程中，通过归纳分析污水处理厂反硝化脱氮过程中存在的主要问题，并选取碳源投加、回流比、溶解氧和搅拌条件等作为具体研究对象，可研究分析这些因素对反硝化脱氮性能的影响。

由表 4-1 可知，碳源是制约反硝化脱氮过程的最主要因素，占比高达 85.5%。碳源不足导致反硝化脱氮过程缺少电子供体，不能稳定进行反硝化反应；其次是回流比，占比 16.4%，回流比不足导致好氧池中的硝态氮不能有效转移至缺氧环境实现反硝化脱氮；除此之外，DO、搅拌等其他因素也对反硝化脱氮存在一定影响。因此，在污水处理厂的运行和管理中，需要特别关注碳源的投加量和质量，以及回流比、溶解氧、污泥浓度、搅拌混合效果等参数的优化，以提高反硝化脱氮的效率和稳定性。

表 4-1 反硝化脱氮制约因素占比

影响因素	碳源	回流比	DO	搅拌	其他
占比/%	85.5	16.4	9.1	7.3	7.3

注：表中占比数据表示存在对应制约因素的厂所占的比例。

4.2.1 碳源

在生物脱氮系统中，小分子有机物是反硝化脱氮的主要电子供体。当原水中的碳源不足时，适当补充外加碳源可以提高反硝化脱氮能力。不同类型的碳源对反硝化速率的影响不同。目前城镇污水处理厂常用的外部碳源包括冰醋酸、乙酸钠等工业级小分子有机物，以及葡萄糖、白砂糖或周边食品加工厂产生的高 BOD_5/TN 废水。

适量碳源的投加可以有效保障反硝化反应的顺利进行。然而，碳源投加过量也会带来不利影响。在传统 AAO 工艺中，大部分碳源在缺氧区消耗，未完全反应的碳源流入好氧池，会增加好氧池的污泥浓度和需氧量，造成能源浪费。因此，在实际运行中，可以根据体系中硝态氮和亚硝态氮浓度计算所需碳源量。公式如下：

$$反硝化所需碳源=2.47[NO_3^--N]+1.53[NO_2^--N]+0.87[DO](以甲醇计) \qquad (4-1)$$

根据式（4-1）计算，1mg/L 的硝酸盐氮转化为氮气需要消耗的 COD（BOD_5）当量为 2.86mg/L。考虑到生物合成、溶解氧消耗、污泥排放等因素的影响，结合研究与工程经验，当污水处理厂生化系统进水 BOD_5/TN 达到 5～6 时，可以完全满足反硝化反应的要求；当 BOD_5/TN 在 4～5 时，需要通过精细化的工艺设计和运行管理调控后才能确保出水 TN 稳定达标；当 BOD_5/TN 低于 3～4 时，通常需要投加外部碳源才能实现 TN 达标。

在对 58 座污水处理厂进行全流程工艺诊断的基础上，选取了 10 座具有代表性的污水处理厂，统计分析了其进水 BOD_5/TN 值。由图 4-3 可知，选取的污水处理厂只有一座 BOD_5/TN 大于 4，其余污水处理厂 BOD_5/TN 处于 1.5～4 之间。大部分污水处理厂进水

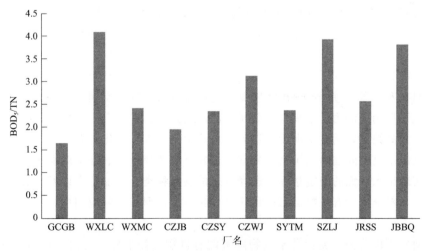

图 4-3 污水处理厂进水 BOD_5/TN

BOD_5/TN 偏低，进水碳源不能满足反硝化过程所需。

碳源不足是活性污泥不能完全发挥反硝化脱氮性能的主要原因，表现为活性污泥反硝化速率低于其反硝化潜力。通过测定硝酸盐氮浓度的变化来评估污泥系统的反硝化速率和潜力，对于优化污水处理厂的反硝化过程和确定碳源需求量具有重要意义。

反硝化速率的测定方法如下：

① 取 4L 缺氧区活性污泥和 4L 生化池进水共 8L 泥水混合液，搅拌至溶解氧（DO）为 0mg/L。

② 加入 1.2g 硝酸钾（KNO_3）以保证初始硝酸盐氮（$NO_3^- - N$）浓度。

③ 模拟缺氧池环境，全程确保溶解氧为 0mg/L，并在 0min、1min、3min、5min、10min、15min、20min、30min、45min、60min、90min、120min 时测定混合液中的硝酸盐氮浓度。

④ 根据混合液中硝酸盐氮浓度的变化情况，分阶段对结果进行线性回归分析（以时间为横坐标，硝酸盐氮浓度为纵坐标），获得不同阶段污泥系统的反硝化曲线。

⑤ 根据污泥浓度计算系统的反硝化速率，公式为：反硝化速率＝斜率/污泥浓度（以单位时间内单位污泥反硝化的硝酸盐氮的质量计）。

反硝化潜力的测定方法如下：

① 取 8L 缺氧区泥水混合液，搅拌至溶解氧为 0mg/L。

② 加入 1.2g 硝酸钾（KNO_3）以保证初始硝酸盐氮浓度，并加入优质碳源（如乙酸钠 1g）。

③ 模拟缺氧池环境，全程确保溶解氧为 0mg/L，并在 0min、1min、3min、5min、10min、15min、20min、30min、45min、60min、90min、120min 时测定混合液中的硝酸盐氮浓度。

④ 根据混合液中硝酸盐氮浓度的变化情况作线性回归分析（以时间为横坐标，硝酸盐氮浓度为纵坐标），得到不同阶段污泥系统的反硝化曲线。

⑤ 根据污泥系统的污泥浓度计算系统的反硝化潜力速率，公式为：反硝化潜力速率＝斜率/污泥浓度（以单位时间内单位污泥反硝化的硝酸盐氮计）。

反硝化速率和反硝化潜力分别代表活性污泥实际反硝化性能和在最优条件下能实现的最大反硝化能力。统计分析部分污水处理厂活性污泥反硝化速率和反硝化潜力结果如表 4-2 所列。绝大部分污水处理厂实际反硝化速率小于反硝化潜力，甚至不足反硝化潜力的四分之一，说明在实际运行过程中反硝化脱氮性能还有较大的提升空间。另一方面，实际反硝化速率远低于反硝化潜力，表明碳源不足的问题已严重制约了污水处理厂反硝化脱氮效率。由于碳源的缺乏，活性污泥无法达到其理论上的最大反硝化能力。

针对碳源不足的问题，城镇污水处理厂通常需要选择合适的外加碳源来提高反硝化脱氮性能，实现出水总氮的稳定达标。选择合适的碳源种类、投加位点以及碳源投加量是关键。理论上，易降解的有机物都可以用作反硝化碳源，但在实际应用中，不同碳源的效果存在差异。

碳源通常可以分为三类：易于生物降解的有机物（如甲醇、蔗糖、葡萄糖等）、可慢速生物降解的有机物（如淀粉、蛋白质等）和细胞物质（细菌会利用细胞成分进行内源反

表 4-2 污水处理厂反硝化速率/潜力

| 编号 | 反硝化速率/[mg/(g·h)] | | 反硝化潜力/[mg/(g·h)] |
	第一段	第二段	
污水处理厂 1	3.94	—	6.12
污水处理厂 2	1.75	0.42	2.14
污水处理厂 3	1.52	0.35	3.22
	0.87		3.06
污水处理厂 4	2.87	0.38	2.91
污水处理厂 5	4.46	1.46	3.29
污水处理厂 6	9.3	2.04	4.66
	4.07	0.43	2.91
污水处理厂 7	6.9	1.85	7.44
	18.2	2.66	7.4
污水处理厂 8	8.92	2.31	7.89
污水处理厂 9	0.622	0.159	0.531
污水处理厂 10	0.61		2.04
污水处理厂 11	2	0.25	3.39
	2		3.34
污水处理厂 12	5.66	1.9	5.59
污水处理厂 13	3.42	1.69	3.87
污水处理厂 14	2.22		11.55
污水处理厂 15	3.27	0.54	6.21
污水处理厂 16	5.51	1.07	11.63
污水处理厂 17	3.97	1.04	2.85
污水处理厂 18	2.24		3.03
污水处理厂 19	0.32		1.76
污水处理厂 20	5.8	1.73	4.44
污水处理厂 21	—	—	8.19
	—	—	10.8
污水处理厂 22	9.75	2.39	11.7
污水处理厂 23	3.26	0.86	13.07
污水处理厂 24	6.81		7.92
污水处理厂 25	3.42	1.08	3.11
污水处理厂 26	5.91	1.55	5.4
污水处理厂 27	6.62	2.26	4.18
污水处理厂 28	1.34		12.78
	0.88		4.38

编号	反硝化速率/[mg/(g·h)]		反硝化潜力/[mg/(g·h)]
	第一段	第二段	
污水处理厂 29	1.33	0.52	2.37
	3.87	1.47	5.9
污水处理厂 30	5.77		7.79
	4.93	2.16	7.01
污水处理厂 31	4.12	0.62	3.14
污水处理厂 32	4.93	1.11	4.16
污水处理厂 33	1.75		2.64
污水处理厂 34	2.01		12
污水处理厂 35	1.89		11.49
污水处理厂 36	2.32	0.62	4.37
污水处理厂 37	0.38	0.09	4.55
污水处理厂 38	—	—	4.19
污水处理厂 39	—	—	0.5
污水处理厂 40	—	—	4.82
污水处理厂 41	—	—	3.97
污水处理厂 42	—	—	5.3
污水处理厂 43	—	—	0.77
污水处理厂 44	—	—	0.57
污水处理厂 45	—	—	3.23
污水处理厂 46	—	—	1
污水处理厂 47	—	—	2.83

硝化)。这三类碳源的反硝化速率各不相同。易于生物降解的有机物通常是最好的电子供体，不仅反硝化速率快，还能提高生物处理装置的能力和效率，使反硝化过程稳定可靠。而细胞物质由于生物降解困难，反硝化速率较慢。

投加碳源后，污水的碳氮比（C/N）是影响脱氮效果的一个重要因素。考虑到生物合成、溶解氧消耗、污泥排放等因素的影响，只有当污水处理厂生化系统进水 BOD_5/TN 达到 5~6 时，才能完全满足反硝化的要求。进水 BOD_5/TN 在 4~5 的水平时，需要通过精细化的工艺设计和运行管理才能确保出水 TN 稳定达标，而进水 BOD_5/TN 低于 3~4 时，通常需要投加外部碳源实现 TN 达标。

因此，足够的碳源，尤其是适宜的碳氮比，是保证有效进行反硝化反应的必要条件。不过，碳源投加过量也存在不利影响。对于传统 AAO 工艺，大部分碳源将在缺氧区消耗，未完全反应的碳源流入好氧池中，使好氧池的污泥浓度和需氧量增大。因此，需要通过实验确定适宜的碳氮比。适宜碳氮比是指在一定的进水硝酸盐浓度下，完全或接近完全反硝化所需的最少有机物与硝酸盐氮之比。当以甲醇作为碳源时，经计算可得单位质量

$NO_3^- $-N 还原为氮气需要消耗 2.47mg 的甲醇。但是由于反硝化菌同时进行内源消耗，因此碳源并非全部发生氧化，还有部分会转化成细胞物质，因此 $CH_3OH/NO_3^- $-N 需高于理论值 2.47，建议的碳氮比范围为 2.8～3.2。表 4-3 为其他几类常见碳源适宜的碳氮比。

表 4-3　常见碳源适宜的碳氮比

碳源	反应式	适宜碳氮比
甲醇	$6NO_3^- + 5CH_3OH \longrightarrow 3N_2 + 5CO_2 + 7H_2O + 6OH^-$ $14CH_3OH + 3NO_3^- + 4H_2CO_3 \longrightarrow 3C_5H_7NO_2 + 20H_2O + 3HCO_3^-$	2.8～3.2
乙醇	$5C_2H_5OH + 12NO_3^- \longrightarrow 10HCO_3^- + 2OH^- + 9H_2O + 6N_2$ $0.613C_2H_5OH + NO_3^- \longrightarrow 0.102C_5H_7NO_2 + 0.714CO_2 +$ $0.286OH^- + 0.98H_2O + 0.449N_2$	≈2
乙酸	$5CH_3COOH + 8NO_3^- \longrightarrow 8HCO_3^- + 2CO_2 + 6H_2O + N_2$ $0.819CH_3COOH + NO_3^- \longrightarrow 0.065C_5H_7CO_2 + HCO_3^- +$ $0.301CO_2 + 0.902H_2O + 0.446N_2$	1.45
葡萄糖	$C_6H_{12}O_6 + 2.8NO_3^- + 0.5NH_4^+ + 2.3H^+ \longrightarrow 0.5C_5H_7NO_2 +$ $1.4N_2 + 3.5CO_2 + 6.4H_2O$	6.0～7.0

污水处理厂的运行管理人员需要精准应对影响反硝化脱氮的各个因素，做到科学管理，以保障污水处理厂的活性污泥反硝化能力处于最佳水平。这包括对碳源种类、投加量、投加点以及缺氧段 HRT 的精确控制，以确保出水总氮稳定达标。

污水处理厂外加碳源主要用于解决反硝化脱氮问题，因此碳源的投加点也需要经过实验分析后确定。在设计碳源投加点时，建议测定沿程硝态氮以及 COD，然后选择 COD 和硝态氮均无明显变化的拐点处进行碳源投加。这样可以确保碳源在需要时被投加，以支持反硝化过程。

在城镇污水处理厂的新一轮提标改造中，通常采取延长缺氧段水力停留时间（HRT）的方法对脱氮工艺进行优化。然而，反硝化速率曲线通常分为三段，其中第二段是利用进水中慢速碳源进行反硝化。在实际案例中发现，不同水质的污水处理厂在第一段快速碳源耗尽后，第二段慢速碳源反硝化速率曲线的趋势存在较大差异。有些水质较好的污水处理厂在慢速碳源阶段仍呈现继续较缓慢降低的趋势，而有些进水碳源可生化性较差的污水处理厂，其反硝化速率曲线趋势甚至出现斜率接近 0 的情况。在进行工艺优化时，不能盲目延长缺氧段停留时间，应依据实际水质状况具体问题具体分析。

4.2.2　硝化液回流比

硝化液回流，也称为内回流，通常指在传统 AAO 工艺（图 4-4）中将好氧段硝化反应产生的含硝态氮混合液输送至缺氧段的工艺步骤。这一步骤的目的是为缺氧段的反硝化反应提供底物，从而强化反硝化脱氮性能。然而，内回流不可避免地会携带部分溶解氧至缺氧段，这可能会破坏缺氧环境，降低脱氮效率。

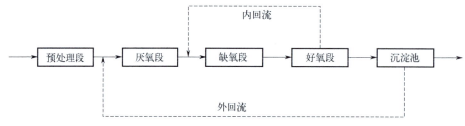

图 4-4　典型 AAO 工艺流程

缺氧区出水 NO_3^--N 浓度为零时的回流比称为回流比临界值。当回流比大于该临界值时，回流液中的 NO_3^--N 总量超出了缺氧段的反硝化负荷，增加回流比对系统去除 NO_3^--N 无明显促进作用，同时回流液中携带的溶解氧还容易破坏缺氧段的缺氧环境。这是因为当有溶解氧存在时，反硝化菌分解有机物会优先利用分子态氧作为最终电子受体，从而抑制反硝化反应。反之，NO_3^--N 的去除率随着回流比的增加而增大。

在传统 AAO 工艺中，脱氮率与内回流比（r）及外回流比（R）的关系可以用下式表示：

$$\eta=(R+r)/(R+r+1) \tag{4-2}$$

式中　η——脱氮率，%；

R——外回流比，%；

r——内回流比，%。

提高内回流比有利于提高脱氮效果，但内回流量过大会导致缺氧段实际水力停留时间降低，对反硝化性能产生一定的负面影响；而内回流量不足也会导致缺氧段硝态氮含量不足，限制了脱氮效率。

在污水处理厂的实际运行过程中，由于回流管道堵塞、搅拌器功率不达标等，往往会出现回流量达不到设定值，回流硝态氮浓度偏低，从而导致出水总氮较高。因此，选择合适的内回流比可以有效强化生物反硝化脱氮性能。

当出现好氧池硝态氮浓度较高，而缺氧段硝态氮浓度较低的情况时，适当提高内回流比可以有效提高反硝化脱氮效率。此外，建议确保内回流泵可调节且有余量，在提标设计时，优先考虑 AA-AOAO 工艺，以提高反硝化脱氮性能。在运行过程中，可将缺氧末端和好氧末端的硝态氮纳入日常检测指标范围，定期开展检测工作，根据检测的数据及时调整内回流比，以强化反硝化脱氮性能。

4.2.3　缺氧段搅拌混合效果

目前，大多数城镇污水处理厂采用活性污泥法作为污水处理工艺。这种方法依赖于微生物的作用，通过有机物的分解和生物体的合成来完成污水中污染物质的去除。在污水处理过程中，确保活性污泥与水体充分混合和接触是提高处理效果的关键因素之一。然而，在实际运行过程中，部分污水处理厂存在搅拌不均匀或搅拌强度、范围不够的情况，导致污泥沉积、泥水分离现象发生，这可能会给出水总氮带来一定的超标风险。如图 4-5 所示，当搅拌状态较差时，曝气池内容易出现泥水分离现象，硝化细菌对氨氮的去除效果易受到影响。

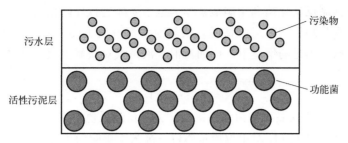

图 4-5　搅拌不均匀对污水处理厂生物处理的影响

调研结果显示，污水处理厂搅拌效果不佳将出现泥水分离、混合不均匀等现象，搅拌器可能面临磨损状态，如图 4-6 所示。厌氧池内搅拌不均匀造成池内氨氮升高，增加了后续好氧段的处理负荷，给出水氨氮稳定达标带来风险。因此，搅拌不充分将影响出水水质，活性污泥容易板结沉积，曝气池内的有效停留时间被压缩。

图 4-6　搅拌器磨损或搅拌不均匀造成泥水分离

污水处理厂全流程调研和小试实验结果表明：充分的搅拌是发挥生物脱氮功能的前提和有效保障。在反硝化过程中，机械推流器是否将活性污泥与进水混合均匀也是限制反硝化速率的重要原因之一。在活性污泥系统中，搅拌速率的增加可减小活性污泥絮体的直径，增大与进水直接接触的有效微生物量。通过测定在充分搅拌和混合不充分条件下反硝化速率的变化情况，结果表明，在充分搅拌条件下反硝化速率明显高于混合不充分条件。当搅拌速率较低或者投加除磷药剂导致设备磨损严重时，生物池上端出现泥水分离现象。因此，需对池型、流态进行分析和优化设计，选择具有角度摆动功能、耐磨损和腐蚀的推流搅拌器，有效避免池底沉泥现象，以达到更好的反硝化效果。

4.2.4　回流溶解氧

回流溶解氧是指在传统 AAO 工艺中，好氧池到缺氧池的内回流液中携带的氧分子。反硝化菌是兼性菌，它们可以根据游离氧（O_2）和硝酸盐（NO_3^-）作为电子受体的氧化产能数据来选择氧化产能更高的电子受体。研究表明，当池中含有溶解氧时，微生物会优先选择游离氧作为碳源有机物氧化的电子受体，以产生更多的能量。研究结果表明，活性污泥系统中，溶解氧（DO）浓度达到 0.5mg/L 时，可能导致反硝化过程停止。这是因为溶解氧的存在会抑制反硝化菌利用硝酸盐作为电子受体进行反硝化反应。

基于城镇污水处理厂实际运行情况，缺氧池的溶解氧主要来源于内回流混合液携带。因此，建立了在碳源不足的情况下，内回流混合液携氧对缺氧池反硝化脱氮影响的理论预测模型，公式如下：

$$\Delta TN = 0.35kr DO_{内回流}/100 \tag{4-3}$$

式中　ΔTN——内回流挟氧导致污水系统 TN 去除量降低值，mg/L；

　　　0.35——单位质量 O_2 对单位质量 NO_3^--N 去除影响的当量系数，mg/mg；

　　　k——影响常量，根据模拟实验，工程中可取 1.2～1.4；

　　　r——内回流比，%；

　　　$DO_{内回流}$——内回流混合液进入缺氧池时的 DO 值，mg/L。

4.2.5　污泥浓度

在反硝化反应过程中，反硝化细菌在无分子氧存在的条件下才能利用硝酸盐及亚硝酸盐中的离子氧来分解有机物。高污泥浓度的生物系统在硝化过程中可以适当降低溶解氧值，同时保持硝化效果。因此，在硝化末端降低溶解氧可以有效减少硝酸盐回流液中所携带的溶解氧含量，降低分子氧在缺氧区对反硝化进程的影响，从而提高反硝化菌利用碳源的反硝化能力。

高浓度污泥自身内源代谢耗氧量也相对较强，可以进一步消耗回流及缺氧段中的溶解氧。此外，非常高的污泥浓度会改变混合液的黏滞性，增大扩散阻力，从而也使回流携带的溶解氧降低。在一些实用明渠作为回流通道的处理工艺中，可以适当减小回流跌落的充氧量。总之，高污泥浓度对于降低实际工艺运行中反硝化阶段的 DO 值有较大作用。

由于反硝化细菌是异养型兼性细菌，大量存在于污水处理系统中，因此，提高系统中的污泥浓度可以有效提高反硝化细菌的浓度。当污泥浓度较高时，微生物菌胶团的直径较大，菌胶团内部易形成缺氧环境而发生反硝化反应，从而进一步提高反硝化效率。反硝化反应速率与硝酸盐、亚硝酸盐浓度基本无关，而与反硝化细菌的浓度呈一级反应。因此，在实际工艺运行中，高污泥浓度可以缩短反硝化的时间，减小缺氧段的有效容积。在缺氧段有效容积一定的条件下，高污泥浓度的反硝化反应可以更好地利用有机基质中相对较难降解的有机物作为碳源。

4.2.6　温度

研究表明，温度是制约反硝化反应的一个重要因素。温度越高，反硝化菌的活性就越好，对污水中的 NO_3^--N 的转化也越好。在 30～35℃时，反硝化速率达到最大；当温度低于 15℃时，反硝化速率将明显降低；至 5℃时，反硝化将趋于停止。因此，在冬季要保证脱氮效果，就必须增大污泥停留时间（SRT），提高污泥浓度。温度对反硝化速率的影响遵从 Arrheius 方程，该方程描述了温度对化学反应速率常数的影响：

$$q_{D,T} = q_{D,20}\theta^{(T-20)} \tag{4-4}$$

式中　$q_{D,T}$——温度 T（℃）时反硝化速率，mg/(g·h)；

　　　$q_{D,20}$——温度 20℃时反硝化速率，mg/(g·h)；

　　　θ——温度系数，1.03～1.15。

4.2.7　pH 值

反硝化细菌对 pH 值的变化不如硝化细菌敏感，在 pH 值为 6.0～9.0 的范围内，反硝化细菌能够进行正常的生理代谢。然而，生物反硝化的最佳 pH 值范围是 6.5～8.0。在这个范围内，反硝化反应的效率最高。当 pH 值大于 7.3 时，反硝化的最终产物主要是氮气（N_2）；而当 pH 值小于 7.3 时，反硝化的最终产物主要是氧化亚氮（N_2O）。因此，pH 值对反硝化反应的最终产物有重要影响。

在生物脱氮工艺中，pH 值控制的关键在于生物硝化过程。只要 pH 值的变化不影响硝化过程的顺利进行，就不会影响反硝化反应。如果 pH 值的变化对硝化过程产生较大影响，导致硝化不能顺利进行，那么即使 pH 值对反硝化没有直接影响，脱氮效率也不会理想。

在生物脱氮系统中，混合液的 pH 值需要控制在 6.5 以上，以确保硝化过程的正常进行。如果 pH 值低于 6.5，应考虑投加碳酸钠等碱性物质，以补充碱度的不足，从而维持 pH 值在适宜的范围内，保证脱氮效率。

4.3　TN 达标全流程诊断与优化调控案例分析

4.3.1　典型污水处理厂全流程总氮分布

根据污水处理工艺功能区的划分，在每个功能区进行布点取样，可以对污水处理厂的运行状态进行评价。根据功能区所设定的目标污染物检测项目（如反硝化区测定 TN、$NO_3^- \text{-N}$ 浓度）的浓度变化，就可以了解各功能区的处理效果。以下分别以传统 AAO 工艺、氧化沟工艺和 SBR 工艺为例，分析全流程的沿程氮分布情况。

4.3.1.1　AAO 工艺全流程总氮分布

某污水处理厂采用 AAO 工艺为主体工艺。该污水处理厂处理规模为 $2 \times 10^5 \text{m}^3/\text{d}$，出水水质执行 GB 18918—2002 中的一级 A 标准。进水各部分水量组成的比例为：生活污水约占 60%，工业废水占 40%。工业废水以印染工业废水、化工工业废水为主。排水体制为雨、污分流制。工艺主要包括一级处理段（粗格栅、进水提升泵、细格栅、沉砂池、初沉池、水解酸化段）＋二级生物处理段（改良 AAO 工艺）＋深度处理段（混凝沉淀池、转盘滤池、消毒池）。

为了全面分析该污水处理厂整体处理效果，重点结合生化段功能区的划分，设置了如下取样点位：①进水；②细格栅出水；③旋流沉砂池出水；④水解酸化池出水；⑤外回流点；⑥厌氧池进水；⑦内回流点 1；⑧内回流点 2；⑨厌氧池末端；⑩缺氧池进水；⑪缺氧池中段；⑫缺氧池末端；⑬好氧池进水；⑭好氧池中段 1；⑮好氧池中段 2；⑯好氧池末端；⑰二沉池出水；⑱混凝沉淀池出水。取样点分布如图 4-7 所示。

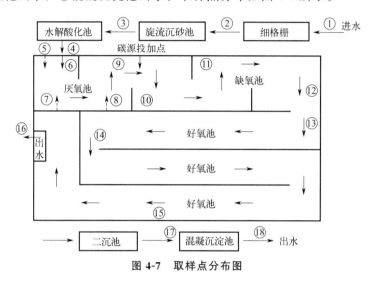

图 4-7 取样点分布图

图 4-8（书后另见彩图）展示了该污水处理厂沿程氮含量的变化情况。进水 TN 浓度约为 20.6mg/L，其中 STN（溶解性总氮）/TN（总氮）比约为 96%，这表明进水中的 TN 大部分为溶解性 TN，而 NH_3-N（氨氮）是溶解性 TN 的主要成分。

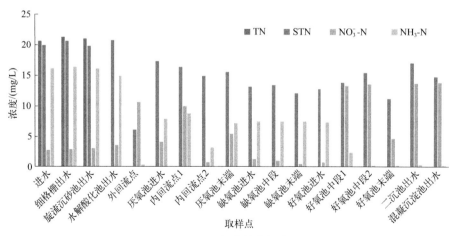

图 4-8 沿程氮含量变化情况

在实际运行中，好氧池混合液回流至厌氧池，导致厌氧池中存在大量的 NO_3^--N（硝酸盐氮）。由于厌氧池实际上是一个缺氧环境，反硝化脱氮效果明显，NO_3^--N 浓度在缺氧池中降低至 1.26mg/L。二沉池出水中的 NO_3^--N 浓度为 13.6mg/L。好氧池出水中的 STN 浓度为 11.0mg/L，其中大部分为 NO_3^--N。好氧池中的 NO_3^--N 浓度远大于缺氧池，且在缺氧池中段基本已经完成了反硝化过程。因此，适当提高内回流比可以进一步提高脱氮效果。

这些数据表明，该污水处理厂的 AAO 工艺在脱氮方面表现良好，但仍有进一步优化的空间。通过调整内回流比，可以更好地利用缺氧池的反硝化能力，从而提高整体的脱氮效率。

图 4-9 展示了该污水处理厂沿程 COD 和 SCOD 的变化情况。结合该污水处理厂沿程 COD（化学需氧量）变化情况，可以分析反硝化过程对碳源的利用效果。进水 COD 约为 162mg/L，其中 SCOD（溶解性化学需氧量）/COD 比约为 70%，这表明进水中的 COD 大部分为溶解性 COD。

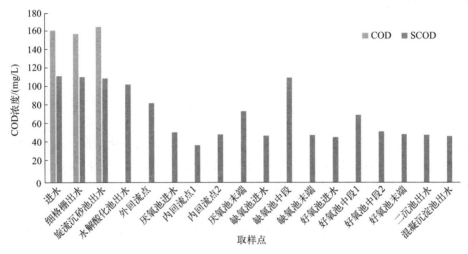

图 4-9 沿程 COD 变化情况

在反硝化过程中，由于回流稀释及反硝化利用碳源的作用，缺氧段 COD 下降明显。缺氧中段由于投加碳源，COD 有明显增加。在实际运行中，该厂碳源投加量为 350mg/L，其 COD 当量约为 1.6×10^5 mg/L。经核算，碳源投加量（以 COD 计）为 56mg/L。

缺氧段末端较缺氧段进水处 COD 浓度并未呈明显上升，这说明碳源投加量较为合适。这表明，在反硝化过程中，碳源被有效利用，没有造成 COD 的过量积累。适当的碳源投加量有助于提高反硝化效率，同时避免了 COD 的过量增加，这对于维持污水处理厂的稳定运行和出水质量具有重要意义。

4.3.1.2 Orbal 氧化沟工艺全流程总氮分布

Orbal 氧化沟是一种传统的污水处理工艺，具有占地面积小、抗冲击负荷能力强等优点。Orbal 氧化沟由三个同心椭圆形沟道组成，污水与回流污泥混合后，依次流经外沟、中沟和内沟，最后通过中心岛的堰门流出至二沉池。这种结构使得三个沟道的溶解氧呈阶梯分布状态：外沟几乎无溶解氧，中沟呈微氧状态，内沟溶解氧较高，呈好氧状态。由于转碟曝气机的空间分布特征，每个沟道都可以形成若干"好氧-缺氧"的工艺段，从而实现同步硝化反硝化过程。因此，即使在无硝化液回流的情况下，Orbal 氧化沟也能实现一定的脱氮效率。

某污水处理厂的工艺包括一级处理段（粗格栅、进水提升泵、细格栅、沉砂池）＋二级生物处理段（Orbal 氧化沟工艺）＋深度处理段（紫外消毒池）。该厂目前执行一级 A 标准。沿程取样点及流速测速点的分布如图 4-10 所示，具体为：进水、外沟 1、外沟 2、外沟 3、外沟 4、中沟 1、中沟 2、中沟 3、内沟 1、内沟 2、污泥回流液、二沉池出水。

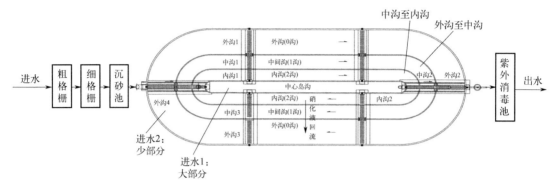

图 4-10　取样点分布图

图 4-11（书后另见彩图）展示了氧化沟工艺中各单元氮的变化情况。进水 TN 浓度约为 49.0mg/L，其中 NH_3-N 是溶解性 TN 的主要成分。出水总氮约为 10.0mg/L，且成分均为 NO_3^--N，内沟 NO_3^--N 约为 8.0mg/L，而外沟 NO_3^--N 已降至 0.6mg/L，表明内沟回流至外沟的硝态氮已基本被去除。由于此时氧化沟回流量比较低，内沟回流至外沟的 NO_3^--N 含量较少，限制了氧化沟工艺整体的脱氮效率。因此，宜提高其硝化液的回流量，使反硝化菌所在环境的底物浓度（NO_3^--N）增高，以有效提高反硝化脱氮效率。经核查，目前该污水处理厂内沟至外沟的硝化液回流泵仅开 1 台，回流比为 100%，建议增开 1 台回流泵以提升反硝化效果。此外，在日常运行过程中，应时刻关注氧化沟各段 NO_3^--N 浓度以及硝化液的回流量，从而提高氧化沟的脱氮效果。

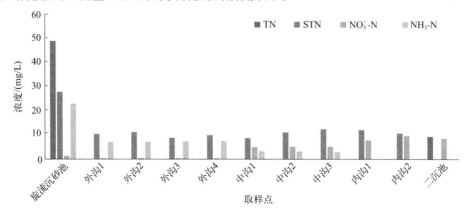

图 4-11　氧化沟全流程 TN、STN、NH_3-N 和 NO_3^--N 浓度变化

同时，结合该污水处理厂沿程 COD 变化情况，分析反硝化过程中对碳源的利用效果。图 4-12（书后另见彩图）显示了该厂 COD 分布的沿程测试结果。进水中的悬浮物较多，溶解性 COD 仅占 COD 的 21.2%，浓度仅为 74mg/L。外沟 COD 浓度仅为 9～16mg/L，无法为反硝化过程提供足够的碳源。由此可见，进水中缺乏可供反硝化菌群利用的碳源是该厂脱氮效率无法进一步提高的原因之一。因此，在实际运行中，可能需要考虑外加碳源或优化现有工艺条件，以提高碳源的供应，从而提高反硝化效率。

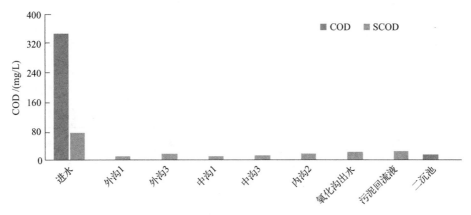

图 4-12　氧化沟全流程 COD 变化

4.3.1.3　SBR 工艺全流程总氮分布

SBR 工艺，即序批式活性污泥法，采用间歇曝气方式运行。与传统污水处理工艺不同，SBR 技术使用时间分割的操作方式替代空间分割，非稳定生化反应替代稳态生化反应，以及静置理想沉淀替代传统的动态沉淀。其主要特点是操作有序且间歇进行。SBR 技术的核心是集均化、初沉、生物降解、二沉等功能于一体的 SBR 反应池，且无需污泥回流系统。某污水处理厂以 SBR 工艺为主，其预处理设施包括粗格栅、提升泵房、细格栅、旋流沉砂池；二级处理采用 SBR 工艺；深度处理设施为曝气生物滤池；消毒则采用紫外消毒。该厂目前执行一级 A 标准。本次全流程测试主要针对生化段功能区的划分，取样点包括进水、沉砂池出水、水解酸化池出水、搅拌 0 分钟、搅拌 10 分钟、搅拌 30 分钟、曝气 30 分钟、曝气 60 分钟、曝气 90 分钟、曝气 120 分钟、曝气 150 分钟、沉淀 60 分钟、沉淀 90 分钟、滗水 10 分钟、BAF 进水、BAF 出水、紫外消毒池出水。

微生物的脱氮途径主要包括硝化和反硝化两个过程。在曝气条件下，NH_3-N 被硝化细菌（氨氧化细菌和亚硝酸盐硝化细菌）氧化为氧化态氮（主要为硝态氮）。在缺氧条件下，反硝化菌利用进水碳源将回流混合液中的 NO_3^--N 还原为 N_2，从而实现污水中氮的去除。

图 4-13（书后另见彩图）展示了该污水处理厂沿程氮含量的变化情况。由图可知，进水中总氮（TN）浓度为 50.0mg/L，主要是溶解性总氮（STN），其中 NH_3-N 是 STN 的主要成分，NH_3-N 占 STN 的比例约为 95%。"搅拌 0min"为上一周期滗水结束后的采样，氨氮浓度约为 3.0mg/L，硝态氮浓度约为 8.0mg/L。进水后，由于碳源充足，反硝

化效果显著，硝态氮迅速去除。开始曝气后，由于 NH_3-N 转化为 NO_3^--N，NH_3-N 浓度显著下降，而 NO_3^--N 浓度有所上升。出水 TN 浓度约为 11.0mg/L，以 NO_3^--N 为主。

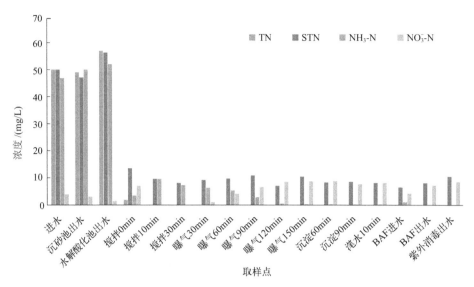

图 4-13　沿程氮含量变化情况

　　污水处理厂的全流程分析旨在深入理解污染物的组成和活性污泥的特性。从污染物组分特性和活性污泥生长环境的角度出发，考虑工艺调整和优化的关键点，这种方法可以作为污水处理厂定期进行工艺评估和诊断的工具。因此，建议定期采用这种分析方法对污水处理厂的工艺进行优化，以获取基础性数据，为未来执行更高标准的提标改造建设提供支持。

4.3.1.4　反硝化速率及潜力

　　由于活性污泥微生物需要在污水处理厂特定功能区（如厌氧区、缺氧区或好氧区等）发挥不同的作用，因此在诊断评估污水处理厂工艺时，必须测试这些区域内活性污泥去除污染物的效能，以确定工艺功能区是否正常运行。常见的活性污泥性能分析指标包括硝化速率、反硝化速率和释磷速率。污泥中反硝化菌群的丰度和活性决定了生化段的脱氮效果，其中反硝化速率和反硝化潜力分别代表活性污泥的实际反硝化性能和在最优条件（即充分碳源）下能实现的最大反硝化能力。活性污泥菌群的性能指标（硝化速率、反硝化速率和释磷速率）是污水处理厂工艺设计的重点参数。设计时通常根据这些参数的理论值来核算水力停留时间等参数，然后按照《室外排水设计标准》（GB 50014—2021）中给出的相关公式进行换算。一般而言，MLVSS/MLSS 以 0.45 计算，理论的硝化速率应大于 4mg/(g·h)，反硝化速率应在 3～5mg/(g·h) 之间。

　　图 4-14 和图 4-15 分别统计了 58 座污水处理厂测定的活性污泥反硝化速率及反硝化潜力情况。其中，反硝化速率的范围为 0～5.18mg/(g·h)，平均值为 1.33mg/(g·h)；反硝化潜力的范围为 1.05～20.80mg/(g·h)，平均值为 6.68mg/(g·h)。通过分析各个污

水处理厂不同活性污泥菌群性能速率范围的数量占比，可知在58座污水处理厂中，反硝化速率小于3mg/(g·h) 的占比达96%，表明大部分污水处理厂的功能菌群性能低于设计值，且不同厂的活性污泥菌群活性差异较大。

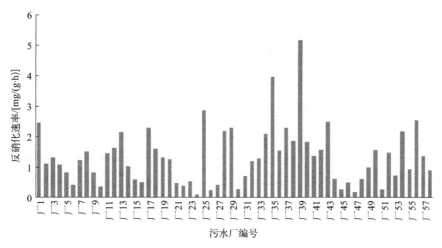

图4-14　58座污水处理厂反硝化速率

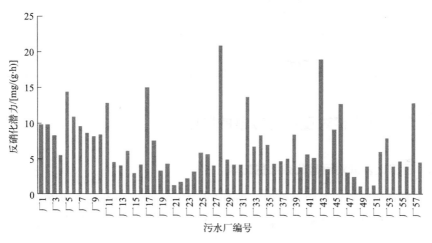

图4-15　58座污水处理厂反硝化潜力

同时，污泥有机质含量（MLVSS/MLSS）也是影响出水总氮稳定达标的主要因素。MLVSS/MLSS可以表征活性污泥的活性。理论上，生活污水处理厂的泥水混合液MLVSS/MLSS应在0.7～0.8之间。当MLVSS/MLSS值过低时，污泥活性较低，功能菌群较少。另一方面，污泥中含有较多的无机颗粒，易造成运行设备磨损。当MLVSS/MLSS值处于正常范围内时，活性污泥中活性微生物浓度较高，对污染物的去除能力较强。

对35座污水处理厂进行的全流程调研分析发现，MLVSS/MLSS值在0.31～0.67之间，普遍处于较低水平。MLVSS/MLSS过低会严重影响曝气池内污泥的活性，导致难以实现出水氨氮的稳定达标。分析这35座污水处理厂的MLVSS/MLSS分布区间，结果如表4-4所列。由表可知，MLVSS/MLSS低于0.40的污水处理厂占总数的29%，这些厂的污泥活性较低，难以保证出水的稳定达标。超过一半的污水处理厂 MLVSS/MLSS 在 0.40～0.60 之间，这些厂可以通过加强预处理段对无机颗粒物的去除，提高 MLVSS/MLSS，从而进一步挖掘氨氮的去除潜力，实现出水总氮的稳定达标。然而，调研结果表明，仅有 20％的污水处理厂 MLVSS/MLSS 大于 0.60。

表 4-4　35 座污水处理厂 MLVSS/MLSS 分布区间

MLVSS/MLSS 范围	数量/座	占比
<0.4	10	29％
0.4～0.5	7	20％
0.5～0.6	11	31％
>0.6	7	20％

对不同区间 MLVSS/MLSS 值的分析如表 4-5 所列。可以看出，MLVSS 值较低导致了 MLVSS/MLSS 值偏低，表明有效功能菌含量低，污染物去除能力也随之降低。同时，这也表明污泥中无机物质含量高，一方面增加了搅拌能耗，另一方面容易造成处理设备的磨损。

表 4-5　不同 MLVSS/MLSS 值污泥浓度分析

序号	MLVSS/MLSS	MLSS/(mg/L)	MLVSS/(mg/L)
A	0.31	5000	1550
B	0.45	5000	2250
C	0.67	5000	3350

4.3.2　回流比调整对反硝化效果的影响

4.3.2.1　回流比较低对反硝化效果的影响

某污水处理厂因受上游特定类型工业废水的影响，进水中含有高浓度的硝态氮，导致出水总氮无法达标排放。此外，尽管该厂设计内回流比为 300％，但实际运行中内回流比仅为 200％，这进一步限制了脱氮效果，也增加了出水总氮超标的风险。该污水处理厂的主导工艺包括预处理（旋流沉砂池）、水解酸化、AAO 和活性砂滤池。该工艺的特点是单点进水，内回流利用控制堰控制且不计流量，外回流为 70％，采用次氯酸钠消毒，执行一级 A 排放标准。

目前，该厂整体运行情况较为稳定，出水排放指标除总氮（TN）外，基本满足规定的一级 A 标准要求。与周边数座污水处理厂进水水质情况相比，该厂进水（尤其是 TN）存在明显异常，并存在超负荷运行现象。经检测，该厂进水 BOD_5/COD 均值仅为 0.35，可生化性一般；BOD_5/TN 均值为 3.84。虽然理论上 $BOD_5/TN > 2.86$ 即可满足脱氮要求，但实际运行中由于溶解氧与硝酸盐竞争电子供体的影响，一般需要碳氮比大于 5 才能满足脱氮要求。因此，该厂 BOD_5/TN 处于较低水平，且波动性大，这在一定程度上制约了厂内脱氮效果。进水水质存在较大的波动性以及碳源不足可能是影响出水稳定达标排放的重要因素。

通过对生化池沿程硝态氮的分析测试发现,该污水处理厂进水 NO_3^--N 为 69.9mg/L(图 4-16,书后另见彩图),远超一般污水处理厂进水 NO_3^--N 水平(正常进水 NO_3^--N 浓度为 0~2.0mg/L)。通过上游管网水质普查得知,某光伏企业排放的高浓度硝态氮废水冲击导致该厂 NO_3^--N 偏高。高 NO_3^--N 进水需要更多的碳源来进行反硝化,因此需要在生物段投加大量碳源。该厂自 2017 年起发现进水 NO_3^--N 浓度较高后,迅速进行了工艺调控,在厌氧段投加了大量的碳源以满足反硝化所需碳源。尽管通过外加碳源能够有效提升系统脱氮效果,但运行成本显著增加。

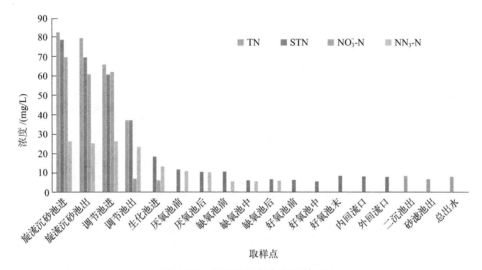

图 4-16 全流程氮元素变化情况

该厂调节池进出水 NO_3^--N 变化值较大,说明进水波动性较大。而厌氧池后,NO_3^--N 浓度还是基本保持在 0mg/L,说明可能存在碳源投加过量或内回流不足。因此,有必要对系统的内回流比进行校核,分析是否可优化调整内回流比。

根据内回流口沿程变化情况,取样布点安排如下:A~G 为好氧池末至好氧池进沿程的采样点,①~⑦为缺氧池末至内回流口至缺氧池中沿程的采样点。生化池内回流口的取样点位置如图 4-17 所示。此外,还测试分析了生化池内回流口沿程硝态氮及溶解氧的变化情况。

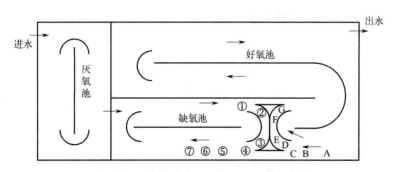

图 4-17 生化池内回流沿程采样点分布

由图 4-18 可知，A～F 点代表好氧池末推流至好氧池进的沿程各点，在这一过程中，NO_3^--N 浓度未发生明显变化，平均浓度保持在 7.5mg/L 以上。G 点是好氧池末混合液与缺氧池混合液开始混合的位置，在此点 NO_3^--N 浓度开始下降。G 点右端是好氧池回流水与缺氧池末端水完全混合的位置，该点 NO_3^--N 浓度降至 0.13mg/L。①～⑦点代表缺氧池末至内回流口至缺氧池中的沿程各点，其中①～③点是缺氧池末端混合液在池内循环流动并流向内回流口的位置，NO_3^--N 浓度维持在较低水平；④～⑦点则是缺氧池混合液与好氧池回流液混合的沿程各点，NO_3^--N 浓度先上升后下降，从 1.84mg/L 迅速降低至 0.274mg/L。

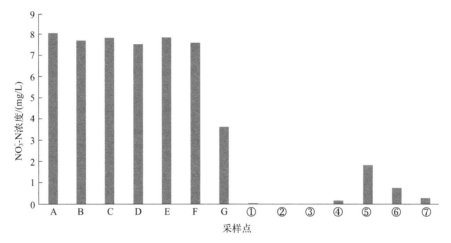

图 4-18 生化池推进式内回流口沿程硝态氮变化情况

在原设计条件下，300％的回流混合液携带了大量的溶解氧。因此，在混合的前段，溶解氧不会降为 0mg/L；另一方面，由于未达到缺氧状态，也不会发生反硝化反应，NO_3^--N 浓度的降低仅是由于缺氧池水流的稀释作用。然而，与缺氧池内循环流量相比，300％的回流量水量更大，单纯的水质混合在回流口沿程也不会造成 NO_3^--N 浓度的急剧下降。根据测试内回流口沿程溶解氧变化情况的结果，如图 4-19 所示，可见在缺氧池回

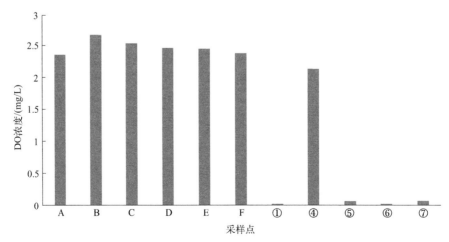

图 4-19 生化池推进式内回流口沿程溶解氧变化情况

流口沿程的 NO_3^--N 浓度以及溶解氧（DO）都急剧下降，这可能是内回流不足，并未达到 300％的回流量所造成的。

根据流速仪的测试结果，核算发现内回流比最大约为 200％，低于设计的 300％。这主要是由设计上内回流廊道口狭窄、推流形成短流造成的。在维持前进水总氮含量的条件下，该回流量不能满足脱氮需求，也不能确保有足够的硝态氮回流至缺氧池进行反硝化脱氮，从而制约了系统对氮组分的有效去除。

受 AAO 的工艺本身缺陷的影响，系统存在脱氮极限问题，对该极限的去除，可采用如下公式：

$$去除率 = \frac{(r+R) \times \mu}{1+R+r} \qquad (4-5)$$

式中　R——外回流比，％；

　　　r——内回流比，％；

　　　μ——脱氮效率，％。

在理想状态下，当缺氧池碳源充足且内回流充分时，脱氮效率可按95％取值（根据调研，江苏地区常规污水处理厂的脱氮效率值约为70％～95％），据此计算出的值即为 AAO 的脱氮极限。因此，在目前厂内回流比为 200％，外回流比为 70％，且在碳源充分、形成严格的缺氧环境并充分搅拌的条件下，假设缺氧池的脱氮效率达到 95％，则污水处理厂的最大脱氮效率为 69％。若厂内按照出水总氮（TN）浓度不超过 12.0mg/L 的标准控制，考虑到预处理段能对非溶解性 TN 有一定的去除，则进入生化段的溶解性总氮（STN）浓度不应超过 39.0mg/L。如果保持其他参数条件不变，将内回流比提升至 300％，则污水处理厂的最大脱氮效率为 75％，进入生化段的 STN 浓度不应超过 48.0mg/L。

城镇污水处理厂的进水 TN 一般不超过 50.0mg/L。如果出水执行一级 A 标准，采用一级 AAO 工艺即可满足达标要求。但在进水 TN 浓度超高或者出水水质标准需要进一步提升的情况下，一级 AAO 工艺由于自身的脱氮限制将不能满足需求。因此，在后期污水处理厂工艺改造时，需要考虑采用具有更高脱氮效率的多级 AO 工艺，或者在深度处理单元增设反硝化滤池。

4.3.2.2　回流比提高对反硝化效果的影响

以太湖流域某城镇污水处理厂为例，研究回流比对反硝化效果的影响。该污水处理厂处理规模为 $2 \times 10^5 m^3/d$，出水水质执行一级 A 标准。进水组成以生活污水（约占 60％）和工业废水（约占40％）为主，其中工业废水主要为印染工业废水和化工工业废水。排水体制为雨、污分流制。工艺流程包括一级处理段（粗格栅、进水提升泵、细格栅、沉砂池、初沉池、水解酸化段）＋二级生物处理段（改良 AAO 工艺）＋深度处理段（混凝沉淀池、转盘滤池、消毒池）。

全流程分析结果显示（图 4-20，书后另见彩图），该厂存在出水总氮偏高的问题。进水 TN 浓度约为 20.6mg/L，STN/TN 约为 96％，表明进水 TN 主要成分为溶解性 TN，其中 NH_3-N 为主要成分。在实际运行中，好氧池混合液回流至厌氧池，导致厌氧池中存在大量 NO_3^--N，使得厌氧池实际上成为缺氧环境，从而显著提高反硝化脱氮效果，

$NO_3^- \text{-}N$ 浓度在缺氧池降低至 1.26mg/L,二沉池出水 $NO_3^- \text{-}N$ 为 13.6mg/L。好氧池出水 STN 浓度为 11.0mg/L,主要为 $NO_3^- \text{-}N$,好氧池 $NO_3^- \text{-}N$ 浓度远大于缺氧池,且在缺氧池中段已基本完成反硝化,因此适当提高内回流比可进一步提高脱氮效果。

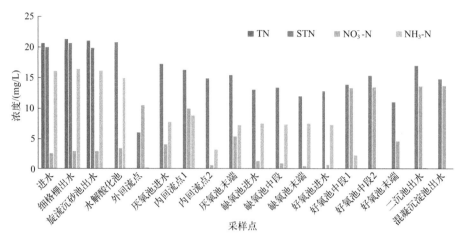

图 4-20 沿程氮含量变化情况

为了具体了解反硝化脱氮性能,根据全流程分析结果,将内回流比从 100% 调整至 200%,探究内回流比对反硝化的影响。内回流比调整后,取了厌氧末、缺氧进、缺氧中、缺氧末、好氧进、好氧中和二沉出的水样,测试了硝态氮指标,如图 4-21 所示。此次测试进水总氮浓度为 28.0mg/L,高于工艺调整前的进水总氮浓度,但二沉池出水硝态氮浓度仅为 11.4mg/L,低于工艺调整前的 13.6mg/L,表明内回流比的提高有助于硝态氮的去除。然而,缺氧段的硝态氮水平仍较低,可适当减少碳源投加量以节约成本。

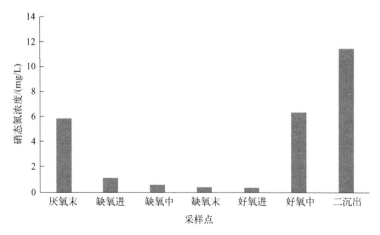

图 4-21 工艺调整后各采样点硝态氮浓度

工艺调整前,二沉池出水 $NO_3^- \text{-}N$ 为 13.6mg/L;调整后为 11.4mg/L,表明内回流比的提高有助于硝态氮的去除。为了考察内回流比对整个系统的影响,采取了连续监测硝态氮的去除情况。取 AAO 工艺厌氧末、缺氧进、缺氧中、缺氧末、好氧进、好氧中和二沉出的水样，测试了硝态氮指标，如图 4-22 所示（书后另见彩图）。调整后第二天发现二沉池出水硝态氮浓度仅为 9.20mg/L，低于工艺调整后第一天的 11.4mg/L 及工艺调整前的 13.6mg/L，进一步表明内回流比的提高有助于硝态氮的去除。

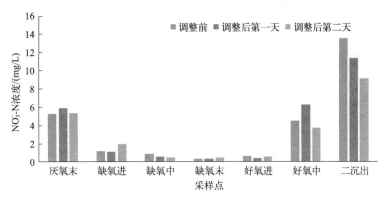

图 4-22　工艺调整前后各采样点硝态氮浓度

4.3.2.3　回流溶解氧对于反硝化效果的影响

太湖流域某污水处理厂的主体工艺为 AAO-MBR 工艺，设计出水水质优于一级 A 标准（COD<30mg/L）。该污水处理厂生化池的工艺流程如图 4-23 所示。

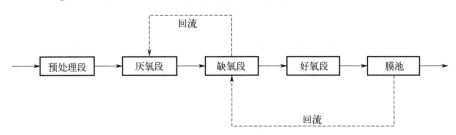

图 4-23　太湖流域某污水处理厂生化池工艺流程

该厂内回流由膜池直接回流至缺氧池，但经现场检测发现，膜池溶解氧一般大于 7.0mg/L，这会导致膜池直接回流至缺氧池时携带大量溶解氧，从而影响缺氧池的反硝化效果。为了验证高溶解氧回流对缺氧反硝化的影响，进行了在降低溶解氧条件下测定反硝化速率的实验。图 4-24 展示了模拟现场和降低溶解氧条件下反硝化速率的测量情况。

在模拟现场实验中，由于初始溶解氧过高，实验前 10 分钟内 NO_3^--N 浓度有所上升，之后 NO_3^--N 浓度开始下降，下降量为 1.4mg/L。随后，进行了降低溶解氧的实验，即初始溶解氧控制在 3.0mg/L。在实验初始阶段，NO_3^--N 浓度基本保持恒定，之后开始下降，下降量达到 3.2mg/L。实验结果表明，提高回流溶解氧对反硝化过程有显著影响；而降低回流溶解氧可以有效提高 NO_3^--N 的降解量，大约提高了 1.8mg/L 的 NO_3^--N 去除量。

综上所述，在实际运行中，好氧池硝态氮浓度较高，而缺氧段硝态氮浓度却较低。适当提高内回流比可以有效提高反硝化脱氮效率。通过内回流将好氧池的高硝态氮输送至缺氧段，可以进一步挖掘脱氮潜力。以下建议可供参考：

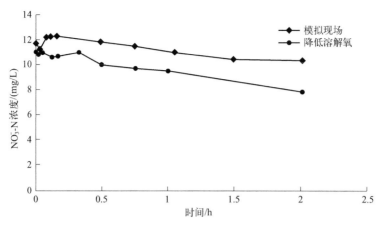

图 4-24 模拟现场和降低溶解氧条件下反硝化速率

① 在污水处理厂运行过程中，应将缺氧末端和好氧末端的硝态氮纳入日常检测指标范围，并定期开展检测工作。根据检测结果及时调整内回流比，确保内回流泵可调节且有余量，以强化反硝化脱氮性能。

② 可以将好氧池设计为梯度曝气结构，以降低回流液中溶解氧的浓度。或者，通过在好氧池内增设隔墙，分隔出独立的消氧区，使内回流液经过消氧区后再输送至缺氧区。

③ 在提标设计时，优先考虑采用 AA-AOAO 工艺，以提高反硝化脱氮性能。

4.3.3 碳源种类、投加位点及投加量对反硝化效果的影响

在生物脱氮系统中，反硝化菌将硝化生成的 NO_3^--N 和 NO_2^--N 还原为 N_2 的过程中，需要易降解的碳源。如果污水处理厂因进水 BOD_5/TN 较低导致生物脱氮碳源不足，则需要外加碳源以满足生物脱氮的需求。然而，不同类型的碳源对反硝化速率的影响各不相同。面对碳源不足的问题，许多市政污水处理厂不得不选择外加碳源。选择合适的碳源种类和投加位点，对城镇污水处理厂能否有效发挥反硝化脱氮性能，最终实现出水总氮的稳定达标具有十分重要的意义。

4.3.3.1 碳源种类对反硝化效果的影响

某污水处理厂二期主体采用 AAO/A-MBR 工艺，其缺氧池为完全混合式池型，NO_3^--N 浓度为 0mg/L，表明反硝化效果显著。在好氧池中，NH_3-N 逐渐通过硝化作用转化为 NO_3^--N，并在好氧池末端基本转化为 NO_3^--N。然而，由于缺氧池缺少碳源，基本未发生反硝化作用，导致 NO_3^--N 浓度维持不变。因此，考虑探究投加工业甲醇或乙酸钠对反硝化效果的影响。

根据图 4-25、图 4-26 和表 4-6 所示，该污水处理厂活性污泥在加入 2g 纯乙酸钠（COD 值为 200mg/L）后，测得的反硝化潜力为 5.90mg/(g·h)；而在加入 7mL 甲醇（COD 值也为 200mg/L）后，测得的反硝化潜力为 4.19mg/(g·h)。这两个数值均在正常

水平范围内，通常污水处理厂污泥的反硝化潜力为 4～10mg/(g·h)。然而，由于工业甲醇的纯度较低，其反硝化潜力低于纯乙酸钠。

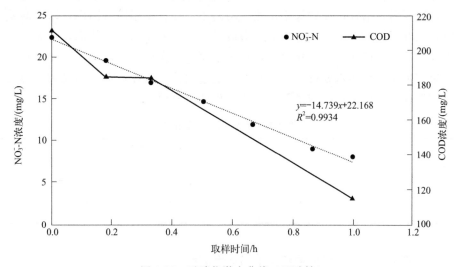

图 4-25　反硝化潜力曲线（乙酸钠）

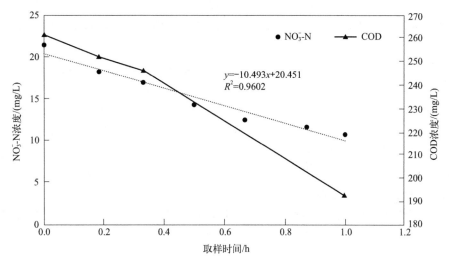

图 4-26　反硝化潜力曲线（工业甲醇）

表 4-6　某污水处理厂投加不同碳源后活性污泥反硝化潜力

项目	斜率	反硝化潜力/[mg/(g·h)]	反应时间/min	MLVSS/(mg/L)
投加乙酸钠组	14.74	5.90	60	2500
投加工业甲醇组	10.49	4.19	60	2505

在碳源充足的条件下，以污泥的混合液挥发性悬浮固体浓度（MLVSS）为 2500mg/L 计算，根据反硝化潜力核算，该系统可去除的硝态氮量超过 100mg/L。即使在冬季低温导致微生物活性下降的条件下，投加的碳源量也足以满足反硝化脱氮的需求。

为了进一步比较各类碳源对反硝化的影响，进行了相关实验，结果如表4-7所列。实验结果显示，以果糖作为碳源时，活性污泥的反硝化速率为4.50mg/(g·h)；而以冰醋酸和乙酸钠为碳源时，活性污泥的反硝化速率均高于果糖。在相同时间内，以乙酸钠作为补充碳源时，活性污泥对NO_3^--N的去除效果最好，其次是冰醋酸。然而，考虑到这两种碳源的价格以及冰醋酸的实际反硝化效果，投加冰醋酸的运行费用较低。需要注意的是，上述实验结果仅适用于该污水处理厂，不具有普遍适用性。因此，在选择投加碳源之前，应自行进行碳源比选实验，以确定最适合自身条件的脱氮效果。

表 4-7　碳源比选实验结果

碳源	反硝化潜力/[mg/(g·h)]
冰醋酸	7.2
果糖	4.50
乙酸钠	7.41

4.3.3.2　碳源投加点位及投加量对反硝化效果的影响

污水处理厂外加碳源主要用于解决反硝化脱氮问题，因此碳源的投加点主要集中在进水、预缺氧池、厌氧池和缺氧池。一般可以根据体系中硝态氮和亚硝态氮的浓度来计算所需投加的碳源量。

值得注意的是，在新一轮提标改造中，通常采取延长缺氧段的水力停留时间（HRT）来优化污水处理厂的脱氮工艺。然而，反硝化速率曲线通常可分为三段，其中第二段是利用进水中慢速碳源进行反硝化。一般情况下，在第一段快速碳源耗尽后，第二段慢速碳源反硝化速率曲线的趋势会随着进水水质的不同而出现较大差异。在实际案例中，有些水质较好的污水处理厂的反硝化速率曲线趋势会继续较缓慢降低，而有些进水碳源生化性差的污水处理厂的反硝化速率曲线趋势则可能呈现出斜率接近0的情况。因此，在工艺优化时，不能盲目延长缺氧段停留时间，需要依据实际水质状况具体问题具体分析。一般设计碳源投加点距离好氧段停留时间在2小时以上即可。因此，污水处理厂的运行管理人员需要对影响因素进行精准应对，科学管理，以保障污水处理厂的活性污泥反硝化能力处于优等水平。

以太湖流域某污水处理厂为例，该厂主体工艺为改良AAO。试运行期间，平均进水量小于设计进水量，导致水力停留时间过长，造成碳源损失。由于进水有机负荷较低，不利于后续的异养反硝化脱氮。该厂在之前的调试运行期间，曾在缺氧池4廊道投加碳源（图4-27），但硝态氮的去除效果并不明显。原因主要是缺氧池4廊道为内回流廊道，内回流携带的溶解氧会消耗优质碳源，反硝化菌得不到足够的碳源进行反硝化脱氮。为了避免外加碳源的无效消耗，建议将碳源投加位点设置在厌氧1廊道，这样可以有效降低生化段的硝态氮浓度，在提高脱氮性能的同时，还可以为聚磷菌相对丰度的增加提供条件。

为了具体了解该污水处理工艺的反硝化脱氮性能，对该厂进行了生化段沿程硝态氮浓度变化情况的分析。根据图4-28的数据，可以看出缺氧池段的硝态氮浓度较高，达到约16.0mg/L，这表明反硝化效果不佳，硝态氮没有得到有效去除。这种情况可能是由于缺

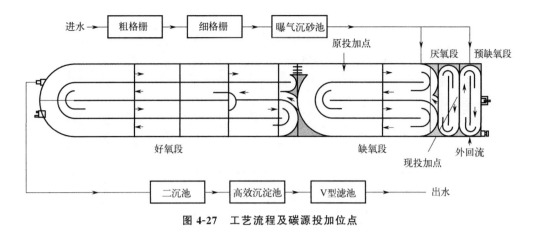

图 4-27　工艺流程及碳源投加位点

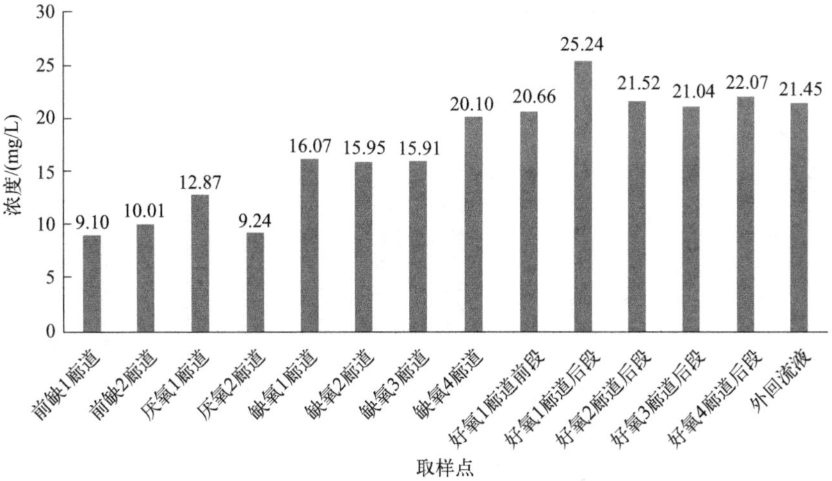

图 4-28　生化段硝态氮浓度变化

氧池中缺乏足够的碳源来支持反硝化菌的生长和活性，或者是因为缺氧池内的溶解氧水平过高，抑制了反硝化过程。

　　为了避免外加碳源的无效消耗，建议将碳源投加位点设置在厌氧1廊道。根据图4-29的数据，调整碳源投加位点后，脱氮效果明显提升。好氧池末端的硝态氮浓度显著降低至15.0mg/L左右，这表明通过优化碳源投加位置，可以有效促进反硝化过程，从而提高脱氮效率。这一调整对于污水处理厂实现出水总氮稳定达标具有重要意义。

　　为了进一步提升脱氮效果，达到高排放标准下总氮（TN）的稳定达标排放要求，在调整碳源投加位点之后，继续加大碳源投加量。图4-30展示了加大碳源投加量后生化段硝态氮浓度的变化情况。由该图可知，加大碳源投加量后，好氧池末端的硝态氮浓度显著降低至10.0mg/L左右，这对于高排放标准下TN的稳定达标排放是有利的。

　　综上所述，外加碳源的种类、投加点位及投加量对反硝化脱氮具有显著影响。选择合适的碳源种类、确定最佳的投加点位和控制适当的投加量，对于提高污水处理厂的脱氮效率和确保出水水质达标具有较大影响。

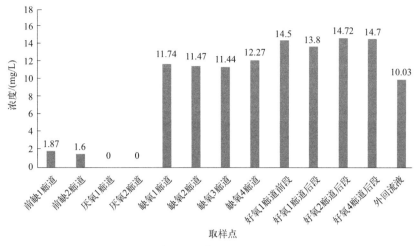

图 4-29　调整碳源投加点生化段硝态氮浓度变化

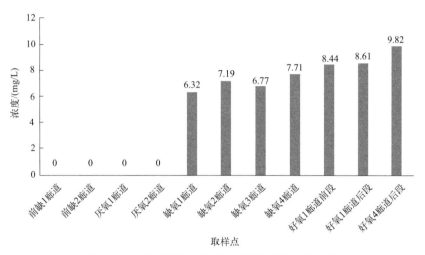

图 4-30　调整碳源投加量后生化段硝态氮浓度变化

4.3.3.3　碳源投加位点优化

某污水处理厂采用改良 AAO 工艺，包括预处理段（粗细格栅、曝气沉砂池、初沉池）、生化段（预缺氧＋AAO）和深度处理段（活性砂滤池）。全流程分析显示，该厂缺氧段出水硝态氮浓度较高，因此需要在缺氧段投加外加碳源以提高脱氮效果。为了达到更好的脱氮效果，进行了碳源投加位点的优化分析。图 4-31 为取样点分布，在缺氧段设置取样点布置如下：①预缺氧池前端；②预缺氧池中段 1；③预缺氧池中段 2；④预缺氧池末端；⑤缺氧池前端；⑥缺氧池中段 1；⑦回流口；⑧缺氧池中段 2；⑨缺氧池末端。测试各点 NO_3^--N 的变化情况，探索最佳碳源投加点。

图 4-32 展示了四期缺氧段的溶解氧（DO）变化情况。由于在预缺氧段接入曝气沉砂池出水，DO 浓度较高，为 0.12mg/L。然而，缺氧段其余各点的 DO 浓度基本保持在 0.01mg/L，表明缺氧段整体上对 DO 的控制较好。内回流并未携带过量的溶解氧进入缺

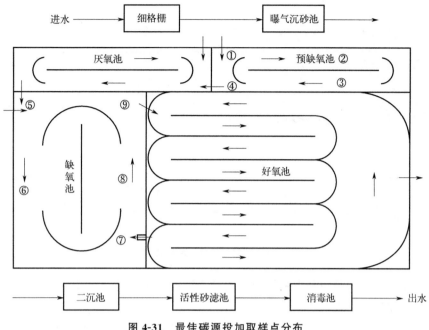

图 4-31　最佳碳源投加取样点分布

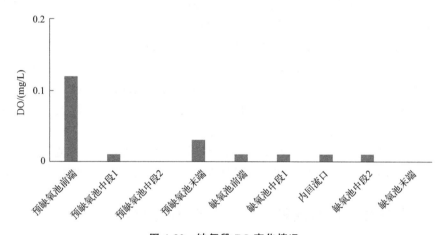

图 4-32　缺氧段 DO 变化情况

氧段，因此，碳源投加点设置在回流口后端即可。具体的投加点位可以根据沿程硝态氮浓度的具体情况来确定，以确保最佳的脱氮效果。

图 4-33 显示了缺氧段硝酸盐氮（NO_3^--N）的变化情况。由于回流污泥和内回流携带了大量硝态氮，预缺氧池前端和内回流口处的 NO_3^--N 浓度较高，分别为 2.7mg/L 和 0.9mg/L。经过缺氧段活性污泥的反硝化作用，NO_3^--N 浓度呈现明显的下降趋势。预缺氧池和缺氧池末端的 NO_3^--N 浓度均降至 0.1mg/L，表明达到了较好的反硝化效果。结合溶解氧（DO）的数据，最终确定缺氧池的最佳碳源投加点位于内回流口与缺氧池中段 2 之间。这个位置可以确保在反硝化作用发生的同时，避免内回流带来的过量溶解氧对反硝化过程的抑制。

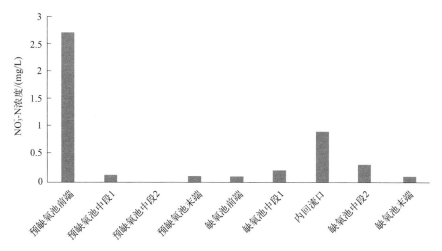

图 4-33 缺氧段 NO₃⁻-N 变化情况

综上所述，外加碳源的种类和投加点位对反硝化脱氮过程具有显著影响。为了提升脱氮效果，建议在运行中采取以下措施：

① 外加碳源种类的选择：优先考虑接入周边高 BOD_5/TN 废水，实现废物再循环使用。在污水厂常用的外加碳源中，乙酸钠或冰醋酸的效果较好，可以优先考虑使用。

② 碳源投加位点的选择：以高硝态氮、低 DO、搅拌效果好为主要原则。缺氧区是污水处理厂反硝化脱氮的主要功能区，也是最常规的外部投加单元。然而，目前国内大部分污水处理厂并未采取回流混合液溶解氧控制措施，回流液携带的溶解氧会造成外加碳源的无效损失。因此，缺氧区碳源投加应避开内回流导致溶解氧高的区域，并确保有 30 分钟以上的水力停留时间。此外，如果考虑生物除磷的需求，也可以将碳源投加到厌氧区，这样可以在去除部分硝态氮的同时，实现良好的生物释磷。

③ 碳源投加量的控制：按需投加，可考虑采用精确加药系统，以避免资源的浪费。通过精确控制碳源的投加量，可以在确保脱氮效果的同时，减少不必要的成本支出。

4.3.4 缺氧段搅拌混合效果对反硝化效果的影响

4.3.4.1 搅拌混合效果对 SBR 工艺反硝化效果的影响

某污水处理厂采用 SBR 工艺（序批式活性污泥法），在对该厂进行工艺流程诊断分析时，发现曝气阶段出现泥水分层现象，这可能与脱氮效果不佳有关，推测是由泥水未充分接触所致。为了验证这一推测，取同一批次的泥水混合液进行测试。实验结果如图 4-34 所示，分别展示了在搅拌速率为 80r/min（混合不充分）和 200r/min（混合充分）条件下活性污泥系统内反硝化的情况。在混合充分的条件下，1 小时内基本完成了反硝化反应，可以去除约 25.0mg/L 的硝态氮。而在混合不充分的条件下，仅能去除 7.0mg/L 的硝态氮。这表明，搅拌充分可以使污水和活性污泥充分接触，从而提高活性污泥的反硝化效率和反硝化脱氮量。因此，改善泥水混合条件对于提高脱氮效果具有重要意义。

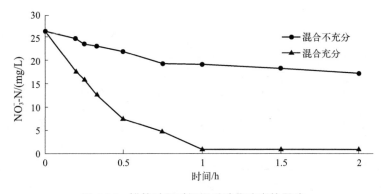

图 4-34 搅拌过程对污泥反硝化速率的影响

4.3.4.2 搅拌混合效果对氧化沟工艺反硝化效果的影响

某污水处理厂的主体工艺为 Carrousel 氧化沟，处理规模为 $5 \times 10^4 \, m^3/d$，出水执行一级 A 标准。前端预处理段包括进水泵房、旋流沉砂池、初沉池和水解酸化池等，工艺流程如图 4-35 所示。

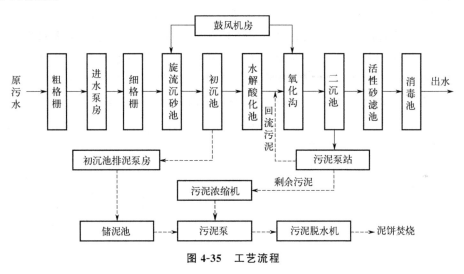

图 4-35 工艺流程

根据该厂 2017～2018 年的进出水数据分析，该厂的运行状况较差，出水总氮（TN）去除率约为 65%，有 17% 的概率超过 15.0mg/L，这表明难以实现一级 A 标准的稳定达标排放。对该厂进行全流程分析后发现（图 4-36，书后另见彩图），进水中的总氮浓度为 39.3mg/L，其中溶解性总氮（STN）浓度为 38.8mg/L，STN/TN 为 98.7%，表明进水中大部分为溶解性总氮。氨氮（NH_3-N）浓度为 32.5mg/L，NH_3-N/STN 为 83.61%，表明氨氮是溶解性总氮的主要成分。进入生化池后，氨氮浓度迅速降低，出水氨氮浓度为 0.81mg/L；然而，总氮浓度较高，且硝酸盐氮（NO_3^--N）为主要成分，在生化池中基本没有明显变化，浓度保持在 24.0mg/L 左右。这表明氧化沟活性污泥的反硝化效果不佳，整个生化池对总氮的去除量较少。

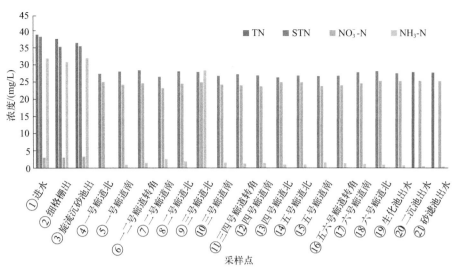

图 4-36 沿程氮含量变化情况

水力流态特性是影响物质传输、生化性能和反应效率的最基本因素。氧化沟的流速对污水处理的效果以及氧化沟沉泥的分布有显著影响。因此，对氧化沟的上、中、下层进行流速测定。在所设置的 12 个位点处进行了流速测定，这些位点位于氧化沟两条人工走廊沿线。每个位点都根据现场条件测定了上层（表层）、中层（水深 2 米）和下层（水深 4 米）的流速（见表 4-8）。现场还发现氧化沟表面有大量浮泥，这可能是由污泥老化引起的。浮泥的存在可能会影响氧化沟的水力流态，进而影响污水处理的效果。

表 4-8 氧化沟不同深度流速的大小 单位：m/s

测点水深断面	0m	2m	4m
一号廊道北	0.45	0.48	0.49
二号廊道北	0.45	0.50	0.49
三号廊道北	0.40	0.35	0.36
四号廊道北	0.46	0.43	0.21
五号廊道北	0.32	0.38	0.24
六号廊道北	0.29	0.34	0.21
一号廊道南	0.54	0.58	0.31
二号廊道南	0.53	0.27	—
三号廊道南	0.27	0.35	—
四号廊道南	0.69	0.29	—
五号廊道南	0.31	0.49	—
六号廊道南	0.69	0.31	—

表 4-8 显示了不同位点、不同深度的流速测定结果。分析表明，平均流速随水深呈现递减趋势，由上至下各层的平均流速分别为 0.459m/s、0.402m/s 和 0.350m/s，下层流

速明显低于上层。表曝机的推流方向与水流方向的一致性直接影响了该位点的上层水流速度。例如，在三号廊道南与五号廊道南位点，由于反方向推流作用，上层流速低于下层流速；而在四号廊道南、六号廊道南位点处，由于正方向推流，上层流速高达0.69m/s。

在出水处（六号廊道北）存在大量浮泥，由于剪切力的作用，严重阻碍了上层水流流速，该处流速明显低于其他位置。氧化沟池深为4.5米，在多处流速测定位点水下2～3米处发现了污泥沉积的现象，污泥基本处于不流动状态。液固之间的传质减弱，表明很大一部分池容被沉积的污泥占据，无法发挥其去除污染物的功能，且容易发生污泥老化漂浮现象。

氧化沟流速随水深增加而降低，尤其是下层流速较低导致了污泥淤积，从而造成污泥老化。这种情况不仅降低了氧化沟的有效容积，还导致了污泥老化上浮，活性污泥中的脱氮除磷功能菌群不能得到良好的生长繁殖环境，从而降低了系统的脱氮能力。因此，优化氧化沟的流速分布和防止污泥淤积是提高污水处理效率的关键。

4.3.4.3 微曝气搅拌对反硝化效果的影响

在调研的污水处理厂中，某厂在缺氧段采用了微曝气方式进行混合搅拌。该厂主体采用AAO工艺，包括预处理段（粗细格栅、调节池）、生化段（厌氧水解池、缺氧池、好氧池）和深度处理段（折板反应池＋终沉池）。沿程取样点的分布如图4-37所示，重点结合生化段功能区的划分，取样点布置如下：①进水、②细格栅后端、③调节池后端、④A组水解池末端、⑤B组水解池末端、⑥内回流、⑦缺氧池中段、⑧缺氧池末端、⑨好氧池前端、⑩好氧池中段、⑪好氧池末端、⑫二沉池出水、⑬折板反应池前端、⑭折板反应池末端、⑮终沉池出水、⑯外回流。

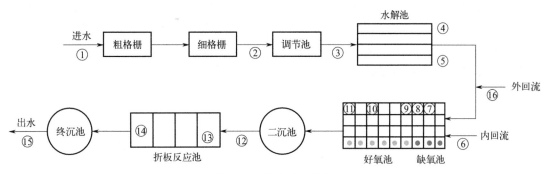

图4-37 全流程布点图

该厂沿程溶解氧（DO）变化情况如图4-38所示。在缺氧段，DO浓度为0.1～0.2mg/L。采用微曝气搅拌会使缺氧池的溶解氧浓度不为零，在有氧气存在的情况下，反硝化菌可能会利用分子氧作为最终电子受体来氧化分解有机物。然而，只有在无分子态氧的情况下，反硝化菌才能利用硝酸盐或亚硝酸盐作为能量代谢中的电子受体进行反硝化反应。

存在一定量的溶解氧对反硝化菌的生长不利，并且还会消耗部分碳源。因此，在缺氧段保持极低的溶解氧水平对于有效进行反硝化反应至关重要。微曝气搅拌的目的是混

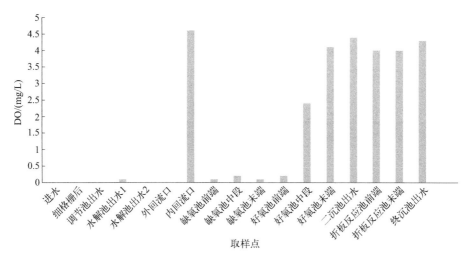

图 4-38　某污水处理厂沿程 DO 变化情况

合和搅拌污泥，而不是提供额外的溶解氧。如果溶解氧水平过高，可能会抑制反硝化菌的活性，降低脱氮效率。因此，需要精确控制微曝气的量，以维持缺氧段适宜的溶解氧水平。

图 4-39（书后另见彩图）展示了该厂沿程氮含量的变化情况。进水中的溶解性总氮（STN）为 28.38mg/L，表明进水总氮（TN）绝大部分为 STN，且 STN 中的主要成分为氨氮（NH₃-N）。数据分析表明，该厂在缺氧段前端同时进行了氨氮和硝态氮的去除，氨氮约去除了 28.0mg/L，硝态氮约去除了 4.0mg/L。缺氧段中，氨氮浓度逐渐降低，而硝态氮浓度逐渐上升。这种现象可能是厂内缺氧池采用微曝气搅拌导致溶解氧过高，发生了硝化作用，从而降低了整体的脱氮效果。同时，亚硝态氮（NO_2^--N）浓度较低，没有发生明显的同步硝化及反硝化反应。这可能是因为缺氧段溶解氧水平较高，抑制了亚硝化菌的生长和活性，导致亚硝态氮的生成和去除都不明显。

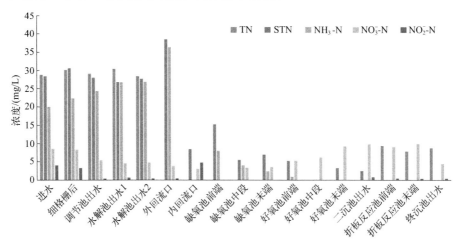

图 4-39　污水处理厂沿程氮含量变化情况

为进一步探究微曝气及搅拌作用对活性污泥反硝化作用的影响及对碳源的消耗效果，进行了实验，分别设置了微曝气及磁力搅拌的反应组，以探究其对反硝化作用的影响。实验结果如图 4-40 所示。在 2 小时的反应时间内，采用机械搅拌及微曝气搅拌分别去除了约 17.04mg/L 和 13.01mg/L 的硝酸盐氮（NO_3^--N）。在机械搅拌条件下，可以控制反应器内溶解氧（DO）为 0mg/L，提供了较好的反硝化环境；而在微曝气条件下，DO 浓度约为 0.20mg/L，可能会对反硝化反应产生抑制作用，因此在机械搅拌条件下可以实现更好的反硝化效果。

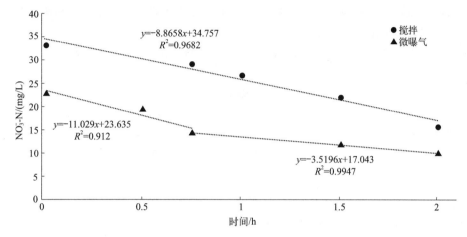

图 4-40　微曝气及机械搅拌条件下硝态氮情况

通过对微曝气及机械搅拌条件下化学需氧量（COD）的变化数据进行分析，结果表明，在机械搅拌条件下去除 1mg/L NO_3^--N 所需的 COD 约为 4mg/L，而在微曝气条件下去除 1mg/L NO_3^--N 所需的 COD 约为 5mg/L。因此，采用微曝气方式保证缺氧段污泥混合会造成部分碳源的浪费。为了提高活性污泥系统的反硝化性能，应确保缺氧段溶解氧浓度尽可能低，以优化碳源的使用效率。

综上所述，在推流器和搅拌机的设计和选型上，应充分考虑进水水质和水力流量特征，结合池容积，合理选择。在搅拌机布置上，应预先模拟计算搅拌机的位置和数量，确保曝气池内泥水能够混合均匀，避免出现泥水分离现象。同时，加强推流/搅拌器等设备的维护保养，减少故障率。

当出水总氮（TN）超标时，首先应分析其出水 TN 各成分，测定出水不可氨化有机氮、硝态氮及氨氮（NH_3-N）的浓度，然后根据测定结果进行如下分析：

① 进水中不可氨化有机氮浓度过高时，建议排查上游排污企业，以确定是否需要采取措施减少这些污染物的输入。

② 内回流比控制、投加碳源种类和投加位点选择、回流溶解氧控制以及厌氧缺氧反应池搅拌条件等是影响反硝化效果的重要因素。应选择适宜的碳源投加种类与方式，将投加的碳源有效地运用到脱氮过程中。在污水处理厂的运行管理中，通过监测缺氧池末端和出水硝态氮浓度的变化，及时调整内回流比，挖掘脱氮潜力。内回流液会携带部分溶解氧至缺氧池，减弱反硝化效果。区域曝气控制，减少好氧池末端的溶解氧，可有效降低回流

溶解氧对反硝化的影响。此外，还可在好氧池末端增设隔墙，分隔出独立消氧区，内回流混合液经过消氧区后输送至缺氧池。根据污水处理厂实际情况，选取合适的搅拌器/推流器，并保障其正常高效运行，对保障污水处理厂的脱氮效率具有重要意义。

③ 当出水硝态氮浓度过高时，首先测定缺氧池末端硝态氮浓度。若总出水硝态氮浓度远大于缺氧段硝态氮浓度，建议加大内回流；若两者相近，在温度低的情况下，建议采取外加碳源、减少排泥或加大外回流比等措施；在缺氧池溶解氧高的情况下，建议采取减小内回流比、减少好氧池末端曝气量或增加进水等措施；如果是由于进水 BOD_5/TN 较低影响，建议外加碳源；当通过工艺优化与调控无法达到预期处理效果时，可通过增设反硝化滤池等深度处理措施以进一步达到脱氮效果。

④ 出水氨氮（NH_3-N）浓度过高时，详见出水氨氮浓度超标问题分析。

参考文献

[1] 高廷耀，顾国维，周琪. 水污染控制工程 [M]. 3 版. 北京：高等教育出版社，2007.

[2] 马广文，香宝，银山，等. 长江流域农业区非点源氮的平衡变化及其区域性差异 [J]. 环境科学研究，2009，22（02）：132-137.

[3] 刘鹏霄，张捍民，王晓琳，等. MUCT-MBR 工艺反硝化除磷脱氮研究 [J]. 环境科学，2009，30（07）：1995-2000.

[4] 何晓锋. 中小城镇高效低耗污水处理工艺的选择 [J]. 化工管理，2019（20）：67.

[5] 黄潇. 多级 AO-深床滤池工艺深度处理城市污水效能及微生物特征 [D]. 哈尔滨：哈尔滨工业大学，2019.

[6] 马娟，彭永臻，王丽，等. 温度对反硝化过程的影响以及 pH 值变化规律 [J]. 中国环境科学，2008（11）：1004-1008.

[7] 国家环保总局《水和废水监测分析方法》编委会. 水和废水监测分析方法 [M]. 4 版. 北京：中国环境科学出版社，2002.

[8] Sanath K，Kang E，Liu H，et al. Continuous autotrophic denitrification process for treating ammonium-rich leachate wastewater in bioelectrochemical denitrification system（BEDS）[J]. Bioelectrochemistry，2019，130：107340.

[9] 马娟，宋相蕊，李璐. 碳源对反硝化过程 NO_2^- 积累及出水 pH 值的影响 [J]. 中国环境科学，2014，34（10）：2556-2561.

[10] Si Z H，Song X S，Wang Y H，et al. Intensified heterotrophic denitrification in constructed wetlands using four solid carbon sources：Denitrification efficiency and bacterial community structure [J]. Bioresource Technology，2018，267：416-425.

[11] 黄斯婷，杨庆，刘秀红，等. 不同碳源条件下污水处理反硝化过程亚硝态氮积累特性的研究进展 [J]. 水处理技术，2015，41（07）：21-25.

[12] Woo Y C，Lee J J，Jeong A，et al. Removal of nitrogen by a sulfur-based carrier with powdered activated carbon（PAC）for denitrification in membrane bioreactor（MBR）[J]. Journal of Water Process Engineering，2020，34：101149.

[13] Çokgör E U，Sözen S，Orhon D，et al. Respirometric analysis of activated sludge behaviour—Ⅰ. Assessment of the readily biodegradable substrate [J]. Water Research，1998，32（2）：461-475.

[14] 胡博，何珊，赵剑强，等. 搅拌速率对异养反硝化过程 N_2O 产生过程的影响 [J]. 环境科学与技术，2016，39（10）：144-148.

[15] 湛雪辉，湛含辉，钟乐. 高浓度活性污泥中二次流传质效果的实验研究 [J]. 矿冶工程，2007，27（03）：37-40.

[16] 于海明，刘晶晶，翟计红，等. HRT 对异养硝化好氧反硝化菌处理高速列车真空集便废水的影响 [J]. 环境工程学报，2014，8（11）：4715-4720.

[17] 马秋莹，李东，封莉，等. 前置反硝化生物滤池深度脱氮效能与影响因素 [J]. 环境工程学报，2017，11（09）：4932-4936.

[18] Hu Z F，Liu J Y，Zheng W Y，et al. Highly-efficient nitrogen removal from domestic wastewater based on enriched aerobic/anoxic biological filters and functional microbial community characteristics [J]. Journal of Cleaner Production，2019，238：117867.

[19] 王舜和，李朦，郭淑琴. 多级 AO 与多模式 AAO 工艺在污水厂的应用对比 [J]. 中国给水排水，2018，34（10）：48-51，57.

[20] 李家驹，孙永利，秦松岩，等. 内回流混合液 DO 对缺氧池反硝化影响预测模型研究 [J]. 中国给水排水，2016，32（21）：119-121.

第 **5** 章

氨氮达标问题诊断与优化调控

5.1 氨氮降解原理

5.1.1 氮的来源

氮（N）是城镇污水处理厂中的一种典型污染物，主要存在无机氮和有机氮两种形态。有机氮的存在形式包括蛋白质、氨基酸、尿素、胺类化合物和硝基化合物等；无机氮则主要以氨氮（NH_3-N）、亚硝酸盐氮（NO_2^--N）和硝酸盐氮（NO_3^--N）的形式出现。氨氮的来源非常广泛，包括生活污水、工业废水、农业排水和垃圾渗滤液等。工业废水中的氨氮主要源于含氮的生产原料、废料或中间产物溶于排放的废水中，如制革、炼钢、玻璃制造、食品加工和制药等行业。农业用水中的氨氮主要来自化肥，农田中使用的氮肥随地下水和雨水流入自然水体。此外，不彻底的合流制或分流制雨水以及养殖畜牧废水直排也会造成水体污染，尤其是水体富营养化问题。未处理的垃圾渗滤液含有大量有机氮和氨氮，其直接排入市政管网会对城镇污水处理厂造成冲击。生活污水中的氮以氨氮为主，有机氮在管网输送和活性污泥处理系统中可转化为氨氮，因此城镇污水处理厂进水中的氮主要以氨氮形式存在。

我国多数城镇污水处理厂的出水直接排入下游河道和湖泊。水体中氮浓度过高易导致富营养化，氨氮在自然水体中的降解过程会消耗氧气，造成水体黑臭。氨氮氧化后生成的亚硝酸盐氮和硝酸盐氮对人体有害，可导致高铁血红蛋白症，使血红蛋白失去携带氧的能力，严重时甚至致命。水中亚硝酸盐和硝酸盐含量过高时，还会生成亚硝胺，这是一种对人体健康构成严重威胁的物质，易引发癌症、畸形和基因突变。因此，严格控制污水处理厂出水中的氮含量具有重要意义。

5.1.2 氨氮降解原理

污水中去除氨氮的方法众多，包括生物处理法、膜过滤法、离子交换法、化学沉淀法、吸附法和光催化氧化法等。生物处理法主要分为生物膜法和活性污泥法。活性污泥法因其运行成本低、去除率高等特点，在市政污水处理中得到广泛应用。其氨氮降解过程如下：

$$RCHNH_2COOH + O_2 \longrightarrow RCOOH + CO_2 + NH_3 \tag{5-1}$$

$$2NH_4^+ + 3O_2 \longrightarrow 2NO_2^- + 2H_2O + 4H^+ \tag{5-2}$$

$$NO_2^- + 1/2O_2 \longrightarrow NO_3^- \tag{5-3}$$

5.1.2.1 氨化过程

在无氧或有氧条件下，污水中的有机氮通过氨化细菌的作用转化为氨态氮。此过程涉及有机氮化合物（如蛋白质、核酸等）的降解，形成多肽、氨基酸、氨基糖等小分子含氮化合物。这些简单含氮化合物在脱氨基过程中转变为氨态氮，实现有机氮向无机氮的转化。氨化细菌主要是异养菌，包括好氧型和兼性厌氧型，使得氨化反应在厌氧、缺氧和好氧条件下均可发生。氨化菌对 pH 值的适应范围广泛，能在中性、酸性和碱性环境中发挥作用，尽管不同环境下的微生物种类和反应强度可能有所不同。

5.1.2.2 硝化过程

氨氮在好氧条件下通过亚硝酸细菌和硝酸细菌的作用转化为亚硝态氮和硝态氮，这个过程分为两个连续的步骤。首先，亚硝酸细菌（AOB）将游离氨和铵盐氧化生成亚硝态氮。由于亚硝酸细菌从氨氧化产生的化合能中获取能量，因此通常被称为"氨氧化细菌"。接着，硝酸细菌（NOB）将亚硝态氮进一步氧化为硝态氮。硝酸细菌从亚硝态氮氧化产生的化合能中获取能量，其产物主要是亚硝态氮，有时也可能是氨和其他有机物，因此通常被称为"亚硝酸盐氧化细菌"。

硝化细菌包括两种不同的代谢菌群：亚硝酸细菌和硝酸细菌。这些细菌常见的形态有杆菌、球菌和螺旋菌。亚硝酸细菌包括亚硝化单胞菌属、亚硝化球菌属、亚硝化螺菌属和亚硝化叶菌属中的细菌。硝酸细菌包括硝化杆菌属、硝化球菌属和硝化囊菌属中的细菌。亚硝酸细菌和硝酸细菌主要是化能自养菌，以 CO_2、CO_3^{2-}、HCO_3^- 等作为碳源，并通过氧化氨或亚硝态氮获得生长所需的能量。这两类硝化细菌均为专性好氧菌，氧化过程中以氧作为最终电子受体，因此溶解氧的浓度对硝化反应的进程有显著影响。硝化反应的需氧量（以单位质量的 NH_3-N 需要的 O_2 量计）约为 4.57g/g。此外，硝化反应释放 H^+，导致水中 pH 值下降。硝化细菌对 pH 值非常敏感，为了保持适宜的 pH 值以使硝化反应持续进行，污水中需要提供足够的碱度。理论上，1g 氨态氮（以 N 计）完全硝化需要消耗 7.14g 碱度（以 $CaCO_3$ 计）。硝化细菌在中性至弱碱性环境下效果最佳，而在酸性水质中效果较差。

亚硝酸细菌（AOB）在环境中广泛分布，存在于土壤、空气和水体中。由于 AOB 利用的无机物具有较高的氧化还原电位，产生的能量较少，因此其生长速率较慢。亚硝酸细菌将氨转化为亚硝态氮的速率通常低于硝酸细菌将亚硝态氮转化为硝态氮的速率。在大多数城镇污水处理厂中，亚硝态氮能迅速转化为硝态氮。如果进水中不含有抑制硝化细菌的物质，出水中亚硝态氮的含量通常很少（小于 0.2mg/L）。因此，在硝化过程的两步反应中，亚硝酸细菌将氨转化为亚硝态氮的速率是限制因素。

5.1.3 污水处理厂氨氮降解概况

活性污泥菌群的性能指标，包括硝化速率、反硝化速率和释磷速率，是污水处理厂工艺设计的关键参数。在设计过程中，通常依据这些参数的理论值来核算水力停留时间等工艺参数。研究表明，活性污泥的硝化速率是评估硝化反应能力强弱的一个重要指标。硝化速率的测试方法详见本书 2.4.1 节。通过测定硝化速率，可以有效地判断污水处理系统中硝化反应的效果和效率，从而为优化污水处理工艺提供科学依据。

图 5-1 展示了全国 107 座污水处理厂实测的活性污泥硝化速率数据。这些数据表明，

硝化速率的范围在 $0.28\sim16.2\mathrm{mg/(g\cdot h)}$ 之间，平均值为 $3.15\mathrm{mg/(g\cdot h)}$。进一步分析发现，硝化速率小于 $3\mathrm{mg/(g\cdot h)}$ 的污水处理厂占比达到 60%，在 $3\sim4\mathrm{mg/(g\cdot h)}$ 之间的占比为 12%，而硝化速率高于 $4\mathrm{mg/(g\cdot h)}$ 的占比仅为 28%。根据《室外排水设计标准》（GB 50014—2021）中提供的公式（7.6.17-2），假设 MLVSS/MLSS 的比例为 0.45，理论的硝化速率应大于 $4\mathrm{mg/(g\cdot h)}$。由此可以得出，大部分污水处理厂的硝化性能实际上低于设计值，且不同厂之间活性污泥菌群的活性存在较大差异。这些数据对于理解污水处理厂的实际运行状况和优化设计具有重要意义。

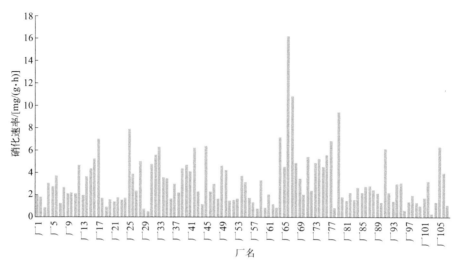

图 5-1 全国 107 座污水处理厂硝化速率

5.2 氨氮降解影响因素分析

研究发现，冬季低温是城镇污水处理厂出水氨氮（NH_3-N）异常的主要原因。特别是在南方部分地区，由于没有集中供暖，加之地下水位偏高和冬季雨水较多等问题，这些地区城镇污水处理厂冬季进水水温偏低，有的地区甚至低于 $10^{\circ}\mathrm{C}$。这样的低温条件严重影响了硝化速率。此外，部分污水处理厂可能因为上游企业排放的高浓度氨氮废水或受到重金属等有毒有害物质的冲击，导致活性污泥中的硝化菌群大量死亡，从而基本失去了氨氮降解能力，这也是出水氨氮浓度异常的原因之一。

针对出水氨氮超标问题，建议根据污染物去除原理、影响因素分析和多厂运行经验，建立氨氮超标分析对策。主要应通过分析温度、溶解氧（DO）、污泥浓度（MLVSS）、水力停留时间（HRT）、pH 值（碱度）和进水冲击等因素，以确定超标原因，并提出相应的针对性措施。这样的分析有助于污水处理厂运行管理人员排查超标原因并进行工艺运行调控。

根据对全国 58 座城镇污水处理厂硝化影响因素的分析，影响硝化效果的因素占比见表 5-1（部分污水厂多种影响因素共存）。根据对氨氮达标影响因素的逐一分析结果，建议污水处理厂重点从活性污泥功能菌群的生长条件角度出发进行工艺调控，为功能菌群提供良好的生长环境，从而提高污染物的去除能力。

表 5-1　影响硝化效果的因素在 58 座污水处理厂的占比

影响因素	DO	MLVSS/MLSS	搅拌	温度	进水水质	水力停留时间（HRT）
占比/%	49.0	56.0	15.7	12.0	8.5	6.0

5.2.1 温度

活性污泥法主要通过硝化细菌去除氨氮，硝化细菌的活性对污水中氨氮的去除效果有直接影响。硝化作用分为两个阶段：首先，亚硝酸细菌（AOB）将氨氮转化为亚硝酸盐氮。研究显示，氨氮在氨单加氧酶（ammonia monooxygenase，AMO）的作用下转化为羟胺（NH_2OH），然后羟胺在羟胺氧化还原酶（hydroxylamine oxidoreductase，HAO）的作用下转换为亚硝酸盐。也有研究发现了另一条转化路径，即以水的化学态氧为电子供体，转化成亚硝酸盐。这个过程是吸热反应，而前者是放热反应，因此前者的反应更易发生。第二阶段，硝酸细菌（NOB）将亚硝酸盐进一步氧化成硝酸盐，从而去除水体中的氨氮。

温度是影响硝化菌株生长和酶活性的关键因素之一。高温可能导致蛋白质组分变性，破坏菌株生理结构；低温则明显降低微生物世代更新时间。大部分微生物的适宜生长温度为 25～37℃。当温度下降至 10℃ 以下时，菌株停止生长甚至开始死亡。硝化细菌的最适宜生长温度范围为 20～30℃。研究表明，在 10～30℃ 范围内，温度每升高 5℃，硝化细菌活性增加一倍；在 15℃ 以下时，硝化细菌活性显著下降；5℃ 时硝化细菌活性受到抑制，硝化反应完全停止。然而，污水处理厂的水温往往难以长期维持在 25～30℃，特别是在冬季低温时，水温可能低于 15℃，严重影响生化系统中硝化细菌的活性，降低硝化速率。

表 5-2 显示了不同温度下的理论硝化速率倍数。由表可知，在污水处理厂通常的水温范围（10～25℃）内，硝化速率随着温度的升高而显著增加；当水温低于 15℃ 时，硝化细菌活性下降，硝化速率显著降低，对氨氮去除效果变差，可能导致出水氨氮难以达到标准。

表 5-2　理论硝化速率和温度的倍数关系

温度/℃	硝化速率倍数关系	温度/℃	硝化速率倍数关系
25	2.66	15	1
20	1.63	10	0.61

鉴于温度对硝化细菌活性的显著影响，为确保在冬季水温偏低的情况下出水氨氮能够稳定达标，建议采取以下措施来强化冬季低温条件下的氨氮去除效果：

① 在低温期提前采取措施提升硝化能力，例如提高污泥浓度、增加曝气量等，以强

化生化系统的氨氮降解能力。

② 由于悬浮填料具有较大的比表面积，能够附着生长世代周期较长的硝化细菌，形成较密的生物膜，增加硝化细菌对外界不利环境的适应性。因此，当优化运行不能确保出水氨氮达标时，可以考虑在曝气池内投加悬浮填料以提高脱氮效果。

5.2.2 溶解氧(DO)

硝化反应主要依赖于氧气作为电子受体，因此生化池中溶解氧（DO）的含量对硝化反应的进程有直接影响。理论上，硝化反应的需氧量（以单位质量的 NH_3-N 需要的 O_2 计）约为 4.57g/g。研究表明，在活性污泥曝气池内，DO 含量一般不应低于 1.0mg/L，以确保出水氨氮稳定达标排放，好氧池的 DO 应控制在 2.0～3.0mg/L。

通过对不同类型污水处理厂工艺沿程 DO 的分析测试发现，好氧段的 DO 浓度差异较大，范围在 0.3～6.0mg/L。DO 的浓度直接影响硝化细菌的活性，进而影响出水氨氮的去除率。为了研究 DO 浓度对活性污泥硝化性能的影响，进行了不同 DO 浓度下的硝化速率实验，结果如表 5-3 所列。实验表明，当好氧池 DO 浓度低于 2mg/L 时，硝化速率不超过 2mg/(g•h)，远低于理论硝化速率值 4mg/(g•h)，不利于出水氨氮的稳定达标。相反，当 DO 浓度高于 2mg/L 时，硝化速率可达到 6mg/(g•h) 以上，高于理论硝化速率值，有利于出水氨氮的稳定达标。

表 5-3 不同 DO 浓度下好氧池内的硝化速率

厂名	好氧池 DO/(mg/L)	硝化速率/[mg/(g•h)]
厂 A	0.6	1.71
厂 B	0.32	0.46
厂 C	1.2	1.11
厂 D	2.1	7.86
厂 E	2.55	6.23
厂 F	2.2	6.17

由此可见，随着 DO 浓度的升高，好氧池内活性污泥的硝化速率也逐渐升高。这表明，在一定程度上提高曝气池内的 DO 浓度可以有效提升硝化速率，进而促进出水氨氮的稳定达标。

如图 5-2 和表 5-4 所示，对同一污水处理厂在不同溶解氧（DO）浓度下活性污泥的硝化速率进行研究，结果显示了 DO 浓度与硝化速率之间的关系。当 DO 浓度为 0.5mg/L（曝气不足情况下）时，硝化速率为 3.6mg/(g•h)。这表明在 DO 不足的情况下，硝化速率处于较低水平，DO 成为氨氮硝化的限制性因素。当 DO 浓度提高到 2.0mg/L 时，硝化速率提高至 4.3mg/(g•h)。这表明随着 DO 的提高，硝化速率有明显的提升。当 DO 浓度进一步增加到 4.0mg/L（过量曝气）时，硝化速率并未得到明显提升，为 4.6mg/(g•h)。这说明当 DO 达到一定浓度时，硝化速率的增加幅度变得有限。

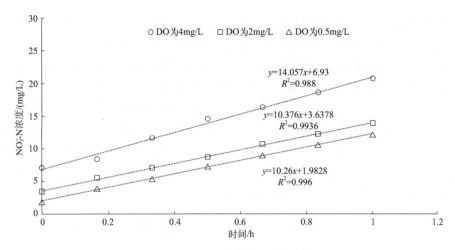

图 5-2　不同 DO 浓度下硝化速率

表 5-4　不同 DO 浓度下硝化速率实验结果

斜率	硝化速率/[mg/(g·h)]	DO/(mg/L)	MLVSS/(mg/L)
10.26	3.6	0.5	2850
10.38	4.3	2.0	2414
14.06	4.6	4.0	3057

研究结果表明，DO 是影响硝化速率的关键因素之一。在 DO 不足时，硝化速率受到限制；随着 DO 的增加，硝化速率显著提高。然而，当 DO 达到一定水平后，继续增加 DO 并不会显著提高硝化速率，反而可能导致污水处理厂的曝气能耗增加。此外，过量曝气可能导致内回流携带的高 DO 破坏缺氧池的缺氧环境，消耗可被用于反硝化的碳源，从而影响脱氮效果。

综合以上研究和调研分析，曝气池内溶解氧（DO）浓度对硝化速率和氨氮去除能力有显著影响。为确保出水氨氮稳定达标，建议采取以下措施来控制曝气池 DO 浓度：

① 完善在线监测仪表设备，根据池内污染物浓度变化情况合理控制曝气池内 DO 浓度。这有助于实时监测和调整 DO 水平，确保硝化反应在最佳条件下进行。

② 在进行曝气池设计时，应综合考虑污水流态、沿程需氧量等因素，并考虑对曝气器进行梯度分布，以实现合理分配和区域控制。这样的设计可以确保曝气效率和 DO 分布的均匀性。

③ 尽量选择风量充足、可变频及调节范围广的风机类型。在条件允许的情况下，考虑采用精确曝气系统，以优化曝气量和节能降耗。精确曝气系统可以根据实际需求调整曝气量，避免过度曝气导致的能源浪费。

5.2.3　污泥有机质含量

污泥有机质含量（MLVSS/MLSS）是影响出水氨氮稳定达标的重要因素。当 MLVSS/

MLSS 值过低时，表明污泥活性较低，对氨氮的去除效果较差。此外，低 MLVSS/MLSS 值还意味着污泥中含有较多的无机颗粒，这可能导致运行设备磨损。

根据对 77 座污水处理厂全流程的调研分析结果，这些污水厂的 MLVSS/MLSS 值在 0.24～0.78 之间。然而，理论上城镇污水处理厂生化系统的 MLVSS/MLSS 应在 0.7～0.8 之间。这些污水厂的污泥有机质含量与理论值存在较大差距，普遍处于较低水平。分析这些污水厂的 MLVSS/MLSS 分布区间，结果如表 5-5 所列。表中显示，MLVSS/MLSS 低于 0.4 的污水处理厂占总数的 19%，超过一半的污水处理厂 MLVSS/MLSS 在 0.4～0.6 之间，仅有 22% 的污水处理厂 MLVSS/MLSS 大于 0.6。这一数据表明，污泥有机质含量低是我国城镇污水处理厂普遍存在的问题。

表 5-5　35 座污水处理厂污泥浓度（MLVSS/MLSS）分布区间

MLVSS/MLSS 范围	数量/座	占比/%
<0.4	15	19
0.4～0.5	19	25
0.5～0.6	26	34
>0.6	17	22

根据表 4-5，在混合液悬浮固体浓度（MLSS）同样为 5000mg/L 的情况下，由于污泥的有机质含量不同，混合液挥发性悬浮固体浓度（MLVSS）存在较大差异。在活性污泥系统中，起到污染物去除效果的主要是 MLVSS，因此单位体积污泥混合液的污染物去除效果会有显著不同。硝化细菌作为自养菌，其增殖速度较慢，在活性污泥系统中的相对丰度较低。因此，污泥的有机质含量对氨氮的去除影响尤为显著。高 MLVSS/MLSS 值意味着污泥中有机含量高，硝化细菌等活性微生物的含量也相应较高，从而提高了氨氮的去除率。此外，MLVSS/MLSS 较低也表明污泥中的无机物质含量较高，综合密度较大。这不仅增加了搅拌机等设备的运行能耗，还可能导致设备设施的磨损和故障。

城镇污水处理厂 MLVSS 浓度过低的主要原因包括：

① 管网不完善导致进水中无机杂质含量较高，进水生化需氧量（BOD_5）浓度过低。这也是目前我国城镇污水处理厂普遍存在的问题。进水中碳源过少，导致活性污泥中的微生物没有足够的底物供其生长繁殖。为解决这一问题，可以采取适当投加碳源的措施。

② 预处理设施（主要指沉砂池）运行效果不佳，对进水中的无机悬浮物去除率较低。

针对污泥中有机质含量低的问题，建议采取以下措施：

① 优化预处理单元设备的设计和运行，强化预处理单元对进水无机颗粒的去除能力，从而提高曝气池内 MLVSS/MLSS 值。

② 优化曝气系统的设计与运行，确保曝气池内污泥浓度均匀一致，避免出现浓度分布不均的问题。

③ 定期清淤，一般城镇污水处理厂运行 5～10 年后需进行清池清淤，清除生化池中长期累积的无机物，以提高污泥的有机质含量和活性。

5.2.4 pH值

城镇污水处理厂的进水 pH 值通常相对稳定，一般在 7～9 之间。然而，随着企业或集中园区的建设，城市污水可能混入一定比例的工业废水，导致 pH 值的变化。因此，在日常运行中，需要逐步熟悉服务范围内企业的排水情况，并通过颜色等物理性质或在线检测判断水质是否偏酸或偏碱。

硝化细菌对 pH 值非常敏感，硝化反应会释放 H^+，导致 pH 值下降。硝化细菌在中性或弱碱性环境下效果佳，而在酸性水质中效果差。王小治等人的研究发现，pH 值在 4.8～8.5 的范围内，环境中的硝化能力与 pH 值呈现出显著的正相关关系。当 pH 值低于 6.8 时，反应速率显著下降；在 pH 值接近 5.8～6.0 时，反应速率仅为 pH 值为 7.0 时的 10%～20%。最佳硝化速率出现在 pH 值为 7.5～8.0 时。理论上，1g 氨态氮（以 N 计）完全硝化需消耗 7.14g 碱度（以 $CaCO_3$ 计）。对于碱度较低的污水厂或因进水 pH 值过低导致硝化过程受阻的情况下，可以考虑适当投加石灰、碳酸氢钠等药剂来补充碱度。

城镇污水处理厂在受到进水 pH 值冲击后，可以采取加大排泥量来促进活性污泥更新，同时适当提高回流比来稀释进水的酸碱度，这也是降低 pH 值波动对系统影响的方法之一。在遇到 pH 值冲击较严重的情况下，则需要进行活性污泥的置换，即将受冲击的污泥排出系统，并投加正常的活性污泥，以此来实现系统的快速恢复。

5.2.5 好氧段水力停留时间

污水处理中的硝化反应除了需要满足硝化细菌适宜的生长环境外，还需要足够的接触反应时间，即好氧段的水力停留时间（HRT）。足够的 HRT 是实现氨氮完全硝化的必要条件，也是污水处理厂工艺设计的重要参数。因此，需要重点关注好氧段 HRT。

好氧段 HRT 可以通过硝化细菌在反应器内的停留时间（即污泥龄 θ_c）来计算。污泥龄是指在生化系统中，微生物从其生成到排出系统的平均停留时间，也就是系统中的微生物全部更新一次所需的时间。从工程角度来说，在稳定条件下，污泥龄是生化系统中活性污泥总量与每日排放剩余污泥量的比值。硝化细菌在好氧池内的停留时间必须大于其最小世代时间，否则会导致硝化菌流失殆尽。一般污泥龄的取值应为硝化细菌最小世代时间的 2 倍以上，即安全系数应大于 2。硝化细菌是一种自养型细菌，生长较慢，其最小世代时间在适宜条件下（20℃）为 3 天，因此 θ_c 的最小值应为 6 天。为确保氨氮的完全硝化，在夏季温度较高的情况下，污泥龄一般在 10 天以上；冬季温度偏低，硝化细菌活性受到较大影响，因此需要提升污泥龄至 20 天或更长时间来保证硝化细菌正常的世代更新。

从工程上说，在稳定条件下，污泥龄是生化系统中活性污泥总量与每日排放剩余污泥量的比值。如果将生化段分为曝气区域和非曝气区域，基于假设：①硝化细菌为专性好氧菌，只在系统的好氧区域生长；②在曝气和非曝气条件下，均发生硝化细菌的内源呼吸；③在曝气和非曝气区域的 MLVSS 中，氨氧化细菌所占的比例都是一样的。那么系统不同区域污泥量的比例可反映硝化细菌生物量的分布，即污泥质量分数法。在脱氮除磷系统中，可将污泥量细分为缺氧、厌氧和好氧污泥质量分数，从而可以计算系统中实际的污泥量，由于污泥平均分布在整个系统中，每个反应段的体积分数等于质量分数，进而确定不同反应段的容积及水力停留时间。对城镇污水处理厂来说，脱氮除磷活性污泥系统中，污泥龄大约在 $10\sim25d$，水力停留时间大约在 $10\sim24h$。

硝化反应与反硝化反应进行的时间长短对脱氮效果均有一定的影响，由于硝化细菌的世代周期比反硝化细菌的世代周期长，因此硝化系统的污泥龄要比仅去除有机物的系统污泥龄长。为了达到 $70\%\sim80\%$ 的脱氮率，除温度、DO、MLVSS、pH 值等影响因素外，好氧段 HRT 也十分重要。理论上，硝化与反硝化的水力停留时间比以 3：1 为宜，实际各污水厂情况不尽相同，若考虑脱氮除磷及活性污泥的良好生长，一般好氧段的水力停留时间应大于缺氧段与厌氧段水力停留时间之和。

5.2.6 有毒有害物质

有毒有害物质主要指对微生物生理活动具有抑制作用的某些无机物质或有机物质，如重金属离子、酚、氰等。重金属离子（如铅、镉、铬、铁、铜、锌等）对微生物具有一定的毒害作用，它们能够与细胞的蛋白质结合，使其变性，丧失原有的功能。汞、银、砷离子对微生物的亲和力较大，能与微生物的酶蛋白—SH 结合，从而抑制其正常的代谢功能。酚类化合物对菌体细胞膜有损害作用，能够促使菌体蛋白凝固。此外，酚还能对某些酶系统，如脱氢酶和氧化酶，产生抑制作用，破坏了细胞的正常代谢作用。酚的许多衍生物如甲基苯酚、丙基苯酚、丁基苯酚都有很强的杀菌功能。硝化细菌对生存环境十分敏感，除重金属、酚、氰外，能够对硝化反应产生抑制的物质还包括高浓度的 $NH_3\text{-}N$、$NO_x\text{-}N$、有机物以及络合阳离子等。

对硝化细菌的抑制程度与有毒物质的含量有关，即只有当有毒物质在环境中达到一定浓度时，其对硝化细菌的毒害与抑制作用才会表现出来，这一浓度被称为有毒物质极限允许浓度。污水中的各种有毒物质只要低于此值，硝化细菌的生理功能基本不受影响，或影响程度较小。

氨氮去除率是判断来水是否含有有毒有害物质的重要指标，也是判断活性污泥性能的重要依据之一。当城镇污水处理厂出水 $NH_3\text{-}N$ 升高，存在超标风险时，建议首先测定生化池水温、pH 值及进水氨氮浓度等基础数据。当生化池水温低于 $12^\circ C$ 时，硝化速率显著下降，影响氨氮的稳定达标，建议采取适度加大曝气量的措施，以提高好氧池 DO 浓度；同时还可采取减少排泥或加大外回流比的措施来提高污泥浓度，弥补低温造成的硝化速率下降。由于硝化反应需要消耗碱度，当进水 pH 值偏酸性时，除了加强源头管控，还建议投加碳酸氢钠等药剂调节 pH 值至 7.5 左右；当进水 $NH_3\text{-}N$ 异常高且超过设计值的 1.5 倍时，建议减少进水量，同时还需排查上游排污企业。尽管微生物具有较强的适应能力，但如果受到高毒物质的冲击持续时间较长时，会造成硝化细菌的中毒死亡，从而完全丧失硝化能力，因此需在停水进行上游排污企业排查的同时，还应立即置换活性污泥，从而保障系统硝化功能的迅速恢复。

5.2.7 小结

污水中氨氮的去除主要依靠活性污泥中的硝化细菌进行硝化作用,将氨氮转化为硝态氮。硝化细菌作为化能自养菌,具有较长的世代周期,对环境和毒性物质较为敏感,因此其活性容易受到环境条件的影响,导致硝化速率降低。为了优化运行,建议采取以下措施:

① 针对 DO 调控:完善 DO 在线监测仪表设备,根据池内污染物变化情况合理控制 DO 浓度变化;建议考虑曝气器的梯度分布,并可实现局部控制;确保风机风量充足,选择调节范围广的风机类型,条件允许时考虑精确曝气控制系统。

② 针对低温等不利条件:提前做好硝化能力提升措施,适当提高污泥浓度和 DO,必要时可考虑外加悬浮填料以提高硝化速率。

③ 针对进水冲击:建议先开展曝气实验(详见 5.3.2 交叉曝气实验)验证冲击程度;如为硝化抑制,则进行源头控制,提高 DO,闷曝,必要时外加碱度;如为系统崩溃,硝化速率接近零时,建议在开展源头管控的同时进行换泥培菌,并采取其他出水应急保障措施。

5.3 氨氮达标全流程诊断与优化调控案例分析

5.3.1 典型污水处理厂全流程氨氮分布

在进行城镇污水处理厂工艺运行诊断评估时,确实需要对各工艺段去除效能进行测试,以评估污水处理厂各功能区的运行状态。本章节以氧化沟、AAO、CAST 三种典型城镇污水处理工艺为例,进行全流程氨氮分布情况的分析评估。

5.3.1.1 氧化沟工艺

无锡某污水处理厂设计规模为 $5 \times 10^4 \, \mathrm{m^3/d}$,主体生化工艺为 Orbal 氧化沟,出水水质执行一级 A 排放标准。具体工艺流程如图 5-3 所示。

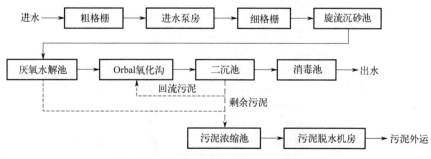

图 5-3 无锡某污水处理厂二期工艺流程

Orbal 氧化沟因其独特的三沟式结构和良好的脱氮除磷功能，在氧化沟类型中占有较高的比例。Orbal 氧化沟一般由三个同心椭圆形沟道组成，污水与回流污泥混合后，首先由外沟进入中沟，然后进入内沟，最后通过中心岛的堰门流出至二沉池。从整体上看，三个沟道的溶解氧（DO）呈阶梯分布状态：外沟几乎无 DO，中沟呈微氧状态，内沟 DO 较高，呈好氧状态。此外，由于转碟曝气机的空间分布特征，每个沟道都可以形成若干"好氧-缺氧"的工艺段，从而实现同步硝化反硝化过程。这种设计有助于提高氮和磷的去除率。氧化沟工艺的运行方式如图 5-4 所示。

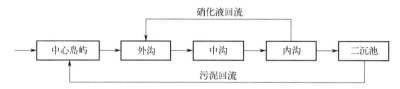

图 5-4　无锡某污水处理厂 Orbal 氧化沟工艺运行方式示意

选取该厂 3 号沟和 4 号沟为本次研究对象。全流程采样布点示意分别如图 5-5 及图 5-6所示。取样点布置如下：①旋流沉砂池出水；②外沟 1；③外沟 2；④外沟 3；⑤外沟 4；⑥中沟 1；⑦中沟 2；⑧中沟 3；⑨内沟 1；⑩内沟 2；⑪二沉池出水；⑫污泥回流液。

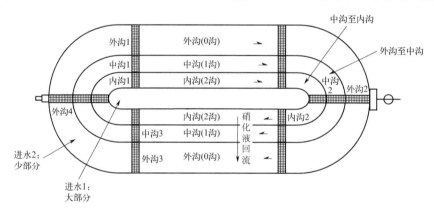

图 5-5　二期 3 号氧化沟采样点分布

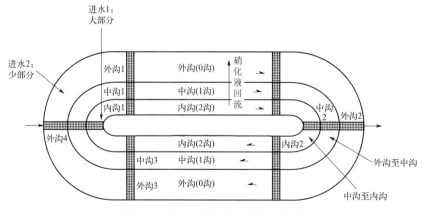

图 5-6　二期 4 号氧化沟采样点分布

由图 5-7 及图 5-8 分析可知，二期工程 3 号沟和 4 号沟情况类似，内中外三个沟道的 DO 呈阶梯分布状态，外沟几乎无 DO，NH_3-N 浓度较高，中沟呈微氧状态，该厂 3 号沟 NH_3-N 浓度明显下降，4 号沟 NH_3-N 浓度基本降到 0mg/L，内沟 DO 较高，呈好氧状态，NH_3-N 浓度基本接近 0mg/L。在出水氨氮接近 0mg/L 且流速满足均匀混合效果的情况下，可以考虑适当降低少部分中内沟转碟曝气量，将高速转碟改为低速，以节省能耗。同时，减少曝气量也有助于减少回流对外沟缺氧环境的破坏，从而保持整个氧化沟系统的稳定运行。

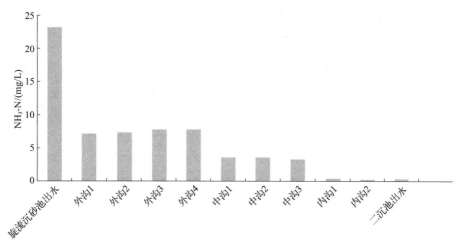

图 5-7　二期 3 号沟 NH_3-N 浓度变化

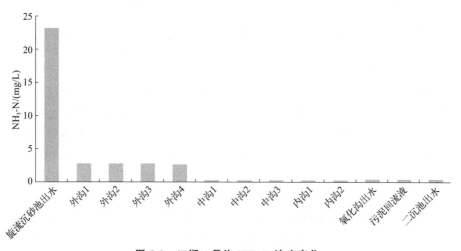

图 5-8　二期 4 号沟 NH_3-N 浓度变化

5.3.1.2　CAST 工艺

无锡某污水处理厂 CAST 工程处理规模 $1.25 \times 10^4 \, m^3/d$，污水处理采用强化二级生物脱氮、机械盘片过滤工艺，出水经二氧化氯消毒后排入某河道。出水执行一级 A 排放标准。工艺流程如图 5-9 所示。

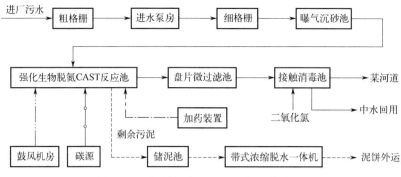

图 5-9　无锡某污水处理厂二期工艺流程

该厂采用的 CAST（循环活性污泥系统）工艺，每个运转周期总时间为 4 小时，每天运转 6 个周期，这一运行周期可以根据实际运行需要进行调整（表 5-6）。CAST 生物池采用矩形钢筋混凝土结构，分为两座，并采用完全混合式 CAST 生物池，设有四个反应模块，每个模块对应一个池。

表 5-6　无锡某污水处理厂二期 CAST 工艺运转周期

模块	1h	1h	1h	1h
模块 1	进水/曝气	曝气	沉淀	滗水
模块 2	沉淀	滗水	进水/曝气	曝气
模块 3	滗水	进水/曝气	曝气	沉淀
模块 4	曝气	沉淀	滗水	进水/曝气

该厂二期工程根据进水量进行调整运行，一般运行时间为 15：00 至次日 4：00，进水量约为 $6000 \sim 7000 m^3/d$。曝气控制方法为根据 CAST 池中溶解氧（DO）进行控制，当 DO 超过 5mg/L 时即停止曝气。回流污泥从 CAST 主曝气区回流至选择区，回流比为 20%。

为了分析 CAST 工艺各个运行阶段氨氮（NH_3-N）的变化情况，对该厂二期 CAST 工艺全流程进行了小试模拟，并监测了其 NH_3-N 浓度的变化情况。这种监测和分析有助于理解工艺在不同运行阶段对氨氮的去除效果，以及优化运行参数，提高处理效率。结果如图 5-10 所示。该厂进水中的 NH_3-N 浓度为 22.6mg/L。进入 CAST 池后，由于稀释作用，进水 30～60min 内 NH_3-N 浓度明显下降，进水阶段结束后 NH_3-N 浓度降至 4.8mg/L。曝气 30min 后，由于硝化作用，NH_3-N 浓度降至 3.3mg/L，曝气 60min 后，NH_3-N 浓度降至 0mg/L。可见在 CAST 工艺中，NH_3-N 浓度随曝气时间基本呈线性变化。对于序批式活性污泥工艺，应根据滗水体积设置足够的曝气时间来取得良好的硝化效果。

5.3.1.3　AAO 工艺

无锡某污水处理厂三期工程处理规模 $2.5 \times 10^4 m^3/d$，主体采用倒置 AAO＋深床反硝化滤池工艺，出水采用次氯酸钠消毒，尾水执行一级 A 标准。设置了如下取样点位：①进水；②细格栅出水；③旋流沉砂池出水；④缺氧进水；⑤外回流；⑥内回流；⑦缺氧中端；⑧缺氧末端；⑨厌氧末端；⑩好氧前端；⑪好氧中端；⑫好氧末端；⑬二沉出水；⑭反硝化滤池出水。三期倒置 AAO 工艺全流程位点如图 5-11 所示。

城镇污水处理厂问题诊断与调控

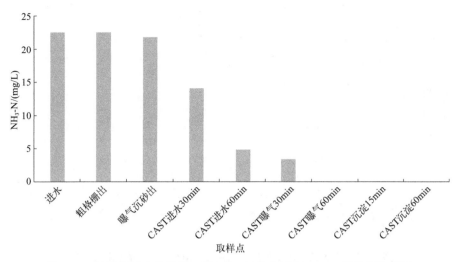

图 5-10　无锡某污水处理厂二期 CAST 工艺全流程 NH₃-N 浓度变化情况

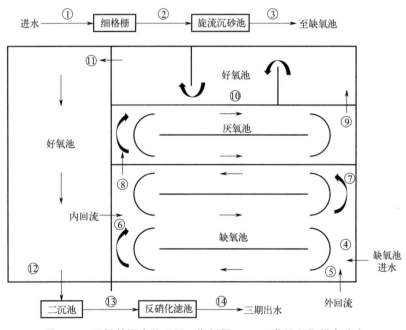

图 5-11　无锡某污水处理厂三期倒置 AAO 工艺沿程取样点分布

　　由图 5-12 可知，无锡某污水处理厂三期采用的倒置 AAO 工艺中，氨氮（NH₃-N）主要在生化池的好氧段被去除。进水中的 NH₃-N 浓度为 32.7mg/L。由于缺氧段进水和外回流的稀释作用，缺氧段进水 NH₃-N 浓度降至 8.59mg/L，厌氧段末端 NH₃-N 浓度降至 5.37mg/L。进入好氧池后，由于硝化作用，NH₃-N 基本转化为硝酸盐氮（NO₃⁻-N），硝化效果较好。好氧段前端 NH₃-N 浓度为 2.74mg/L，好氧段中端 NH₃-N 浓度为 0.73mg/L，好氧段末端 NH₃-N 浓度为 0.53mg/L。因此，好氧段出水中 NH₃-N 基本可稳定达到一级 A 标准。

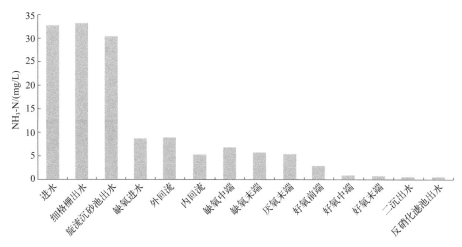

图 5-12 无锡某污水处理厂三期倒置 AAO 工艺沿程氮变化情况

结果表明，倒置 AAO 工艺在好氧段对氨氮的去除效果显著，能够有效降低出水中的氨氮浓度，满足严格的排放标准。同时，这也反映了该工艺在处理氨氮方面的效率和稳定性。

5.3.2 交叉曝气实验

在水温、pH 值和进水氨氮（NH_3-N）浓度等条件均比较正常的条件下，如果污水处理厂仍然受到冲击，导致硝化效果显著下降，那么需要进行交叉曝气模拟实验，以确定出水 NH_3-N 超标的具体原因。模拟实验具体流程为：四组静态实验，各自装有 NH_3-N 受冲击厂及对比厂（硝化效果良好的厂）的污泥和进水，按照一定比例混合（尽可能地模拟两个污水处理厂好氧池的泥水混合状态），维持 DO＝3～5mg/L，连续曝气 8h 以上，前两个小时每隔 10min 取样测 NH_3-N 浓度，之后每隔 15min 测 NH_3-N 浓度，最后分析得出 NH_3-N 超标原因。

模拟实验具体流程为：设置 A、B、C、D 四组静态实验，将硝化效果较差污水厂（以下简称受冲击厂）与硝化效果良好污水厂（以下简称对比厂）的污泥和进水进行两两组合，其中污泥和进水均按照一定比例混合（尽可能模拟两个污水厂好氧池的实际混合状态），连续曝气 8h 以上，DO 维持在 3～5mg/L，前 2h 每隔 10min 取上清液测定 NH_3-N 浓度，2h 后每隔 15min 取上清液测定 NH_3-N 浓度，对比分析得出 NH_3-N 超标原因。

四组静态实验具体方法及实验结果分析如下：

A 组：对比厂污泥＋对比厂进水。此实验为验证实验，比较 NH_3-N 稳定达标的对比厂小试实验与实际运行情况的差异，预期实验结果为出水 NH_3-N 稳定达标。

B 组：受冲击厂污泥＋受冲击厂进水。将受冲击厂小试实验与实际运行情况对比，若小试实验出水 NH_3-N 良好，则说明实际运行中出水 NH_3-N 超标的原因为好氧池 DO 不足，解决措施为加大好氧池曝气量或适当减少进水以延长好氧段 HRT。若小试实验出水 NH₃-N 与实际出水一致，则排除运行条件异常，需结合 C 组、D 组进一步分析。

C 组：对比厂污泥＋受冲击厂进水。若 B 组出水 NH₃-N 较差，而 C 组出水 NH₃-N 良好，即受冲击厂污泥无法降解受冲击厂进水，而对比厂污泥可以降解受冲击厂进水，则说明受冲击厂进水中无有毒有害物质，受冲击厂活性污泥存在问题，可能为好氧池污泥浓度过低或污泥中毒，解决措施为减少排泥或接种污泥；若 B 组、C 组出水 NH₃-N 均较差，即对比厂与受冲击厂污泥均无法降解受冲击厂进水，则表明受冲击厂进水水质异常，解决措施为排查上游接管企业排放水质，找到冲击源头，监督接管企业达标排放。

D 组：受冲击厂污泥＋对比厂进水。若 B 组出水 NH₃-N 较差，D 组出水 NH₃-N 良好，即受冲击厂污泥可有效降解对比厂进水，则表明受冲击厂进水水质异常，解决措施见 C 组分析；若 B 组和 D 组出水 NH₃-N 均较差，即受冲击厂污泥无法降解受冲击厂进水及对比厂进水，则表明受冲击厂活性污泥存在问题，解决措施见 C 组分析。

通过曝气交叉实验可快速判断污水厂 NH₃-N 超标的具体原因，该方法便捷有效，已在多个污水处理厂的实践中得到了证实。

交叉曝气实验案例：XQ 厂进水长期受到重金属冲击，导致活性污泥硝化系统性能不佳。为了考察其硝化作用性能不佳的具体原因，进行了活性污泥曝气交叉实验，为该厂后续采取紧急处理处置措施提供必要的指导。

以性能较好的活性污泥及该厂进水与性能不佳的污水厂的活性污泥及进水两两混合进行曝气实验，查找活性污泥性能不佳的原因。由于 GB 厂四期 A 组好氧池硝化系统性能较好，而 XQ 厂 CAST 工艺存在着硝化作用性能不佳的情况，故选取 GB 厂进水和四期 A 组活性污泥与 XQ 厂进水和 CAST 工艺活性污泥进行曝气实验。实验条件：设置四组静态实验，分别是 GB 厂进水＋GB 厂污泥、XQ 厂进水＋XQ 厂污泥、GB 厂进水＋XQ 厂污泥、XQ 厂进水＋GB 厂污泥。

根据实验结果，如表 5-7～表 5-9 和图 5-13 所示（书后另见彩图），经过 6 小时曝气实验后，四组实验中氨氮完全去除所需的时间分别为 1.7 小时、5.0 小时、2.5 小时和 4.0 小时。具体分析如下：

前 2.5 小时：A 组（GB 厂污泥＋GB 厂进水）和 C 组（GB 厂污泥＋XQ 厂进水）的氨氮去除有明显差别，A 组实验的氨氮去除效果优于 C 组，说明 XQ 厂进水中可能含有抑制活性污泥活性的物质。

表 5-7　交叉曝气实验分组

分组	实验方法	结果分析
A	GB 厂污泥＋GB 厂进水	对比实验，预期实验结果为出水 NH₃-N 达标
B	XQ 厂污泥＋XQ 厂进水	若出水 NH₃-N 达标，则原因为 DO 低
C	GB 厂污泥＋XQ 厂进水	若 B 和 C 超标，则进水存在冲击
D	XQ 厂污泥＋GB 厂进水	若 B 和 D 超标，则活性污泥存在问题（MLSS 低或污泥中毒）

表 5-8　XQ 厂与 GB 厂交叉曝气实验数据测试结果

分组	实验方法	斜率	硝化速率 /[mg/(g·h)]	反应时间 /min	MLSS /(mg/L)	MLVSS /(mg/L)
A	GB 厂污泥+GB 厂进水	6.375	2.75	100	4990	2320
B	XQ 厂污泥+XQ 厂进水	2.013	1.15	300	5730	1750
C	GB 厂污泥+ XQ 厂进水	3.856	1.79	150	6110	2150
D	XQ 厂污泥+GB 厂进水	2.481	1.48	240	4320	1680

表 5-9　XQ 厂与 GB 厂交叉曝气实验结果

分组	实验方法	实验结果
A	GB 厂污泥+GB 厂进水	NH_3-N 硝化效果较好
B	XQ 厂污泥+XQ 厂进水	NH_3-N 硝化效果较差
C	GB 厂污泥+ XQ 厂进水	与 A 相比，NH_3-N 硝化效果较差，但优于 B
D	XQ 厂污泥+GB 厂进水	与 A、C 对比，NH_3-N 硝化效果较差，但优于 B

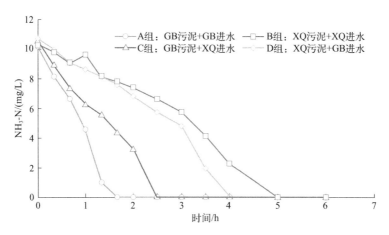

图 5-13　交叉曝气实验结果图

前 1.5 小时：B 组（XQ 厂污泥+XQ 厂进水）和 D 组（XQ 厂污泥+GB 厂进水）的氨氮去除率显著低于 A 组和 C 组实验，这表明 XQ 水质净化厂的污泥活性较差。

1.5 小时后：D 组（XQ 厂污泥+GB 厂进水）的氨氮去除率高于 B 组（XQ 厂污泥+XQ 厂进水），这也表明 XQ 水质净化厂进水中含有抑制活性污泥活性的物质。

综上所述，XQ 厂的进水和活性污泥均存在问题。因此，建议首先排查上游来水，以确定是否存在抑制硝化作用的物质。其次，需要重新接种污泥，以提高污泥的活性和处理效果。这些措施有助于解决 XQ 厂的硝化效果不佳问题。

5.3.3　不同 DO 对硝化效果的影响

硝化反应主要依赖于氧气作为电子受体，因此生化池中溶解氧（DO）的含量对硝化反应的进程有直接影响。理论上，硝化反应的需氧量约为 4.57g/g。研究表明，在硝化反应的曝气池内，DO 含量一般不宜低于 1mg/L，以确保出水氨氮稳定达标排放。正常情况下，好氧池的 DO 应控制在 2～4mg/L。

对不同污水处理厂工艺沿程 DO 的分析测试发现，不同污水处理厂好氧段的 DO 浓度存在较大差别，范围在 0.32～2.55mg/L。由于 DO 的浓度直接影响硝化菌的活性，因此，DO 的浓度是影响出水氨氮稳定达标的关键因素。

案例：无锡市 MC 污水处理厂二期采用 AAO＋MBR 工艺；三期采用 BNR＋MBR 工艺，这是一种缺氧-厌氧-兼氧-好氧组合工艺。BNR-MBR 工艺具有占地面积小、出水水质好、自动化程度高等特点。该工艺采取多级多点回流反硝化、多点进水分配碳源、前置缺氧池，在厌氧池和好氧池之间设置兼氧池，以确保反硝化效果，并充分利用水中的 DO，以降低运行费用。

调研发现，MC 污水处理厂二期的工艺好氧池 DO 偏低，溶解氧一般低于 1.0mg/L，这可能导致出水氨氮存在超标风险。为了考察 DO 对硝化速率的影响，设计了一系列在不同 DO 条件下的硝化速率测定实验。实验条件如下：

① DO<1mg/L，8L 污泥，投加 1.2g NH_4Cl＋1g $NaHCO_3$；

② 3mg/L<DO<4mg/L，8L 污泥，投加 1.2g NH_4Cl＋1g $NaHCO_3$。

根据图 5-14 的分析，可以得出以下结论：在 DO 小于 1mg/L 时，该厂二期工程活性污泥的硝化速率为 1.71mg/(g·h)。当 DO 在 3mg/L 到 4mg/L 之间时，硝化速率为 2.49mg/(g·h)。由此可见，DO 越高，硝化速率也越高，且提高幅度较大。这表明在一定范围内提高 DO 可以有效提高硝化速率。

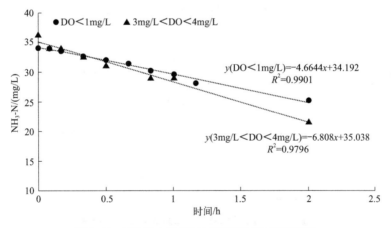

图 5-14　MC 污水处理厂二期不同 DO 硝化速率

目前该厂二期好氧段的 DO 约为 1mg/L，这种低 DO 水平可能导致出水氨氮存在超标风险。因此，建议将 DO 提高到 2～4mg/L，以强化硝化效果，确保出水氨氮稳定达标。

进一步调研发现，该厂三期工艺好氧段 1、2 号池与 3、4 号池 DO 相差较大，1、2 号池 DO 通常高于 2mg/L，3、4 号池 DO 低于 1mg/L。为了进一步考证 DO 对硝化速率的影响，设计不同 DO 下的硝化速率测定实验，实验条件如下：

① DO＜1mg/L，8L 污泥（经水洗三遍已去除杂质），投加 1.2g NH₄Cl ＋ 1g NaHCO₃；

② 3mg/L＜DO＜4mg/L，8L 污泥，投加 1.2gNH₄Cl＋1g NaHCO₃。

实验结果如图 5-15、图 5-16、表 5-10 所示。根据实验结果分析，三期 1 号池：当 DO 小于 1mg/L 时，硝化速率为 1.57mg/(g·h)；当 DO 在 3mg/L 到 4mg/L 之间时，硝化速率为 1.79mg/(g·h)。在三期 3 号池：当 DO 小于 1mg/L 时，硝化速率为 1.05mg/(g·h)；当 DO 在 3mg/L 到 4mg/L 之间时，硝化速率为 1.34mg/(g·h)。

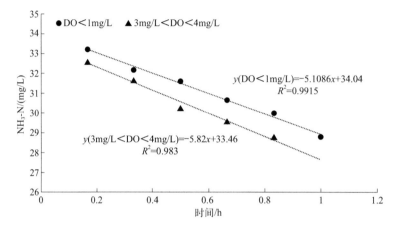

图 5-15　无锡某水处理厂三期 1 号池硝化速率

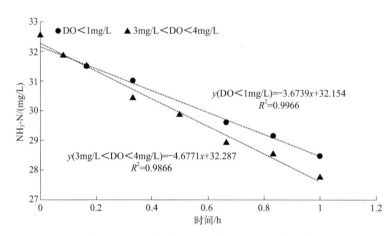

图 5-16　MC 污水处理厂三期 3 号池硝化速率

表 5-10　不同 DO 下硝化速率

项目	斜率	硝化速率/[mg/(g·h)]	MLVSS/(mg/L)
三期 1 号池硝化速率 （DO＜1mg/L）	5.11	1.57	3380
三期 1 号池硝化速率 （3mg/L＜DO＜4mg/L）	5.82	1.79	3950

项目	斜率	硝化速率/[mg/(g·h)]	MLVSS/(mg/L)
三期 3 号池硝化速率 (DO<1mg/L)	3.67	1.05	3260
三期 3 号池硝化速率 (3mg/L<DO<4mg/L)	4.68	1.34	3500

实验结果同样表明，提高 DO 可以适当提高硝化速率。目前三期 1 号池好氧段的 DO 较低，约为 0.5mg/L，这种低 DO 水平可能导致出水氨氮存在超标风险。因此，建议适当提高 DO，以增加系统对氨氮的去除效能，确保出水氨氮稳定达标。

5.3.4 有毒有害物质冲击应对措施及恢复案例

江苏某污水处理厂（HL 厂），设计处理能力为 $2.0 \times 10^4 \, m^3/d$，平均处理污水量为 $1.0 \times 10^4 \, m^3/d$，主体工艺采用 AAO 处理工艺，设计出水水质达到一级 A 标准。

5.3.4.1 进水冲击事件回顾

2018 年 11 月 14 日，工作人员发现管网来水伴有农药味，污水厂出水总氮浓度为 10.6mg/L。生产部门迅速采取措施，减少管网来水量，并对管网进行定时取样检测。同时，为了应对这一紧急情况，投加了葡萄糖作为应急措施。

11 月 16 日晚，应急池出现大量泡沫，管网来水伴有氨水味，出水总氮浓度上升至 12.1mg/L。生产部门加大了葡萄糖的投加量，以期缓解这一情况。

11 月 17 日，检测结果显示某企业来水异常，COD 为 4012mg/L，NH_3-N 为 120mg/L。当天污水厂的进水 COD 指标为 3069mg/L，NH_3-N 指标为 182mg/L。该厂采取了及时关停该企业来水的措施，以缓解高浓度进水对处理系统的影响。

11 月 18 日下午，工作人员对管网沿线企业进行了突击检查，并通知重点排放企业进一步限排。这些措施旨在控制进水质量，减少对污水处理系统的冲击，确保出水质量符合排放标准。

针对上述情况，HL 厂紧急成立研究小组，逐步排查问题，在运行工况无异常的情况下，开展了一系列小试实验。

图 5-17 为 2018 年 11 月 15~17 日管网来水现场。表 5-11 为上游管网沿线重点企业突击检查结果。

5.3.4.2 硝化速率小试实验

为检测运行良好活性污泥对 HL 厂进水的适应能力以及 HL 厂活性污泥的硝化能力，采取如下实验方案：①正常运行的 QSY 厂污泥硝化速率：HL 厂进水＋运行良好的 QSY 厂污泥；② HL 厂曝气池污泥硝化速率：8L HL 厂曝气池污泥。

实验结果如表 5-12、图 5-18 所示。分析可知，QSY 厂污泥硝化效果较好，2 小时内氨氮降解量达 6.7mg/L，硝化速率为 HL 厂 4 倍左右，作为接种污泥有利于 HL 厂活性污泥硝化速率恢复。

图 5-17　2018 年 11 月 15～17 日管网来水现场

表 5-11　上游管网沿线重点企业突击检查结果

企业名称	COD/(mg/L)	氨氮/(mg/L)	总氮/(mg/L)	总磷/(mg/L)
有限公司 1	59.88	6.78	7.45	0.52
有限公司 2	1470	43.41	19.61	0.19
有限公司 3	188.6	17.06	27.06	7.48
有限公司 4	125.7	12.45	123.7	38.3
有限公司 5	91.32	31.36	36.24	0.29
有限公司 6	109.3	38.54	47.94	0.36
有限公司 7	22.45	0.2	4.47	0.015
有限公司 8	26.94	0.85	5.39	0.3
有限公司 9	218.5	4.74	6.65	0.06
有限公司 10	155.7	24.5	36.58	12.7
有限公司 11	726	45.98	59.06	10.93
有限公司 12	137.7	6.72	12.73	6.03

表 5-12　硝化速率实验结果

样品	硝化速率/[mg/(g·h)]
HL 厂进水＋运行良好的 QSY 厂污泥	1.4
HL 厂进水＋HL 厂污泥	0.39

5.3.4.3　投加硝化菌剂小试实验

实验方案：取 HL 厂曝气池污泥投加不同浓度硝化菌剂后测氨氮降解速率。

① 实验组：8L 曝气池污泥＋千分之五硝化菌剂（以质量计，下同）；8L 曝气池污泥＋千分之一硝化菌剂；8L 曝气池污泥＋万分之一硝化菌剂。

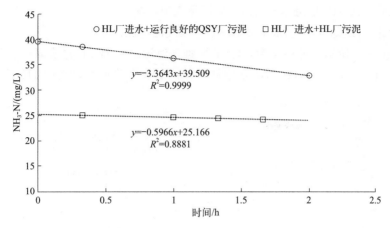

图 5-18 HL 厂进水＋运行良好的 QSY 厂污泥、HL 厂进水＋HL 厂污泥硝化速率曲线

② 对照组：8L 曝气池污泥。

实验结果如图 5-19 和表 5-13 所示。分析可知，投加千分之五硝化菌的硝化效果优于其他组，其他投加浓度的实验组效果均不佳。考虑到硝化菌剂的投加量巨大，如果采取此措施，相关费用将较高。另一方面，即使投加硝化菌剂，其带来的效果也有限。因此，对于迫切需要立即恢复生化系统的厂方人员来说，这种措施存在一定的风险。

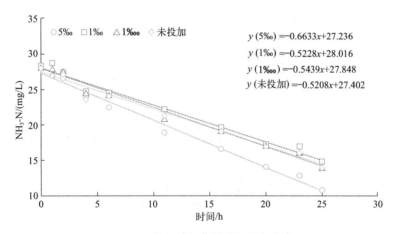

图 5-19 投加硝化菌剂硝化速率曲线

表 5-13 投加硝化菌剂氨氮去除量

投加硝化菌剂浓度	千分之五	千分之一	万分之一	未投加
6 小时 NH_3-N 去除量/(mg/L)	5.86	3.88	3.95	3.89

5.3.4.4 交叉曝气小试实验

取运行良好的 QSY 厂、HL 厂进水分别与污泥混合测定硝化速率，以检测 HL 厂进水中是否有抑制硝化物质。

① 实验组：4L HL 厂进水＋4L QSY 厂曝气池污泥。

② 对照组：4L QSY 厂进水＋4L QSY 厂曝气池污泥。

结果如图 5-20 所示。分析可知，QSY 厂曝气池污泥对 HL 厂进水氨氮去除效果较好，2 小时内能去除 3.7mg/L NH$_3$-N，与对照组实验结果相差不大，表明 HL 厂进水中无硝化抑制物质。

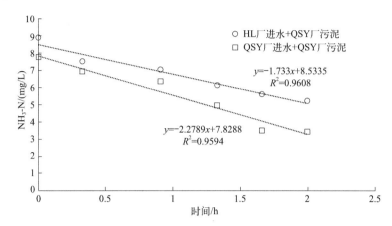

图 5-20　HL 厂进水＋QSY 厂污泥、QSY 厂进水＋QSY 厂污泥硝化速率曲线

5.3.4.5　次氯酸钠投加小试实验

为验证投加不同浓度次氯酸钠对 NH$_3$-N 去除效果，以及确定次氯酸钠是否会和 PAC 进行反应，采取如下实验方案：

① 向 HL 厂出水投加 100mg/L、200mg/L、500mg/L 浓度的次氯酸钠，测定投加后氨氮浓度。

② 同时投加 200mg/L 次氯酸钠及 200mg/L PAC，测定投加后氨氮浓度。

结果如表 5-14 所列。实验表明，投加次氯酸钠对 NH$_3$-N 有一定的去除效果，投加 500mg/L 次氯酸钠可去除 5.67mg/L NH$_3$-N，次氯酸钠（有效氯含量为 10％）与 NH$_3$-N 去除的比例约为 88：1。而投加 PAC 对次氯酸钠有一定影响，会产生絮体，影响 NH$_3$-N 去除率。

表 5-14　投加次氯酸钠对 NH$_3$-N 去除效果

序号	次氯酸钠浓度 /(mg/L)	PAC 浓度 /(mg/L)	出水 NH$_3$-N 浓度 /(mg/L)	NH$_3$-N 去除量 /(mg/L)
1	0	0	9.95	—
2	100	0	8.04	1.91
3	200	0	7.18	2.77
4	200	200	8.19	1.76
5	500	0	4.28	5.67

5.3.4.6 HL厂活性污泥接种应急方案

根据上述小试实验的分析，可以得出以下结论：

① 向HL厂出水中投加次氯酸钠可以实现氨氮（NH_3-N）的去除，但投加量较大。当出水NH_3-N浓度为10.0mg/L左右时，需投加500mg/L的次氯酸钠才能将NH_3-N浓度降低至5.0mg/L以下。这种方法稳定达标难度大，且过量次氯酸钠的投加会导致出水余氯含量升高，可能对受纳水体产生较大的环境危害。

② 向HL厂曝气池中投加硝化菌剂的投加量较高，相关费用也较高。由于硝化菌剂投加带来的效果相对有限，对于迫切需要生化系统立即恢复的厂方人员来说，需要承担较大风险。

③ 通过硝化速率小试实验和交叉曝气实验结果可知，硝化性能良好的QSY厂活性污泥对HL厂的进水硝化效果较好。目前HL厂进水中已无影响硝化的其他物质，且污泥活性已在逐步恢复，但恢复速度较慢。

基于以上分析，建议HL污水厂采取以下接种活性污泥的应急方案。这种方案旨在通过接种硝化性能良好的活性污泥，加快HL厂污泥活性的恢复速度，从而提高硝化效率，确保出水质量符合排放标准。

污泥运输：拖运300吨左右QSY厂二沉池浓缩回流污泥（含固率约5%以上），预计投加量大于100t/d，以实际运输情况确定污泥量。若系统恢复情况良好时，可停止拖运。

运输要求：规范采用专门输送污泥的槽罐车辆，需采购或借用进水口尺寸3寸（DN80）的干式离心泵，出水口3寸管道30米及3寸管接头、3寸扎箍、绳索、14号铁丝若干。用车运进活性污泥厂，停驻生化池旁，接通电源，接好泵的进出水管，输送入AAO池的1号好氧曝气池。借用工地电缆及控制箱。

污泥投加时监测溶解氧（DO）、沉降比，镜检污泥活性。

费用：运输费预计50元/t，总计50×300＝15000元。

5.3.5 悬浮填料投加案例

5.3.5.1 悬浮填料投加概况

根据无锡市LC厂提标改造前五年的运行数据分析，发现出水标准从一级B提高到一级A的过程中，氨氮（NH_3-N）和总氮（TN）指标是达标的关键，也是解决难度较大的两个指标。LC厂的氨氮需要从37mg/L（进水设计值）降至5mg/L以下，净去除量为32mg/L。考虑到物化方法会增加处理成本，LC厂仍考虑采用生物法，即依靠微生物来降解氨氮。若增加三级处理构筑物来去除氨氮，则会增加处理难度，并需要后置反硝化池和投加碳源。因此，在条件允许的情况下，应优先考虑在二级处理中将氨氮去除，这样可以降低深度处理的难度并降低运行费用。

基于上述原因，LC厂考虑将传统的AAO工艺改造为生物膜-活性污泥复合工艺。保持原构筑物容积不变，通过在好氧池中投加悬浮填料，从而使好氧池的生物量增加，使该池成为同时具备活性污泥法和生物膜法双重作用的复合生物处理工艺，即厌氧-缺氧-移动床生物膜反应器（A/A/MBBR）工艺。

投加的生物载体悬浮填料为某公司SPR-1新型悬浮填料（图5-21），其直径为25mm，高度为10mm，比表面积为$500m^2/m^3$，相对密度略小于水（0.96g/mL），依靠微小的搅拌作用悬浮于活性污泥混合液，并在其表面附着生长硝化菌。随着水流回旋翻转，混合液与载体上硝化菌占优势的生物膜频繁接触，生物处理系统硝化能力得到增强。

图 5-21　某公司 SPR-1 新型悬浮填料

这种改造充分利用了活性污泥法易操作、效率高的优点及生物膜法抗冲击、运行负荷高的优点，有效缓解了活性污泥法易受水量水质变动影响的缺点，并消除了传统生物膜法易腐败和堵塞的缺点。

5.3.5.2　悬浮填料活性污泥硝化能力分析

为考察填料强化硝化效果，对LC三期生物系统进行了硝化能力测试，实验条件为水温15.6℃，混合液的MLSS为3200mg/L，MLVSS为2110mg/L，结果见图5-22和表5-15。

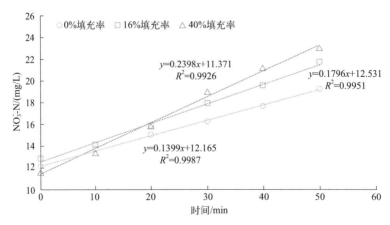

图 5-22　不同填充率下混合液硝化速率

表 5-15 不同填充率下硝化效果比较

填充率	硝化速率/[mg/(g·h)]	HRT/min	NO_3^--N 增加量/(mg/L)
0%	3.98	t	$0.1399t$
16%	5.11	$0.95t$	$0.1706t$
40%	6.82	$0.89t$	$0.2134t$

注：t 代表水力停留时间，同一填充率下 NO_3^--N 增加量为斜率乘以水力停留时间，如填充率为 0% 时，NO_3^--N 增加量为 $0.1399t$。硝化速率为斜率除以 MLVSS，三种填充率下 MLVSS 均相同，因此硝化速率一列数据的对比结果与 NO_3^--N 增加量一列数据的比对结果是一致的。

分析可知：

① 在不同填料及填充率条件下，混合液的硝化反应呈现零级反应特性，即氨氮浓度对硝化速率基本上没有影响。

② 在混合液 MLVSS 为 2110mg/L 的情况下，0%、16% 和 40% 填充率的混合液硝化速率分别为 3.98mg/(g·h)、5.11mg/(g·h) 和 6.82mg/(g·h)。这表明硝化速率随着填料填充率的增加而增加。

③ 与不投加填料相比，16% 和 40% 填充率的混合液的硝化速率分别增加了 28% 和 71%。这是因为悬浮填料具有较大的比表面积，其上附着生长着大量世代时间长的硝化细菌，增加了生物系统中的污泥浓度，从而提高了系统的硝化速率。

④ 随着填充率的增加，系统中污泥浓度越大，系统的硝化速率也越大。有研究表明，通过向曝气池中投加 15%～30% 容积的填料，系统增加的固定 MLSS 量可达到 10～19g/L，甚至高达 30g/L。

虽然通过向传统活性污泥曝气池中投加悬浮填料能提高系统的硝化速率，但悬浮填料的投加会占用曝气池的一部分有效体积，从而会降低曝气池的实际水力停留时间，即填料段的实际水力停留时间和填料的填充率密切相关。填料的填充率是填料的堆积体积占填料段有效体积的比例。对新型填料来说，一般 3.5L 的堆积体积相当于 1L 的实际体积，所以 16% 和 40% 填充率下填料与含填料混合液的实际体积比为 5% 和 11%。

根据硝化速率实验结果，对不同填充率的硝化效果进行了比较研究，结果见表 5-15。可见，随着填充率的增加，填料的强化硝化效果越发显著。通过投加悬浮填料，一方面缩短了水力停留时间；另一方面提高了硝化速率。由于填料具有较大的空隙率，水力停留时间降低幅度较小，对系统硝化效果的影响较小，系统硝化效果主要取决于含填料混合液的硝化速率。总之，投加悬浮填料可以强化传统活性污泥法的硝化效果，尤其在低温季节硝化速率较低和生物池容积限制的情况下，填料的强化硝化作用显得尤为重要。

一般来说，悬浮填料的填充率不宜超过 50%，填充率过大，会影响悬浮填料在曝气池中的流化效果以及填料与污水中氨氮的充分接触体积，导致系统硝化效果变差。由于在不同的填料填充率下，系统会有不同的硝化速率和硝化效果，因此，为更好地指导实际工程中悬浮填料的合理经济投加，根据上述实验结果，对不同填料填充率下的硝化速率和强化硝化效果的数据进行拟合，结果见图 5-23。在不同填充率下的硝化速率和强化硝化效果与填料的填充率均呈较好的线性关系，R^2 分别为 0.9999 和 0.9981。在污水处理厂升级改造中，悬浮填料的投加量要根据实际所需的氨氮去除增量来确定，因此不同悬浮填料填充率下的硝化速率和强化硝化效果拟合直线具有重要的应用意义，可为悬浮填料的合理经济投加提供理论指导。

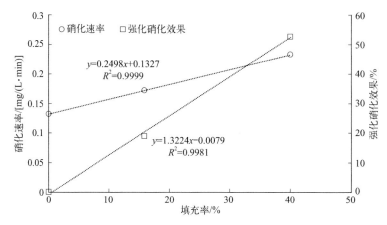

图 5-23　不同填充率下硝化速率及强化硝化效果拟合曲线

5.3.5.3　悬浮填料的储存和恢复

根据上述研究，悬浮填料因其高效的硝化活性，可作为污水处理厂在氨氮浓度受冲击等紧急情况下的有效应对措施。这种措施通过增加好氧池中硝化细菌的数量，有助于确保氨氮的稳定达标排放。然而，挂膜填料的储存方式及其活性恢复的效果可能会影响其投加后的性能，因此，对悬浮填料的储存和活性恢复进行实验研究显得尤为重要。

实验设计如下：首先，从挂膜反应器中取出一定数量的填料，并使用蒸馏水多次清洗其表面，以去除脱落的生物膜。随后，将这些清洗后的填料分别转移至三个 1000mL 的烧杯中，并用保鲜膜密封。这三个烧杯中的填料将分别在常温（20～25℃）、4℃ 和 −20℃ 的条件下储存，储存时间为 5 个月。

储存期结束后，取出这些填料，并将它们分别装入三个反硝化反应器 R1、R2 和 R3 中。这三个反应器分别装入在常温、4℃ 和 −20℃ 条件下储存的缺氧挂膜悬浮填料。所有反应器在相同条件下运行，采用间歇式进出水方式，控制温度在 23～25℃ 之间，并设置水力停留时间为 8 小时。此外，实验中使用的废水均为人工配制。

实验结果如表 5-16 所列。在经过 5 个月的储存后，悬浮填料表面的生物膜在表观和物理结构上均发生了显著变化。在常温（20～25℃）储存条件下，生物膜的颜色由原本的黄褐色变为深黄色，且出现了明显的失活和脱落现象。在储存后的烧杯底部可以观察到生物膜脱落的碎片。通过测量附着生物量发现，其由 $6.27g/m^2$ 下降至 $4.98g/m^2$。相比之下，在 4℃ 和 −20℃ 条件下储存的生物膜，其颜色并未发生明显变化。尽管附着生物量也有所减少，但总体变化不大。

通过扫描电镜对生物膜进行观察的结果如图 5-24 所示。在常温（20～25℃）下储存的填料［图 5-24（a）］显示，生物膜较薄且结构相对松散，这与之前测得的较低生物膜量（$4.98g/m^2$）和较小的生物膜厚度（171μm）相吻合。而在 4℃ 和 −20℃ 条件下储存的生物膜，其外形和结构较为相似，均显示出较厚的生物膜和更为紧密的结合［图 5-24（b）和图 5-24（c）］。

表 5-16　悬浮填料储存前后特性变化

项目	储存前	5 个月储存后		
		R1	R2	R3
总悬浮固体（TSS）/(g/m²)	12.85±1.27	11.06±1.46	12.56±0.95	12.61±1.07
挥发性悬浮固体（VSS）/(g/m²)	6.27±1.05	4.98±0.67	6.03±0.74	5.80±0.91
VSS/TSS/%	48.79	45.02	48.01	46.00
悬浮填料密度（ρ）/(g/cm³)	0.031	0.029	0.030	0.029
生物膜厚度（L）/μm	202	171	201	200
颜色	黄褐色	深黄色	黑褐色	黄褐色
氨氮去除率/%	99.34	0.05	0.08	0.07

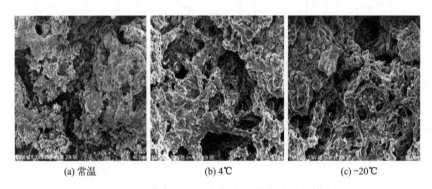

(a) 常温　　　　　　　　(b) 4℃　　　　　　　　(c) -20℃

图 5-24　生物膜在不同储存条件下储存后的扫描电镜图

根据表 5-17 的数据，随着填料活性的恢复，其对氨氮的去除率迅速提高。在 5 天后，三个反应器中氨氮的去除率分别达到了 91.61%、97.49% 和 97.57%。这一结果表明，即使经过长期的储存，填料也能在相对较短的时间内恢复其去除污染物的能力。实验数据还显示，在常温储存条件下，填料的生物膜量显著减少，这导致其对氨氮的去除率也明显下降。相比之下，在 -20℃ 和 4℃ 条件下储存的填料，其去除率基本保持一致。

表 5-17　悬浮填料恢复后特性变化

项目	储存前	5d 恢复后		
		R1	R2	R3
TSS/(g/m²)	12.85±1.27	12.02±1.55	12.41±1.23	12.53±0.88
VSS/(g/m²)	6.27±1.05	5.29±1.23	6.15±0.77	6.01±1.43
VSS/TSS/%	48.79	44.01	49.46	47.96
ρ/(g/cm³)	0.031	0.028	0.030	0.029
L/μm	202	189	205	207
颜色	黄褐色	黄褐色	黄褐色	黄褐色
氨氮去除率/%	99.34	91.61	97.49	97.57

5.3.5.4 LC厂投加悬浮填料运行效果分析

为确保悬浮填料能够充分流化，在处理构筑物的形式上进行了调整。原好氧区的推流式池型被改为悬浮填料区的环流沟型，并增设了导流墙，以形成良好的环形流态，如图5-25所示。在曝气系统方面，结合原有的曝气系统，新增了穿孔曝气管，以增强悬浮填料的上下翻滚流动。

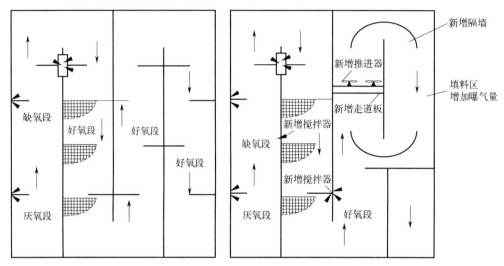

图5-25　LC污水处理厂沟型改进

在水力推进设备方面，于悬浮填料前部区域新增了两台香蕉型叶片的潜水式水力推进器。这样做的目的是保证悬浮填料的充分流化，同时减轻悬浮填料对设备的磨损。在悬浮填料拦截装置上，设置了平板式隔离拦截格网。通过填料外形的尾翘设计和上行式穿孔曝气的设置，形成了一个悬浮填料排队冲刷自清洗系统。

最终，悬浮填料区选择的填充率为50%。该污水处理厂悬浮填料强化硝化系统的改造设备配置情况详见表5-18。

表5-18　LC污水处理厂强化硝化系统设备配置

设备名称	功能	改造前后数量变化	设置位置	选型原则
微孔曝气管路	充氧	0	整个好氧区	常规选型
穿孔曝气管路	充氧、保证填料流化	7套	填料拦截格网处	适用性；耐用性；性价比
潜水式水力推进器	保证填料流化	2套	悬浮填料区	大桨叶，低转速
悬浮填料拦截格网	拦截填料	7套	悬浮填料区出水端	适用性；耐用性；性价比
拦截格网自清洗系统	防止筛网被纤维物质堵塞	7套	拦截筛网处	适用性；耐用性；性价比

自悬浮填料投加运行以来，已接近11年时间，其间强化硝化效果表现良好，氨氮去除能力高效且稳定。尤其在冬季低温条件下，对硝化效率的提升更为显著。现场跟踪研究显示，该填料在生物富集方面表现优异。在40%的填充率下，悬浮填料在悬浮填料区的实

际体积占比约为11%，而其生物富集量占总生物量的38.22%，显示出较高的生物富集能力。通过填料的投加，好氧段的硝化效果提高了12.5%，这表明投加的悬浮填料显著提升了好氧段的硝化效率。

5.3.5.5 悬浮填料优化对策

从2009年开始至今，悬浮填料在污水厂的应用已经较为广泛，全国各地生产悬浮填料的厂家也非常多，悬浮填料的品质良莠不齐，在设计、生产及使用过程中也存在不少问题，如：

① 填料挂膜效果差，表现为挂膜启动慢、填料上生物量少、处理效果不佳。

② 曝气池内的填料分布不均，局部出现堆积的现象，出水拦截筛网堵塞。

③ 格栅栅渣中出现填料或二沉池等工艺段出现填料。拦截筛网附近曝气量过大导致填料从上部越过筛网，以及填料通过放空管或回流泵进入处理系统等。

④ 存在填料沉积在池水表面下或填料磨损严重等现象。原因在于曝气和搅拌控制失调，不能使填料呈流化状态。

悬浮填料是一个系统工程，不是简单地向池体中投加悬浮填料就可以，针对实际应用中存在的问题可采取以下优化对策：

① 选择合适的填料材质：实际工程中采用的悬浮式填料应具备较大的比表面积、较高的孔隙率、相对密度接近或稍大于水的特性。合适的孔隙率有助于老化的生物膜及时脱落，从而促进微生物的繁殖和更新。

② 微调填料堆积处的曝气阀门：通过缓慢增加曝气强度，利用气流冲散堆积的悬浮生物填料，以实现填料的均匀分布。

③ 适当减少拦截筛网附近的曝气量：在生物池检修放空时，应注意检查放空管拦截网，并及时清理可能进入厌缺氧段的填料。

④ 选择合适的搅拌和曝气设备：调整搅拌和曝气的强度，确保填料在池内能够达到完全流化状态，避免填料沉积或磨损过重。

参考文献

[1] 李激，王燕，罗国兵，等. 城镇污水处理厂一级A标准运行评估与再提标重难点分析 [J]. 环境工程，2020，38 (7)：1-12.

[2] 朱雁伯，吕士健，石凤林，等. 城镇污水处理厂运行、维护及安全技术手册 [M]. 北京：中国建筑工业出版社，2014.

[3] Henze M，van Loosdrecht M C M，Ekama G A，et al. 污水生物处理——原理、设计与模拟 [M]. 施汉昌，胡志荣，周军，等译. 北京：中国建筑工业出版社，2011.

[4] 高廷耀，顾国维，周琪. 水污染控制工程（下册）[M]. 北京：高等教育出版社，2007.

[5] 张自杰. 排水工程（下册）[M]. 北京：中国建筑工业出版社，2000.

[6] 杨墨. 耐冷菌 *Janthinobacterium* sp. M-11 的异养硝化好氧反硝化特性及耐冷机制研究 [D]. 哈尔滨：哈尔滨工业大学，2019.

[7] 武丽丽. 北方饮用水生物预处理硝化细菌的筛选及除氨氮效能研究 [D]. 哈尔滨：哈尔滨工业大学，2020.

[8] 杨韦玲. 全程硝化菌的富集培养及优化研究 [D]. 杭州：浙江大学，2019.

[9] 匡燕.水体氨化细菌的分离鉴定及特性研究 [D].武汉：华中农业大学，2012.

[10] 吴岩.短程硝化反硝化处理高浓氨氮废水效果及机理研究 [D].北京：北京建筑大学，2020.

[11] 孙慧.氨氮处理材料的制备及其机理研究 [D].上海：上海师范大学，2020.

[12] 王小东，陈明飞，王子文，等.污水生物处理过程中溶解性有机氮分布和转化特征 [J].哈尔滨工业大学学报，2020，52（2）：161-168.

[13] 宋天伟，盛晓琳，王家德，等.夏季高温下污水处理厂生物处理系统的硝化性能及强化方法 [J].环境科学，2019，40（2）：768-773.

[14] 池玉蕾，石烜，任童，等.溶解氧对低碳源城市污水处理系统脱氮性能与微生物群落的影响 [J].环境科学，2021（9）：4374-4382.

[15] 刘方剑，杨海龙，周化斌.异养硝化细菌 *Acinetobacter junii* WZ17 的脱氮特性及动力学研究 [J].环境科学学报，2021，41（3）：951-959.

[16] 齐冉，张灵，杨帆，等.水力停留时间对潜流湿地净化效果影响及脱氮途径解析 [J].环境科学，2021（9）：4296-4303.

第**6**章

总磷达标问题诊断与优化调控

6.1 污水中磷的形态及来源分析

6.1.1 污水中磷的来源及危害

自然界中的磷主要存在于天然磷酸盐和生命体中，是生命组成的基本元素之一。磷以无机和有机两种形态参与了生命的组成和生命过程。无机磷是能量代谢的底物，是动物骨骼和牙齿的组成部分，维持酸碱平衡，组成细胞成分并参与细胞代谢；有机磷则以能量载体、辅酶或中间体的形式参与大部分生化反应，对维持正常的生命活动起到十分重要的作用。磷不仅是生命过程中物质变化与能量变化的必要参与者，还是某些生命物质如 ATP、DNA 以及 RNA 等的重要组成部分。磷在自然界主要以磷酸盐岩石、鸟粪石和动物化石等天然磷酸盐矿石形式存在，在人工开采、加工及生命体生物转化过程中，磷又通过不同渠道回归环境，最终随地表径流逐渐迁移至水体之中。一般认为当水体中总磷含量达到 0.015mg/L 时就足以导致水体富营养化。

进入水体的污染物磷主要来源于工业、农业以及居民日常生活等方面：在工业方面，如化工行业生产黄磷、磷酸、磷酸钠、含磷洗涤剂等，含有机磷酸盐的合成纤维行业尼龙、涤纶油剂，涂料印花、染色剂和棉织物阻燃剂，造纸行业纸张增强剂，皮革整筛和工业清洗，食品行业防腐剂、发泡剂、酸味剂和乳化剂等；在农业方面，最常见的有过磷酸钙肥料和有机磷农药，其中有机磷农药主要是用于防治植物病虫害的含磷有机化合物，但其具有明显的毒性作用，常见的有机磷农药有敌百虫、敌敌畏、对硫磷、久效磷、乐果、草甘膦等。此外，居民在日常生活中所产生的洗涤废水、食物残渣、排泄物等当中也含有大量含磷污染物。一般来说，工业生产及居民日常生活过程中产生的含磷污水如果处理不当，可能会造成点源污染；而农业生产过程中含磷物质进入农田后会释放、流失，并向河流迁移后进入自然水体，形成面源污染。

人类活动产生的含磷、氮的工业废水、生活污水和农田径流中的植物营养物及农药排入湖泊、水库、河口等水体后，导致水体中营养盐的输入输出失去平衡，从而引起水体生态系统物种分布失衡，特别是有些单一物种——藻类（蓝藻和红藻）会大量繁殖，破坏了生态系统的物质循环与能量流动，造成水体富营养化，最终表现为蓝藻的大量增殖。大量藻类及其他浮游生物死亡后被需氧微生物分解，不断消耗水中的溶解氧，使水体中溶解氧含量急剧下降；或被厌氧微生物分解，不断产生硫化氢等气体，这两种情况都使水质不断恶化，造成鱼类和其他水生生物大量死亡，大大加速了水体的富营养化过程。2023 年中国生态环境状况公报表明，在监测营养状态的 205 个重要湖泊（水库）中，贫营养状态湖泊（水库）占 8.3%，中营养状态占 64.4%，轻度富营养状态占 23.4%，中度富营养状态占 3.9%。其中太湖、巢湖为轻度富营养状态，主要污染指标为总磷，滇池为轻度富营养状态，主要污染指标为化学需氧量、总磷和高锰酸钾指数。显然，我国湖泊富营养化已成为一个重要的环境问题，而且水体富营养程度与水体中磷污染物含量密切相关。

为改善我国水体富营养化状况，应尽可能控制污水中进入水体内的磷含量。我国现行的污水排放标准对总磷提出了明确的控制要求。因此，严格控制进入水体中污染物磷含量尤为重要，对工业生产及居民日常生活中产生的含磷污废水，在纳入城镇污水管网后，经过污水处理厂集中处理，确保出水总磷浓度稳定达到相关排放标准，才能排入水体。

6.1.2　污水中磷的形态分析

污水中含磷物质的形态通常根据化学性质或物理性质进行形态分类。根据化学性质可分为正磷酸盐、多聚磷酸盐和有机磷酸盐。正磷酸盐包括 PO_4^{3-}、HPO_4^{2-}、$H_2PO_4^-$、H_3PO_4，在不同 pH 值条件下，水体中正磷酸盐存在形式不同，如图 6-1 所示（书后另见彩图）。根据磷酸的水解常数计算，当 pH 值为 $4.6 \sim 9.8$ 时，正磷酸盐溶液主要以 HPO_4^{2-} 和 $H_2PO_4^-$ 两种形态存在，易与带正电荷絮凝剂结合成絮体而被去除；当 pH 值小于 4.6 时，污水中开始有 H_3PO_4 形态出现，不易与带正电荷的絮凝剂结合成絮体而被去除；当 pH 值大于 9.8 时，才会有 PO_4^{3-} 这种形态存在。

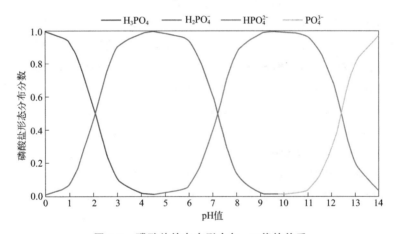

图 6-1　磷酸盐的存在形态与 pH 值的关系

多聚磷酸盐包含焦磷酸盐、偏磷酸盐和多磷酸盐等形式，它们是某些洗涤剂、去污粉的主要添加成分。随着多聚磷酸盐分子量的增大，溶解度逐渐变小。通常认为多聚磷酸盐含量增多是导致水体富营养化的重要因素，因为其十分容易水解成正磷酸盐。有机磷则是与碳结合的含磷物质的总称。其成分主要包括磷蛋白、核蛋白、磷脂和糖类磷酸盐（脂）。按物理性质分为可溶态磷和颗粒态磷，一般采用 $0.45\mu m$ 微孔滤膜对其进行分离。可溶态磷是指能通过 $0.45\mu m$ 微孔滤膜、溶解在滤液中的磷，它还可进一步分为可溶态无机磷和可溶态有机磷。颗粒态磷是指不能通过 $0.45\mu m$ 微孔滤膜的磷，可分为颗粒态无机磷和颗粒态有机磷。前者以矿物相的形式吸附在颗粒表面或晶格中；后者则结合在细胞或有机碎屑分子中。对不同形态的磷，采取的去除方法也不同。

6.2　磷的去除原理及方法

6.2.1　生物法除磷原理

1955 年，Greenberg 等发现在一定条件下活性污泥具有超量吸磷的现象。随后 Sri-nath 和 Alarcon 分别于 1959 年和 1961 年报道了污水处理厂活性污泥在好氧区存在大量吸收磷的现象，不过当时人们认为这是曝气强度的大小影响磷的去除量。1965 年，Shapiro、Levin 师生首次提出污水处理厂生化单元超量除磷现象是生物过程而不是化学沉淀过程。直到 20 世纪 80 年代初，荷兰研究人员 Rensink 才首次报道了厌氧释磷与好氧吸磷过程之间存在着某种必然联系。在此基础上，研究人员进行了全面的基础研究、生产线试验和工程运行经验总结，污水生物除磷原理和工艺技术取得了很大的发展和突破。生物除磷基本原理是在厌氧/好氧交替运行的系统中，利用聚磷微生物（phosphate accumulating organisms，PAOs）厌氧释磷和好氧超量摄磷的特性，使好氧区混合液中磷的浓度大量降低，最终通过排放富磷污泥而达到从污水中除磷的目的。

目前，国内外学者普遍认可和接受的生物除磷机理为：如图 6-2 所示，在没有溶解氧和硝态氮存在的厌氧状态下，兼性菌将污水中溶解性有机物通过发酵作用转化为低分子易生物降解的挥发性脂肪酸（volatile fatty acid，VFA）；PAOs 吸收这些 VFA 或来自原污水中的 VFA，将其运送至细胞内，同化成胞内碳能源存贮物聚 β-羟基丁酸（PHB）或聚 β-羟基戊酸（PHV），所需能量（ATP）来源于聚磷的水解及细胞内糖的酵解过程，并导致磷的释放。另外，细胞内糖原的降解过程不仅产生 ATP，还会有还原能量产生（$NADH_2$）。在好氧或缺氧条件下，PAOs 以分子氧或化合态氧作为电子受体，氧化代谢胞内贮存物 PHB 或 PHV 等物质，并产生 CO_2 和 $NADH_2$，其中 $NADH_2$ 转化为 ATP。ATP 产生的能量用于 PAOs 的生长、在细胞内以聚磷的形式贮存磷和合成糖原。

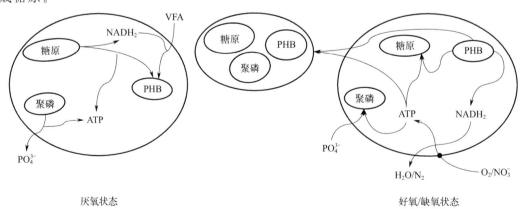

图 6-2　强化生物除磷机制

传统活性污泥法中微生物在其自身生长繁殖过程中也需要磷，这部分磷是磷脂、核酸、核苷酸及许多辅酶的重要组成成分，因此可以去除掉污水中少量的磷。

在厌氧/好氧交替循环的活性污泥系统中，除了聚磷微生物（PAOs）外，还会富集一类不储存磷的微生物——聚糖菌（glycogen accumulating organisms，GAOs）。与PAOs相似，GAOs能够利用糖原作为唯一的能量来源，在厌氧条件下吸收挥发性脂肪酸（VFA）并合成聚羟基脂肪酸（PHA）。在好氧条件下，PHA被氧化，产生的能量用于微生物增殖和糖原合成。然而，与PAOs不同，GAOs在代谢过程中既不能实现厌氧释磷，也不能实现好氧过量吸磷，因此对除磷过程没有贡献。相反，GAOs的存在增加了厌氧区对VFA的需求量，被认为是生物除磷系统效率降低的主要原因。因此，在除磷系统中应尽量减少GAOs的数量。

近年来，研究人员发现了一种名为"兼性厌氧反硝化除磷细菌"（DPB）的新型微生物。这种细菌在缺氧条件下，能够利用硝酸盐作为电子受体，氧化胞内贮存的聚羟基脂肪酸（PHA），并从环境中吸收磷，从而实现同时的反硝化和超量吸磷。与传统生物除磷工艺（厌氧释磷、好氧吸磷）相比，缺氧反硝化除磷技术能够显著降低COD的需求，减少污泥产量和氧的消耗，分别下降50%和30%。这一技术不仅减少了污泥产量和曝气池的体积，还简化了脱氮除磷工艺，具有广泛的应用前景。目前，代表性的工艺包括BCFS和DEPHANOX工艺。

6.2.2　化学法除磷原理

化学除磷的基本原理是通过向污水中投加铁盐、铝盐等化学药剂，与污水中的溶解态磷发生化学反应，形成低溶解度的磷酸盐沉淀。同时，胶体态磷和细微悬浮物与混凝药剂发生物理化学反应，导致胶体脱稳，生成易于沉降的絮体。最终，通过固液分离（如沉淀或过滤）来去除磷。化学除磷包括化学沉淀、凝聚、絮凝以及固液分离等四个主要步骤。其中，化学沉淀和凝聚反应过程迅速，凝聚时形成的主粒子在絮凝过程中相互结合，形成更大的絮体颗粒，有利于沉淀或固液分离。

Fe^{2+}、Fe^{3+}和Al^{3+}是常见的金属盐沉淀离子。其他化学沉淀剂，如石灰（CaO），也有一定应用，但由于投加量大、产生的化学污泥量大等缺陷，其在污水处理中的应用受到一定限制。

6.2.3　除磷工艺

污水中的磷主要以正磷酸盐、多聚磷酸盐和有机磷的形式存在。根据除磷原理的不同，污水中磷的去除方法主要包括物理法、化学法、生物法和人工湿地法等。目前，国内外污水处理厂广泛应用且效果较好的除磷方式是生物除磷、化学除磷，或这两种方法的组合。生物除磷利用微生物（如聚磷菌）在厌氧和好氧条件下对磷的吸收和释放来实现除磷。化学除磷则是通过投加化学药剂（如铁盐、铝盐）与磷发生化学反应，形成沉淀物从而去除磷。组合方法结合了生物和化学除磷的优点，能更有效地去除污水中的磷。

6.2.3.1 生物除磷工艺

目前应用最广泛的污水除磷技术是生物除磷工艺。从早期的以单独除磷为目的的厌氧/好氧（Ap/O）工艺开始，强化生物除磷工艺不断向着实现同步脱氮除磷的方向发展。代表性的工艺包括 AAO 工艺、UCT 工艺、MUCT 工艺以及 Phostrip 工艺等。

（1）Ap/O 工艺

Ap/O 工艺是由厌氧区和好氧区组成的、能同时去除污水中有机污染物及磷的处理工艺，其流程如图 6-3 所示。

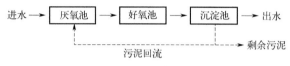

图 6-3　Ap/O 除磷工艺流程

为了使微生物在好氧池中有效地吸收磷，溶解氧（DO）的水平应维持在 2mg/L 以上，pH 值则应控制在 7～8 之间。此外，磷的去除率还受到进水中易降解化学需氧量（COD）含量的影响，通常通过 BOD_5 与磷浓度之比来表示。据报道，如果这个比值大于 10∶1，出水中磷的浓度可以降至大约 1mg/L。微生物吸收磷是一个可逆过程，曝气时间过长或污泥在沉淀池中的停留时间过长都可能导致磷的二次释放。

（2）AAO 工艺

AAO 工艺是 anaerobic-anoxic-oxic 工艺的简称。在污水处理系统中，该工艺同时具有厌氧区、缺氧区和好氧区，能够同时实现脱氮除磷和有机物的降解功能。其工艺流程如图 6-4 所示。

图 6-4　AAO 生物脱氮除磷工艺流程

污水首先进入厌氧池，其中厌氧微生物将污水中的易降解有机物转化为挥发性脂肪酸（VFA）。回流污泥中的聚磷菌（PAOs）利用厌氧环境中的能量，分解体内储存的聚磷，并利用释放的能量维持生存。这部分能量的一部分用于主动吸收 VFA 并在体内合成聚 β-羟基丁酸（PHB）。随后，污水进入缺氧池，其中反硝化菌利用混合液回流带入的硝酸盐以及进水中的有机物进行反硝化脱氮。最后，污水进入好氧池。聚磷菌除了吸收利用污水中残留的生化需氧量（BOD）外，还分解体内储存的 PHB 以产生能量，用于自身生长和增殖。同时，聚磷菌主动、过量摄取水中的溶解磷，并以聚磷的形式储存于体内。微生物过量吸收的磷通过剩余污泥排出，从而实现从污水中去除磷的目的。

多年 AAO 工艺的运行经验及实验研究表明，硝化细菌、反硝化细菌和聚磷菌在有机负荷、泥龄及碳源需求上存在矛盾和竞争。其中，最显著的问题是反硝化细菌和聚磷菌在碳源（VFA）上的竞争。当回流污泥中含有较高浓度的硝态氮时，进入厌氧池后，反硝化菌会优先消耗污水中的VFA进行反硝化，从而抑制了聚磷菌的厌氧释磷过程。为了避免回流污泥中的硝态氮对厌氧释磷的影响，研究人员开发了倒置AAO工艺和前缺氧池＋AAO工艺。这两种工艺都显著增强了生物除磷的效果，并在我国一些大中型城镇污水处理厂的建设和改造工程中得到了广泛应用。

（3）UCT工艺及改良UCT工艺

在同步除磷脱氮系统中，反硝化菌与聚磷菌竞争有机碳源进行反硝化作用，前者在竞争中往往处于优势。因此，当厌氧池中含有较多硝酸盐时，系统的除磷效率会大大降低。为了消除回流污泥中硝态氮对厌氧释磷的干扰，Ekama等在1984年开发了UCT工艺（university of cape town），如图6-5所示。

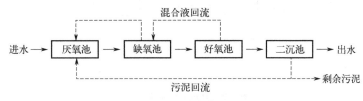

图6-5　UCT工艺流程

该工艺不是将含硝态氮的混合污泥回流到厌氧池，而是先在缺氧池进行反硝化作用，尽可能地去除硝态氮；然后再由缺氧池将不含或含少量硝态氮的混合污泥回流至厌氧池，从而避免了硝态氮进入厌氧池。

在UCT工艺运行过程中，当进水TKN/COD较高时，缺氧池将无法实现完全脱氮，因此仍有部分硝酸盐进入厌氧池。为此，研究人员提出了改良UCT工艺（即MUCT工艺），如图6-6所示。该工艺将缺氧池一分为二：第一级，缺氧池从沉淀池回流污泥进行反硝化作用后，由该池将污泥回流至厌氧池；第二级，缺氧池从好氧池回流硝化混合液，大部分反硝化作用在此完成，从而减小了第一级缺氧池的硝酸盐负荷，因此无需降低一级缺氧池至厌氧池的混合液回流比。

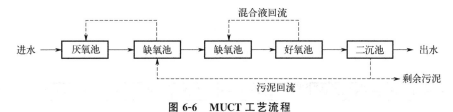

图6-6　MUCT工艺流程

UCT和改良UCT工艺比AAO工艺多了一套混合液回流系统，虽然其流程较为复杂，但是它们是目前生物除磷效果较为稳定的污水处理技术。

（4）Phostrip工艺

Phostrip工艺是一种将生物除磷与化学除磷相结合的污水除磷技术。其工艺流程如图6-7所示。在污泥回流过程中，Phostrip工艺增设了侧流厌氧释磷池和上清液的化学沉淀处理系统。具体来说，一部分含磷污泥进入侧流厌氧池中进行释磷，释磷后的污泥再返回曝气池进行有机物的降解和磷的吸收。随后，使用石灰或其他化学除磷药剂对释磷后的上清液进行化学沉淀处理，从而实现除磷的目的。与前述的生物除磷工艺不同，Phostrip 工艺的厌氧池不在污水处理工艺的主流上，而是在回流污泥的侧流中。这种设计使得 Phostrip 工艺的除磷效果更加稳定，不像其他生物除磷工艺那样容易受到进水中易降解 COD 浓度的影响。

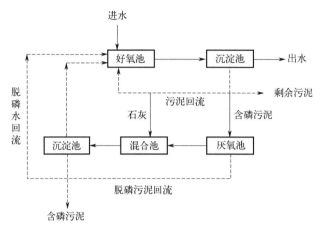

图 6-7　Phostrip 除磷工艺

6.2.3.2　化学除磷工艺

化学除磷是通过向污水中投加金属盐类或其他除磷药剂，与磷酸盐反应生成不溶性的沉淀物，然后以化学污泥的形式排出实现除磷。由于我国大多数城镇污水处理厂存在进水碳源不足、脱氮除磷碳源竞争等问题，污水经生物除磷后，出水中总磷较难达到 0.5mg/L 以下，一般需要辅以化学方式除磷，以实现出水 TP 的达标排放。

化学除磷工艺是一种传统的除磷方法，它是在一定的 pH 值条件下，通过向污水中投加化学除磷药剂，使水中的磷酸盐生成难溶性盐，形成絮体后与水分离，从而实现污水中磷的去除。按照化学药剂投加位置的不同，该工艺可以分为前置沉淀、同步沉淀和后置沉淀三种类型（图 6-8）。

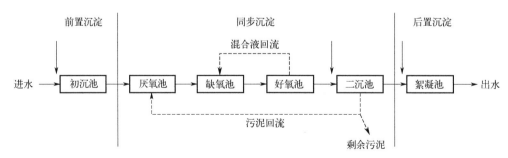

图 6-8　化学除磷不同工艺类型

（1）前置沉淀

前置沉淀工艺的除磷药剂一般投加在沉砂池或初沉池进水口。前置沉淀通常需要设置搅拌装置以满足混合的需要。生成的产物在初沉池中以沉淀形式分离。需要注意的是，如果生物处理单元采用生物滤池，则不宜采用铁盐作为除磷药剂，防止铁盐对填料产生危害。不过，现有污水处理厂在升级改造过程中，若采用前置沉淀工艺，虽然可以取得较好的除磷效果，但也同时去除了进水中的部分碳源，从而加重了进水碳源的贫乏程度，对后续生化单元厌氧释磷和缺氧反硝化过程都造成负面影响。

（2）同步沉淀

同步沉淀工艺是目前使用最为广泛的一种化学除磷工艺。在该工艺中，除磷药剂通常投加到好氧池进水口、好氧池末端出水口、二沉池的进水口或回流污泥中。同步沉淀除磷工艺可以充分利用化学除磷药剂，不需要建造其他的构筑物，工程量小；此外还有利于改善污泥的沉降性能，从而有效避免污泥膨胀的发生。不过，此工艺会产生大量污泥，除此之外，残留除磷药剂还会对生物除磷造成不利影响。

（3）后置沉淀

后置沉淀工艺是将除磷药剂投加在二沉池出水之后，并在后续设置絮凝池、沉淀池或气浮池，实现了生物处理与化学处理（化学沉淀、絮凝作用及沉淀）的分离，使化学除磷与生物除磷过程彼此互不干扰，其产生的化学污泥可单独排放；在后置沉淀工艺中投加化学除磷药剂，可获得良好的除磷效果（出水 TP 浓度低于 0.3mg/L）。后置沉淀工艺一般有絮凝沉淀、高效/高密度沉淀池、气浮等工艺。

当投加适当的化学药剂，并适度搅拌，在合理选取投加方式（前置沉淀、同步沉淀、后置沉淀）等条件下，化学除磷方式能够有效地将污水中的磷从高浓度降低至低浓度，实现显著的除磷效率。尽管化学除磷工艺具有可靠性好、操作灵活等优点，但它也会对后续的生物处理和污泥处理工艺产生一定的负面影响。例如，化学除磷可能会降低污泥的容积指数（SVI），影响污泥的沉降性能。此外，化学药剂的使用可能会对系统中的微生物产生不利影响，影响生物处理单元的运行效率。

6.3　总磷达标影响因素分析

6.3.1　生物除磷影响因素

6.3.1.1　碳源类型及浓度

废水中的有机物成分复杂，尤其是其可生物降解性，会显著影响生物除磷工艺的性能。根据生物除磷机理，为了满足聚磷菌在厌氧区释放磷的需求，必须提供充足的碳源。当废水中可被聚磷菌利用的优质碳源不足时，就会出现无效释磷问题，无法发挥其生物除磷作用。只有当聚磷菌在厌氧区有效释磷越多时，其好氧吸磷量才会越大。因此，进水中碳源的种类和浓度是影响生物除磷效果的重要因素。

对于生物除磷而言，碳源主要分为挥发性脂肪酸（VFA）和非 VFA 两大类。VFA 类碳源作为生物除磷偏爱的碳源，已得到研究者的普遍认可。VFA 类碳源的来源有两种：

污水中本身含有的或者由兼性异养微生物降解底物发酵而产生的 VFA。VFA 的吸收是一个快速过程，而发酵过程则进行较缓慢。理想的状态是，污水中本身就含有高比例的 VFA，或者应该含有足够高浓度的可发酵有机物来产生 VFA。

通过调研全国及太湖流域城镇污水处理厂的进水化学需氧量（COD）和生化需氧量（BOD_5）的年平均变化（调研结果如图 6-9 所示），可以观察到，从 2007 年至 2017 年，太湖流域城镇污水处理厂的进水 COD 及可生化降解的有机物 BOD_5 浓度逐年降低。进水 BOD_5 与总磷（TP）的比值也随之降低。这种变化可能导致聚磷菌（PAOs）因碳源不足而无法有效地进行厌氧释磷，进而影响生物除磷的效果。

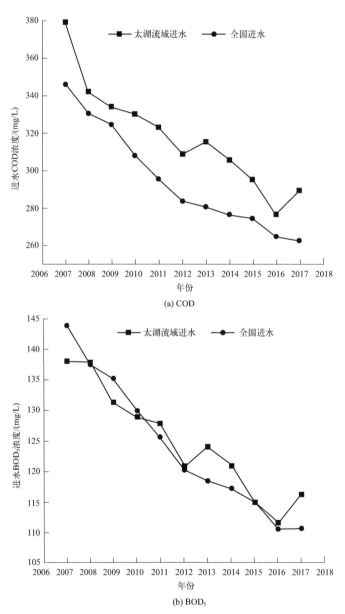

图 6-9　全国和太湖流域城镇污水处理厂进水 COD、BOD_5 平均值年变化

在生物除磷系统中，为了满足聚磷菌（PAOs）的有机物需求，进水的 BOD_5 与总磷（TP）的比值应在17以上，通常在20到30之间。这样的比值能够保证PAOs有足够的碳源进行厌氧释磷，从而达到较好的除磷效果。针对进水碳源不足导致生物除磷效果较差的问题，城镇污水处理厂通常采用外加优质碳源来改善这一状况。然而，不同的碳源在生物除磷工艺中产生的效果不同。根据生物除磷原理，分子量较小的碳源，如甲酸、乙酸、丙酸等短链挥发性脂肪酸类物质，易被 PAOs 直接利用，厌氧释磷较快且较为彻底。而分子量较大的碳源，如甲醇、乙醇及葡萄糖等，必须经过产酸菌的分解作用，转化为可被 PAOs 直接吸收利用的短链挥发性脂肪酸后才能发挥作用，因此这类碳源的厌氧释磷过程较为缓慢。

6.3.1.2　硝态氮

在生物除磷系统中，污泥回流可能会将硝态氮带入厌氧区，这对生物除磷过程产生不利影响。这种影响主要源于两个方面：首先，反硝化菌与聚磷菌竞争易生物降解的有机质。硝态氮的存在促进了反硝化菌的生长和活性，导致它们与聚磷菌竞争有机质，减少了聚磷菌可利用的碳源，从而削弱了PAOs的竞争优势。其次，硝态氮抑制发酵过程，减少了挥发性脂肪酸（VFA）的产生。发酵过程是聚磷菌在厌氧条件下释放磷的关键步骤，硝态氮的抑制作用会减少 VFA 的产生量，影响聚磷菌的厌氧释磷效率。

当厌氧区内的硝态氮浓度高于 1.5mg/L 时，通常会对生物释磷产生抑制作用。此外，随着厌氧区内硝态氮浓度的增加，厌氧池可能转变为缺氧池，氧化还原电位（ORP）升高。实验表明，厌氧池内的 ORP 与厌氧释磷效率存在较好的相关性，通常 ORP 越低，厌氧释磷效率越高。

6.3.1.3　同步化学除磷

根据不完全统计，我国大部分城镇污水处理厂为了确保出水总磷（TP）达到标准，普遍采用了生物除磷与化学除磷相结合的同步化学除磷工艺。这种工艺无需额外建设化学沉淀池，只需将化学除磷药剂直接投加到生物反应器中，通过形成含磷沉淀物来辅助生物除磷，最终实现出水 TP 的达标排放。这种做法在一定程度上降低了运行和基建成本。

尽管有研究表明同步投加化学除磷药剂可以改善污泥的沉降性和脱水性，但更多的研究表明，同步化学除磷可能会对系统的生物除磷产生一定的负面影响。根据调研和实验结果，多数城镇污水处理厂在好氧池末端投加的化学除磷药剂超过了该区域磷酸盐去除的实际需求量，导致药剂残余并通过回流进入预缺氧池或厌氧池。这些残留药剂与进水中的磷以及厌氧区聚磷菌释放的磷结合，导致好氧区聚磷菌无法获得足够的磷元素，限制了它们的增殖，相对丰度逐渐降低，进而影响了厌氧释磷的效果。

表 6-1 所列的调研结果表明，与未投加化学除磷药剂的污水处理厂相比，同步投加化学除磷药剂的 3 座污水厂在厌氧区的磷酸盐浓度偏低，存在残留化学除磷药剂的问题，释磷效果明显更差，说明同步化学除磷对生物除磷过程的抑制作用较为显著。因此，在实际应用中，需要精确控制化学除磷药剂的投加量，以避免对生物除磷过程产生不利影响。

表 6-1　同步化学除磷对生物释磷影响

厂名	除磷药剂种类	投加量/(mg/L)	摩尔当量[①]	厌氧区磷酸盐浓度/(mg/L)
A 厂	聚合铝铁＋聚合硫酸铝	97	1.36	1.0
B 厂	聚合铝铁	100	2.87	0.4
C 厂	聚合硫酸铝	9	0.60	2.6
D 厂	无	0	0	7.5

① 摩尔当量指化学反应中需要参与的物质的分子量或原子量。

6.3.1.4　污泥龄

生物除磷主要是通过富磷污泥的排放来实现的，因此剩余污泥的量直接影响系统的生物除磷效果。污泥龄（SRT）对污泥的摄磷作用以及剩余污泥的排放量有着直接的影响。一般来说，污泥龄越短，单位质量活性污泥含磷量越高，排放的剩余污泥中磷含量也就越多，从而获得的除磷效率越高。因此，采用生物除磷工艺的污水处理厂通常宜采用较短的污泥龄。研究表明，污泥龄一般控制在 3.5～7.0 天较为合适。如果污泥龄过短，可能会导致聚磷菌（PAOs）的有效含量降低，影响生物除磷的效果。另一方面，硝化菌的生长需要较长的污泥龄，因此污泥龄过短不利于硝化反应的进行。相反，如果污泥龄过长，可能会影响 PAOs 对磷的吸收，同样会导致除磷效果的下降。

6.3.1.5　温度

温度对活性污泥的影响主要表现在以下 3 个方面：①影响微生物的状态，如聚磷菌的活性；②影响污泥的种群，如在硝化和酸化过程中活性污泥中聚磷菌的含量；③影响可能存在的化学和物理过程，如化学沉淀过程等。在活性污泥系统中，温度对生物除磷效果的影响较为复杂。一般来说，温度在 5～30℃的范围内均能取得良好的除磷效果，但中低温条件下系统的除磷能力更好。接近 5℃时，可以明显提高生物除磷的效果，主要原因是低温下聚糖菌（GAOs）的生长繁殖受到抑制，而聚磷菌（PAOs）的生长繁殖受到的影响较小，因此 PAOs 具有明显的竞争优势。然而，低温也会对 PAOs 的厌氧代谢产生一定影响，降低聚磷菌发酵产酸的速率，因此需要适当延长厌氧区的停留时间，以确保发酵作用的完成和基质的吸收。在低温条件下，好氧吸磷的影响不明显。接近 30℃时，聚糖菌会大量增殖，其优势菌种会从聚磷菌逐渐转变为聚糖菌和普通异养菌，导致聚磷菌不能优势富集，污泥含磷量也随之降低。

6.3.1.6　溶解氧

溶解氧（DO）对生物除磷过程的主要影响在厌氧区和好氧区。在厌氧区中，必须维持严格的厌氧条件，因为这对聚磷菌（PAOs）的生长状况、释磷能力以及利用碳源基质合成聚 β-羟基丁酸（PHB）的能力至关重要。在厌氧区，溶解氧的存在不仅会抑制厌氧菌的发酵产酸作用，从而抑制厌氧释磷过程，还会消耗可快速生物降解的有机物，减少

PAOs 所需的挥发性脂肪酸（VFA）的产生量，从而影响生物除磷的效果。在好氧区中，确保有充足的溶解氧是关键，因为聚磷菌需要足够的氧气来降解其储存的 PHB，释放能量以供其过量摄取废水中的磷。这样，才能有效地吸收废水中的磷，达到较好的除磷效果。

一般来说，为了确保厌氧释磷和好氧吸磷过程的顺利进行，厌氧区的 DO 应严格控制在 0.2mg/L 以下，而好氧区的溶解氧应控制在 2.0mg/L 以上。

6.3.1.7 pH 值

pH 值对生物除磷过程，尤其是厌氧释磷的影响较为显著。pH 值会影响乙酸钠等挥发性脂肪酸（VFA）进入细胞的过程。在低 pH 值条件下，VFA 的吸收速率和释磷速率会降低。这意味着，在低 pH 值情况下，释放单位质量的磷需要更多的 VFA。此外，聚磷酸盐分解释放的能量不是用于聚 β-羟基丁酸（PHB）的合成和贮存，而是用于运送 VFA 通过细胞膜进入细菌体内。生物除磷适宜的 pH 值范围为 6.5～8.0。pH 值在 6.5～7.0 时对生物除磷的影响不大。当 pH 值低于 6.5 时，聚磷菌的活性会降低。当 pH 值小于 6 时，聚磷菌等微生物的基本生长会受到抑制。因此，为了维持生物除磷系统的有效运行，需要控制 pH 值在适宜的范围内，以保证聚磷菌的正常生长和代谢活动。

6.3.2 化学除磷药剂种类

化学除磷过程中磷的去除率与多种因素相关，包括化学药剂的种类、投加量、投加位置、反应时间、pH 值、污泥浓度和温度等。在这些因素中，除磷药剂的种类、投加量和投加位置对化学除磷效率的影响最为显著。

目前，大多数城镇污水处理厂在选择除磷药剂时主要从经济性角度考虑。然而，由于不同除磷药剂的作用原理不同，在实际应用中的效果也会有所差异。因此，各个污水处理厂需要根据进水水质的实际情况，通过烧杯实验确定最佳的除磷药剂种类，以实现对化学除磷过程的更合理控制，并在一定程度上节约运行成本。

化学沉淀法是一种高效的除磷方法，其除磷效率一般高于生物除磷方式，且具有稳定可靠的特点。一般情况下，采用化学沉淀法处理后的出水总磷（TP）含量可以满足 0.5mg/L 的排放要求。在污水处理中，常用的化学除磷药剂主要有无机金属盐（铁盐、铝盐和钙盐）和聚合金属盐。

6.3.2.1 铁盐

污水处理厂常用的铁盐除磷药剂有三氯化铁、硫酸亚铁、硫酸铁、复合亚铁和复合硫酸铁等。铁盐除磷药剂种类繁多，但其除磷反应机理基本类似：

$$Fe^{3+} + H_n PO_4^{(3-n)-} \longrightarrow FePO_4 \downarrow + n H^+ \tag{6-1}$$

一般认为，铁盐溶于水后，铁离子一方面与磷酸根反应，生成磷酸盐沉淀，这是除磷的根本；另一方面，铁离子首先发生水解反应，形成单核络合物，单核络合物通过碰撞进一步缩合，进而形成一系列多核络合物，如 $Fe_2(OH)_2^{4+}$、$Fe_3(OH)_4^{5+}$、$Fe_5(OH)_9^{6+}$、$Fe_5(OH)_8^{7+}$、$Fe_5(OH)_7^{8+}$、$Fe_6(OH)_{12}^{6+}$、$Fe_7(OH)_{12}^{9+}$、$Fe_7(OH)_{11}^{10+}$、$Fe_9(OH)_{20}^{7+}$ 等

等。这些含铁的多核络合物通常具有较高的正电荷和较大的比表面积，能够迅速吸附水体中带负电荷的杂质。通过中和胶体电荷、压缩双电层及降低胶体的 Zeta 电位，这些络合物促进了胶体和悬浮物等快速脱稳、凝聚和沉淀。这种作用机制使得水中的磷酸盐和一些杂质发生絮凝沉淀，从而实现磷的去除。

6.3.2.2 铝盐

污水处理厂常用的铝盐除磷药剂主要包括氯化铝、硫酸铝等。虽然铝盐除磷药剂种类繁多，但其除磷反应机理基本类似：

$$Al^{3+} + H_n PO_4^{(3-n)-} \longrightarrow AlPO_4 \downarrow + nH^+ \tag{6-2}$$

铝盐的除磷原理与铁盐十分相似。通常情况下，铝盐与 PO_4^{3-} 反应过程包括两方面：一方面是直接与污水中的磷结合生成磷酸盐沉淀；另一方面是铝盐通过自身水解生成一系列多核配合物。这些多核配合物具有较大的比表面积和较高的正电荷，能迅速吸附水体中带负电荷的杂质，中和胶体电荷，压缩双电层及降低 ζ 电位，促进胶体和悬浮物等快速脱稳、凝聚和沉淀，从而达到将污水中磷去除的目的。

6.3.2.3 钙盐

钙盐来源十分广泛。常用的钙盐主要有价格低廉的氢氧化钙或氧化钙（石灰）。将其投加到含磷污水中会生成磷酸钙类沉淀。钙盐除磷的工艺流程要求简单，处理成本低。其除磷机制是：在 pH 值较高的污水中，磷酸根和钙离子反应生成了难溶的颗粒状羟基磷酸钙沉淀。以石灰为例，其除磷反应式分别如式（6-3）、式（6-4）所示：

$$\text{主反应} \quad 5Ca^{2+} + 3H_2PO_4^- + 7OH^- \longrightarrow Ca_5(OH)(PO_4)_3 \downarrow + 6H_2O \tag{6-3}$$

$$\text{副反应} \quad Ca^{2+} + CO_3^{2-} \longrightarrow CaCO_3 \downarrow \tag{6-4}$$

在沉淀过程中，对形成不溶解性羟基磷酸钙起主要作用的不是 Ca^{2+}，而是 OH^-。随着 pH 值的提高，磷酸钙的溶解性降低，石灰除磷过程中的主反应占据主导地位。同时，主反应可以促进副反应的进行，有利于磷酸盐沉淀和碳酸钙沉淀的产生。

在采用钙盐除磷时，其用量需要根据污水的硬度来确定。为了使磷酸钙盐更好地沉淀，可以采取升高 pH 值或温度、提高溶液中离子浓度等措施。通常最佳的除磷 pH 值在8.5 以上。钙盐药剂成本低廉，储存运输方便，投加及控制方式简单，因此在工业废水处理领域，石灰仍被广泛用作除磷药剂。然而，大量研究表明，pH 值是钙盐除磷中重要的控制参数之一。提高 pH 值可以大幅提高钙盐的利用效率，但这也可能导致出水 pH 值偏高，影响生物段的处理效能，并需要在后续工艺中考虑回调 pH 值，从而增加了运行费用。

此外，钙盐除磷的污泥产量比采用其他混凝剂时要多，需要的设备复杂、操作困难、运行经验不多，一般只用于二级出水处理中，在现有污水厂的改造上不宜采用，因此在我国的应用相对较少。

6.3.2.4 聚合金属盐

污水处理厂常用的聚合金属盐除磷药剂有聚合氯化铝铁（PAFC）、聚合氯化铝（PAC）、聚合氯化铁（PFC）、聚合硫酸铁（PFS）、聚合硫酸氯化铝铁（PAFCS）、聚合硫酸铝（PAS）等。这些聚合金属盐除磷药剂基本上都有良好的电荷中和与吸附架桥功能，凝聚性能良好，絮凝体生成迅速，密集度高且质量大，沉降性能优越，适用水体 pH 值范围广，对污水中的无机磷酸盐具有较强的去除效果，而且药剂生产工艺简单，原料易得，生产成本低。

聚合氯化铝铁（PAFC）在城镇污水处理厂中应用比较多，原因在于 PAFC 结合了铝盐和铁盐的双重优点，化学反应速度快、形成絮体大且重、沉降快和过滤性好等。因此，PAFC 既能克服铝盐絮体生成慢、絮体轻、沉降慢的不足，同时又能克服铁盐除磷的出水浑浊、色度高的缺点。

化学除磷方法操作简单，除磷效果好且稳定。即使进水浓度较高或进水有一定波动，化学除磷仍能保持较好的除磷效果。但是，由于污水中存在多种离子，以及化学除磷过程受搅拌工况、pH 值、药剂种类及有机物等因素的多重影响，生成的絮体物理特性不同，这直接影响了絮体固液分离效果的好坏，从而影响除磷效率。因此，在实际应用中，需要综合考虑这些因素，以优化化学除磷过程。

6.3.3 溶解性有机磷冲击影响

污水中的磷主要以正磷酸盐、多聚磷酸盐和有机磷酸盐三种形态存在。其中，有机磷主要包含磷蛋白、核蛋白、磷脂和糖类磷酸盐（脂）等类型。调研结果显示，城镇污水处理厂进水中的有机磷主要来自排入管网的工业废水、垃圾渗滤液等。

根据相关统计数据，我国磷化工产业中，超过百分之四十的产量为有机磷化工产品，且 60% 的有机磷化工产品年产量超过一万吨。这样就会产生大量的有机磷化工废水，这些废水中的一部分如果直接进入污水处理厂，就会给进水带来较大的冲击。

研究表明，通常情况下，生物除磷和化学除磷均无法有效去除溶解性有机磷。因此，当污水处理厂受到溶解性有机磷废水冲击时，会极大地影响出水总磷（TP）的稳定达标排放。这意味着，对于含有高浓度溶解性有机磷的废水，需要采取额外的处理措施，或者在污水处理厂的设计和运行中考虑这种冲击的影响，以保证出水质量符合排放标准。

根据图 6-10 显示的太湖流域某城镇污水处理厂的进出水有机磷浓度分布情况，进水有机磷的浓度范围是 $0.06 \sim 2.29 mg/L$，而出水有机磷的浓度范围是 $0.085 \sim 0.93 mg/L$。同时，出水磷酸盐的浓度范围是 $0.05 \sim 0.07 mg/L$。从这些数据可以推断，该污水处理厂出水总磷（TP）超标主要是由进水中有机磷浓度过高造成的。进水中的高浓度有机磷在处理过程中未能被有效去除，导致出水有机磷浓度仍然较高，从而影响了出水 TP 的浓度。因此，为了改善出水质量，需要加强对有机磷的去除，可能需要调整处理工艺或增加处理设施，以应对进水中有机磷的冲击。

针对污水处理厂出水中有机磷浓度过高导致总磷（TP）超标的问题，王小东等人分别采用了活性焦和臭氧氧化法进行处理。活性焦法对有机磷的去除率约为 30%，而臭氧氧化法对有机磷的去除率高达 79%，能够将出水中的有机磷氧化为磷酸盐。马宏涛等人则采用臭氧-混凝沉淀法去除铅锌矿选矿厂尾矿库外排废水中的有机磷，臭氧氧化法能够将大部分有机磷转化为无机磷。

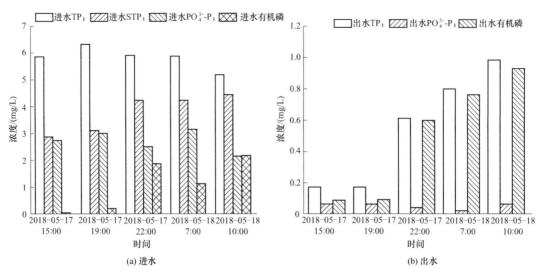

图 6-10 太湖流域某污水处理厂进、出水磷浓度分布

臭氧氧化法在污水处理领域得到了广泛的应用。臭氧是一种具有强氧化性和灭菌性的气体氧化剂，它主要通过两种途径发生作用：一是臭氧与溶解物直接反应，二是臭氧分解产生羟基自由基（·OH）引发的链反应。许明鑫等人发现铜离子能与巯基磷酸盐生成溶解度较小的络合沉淀物，再通过混凝沉淀有效去除有机磷，处理后废水的总磷浓度和重金属浓度均能达到《铅、锌工业污染物排放标准》（GB 25466—2010）的要求。

因此，为了解决污水处理厂出水中有机磷浓度过高导致 TP 超标的问题，可以采取以下措施：一方面加强管控，从源头上控制管网排水中的有机磷浓度，避免给进水带来过高负荷；另一方面，可以对出水采取臭氧高级氧化等技术进行处理，以提高有机磷的去除率，确保出水质量符合排放标准。

6.4 总磷达标全流程诊断与优化调控案例分析

在全球环境污染问题日益严重的背景下，污水处理厂的出水标准亦趋严格。目前，多地在《城镇污水处理厂污染物排放标准》（GB 18918—2002）规定的出水总磷（TP）≤0.5mg/L 的基础上，进一步提高了标准。例如，江苏省发布了《太湖地区城镇污水处理厂及重点工业行业主要水污染物排放限值》（DB 32/1072—2018），要求太湖地区一、二级保护区内的城镇污水处理厂出水 TP 浓度低于 0.3mg/L；重庆市则发布了《梁滩河流域城镇污水处理厂主要水污染物排放标准》（DB50/ 963—2020），要求该流域重点控制区域内城镇污水处理厂出水 TP 标准提升至 0.3mg/L。

这些新标准的实施，对污水处理厂的运行管理提出了更高的要求。采用全流程分析方法，识别污水处理厂 TP 达标排放的关键问题，并采取相应的合理措施，是污水处理厂在应对更高标准下实现出水 TP 达标排放的关键所在。

6.4.1 典型污水处理厂全流程总磷分布

磷在城镇污水处理厂的去除涉及三种主要方法。首先，进水中附着的非溶解性总磷在预处理段通过对悬浮颗粒的拦截和沉淀而去除。这一过程主要发生在沉砂池或初沉池中，其中密度较大或粒径较大的悬浮颗粒得以沉降去除。在预处理段，主要去除的是非溶解性TP。生物除磷则是在厌氧/好氧交替运行的系统中进行。此过程利用聚磷微生物在厌氧条件下释放磷和在好氧条件下超量吸收磷的特性。这导致好氧区混合液中磷的浓度显著降低。最终，通过排放富含磷的污泥，实现从污水中去除磷的目的。

由于活性污泥的特性，在污水处理过程中，各个阶段微生物的数量很难保持恒定。不同的微生物对生长和作用的环境条件有不同的适宜要求，并且它们之间存在复杂的竞争关系。因此，生物除磷方法也存在局限性。生物除磷的主要作用者是聚磷菌。在常规的生物处理过程中，由于微生物之间的激烈竞争，活性污泥中的聚磷菌数量并不能保证充足，其活性也受到多种因素的影响，包括 pH 值、溶解氧（DO）浓度、硝酸盐（NO_3^--N）浓度等。这些因素共同导致生物除磷效果的不稳定性。例如，好氧条件下的吸磷量取决于厌氧条件下的释磷量，而厌氧释磷量又受限于厌氧条件的严格程度（要求既无分子态氧也无硝态氮）以及可供释磷菌利用的有机物含量，即化学需氧量（COD）与磷（P）的比值，这个比值越大，释磷效果越好。这些因素共同作用，导致生物除磷效果的不稳定性。

随着城镇污水处理厂出水排放标准的日益提高，仅依赖生物除磷技术已不足以满足这些要求。因此，目前污水处理厂普遍采用投加化学除磷药剂的方法，以进一步降低污水中的总磷（TP）浓度，确保达到排放标准。化学除磷方法主要分为前置化学除磷、同步化学除磷和后置化学除磷三种。在城镇污水处理厂中，同步化学除磷和后置化学除磷是较为常用的方式。

6.4.1.1 典型 AAO 工艺全流程磷的分布

苏州 XCCY 污水处理厂总处理规模 $3 \times 10^4 m^3/d$，其中有工业废水处理段 $2.0 \times 10^4 m^3/d$，生活污水处理段 $1.0 \times 10^4 m^3/d$。生活污水处理段采用的主体工艺为 AAO＋二沉池＋混凝沉淀池，该工艺段全流程磷的分布如图 6-11 所示（书后另见彩图）。该污水处理厂进水中的总磷（TP）浓度为 2.1mg/L，溶解性总磷（STP）浓度为 2.01mg/L，STP 占 TP 的比例为 95.7%，这表明进水中的 TP 几乎全部为溶解性磷。进水中的磷酸盐（PO_4^{3-}-P）浓度为 1.95mg/L，占 STP 的 97%，说明 STP 中以 PO_4^{3-}-P 为主。

预处理段 TP 浓度的变化较小，主要是因为该段可去除的 TP 主要是非溶解性磷，而该厂进水中的 TP 以溶解性为主。污水进入厌氧池后，STP 浓度上升至 3.5mg/L 以上，这是因为聚磷菌在厌氧环境中有效地释放了磷。随后，污水流入缺氧池，由于内回流的稀释作用，缺氧池中的 STP 浓度降至约 1.0mg/L。当污水进入好氧池后，STP 浓度逐渐降低，这是因为聚磷菌在好氧条件下吸收了磷。二沉池出水的 STP 浓度为 0.19mg/L，较进水降低了 1.82mg/L，去除率达到 90.5%。经过絮凝沉淀池加药沉淀处理后，总出水的

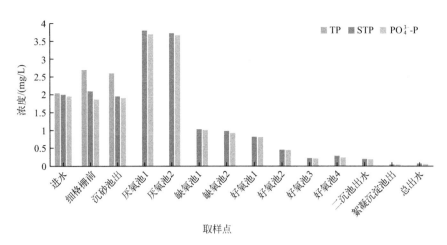

图 6-11　苏州 XCCY 污水处理厂生活污水段全流程磷分布

STP 浓度进一步降至 0.06mg/L。在整个处理过程中，进水的 STP 去除量为 1.95mg/L，去除率为 97%。在预处理段、生化段及深度处理段，STP 的去除量分别为 0.06mg/L、1.76mg/L、0.13mg/L。可见，生化工艺段是去除 STP 最多的环节，占全部去除量的 90.3%。

6.4.1.2　SBR 工艺全流程磷的分布

江苏 JYCQ 污水处理厂总处理规模为 $6 \times 10^4 \mathrm{m}^3/\mathrm{d}$，主体工艺为 SBR＋混凝沉淀池＋滤布滤池，在不同处理段不同运行阶段 P 的分布如图 6-12 所示（书后另见彩图）。

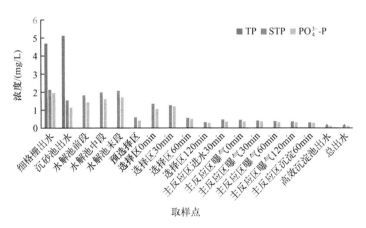

图 6-12　江苏 JYCQ 污水处理厂全流程磷分布

该污水处理厂细格栅出水的总磷（TP）浓度为 4.7mg/L，溶解性总磷（STP）浓度为 2.01mg/L，磷酸盐（PO_4^{3-}-P）浓度为 1.95mg/L。STP 占 TP 的比例为 42.8%，表明进水中的 TP 以非溶解性 TP 为主。分析原因，可能是该厂污泥匀质池的沉淀效果较差，导致泡泥现象严重，大量活性污泥回流至进水中，从而提高了进水中的 TP 浓度。PO_4^{3-}-P 占 STP 的比例为 97%，说明 STP 中以 PO_4^{3-}-P 为主。另外，由于该厂采用的旋流沉砂池效果不佳，出砂量少，其出水 TP 的组成情况与细格栅出水特征相似。

在进水阶段（0~60min），由于选择区底物的 PO_4^{3-}-P 浓度较低，而进水中的 PO_4^{3-}-P 浓度较高，选择区的 PO_4^{3-}-P 浓度逐渐上升。停止进水后，由于好氧池低 STP 浓度的回流液持续回流，选择区的 STP 浓度降低。在主反应区，除了进水初期 STP 略有上升外，整个运行周期内 STP 浓度变化很小，没有明显的释磷吸磷现象。结合全流程的硝酸盐（NO_3^--N）数据，可以看出主反应区非曝气阶段的 NO_3^--N 浓度始终在 2.1mg/L 以上。而当 NO_3^--N 浓度≥1.5mg/L 时，会对生物释磷产生抑制作用。生化池出水的 STP 浓度为 0.32mg/L。在混凝沉淀池投加除磷药剂后，通过化学强化除磷，出水 STP 浓度降低到 0.13mg/L。

6.4.1.3 氧化沟工艺全流程磷的典型分布

江苏 CSCB 污水处理厂总处理规模为 $9 \times 10^4 m^3/d$，主体工艺为三槽式氧化沟＋高效沉淀＋V 型滤池。对该厂一组氧化沟进行全流程采样测试分析，结果如图 6-13 所示（书后另见彩图）。采样时 Ⅰ 沟处于进水推流搅拌状态，Ⅱ 沟处于曝气状态，Ⅲ 沟为沉淀出水状态。

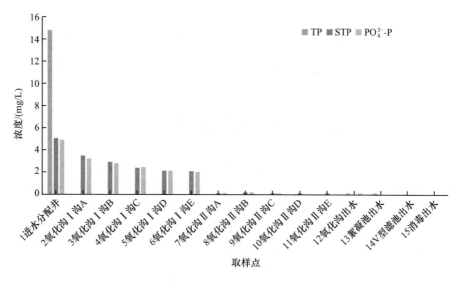

图 6-13　江苏 CSCB 污水处理厂全流程磷的分布

该污水处理厂进水中的总磷（TP）浓度为 14.8mg/L，溶解性总磷（STP）浓度为 5.07mg/L，STP 占 TP 的比例为 34.2%，表明进水中含有较多的非溶解性 TP。这一现象的原因是该厂浓缩池运行效果不佳，导致部分污泥回流至进水泵房，使得进水中含有较多的回流污泥，从而提高了进水中非溶解性 TP 的浓度。进水中的磷酸盐（PO_4^{3-}-P）浓度为 4.89mg/L，占 STP 的 96.4%，说明进水中的 STP 以 PO_4^{3-}-P 为主。

该厂采用三槽式氧化沟间断充氧的运行方式，这种方式能够形成良好的"厌氧/缺氧-好氧"环境，有利于聚磷菌进行"释磷-吸磷"反应。在采样时，Ⅰ 沟处于进水阶段（搅拌推流状态），进水中的易降解有机物被聚磷菌利用，产生了一定的释磷现象。尽管如此，PO_4^{3-}-P浓度并没有升高，这主要是由于氧化沟的流态为完全混合。污水流入Ⅱ沟后（好氧曝气状态），以吸磷反应为主，磷酸盐浓度显著降低。生化池出水的PO_4^{3-}-P浓度约为0.11mg/L，表明在好氧曝气的氧化沟中发生了良好的好氧吸磷作用。从分配井至氧化沟出水，PO_4^{3-}-P浓度降低了4.78mg/L，这表明该厂生物除磷效果良好。

在AAO工艺、倒置AAO工艺以及多段AO工艺等污水处理技术中，都配备了独立的厌氧池。在理想的厌氧条件下（即无分子态氧和化合态氧），以及充足的可利用碳源和适宜的pH值等条件下，聚磷菌容易成为优势菌种。在厌氧池中，聚磷菌发生厌氧释磷反应，随后在好氧环境下进行吸磷，从而实现有效的生物除磷。由于这些工艺中各个功能区划分明确，通过对全流程进行沿程采样检测，生物除磷效果良好的污水处理厂在全流程磷的分布图上会明显显示出厌氧池磷浓度上升和好氧池磷浓度下降的趋势。

在SBR及其改良工艺如CASS、CAST等中，由于没有单独的厌氧池，厌氧释磷反应仅在主反应区形成厌氧环境时发生。然而，无论是在进水阶段还是在沉淀滗水阶段，都存在一定浓度的硝酸盐（NO_3^--N），这导致主反应区难以形成良好的厌氧环境，从而抑制了聚磷菌的厌氧释磷。因此，这类工艺的生物除磷效果通常较差。特别是当出水需要满足一级A或更高排放标准时，通常需要结合化学除磷方法来确保达标排放。

在氧化沟及类似工艺中，同样没有独立设置的厌氧池。这些工艺通过在远离曝气机的渠道内形成缺氧、厌氧环境，或者通过交替运行实现缺氧、厌氧环境。在对氧化沟的全流程磷分布进行检测时，很难观察到明显的释磷、吸磷现象。因此判断其生物除磷效果的优劣，需要分析氧化沟进出水的磷酸盐（PO_4^{3-}-P）浓度变化情况。

6.4.2　化学除磷药剂比选对总磷去除的影响

在我国，城镇污水处理厂在氮和磷的高效去除方面受到进水碳源不足的显著影响。为确保城镇污水处理厂出水中的总磷（TP）能够稳定达到一级A排放标准或更严格的排放标准，化学除磷成为一项重要的除磷措施。化学除磷技术涉及在污水中投加多价金属离子盐，这些金属离子与污水中的溶解性正磷酸盐反应，形成非溶解性的磷酸盐絮状物，随后通过固液分离将絮体去除，以达到除磷的目的。

在化学除磷过程中，除磷药剂的投加量是一个关键的控制指标，主要由污水中磷的含量和需要去除的磷的含量决定。理论上，去除1mol的PO_4^{3-}-P需要1mol的Fe^{3+}或Al^{3+}，但在实际的污水处理厂运行中，化学除磷效果还受到除磷药剂的种类、水的pH值、碱度、混合强度、沉淀时间以及其他干扰物质等因素的影响，因此实际的除磷药剂投加物质的量之比通常大于1。由于影响化学除磷效果的因素众多，且各个污水处理厂的水质和工艺参数存在差异，因此需要进行除磷药剂比选实验，以选择合适的除磷药剂及其投加量。

为确定最佳的除磷药剂种类及投加量，通常进行烧杯搅拌实验，一般使用六联搅拌器进行。实验时应注意：①尽量使用污水处理厂的实际污水进行实验；②同时考虑混凝剂的种类、投加量、投加顺序、水温、pH值等因素。

同步化学除磷通常取生化池出水的泥水混合物，后置化学除磷则取二沉池出水（对于SBR 及其相关工艺，则取滗水器出水）。实验中，对不同的除磷药剂种类设置一定的浓度梯度，然后使用六联搅拌器进行混凝实验。在沉淀或过滤后，测定上清液中的 PO_4^{3-}-P（TP）浓度，以比较不同种类除磷药剂及不同投加浓度对除磷效果的影响。

6.4.2.1 不同除磷药剂对除磷效果的影响案例一

苏州 CSBJ 污水处理厂，设计处理能力为 $3.0 \times 10^4 \mathrm{m}^3/\mathrm{d}$，主体工艺包括改良型氧化沟、二沉池、混凝沉淀池和砂滤池。该厂日常使用的除磷药剂为有效浓度为 10% 的聚合氯化铝（PAC），平均有效投加量为 4mg/L。

实验中比较的药剂包括聚合氯化铝（PAC）、聚合氯化铝铁（PAFC）和聚合硫酸铁（PFS）。取该厂二沉池出水进行混凝实验，使用六联搅拌器，搅拌器的转速和搅拌时间如表 6-2 所列。搅拌结束后沉淀 15 分钟，检测上清液中的 PO_4^{3-}-P 浓度。除磷药剂的有效投加量分别为 1.5mg/L、2.5mg/L、3.5mg/L、4.5mg/L、5.5mg/L，实验结果如图 6-14 所示。

表 6-2 除磷药剂比选实验混凝条件

条件	快速搅拌	中速搅拌	慢速搅拌	沉淀
时间/min	1	3	10	15
转速/(r/min)	500	300	100	0

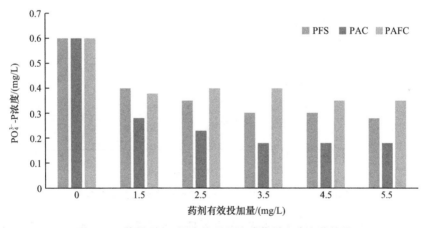

图 6-14 苏州 CSBJ 污水处理厂除磷药剂比选实验结果

根据图 6-14 的数据分析，三种除磷药剂中，聚合氯化铝（PAC）展现出最佳的除磷效果。当使用聚合硫酸铁（PFS）作为除磷药剂时，随着药剂有效投加量从 1.5mg/L 增加到 3.5mg/L，PO_4^{3-}-P 浓度逐渐降低，分别为 0.40mg/L、0.35mg/L、0.30mg/L。然而，当药剂有效投加量超过 3.5mg/L 时，污水中的 PO_4^{3-}-P 浓度变化较小，并未随着药剂投加量的增加而有显著降低。使用聚合氯化铝铁（PAFC）作为除磷药剂时，不同药剂投加量下的 PO_4^{3-}-P 浓度变化较小，仅从 0.6mg/L 降低到约 0.4mg/L。而当选择 PAC 作为除磷药剂时，随着药剂有效投加量从 1.5mg/L 增加到 3.5mg/L，PO_4^{3-}-P 浓度逐渐降低，分别为 0.28mg/L、0.23mg/L、0.18mg/L。当投加量超过 3.5mg/L 时，水样中的 PO_4^{3-}-P 浓度保持不变。

通过对比实验结果可知，投加 PAFC 能够将该厂二沉池出水的 TP 浓度从 0.6mg/L 降低到约 0.4mg/L，但进一步增加 PAFC 的投加量对该厂的出水 TP 去除作用不明显。当 PFS 和 PAC 的投加量都达到 3.5mg/L 时，两种药剂均达到最佳去除效果。使用该厂二沉池出水作为实验原水时，三种除磷药剂的除磷效果从高到低依次为 PAC、PFS、PAFC。

6.4.2.2　不同除磷药剂对除磷效果的影响案例二

苏州 CSRW 污水处理厂的设计处理能力为 $1.5\times10^4 m^3/d$，主体工艺包括 CAST、混凝沉淀池和滤布滤池。该厂进水中含有部分工业废水，导致 CAST 池出水的 TP 浓度长期保持在 1.0mg/L 以上。在日常运行中，该厂使用的除磷药剂为有效含量 10% 的聚合硫酸铁（PFS），有效投加浓度约为 10mg/L。

实验中比较的药剂包括聚合氯化铝（PAC）、聚合氯化铝铁（PAFC）和聚合硫酸铁（PFS）。取该厂混凝沉淀池的进水，使用六联搅拌器进行混凝反应后，检测磷酸盐浓度。除磷药剂的有效投加量分别为 4mg/L、6mg/L、8mg/L、10mg/L、12mg/L，实验条件如表 6-2 所列，实验结果如图 6-15 所示。

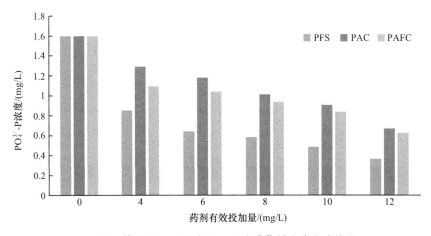

图 6-15　苏州 CSRW 污水处理厂除磷药剂比选实验结果

根据图 6-15 的数据，对苏州 CSRW 污水处理厂混凝沉淀池进水，聚合硫酸铁（PFS）显示出最佳的除磷效果。使用 PFS 作为除磷药剂时，随着药剂量的增加，PO_4^{3-}-P 浓度逐渐降低。当药剂投加量达到 10mg/L 以上时，PO_4^{3-}-P 浓度降低到 0.5mg/L 以下，与该厂的实际情况相符。使用聚合氯化铝铁（PAFC）作为除磷药剂时，随着药剂投加量的增加，PO_4^{3-}-P 浓度也逐渐降低。当投加量达到 12mg/L 时，对应的 PO_4^{3-}-P 浓度为 0.63mg/L。而使用聚合氯化铝（PAC）作为除磷药剂时，PO_4^{3-}-P 浓度随着药剂投加量的增加而逐渐降低。当投加量达到 12mg/L 时，水样中的 PO_4^{3-}-P 浓度为 0.67mg/L。

比较实验结果表明，在有效投加量在 0～12mg/L 范围内逐渐增加时，水样中的

PO_4^{3-}-P 浓度逐步降低。使用 PAC 和 PAFC 作为除磷药剂，当投加量为 12mg/L 时，可分别将该厂 CAST 池出水的 PO_4^{3-}-P 浓度从 1.6mg/L 降低到 0.67mg/L 和 0.63mg/L，去除量分别为 0.93mg/L 和 0.97mg/L。使用 PFS 作为除磷药剂，可将该厂 CAST 池出水 PO_4^{3-}-P 浓度从 1.6mg/L 降低到 0.36mg/L，同样的投加量下，PFS 的 PO_4^{3-}-P 去除量为 1.24mg/L。利用该厂的 CAST 池出水作为实验原水时，三种除磷药剂的效果从高到低依次为 PFS、PAFC、PAC。

综上所述，使用除磷药剂进行污水处理厂的化学除磷时，由于各污水处理厂进水水质、水中的 pH 值、碱度、混合强度、沉淀时间等条件存在差异，选择的除磷药剂及其投加量往往有很大差别。除了参考相关经验和文献数据外，还需要通过实验来确定最佳的药剂种类和最优的药剂投加量。这种实验通常包括烧杯搅拌实验、小试和中试等，以评估不同药剂和投加量对除磷效果的影响，并考虑实际运行条件下的经济性和操作可行性。通过这些实验，可以找到最适合特定污水处理厂的除磷药剂和投加策略，从而实现高效、经济的除磷处理。

6.4.3　化学除磷药剂投加点对于总磷去除的影响

根据除磷药剂投加点与生物处理工艺的位置关系，化学除磷工艺可分为前置化学除磷、同步化学除磷和后置化学除磷三种。在城镇污水处理厂中，同步化学除磷和后置化学除磷的应用较为普遍。前置化学除磷工艺在污水处理厂中的应用较少，主要原因包括：①前置沉淀工艺不利于改善污泥指数，可能导致大量污泥产生；②前置化学除磷会同步沉淀去除进水中的化学需氧量（COD），降低了进水中的碳源，可能对后续的厌氧释磷和缺氧反硝化过程产生负面影响；③如果前置化学除磷使用的是钙盐，形成的化学污泥可能会沉积在池体或管道内，轻则造成结垢，重则可能导致管道堵塞。

6.4.3.1　同步化学除磷对出水总磷的影响案例

苏州 YD 污水处理厂二期，总处理规模为 $6.0 \times 10^4 m^3/d$，其中一期采用 CAST 工艺和滤布滤池；二期工程规模为 $3.0 \times 10^4 m^3/d$，主体工艺采用 AAO 工艺、二沉池和滤布滤池。在 2020 年之前，该厂对出水总磷（TP）的要求为 ≤0.5mg/L。该厂的除磷药剂投加点设置在好氧池出水处，投加的药剂为聚合氯化铝（PAC），平均有效投加量为 12mg/L。在该厂的不同处理单元布点取样检测总磷（TP）、溶解性总磷（STP）和磷酸盐（PO_4^{3-}-P）的浓度，检测结果如图 6-16 所示（书后另见彩图）。

根据图 6-16 的数据，苏州 YD 污水处理厂沉砂池出水的溶解性总磷（STP）浓度为 2.44mg/L。进入生化池后，STP 浓度迅速降低到 0.163mg/L。这种快速降低主要是由于内回流携带的残留除磷药剂与进入生化池的磷酸盐（PO_4^{3-}-P）迅速结合，形成絮状物，从而使整个生化池中的 PO_4^{3-}-P 浓度保持在较低水平，全部低于 0.2mg/L。这种现象表明，该厂采用的除磷药剂和内回流策略有效地控制了生化池中的磷浓度，有助于维持整个污水处理流程的除磷效果。

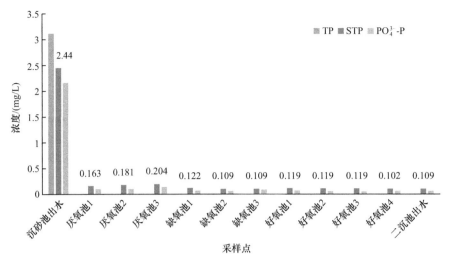

图 6-16　苏州 YD 污水处理厂二期全流程磷的分布

6.4.3.2　后置化学除磷对除磷效果的影响案例

苏州 WJCN 污水处理厂，总处理规模为 $3 \times 10^4 \mathrm{m}^3/\mathrm{d}$，实际处理量为 $2.6 \times 10^4 \mathrm{m}^3/\mathrm{d}$。主体工艺采用 AAO 氧化沟工艺、混凝沉淀池和 V 型滤池。出水总磷（TP）的要求为 $\leqslant$ 0.3mg/L。该厂的除磷药剂投加点设置在混凝沉淀池进水处，投加的除磷药剂为聚合氯化铝（PAC），平均有效投加量为 6mg/L。在该厂的不同处理单元布点取样检测总磷（TP）、溶解性总磷（STP）和磷酸盐（PO_4^{3-}-P）的浓度，检测结果如图 6-17 所示（书后另见彩图）。

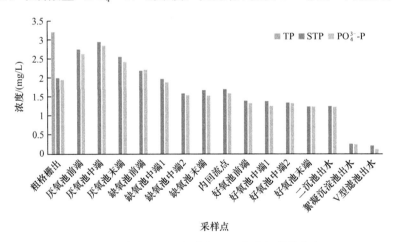

图 6-17　苏州 WJCN 污水处理厂全流程磷的分布

根据图 6-17 的数据，苏州 WJCN 污水处理厂进水中的总磷（TP）浓度为 3.19mg/L，其中溶解性总磷（STP）浓度为 1.99mg/L，STP 占 TP 的比例为 62%，表明进水中的磷主要以溶解性磷形式存在。磷酸盐（PO_4^{3-}-P）浓度为 1.94mg/L，占 STP 的 97.5%，说明 STP 中以 PO_4^{3-}-P 为主。

污水进入生化段后，并未显示出良好的厌氧释磷和好氧吸磷作用。好氧池出水中的 PO_4^{3-}-P 浓度为 $1.23mg/L$，生化段出水中的 PO_4^{3-}-P 浓度较粗格栅出水降低了 $0.71mg/L$，显示出生物除磷效果不明显。二沉池出水中的 TP 浓度为 $1.24mg/L$，其中 PO_4^{3-}-P 浓度为 $1.22mg/L$，与粗格栅出水相比，PO_4^{3-}-P 浓度降低了 $0.72mg/L$。

经过絮凝沉淀池投加除磷药剂形成絮体沉淀及 V 型滤池过滤后，出水中的 STP 和 PO_4^{3-}-P 浓度分别为 $0.2mg/L$ 和 $0.12mg/L$，能够满足出水 TP$\leqslant0.3mg/L$ 的要求。这表明该厂的生物除磷效果较差，主要是依靠后置化学除磷才能实现磷的达标排放。

以上两个案例的生物除磷效果均不理想，主要依靠投加化学除磷药剂来实现出水磷的达标排放。两个案例的除磷药剂投加量及单位药耗如表 6-3 所列。

表 6-3　不同除磷药剂投加点除磷效果对比

项目	苏州 YD 污水处理厂	苏州 WJCN 污水处理厂
化学除磷方式	同步除磷	后置除磷
进水 PO_4^{3-}-P 浓度/(mg/L)	2.44	1.94
出水 PO_4^{3-}-P 浓度/(mg/L)	0.109	0.12
PO_4^{3-}-P 去除量/(mg/L)	2.331	1.82
PAC 投加量/(mg/L)	12	6
单位 PO_4^{3-}-P 去除药耗/(mg/mg)	5.15	3.30

根据表 6-3 的数据，苏州 YD 污水处理厂采用的同步化学除磷工艺去除 1mg 磷所需的聚合氯化铝（PAC）为 5.15mg，而采用后置化学除磷的苏州 WJCN 污水处理厂所需的 PAC 为 3.3mg。通过对其他污水处理厂的调研发现，去除相同浓度的磷，同步化学除磷工艺的除磷药剂单位药耗通常高于后置化学除磷工艺。

这种差异的主要原因在于同步化学除磷的药剂投加在泥水混合物中，除磷药剂不仅与磷酸盐（PO_4^{3-}-P）形成絮体沉淀，还与污水中的其他物质及细小颗粒发生絮凝过程，从而增加了除磷药剂的消耗量。相比之下，后置化学除磷工艺中，药剂投加在已经经过生物处理和固液分离的上清液中，药剂主要与剩余的磷酸盐反应，因此药耗较低。

在采用化学除磷去除污水中的总磷（TP）时，无论是同步化学除磷还是后置化学除磷工艺，都需要投加足够剂量的、适合的除磷药剂，以确保污水中的 PO_4^{3-}-P 可以与除磷药剂很好地结合，形成絮体后通过沉淀或过滤进行泥水分离，最终以外排污泥的方式实现除磷目标。

6.4.4　同步化学除磷对于生物除磷效果的影响

由于生物除磷效率不稳定且受多种因素影响，为了满足日益严格的污水排放标准，污水处理厂在实际运行中常常辅助以化学除磷方法来确保总磷（TP）的达标排放。目前，我国执行一级 A 及以上标准的城镇污水处理厂大部分通过投加化学除磷药剂来保障出水

TP 的稳定达标排放，其中大量工程采用同步化学除磷工艺。

同步化学除磷工艺无需增设专门的化学除磷构筑物，只需将化学除磷药剂直接投加到好氧池出水或二沉池进水中，通过形成富磷沉淀物来辅助生物除磷，最终实现出水达标排放。这种方法在一定程度上可以减少占地面积，降低运行和基建费用。

在同步沉淀生物除磷工艺中，磷酸盐与化学试剂反应形成难溶性盐而被分离，这些磷酸盐随后可能被聚磷菌和其他微生物利用而去除。然而，化学除磷可能对生物除磷产生一定程度的抑制作用，或者与生物除磷存在竞争关系。1991 年，L. H. Lotter 首次提出了同步化学除磷对生物除磷存在抑制作用的观点。D. W. de Haas 等人在 AAO 系统中的对比研究证实铝盐和铁盐都对生物除磷有一定的抑制作用，并且随着药剂量的增加，这种抑制作用变得更加明显。

6.4.4.1　化学除磷药剂对生物除磷的影响案例一

苏州 XCCH 污水处理厂的主体工艺包括卡鲁塞尔（A^2/C）氧化沟、二沉池、混凝沉淀池和砂滤池。该厂设置有两个除磷药剂投加点，一个位于氧化沟出水处，另一个位于二沉池出水处。日常运行中，主要在氧化沟出水处投加除磷药剂，二沉池出水处的投加量则根据二沉池出水中的总磷（TP）浓度进行调节。氧化沟出水处的除磷药剂有效投加量为 4mg/L 液态聚合氯化铝（PAC）。

为了解该厂不同工艺段磷的分布情况，进行了取样检测，涵盖了进水、预处理阶段、生物处理阶段以及深度处理阶段。检测结果包括总磷（TP）、溶解性总磷（STP）和磷酸盐（PO_4^{3-}-P）的浓度。检测结果如图 6-18 所示（书后另见彩图）。

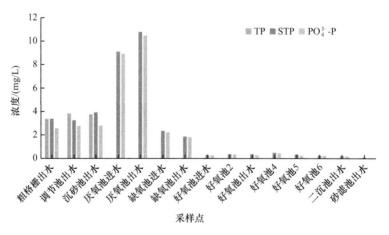

图 6-18　苏州 XCCH 污水处理厂全流程磷的分布

根据图 6-18 的数据，苏州 XCCH 污水处理厂预处理段的 TP 浓度在 3～4mg/L 之间，以溶解性总磷（STP）为主。其中磷酸盐（PO_4^{3-}-P）浓度为 2.6～2.8mg/L，PO_4^{3-}-P 占 STP 的平均值为 77%。这表明进水中的 TP 主要以 PO_4^{3-}-P 形式存在，有利于通过生物除磷和化学除磷进行去除。

当沉砂池出水进入厌氧池后，PO_4^{3-}-P 浓度显著升高，达到 8.91mg/L，在厌氧池末端进一步升高到 10.5mg/L。这说明该厂的厌氧释磷效果良好。结合全流程溶解氧（DO）和氮（$NO_3^- $-N）的分布情况，可以看出厌氧池中的 DO 接近于 0mg/L，而 $NO_3^- $-N 浓度均低于 0.5mg/L，这表明厌氧环境良好，有利于释磷菌进行厌氧释磷。在缺氧池中，由于回流的稀释作用，$PO_4^{3-} $-P 浓度降低。在好氧池中，$PO_4^{3-} $-P 浓度进一步降低到约 0.3mg/L，释磷菌在好氧环境中发生了吸磷作用。二沉池出水中的 $PO_4^{3-} $-P 浓度为 0.175mg/L，比沉砂池出水降低了 2.585mg/L，生化段的 $PO_4^{3-} $-P 去除率达到 93.7%。

通过在二沉池出水口投加除磷药剂 PAC，经过混凝沉淀和砂滤池过滤后，出水中的 $PO_4^{3-} $-P 浓度降至 0.016mg/L。该厂日常氧化沟中 PAC 的平均有效投加量为 4mg/L，除磷药剂投加量较小，氧化沟中残留的除磷药剂较少，这使得聚磷菌可以得到充足的磷源进行生长繁殖。因此，除磷药剂对聚磷菌的影响很小，可以忽略。此时，生物除磷与化学除磷具有协同作用，除磷效果较好。

6.4.4.2 化学除磷药剂对生物除磷的影响案例二

南京 KXY 污水处理厂的主体工艺包括厌氧池、双沟式氧化沟和二沉池，其中每组氧化沟的两条沟渠交替切换缺氧和好氧模式。除磷药剂投加在氧化沟出水处，使用的除磷药剂为有效含量 10% 的聚合氯化铝铁（PAFC），日常平均有效投加量为 10mg/L。

在该厂的不同工艺段设置了采样点，以取样检测全流程的总磷（TP）和磷酸盐（$PO_4^{3-} $-P）的浓度。这些数据有助于分析除磷药剂在不同工艺段的效果，以及其对整个污水处理流程的影响。结果如图 6-19 所示（书后另见彩图）。

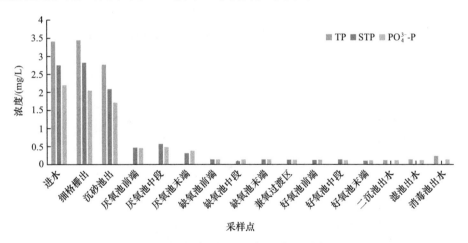

图 6-19　南京 KXY 污水处理厂全流程磷分布

根据图 6-19 的数据，南京 KXY 污水处理厂进水的总磷（TP）浓度为 3.42mg/L，溶解性总磷（STP）浓度为 2.75mg/L，STP 占 TP 的比例为 80.4%，表明进水中的磷主要以溶解性磷形式存在。在 STP 中，磷酸盐（$PO_4^{3-} $-P）浓度为 2.19mg/L，占 STP 的 79.6%。

沉砂池出水中的 TP、STP、$PO_4^{3-} $-P 浓度分别为 2.77mg/L、2.08mg/L、1.71mg/L，这三种形态的磷的去除率均在 25% 左右。进入厌氧池后，STP 的浓度迅速降低，最终维持在 0.5mg/L 左右，并未发生明显的厌氧释磷现象。分析原因可能是该厂除磷药剂投加在氧化沟出水，外回流携带有残留的除磷药剂，这些残留的除磷药剂与进入厌氧池的 PO_4^{3-}-P 形成絮体被快速去除，从而导致厌氧池内无明显的厌氧释磷现象。

进入氧化沟后，厌氧池的出水被稀释，污水中的磷浓度进一步降低。氧化沟全流程的 PO_4^{3-}-P 浓度均在 0.2mg/L 以下。这表明，该厂生化池没有明显的释磷和吸磷现象，主要依靠化学投加除磷药剂来达到除磷目的。

取该厂好氧池出水，进行厌氧释磷实验，测试活性污泥的释磷速率及潜力。根据图 6-20、图 6-21 及表 6-4 的数据，南京 KXY 污水处理厂生化池活性污泥的厌氧释磷速率（以单位时间单位质量的 VSS 释放的 PO_4^{3-}-P 的质量计）为 0mg/(g·h)，释磷潜力为 0.45mg/(g·h)。这表明该厂的活性污泥在厌氧条件下的释磷能力较差，远低于城镇污水处理厂正常释磷潜力范围［通常在 4～8mg/(g·h)］。

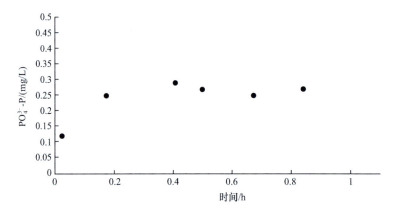

图 6-20　南京 KXY 污水处理厂二期活性污泥厌氧释磷速率曲线

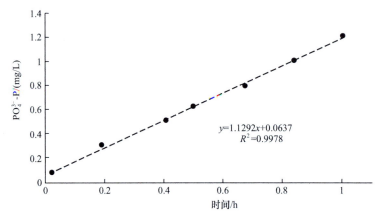

图 6-21　南京 KXY 污水处理厂二期活性污泥厌氧潜力曲线

结合全流程磷的沿程分布及活性污泥的释磷速率及潜力，可以得出南京 KXY 污水处理厂聚磷菌的生长和活性较差，生物除磷效果不佳的结论。这主要与该厂除磷药剂投加量过高有关，外回流中带有较多的残留药剂，这些残留药剂回流后与生化池进水混合，导致污水中的磷酸盐（PO_4^{3-}-P）浓度迅速降低，从而阻止了聚磷菌利用 PO_4^{3-}-P 来合成贮存于细胞内聚磷酸盐的过程，抑制了聚磷菌的生长和繁殖，使得活性污泥不具备有效的生物除磷能力。

表 6-4　南京 KXY 污水处理厂二期活性污泥厌氧释磷速率及释磷潜力

项目	斜率	释磷速率 /[mg/(g·h)]	反应时间 /min	MLVSS /(mg/L)	MLSS /(mg/L)	MLVSS /MLSS
释磷速率	—	—	60	2931	7095	0.41
释磷潜力	1.1292	0.45	60	2495	6080	0.41

采用同步化学除磷工艺可以在一定程度上弥补生物除磷工艺的不足，同时有效降低除磷药剂的用量，强化总磷（TP）的去除效果，并节省运行成本。然而，这种工艺也带来了一些负效应，如对生物除磷的抑制作用，增加了受纳水体的溶解固体负荷（如 Cl^-、SO_4^{2-}），同时产泥量也会上升。

有研究表明，使用铁盐作为同步除磷药剂时，当除磷药剂投加量较小，Fe/TP 在 1.5 左右时，同步化学除磷对生物除磷具有一定的促进作用，且化学磷的再溶解量较小，此时化学除磷药剂对生物除磷不存在抑制作用，系统的化学除磷与生物除磷为协同作用。例如，Isolde Roske 的研究发现，当使用铁盐作为除磷药剂，有效投加量为 3mg/L 时，可以保持除磷效果的长期稳定，此时生物除磷与化学除磷为协同作用，聚磷菌的活性最大。侯红娟等人的研究也发现，向 SBR 反应器中投加低浓度的含硅聚铁对生物除磷具有协同作用。

然而，当除磷药剂的投加量较大时，化学除磷会对生物除磷产生抑制作用，甚至使生物除磷效果完全丧失，厌氧池的作用减弱，既浪费建设投资又消耗化学药剂，增加了运行成本。此外，大量投加除磷药剂也可能造成化学磷的再溶解量增大，导致系统除磷效果下降，出水 TP 无法达标排放。例如，M. Valve 的研究发现，当 Fe^{2+} 盐投加量浓度超过 9mg/L 时，生物除磷完全受到抑制，此时 Fe^{2+} 与自由 PO_4^{3-}-P 的结合非常有效，阻止了聚磷菌利用它来合成贮存于细胞内聚磷酸盐的过程，从而抑制了生物除磷。在磷资源不足的情况下，除磷药剂对生物除磷的抑制作用更加明显。

以上两个案例与现有研究结论相吻合，表明同步投加除磷药剂较低的苏州 XCCH 污水处理厂，其生化池具有良好的厌氧释磷和好氧吸磷现象，生物除磷效果良好；而除磷药剂投加量较高的南京 KXY 污水处理厂，基本没有发生生物除磷现象，污水中的磷主要被化学除磷药剂去除。因此，有必要深入探究化学除磷对生物除磷的抑制机理，以确保化学除磷对生物除磷具有辅助作用而非替代作用，为污水处理厂投加除磷药剂的方式及剂量提供理论依据。

现阶段化学除磷药剂对生物除磷的抑制机理还存在一些争议。多数研究认为化学除磷药剂对生物除磷的影响主要体现在两个方面：首先，由于聚磷菌无法从污水中汲取足够的磷源，抑制了聚磷菌的吸磷，从而影响了生物除磷效果；其次，化学除磷药剂的过量投加，导致厌氧池 PO_4^{3-}-P 浓度降低，抑制了聚磷菌利用进水中的碳源，而异养菌（GAOs）取得对进水碳源争夺的优势，成为优势菌种。Witt 的研究认为，聚磷菌释放的磷主要存在于污水中，也有一小部分被化学沉淀。好氧时，聚磷菌通过吸收污水中的磷和以化学沉淀包裹在污泥絮体中的磷来合成聚磷酸盐。投加过量除磷药剂后，回流污泥中残留的除磷药剂与进水中及聚磷菌释放的 PO_4^{3-}-P 形成络合去除，导致污水中的 PO_4^{3-}-P 浓度较低，使得好氧环境下聚磷菌吸收 PO_4^{3-}-P 合成聚磷酸盐的过程受到抑制，聚磷菌内部没有足够的聚磷酸盐，从而在厌氧环境下也无法释放聚磷酸盐，聚磷菌的生物除磷效果受到限制。Valve 的研究则认为，Fe^{2+} 与聚磷菌竞争自由 PO_4^{3-}-P，阻止了聚磷菌利用 PO_4^{3-}-P 合成聚磷酸盐。这些研究为理解化学除磷对生物除磷的影响提供了不同的视角，有助于优化污水处理工艺，提高除磷效率。

生物除磷效果的降低与聚糖菌（GAOs）的大量繁殖有关，特别是在缺氧池中除磷药剂的持续过量投加导致进入厌氧池的磷酸盐与池内残留的除磷药剂形成络合物沉淀，减少了生化系统中用于合成聚磷颗粒的磷源。这导致胞内聚磷颗粒含量不足，抑制了聚磷菌（PAOs）利用聚磷颗粒水解释能吸收水中挥发性脂肪酸（VFA）的能力，使得 GAOs 逐渐取得对进水中碳源竞争的优势，从而快速增殖成为优势菌种。这种情况下，缺氧池出现由聚磷菌代谢模式向聚糖菌代谢模式的转变。GAOs 缺少释磷/吸磷的循环过程，不具备除磷能力，但其亦将 VFA 作为主要碳源，因此在低碳源污水中，采用生物除磷时会加剧与 PAOs 对碳源的竞争。Schuler 等的研究表明，高进水磷碳比（P/C）有利于聚磷菌的生长，而低进水 P/C 有利于聚糖菌的生长。化学除磷药剂的加入通常会降低进水 P/C 值，尤其是当除磷药剂投加量过大时。Liu 等的研究发现，当进水 P/C 值低于 2/100 时，会造成胞内聚磷颗粒浓度降低，并导致 GAOs 取代 PAOs 成为系统中的优势菌群。

研究还发现，当同步化学除磷药剂投加量较大时，即使停止投加除磷药剂，厌氧池内的释磷菌厌氧释磷效果也会降低。这主要是因为长期投加化学除磷药剂使系统中聚磷菌的丰度和活性均降低。例如，裴浩等通过对西安某污水处理厂的研究发现，长期投加除磷药剂使该厂活性污泥中的聚磷菌在总菌群中的占比逐渐降低，所占比例从投药第 50 天的 10.22% 降低到了第 350 天的 5.05%。在此过程中，聚磷菌的菌胶团结构也发生了变化：在投药初期，聚磷菌呈集合较为紧密的菌胶团形式；随着化学除磷药剂的长期投加，聚磷菌的菌胶团变小，结构也变得松散。这些变化表明，化学除磷药剂的长期投加对聚磷菌的生长和活性产生了负面影响。

除了上述观点，还有学者提出，化学药剂对生物除磷的抑制机理可能与 Fe 和 OH^- 的结合有关，这种结合消耗了磷传输过程中所需的 OH^-，或者与金属离子抑制碱性磷酸酶的活性有关。另外，一些研究者认为聚磷酸盐浓度的下降不一定是由化学药剂引起的，可能与其他因素有关。

为了克服同步投加化学药剂存在的缺点，并实现磷的有效回收，可以采用侧流除磷工艺。这种工艺通过设置离线沉淀单元，将厌氧池上清液以侧流方式引至磷沉淀池。在沉淀反应后，上清液回流至缺氧池，继续参与后续生物反应。由于厌氧池内污水经过厌氧释磷后磷浓度在全流程中最高，因此只需投加少量化学药剂就能获得较高的沉淀效率。这种离线操作方式避免了化学沉淀物与生物体的混合，便于磷资源的回收利用，并有效防止了大量化学药剂对活性污泥系统的不良影响。通过侧流化学沉淀去除部分厌氧池出水中的磷，相当于降低了后续好氧阶段生物吸磷的负荷，相对提高了污水中的 C/P 值。目前，应用较多的侧流除磷工艺包括 Phostrip 侧流除磷工艺、BCFS 工艺和活性污泥外循环生物除磷脱氮工艺等。然而，这些工艺流程复杂，投资费用和运行成本较高，目前在国内的实际应用案例较少。

6.4.5 溶解性有机磷冲击影响及去除措施研究

污水处理厂进水中的总磷（TP）主要以正磷酸盐（PO_4^{3-}-P）、聚磷酸盐（Poly-P）和有机磷（OP）等多种形式存在。在这些磷形态中，污水中磷的主要形式通常是 PO_4^{3-}-P，而 Poly-P 和 OP 的含量相对较低。污水处理厂采用的除磷方法主要包括生物除磷和化学除磷。生物除磷过程中，聚磷菌利用污水中的 PO_4^{3-}-P 合成胞内的 Poly-P。化学除磷则是通过向污水中投加铁盐、铝盐等化学药剂，形成不溶性沉淀物，进而通过固液分离的方式将磷从污水中去除。这两种方法主要去除的是 PO_4^{3-}-P，而在污水处理厂的生物除磷和化学除磷过程中，能够同步去除的 OP 相对较少，且去除量不稳定。有研究指出，污水处理厂进水中的 OP 在生物处理过程中的归宿和转化趋势可以分为三种：一部分 OP 仍然残留在水中；另一部分 OP 通过水解转化为 PO_4^{3-}-P 后被生物利用；还有一部分 OP 被活性污泥吸附。因此，当污水处理厂进水中含有 OP 时，出水中的 TP 可能会存在超标的风险。

6.4.5.1 有机磷对污水处理厂的冲击影响

根据统计数据，我国磷化工产量中有超过 40% 属于有机磷化工，这导致了大量有机磷化工废水的产生。此外，垃圾压榨液或渗滤液中也可能含有高浓度的有机磷。在一般情况下，活性污泥和化学除磷药剂均无法有效去除溶解性有机磷（OP）。如果这些含有高浓度 OP 的废水被排入市政污水管网，并进入城镇污水处理厂，可能会造成严重的 OP 冲击，极大地影响出水总磷（TP）的稳定达标排放。

以无锡地区某污水处理厂为例，该厂的主体工艺为厌氧-缺氧-好氧（AAO）＋膜生物反应器（MBR），其出水 TP 浓度超过现行的排放标准限值（0.5mg/L）。该厂 15 天二级出水的磷组分分布如图 6-22（a）所示，其中 TP、PO_4^{3-}-P、Poly-P 和 OP 的出水平均浓度分别为 0.62mg/L、0.22mg/L、0.03mg/L 和 0.37mg/L。在出水 TP 中，60% 为 OP，其余主要为 PO_4^{3-}-P。图 6-22（b）展示了该污水处理厂全流程磷组分的变化情况。进水和出水的 TP 浓度分别为 6.82mg/L 和 0.83mg/L。进水和出水中 PO_4^{3-}-P、Poly-P 和 OP 的比例依次为 54.4%、6.3%、39.3% 和 16.9%、14.5%、68.6%。通过生物除磷和化学除磷的协同作用，TP 的去除率达到了 87.8%，PO_4^{3-}-P 的去除率高达 96.2%。然而，OP 的去除率仅为 78.7%，这主要是因为该厂出水中 OP 主要以难生物降解的磷形态存在。出水 TP 超标的主要原因是进水 OP 浓度偏高。

统计数据显示，无锡地区城镇污水处理厂的进水总磷（TP）浓度通常在 2～4mg/L 范围内。然而，在调研期间，该污水处理厂的进水 TP 和有机磷（OP）平均浓度分别为 8.45mg/L 和 3.04mg/L，超过一般城镇污水处理厂的进水水平。特别是 OP 的浓度，已经达到或超过了其他城镇污水处理厂进水 TP 的浓度。进水磷浓度显著异常的原因是该污水处理厂位于无锡某工业园内，其进水中工业废水的比例约为 30%。园区内拥有大量从事

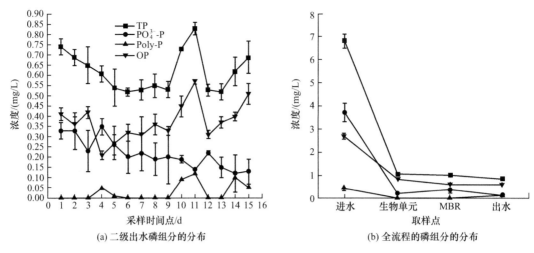

(a) 二级出水磷组分的分布

(b) 全流程的磷组分的分布

图 6-22　无锡地区某污水处理厂磷组分的分布

金属、机械加工等类型的企业。这些企业在生产过程中的漂洗环节会产生大量富含磷酸单酯、磷酸二酯以及其他难生物降解的有机磷废水。

6.4.5.2　有机磷的强化去除

城镇污水处理厂采用的生物除磷及化学除磷工艺能有效去除以 PO_4^{3-}-P 为主要成分的总磷（TP），其去除率可以达到 95% 以上。然而，对于有机磷（OP）的去除率则相对较低。Monbett 等研究者指出，在污水处理过程中，60%～95% 的有机磷酸盐会在水解酶的作用下降解为低分子有机磷。因此，出水中 OP 可能主要以低分子磷酸单酯和磷酸二酯等形式存在。

（1）臭氧对 OP 的去除

臭氧氧化法被认为是一种有效的方法，用于去除那些不能被微生物利用且需要强化去除的有机磷（OP）。马宏涛等和许明鑫等研究者均发现臭氧氧化法对有机磷有很好的去除效果。

为研究臭氧氧化技术对污水中有机磷（OP）的去除效果，研究人员选取了太湖流域两座污水处理厂的出水进行臭氧氧化实验。实验中分别投加了不同浓度的臭氧，并检测了出水中的总磷（TP）及 PO_4^{3-}-P 的浓度。实验结果如图 6-23 所示。

从图 6-23（a）可以看出，厂 A 的出水中 TP 浓度为 0.45mg/L，其中 PO_4^{3-}-P 浓度为 0.25mg/L，OP 浓度为 0.2mg/L。随着臭氧投加量的增加，出水中的 PO_4^{3-}-P 浓度逐渐上升，而 OP 浓度逐渐下降，这表明水中的 OP 被臭氧氧化成了 PO_4^{3-}-P。当臭氧投加量达到 133mg/L 时，出水中的 OP 全部被氧化成了 PO_4^{3-}-P。

图 6-23（b）显示，厂 B 的出水 TP 浓度为 1.1mg/L，PO_4^{3-}-P 浓度为 0.09mg/L。在不同剂量的臭氧投加下，该厂出水中 PO_4^{3-}-P 浓度的变化较小。当臭氧投加量达到 200mg/L 时，厂 B 出水中的 PO_4^{3-}-P 浓度为 0.22mg/L，与未投加臭氧相比，仅转化了

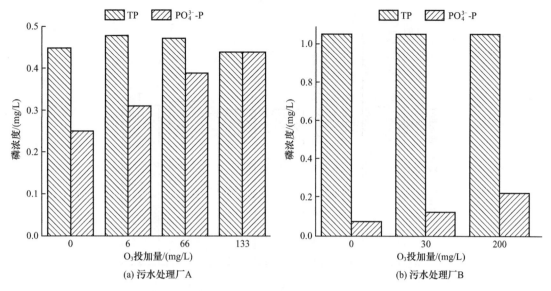

图 6-23　太湖流域污水处理厂 A、污水处理厂 B 出水有机磷臭氧氧化实验

0.13mg/L 的 OP，PO_4^{3-}-P 浓度仅占 TP 的大约 20%，表明大量有机磷未被臭氧氧化降解。胡冰、陈群伟等研究者也观察到了这一现象，并认为这可能是由于有机磷通常含有苯环、磷酸根、碳碳双键等难降解的化学基团，其结构复杂多样。因此，臭氧氧化降解有机磷的效果会因有机磷分子结构的不同而有较大差异。

（2）活性焦对 OP 的去除

针对有机磷（OP）的强化去除，活性炭吸附被认为是一种较为可行的处理方式。有研究显示，活性炭吸附法对洗消废水中的特征污染物甲基膦酸二甲酯的去除率可达 25%。然而，活性炭的应用成本较高，可能会加重污水处理厂的运行负担。作为一种新型吸附材料，褐煤制备的活性焦在性质上与活性炭相似，但来源更广泛且成本更低。活性焦具有较大的比表面积和发达的中孔，对难降解的大分子有机物展现出良好的吸附性能。有文献报道，活性焦在处理垃圾渗滤液时，可以有效去除其中的恶臭和色度，COD 去除率高达 73.6%。

研究人员对无锡地区某工业园区内的一座污水处理厂的出水进行了活性炭吸附实验。在实验中，向该厂出水中分别投加了不同浓度的活性焦，结果如图 6-24 所示。随着活性焦浓度的增加，OP 的去除率逐渐提高，最高达到 32.6%。当活性焦投加量达到 20mg/L 后，OP 去除率基本保持不变。活性焦较大的比表面积和发达的中孔对难降解的大分子有机物具有良好的吸附性能。出水中的 OP 被活性焦吸附结合的概率较大，且随着活性焦浓度的增加，提供的吸附点位增多，导致 OP 浓度出现下降趋势。综上所述，活性焦对于强化去除污水处理厂出水中的 OP 具有一定的效果。

综上所述，臭氧对污水处理厂出水中有机磷（OP）的去除效果因有机磷分子结构的不同而有较大差异；活性焦吸附对 OP 的去除效果也相对较低。臭氧氧化和活性焦吸附均可去除污水中的部分 OP，但两者的去除率存在差异。因此，针对具体的污水处理厂，需要通过实验选择合适的强化去除工艺。然而，无论是采用臭氧氧化还是活性炭/活性焦吸

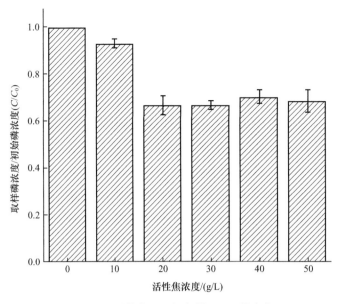

图 6-24 活性焦不同投加量下 OP 的变化

附除磷，都需要增加工艺段，且这两种工艺的运行费用相对较高，从而增加了污水处理厂的运行成本。

城镇污水处理厂进水中的 TP 由非溶解性和溶解性磷组成，其中溶解性 TP 以 PO_4^{3-}-P 为主。非溶解性 TP 可以通过沉淀方法去除；溶解性的 PO_4^{3-}-P 可以通过生物除磷及化学除磷技术去除。一般情况下，城镇污水处理厂出水中以 PO_4^{3-}-P 为主，还含有少量 OP 等其他形式的磷。

为解决城镇污水处理厂出水有机磷浓度过高导致总磷（TP）超标的问题，加强源头管控是首要任务，也是最经济有效的措施。此外，还应避免 OP 成为城镇污水处理厂出水 TP 超标的影响因素。建议监管部门、污水处理厂和排污企业共同努力，从源头上控制含 OP 废水的排放，以减少其给城镇污水处理厂达标运行带来的风险。

6.5 出水总磷超标问题及优化对策分析

调研发现，存在总磷（TP）超标的污水处理厂通常工业废水含量较高，进水 TP 浓度高于常规生活污水。TP 超标的主要原因是进水 TP 浓度波动较大，未能及时调整生物除磷或化学除磷的条件。针对出水 TP 超标问题，应根据污染物去除原理、影响因素分析和多厂运行经验，建立出水 TP 超标分析对策。通过分析出水悬浮物（SS）浓度、出水磷酸盐浓度、生物除磷和化学除磷等影响因素，并提出针对性的措施，便于进行超标后原因查找和工艺运行调控。

当污水处理厂出水 TP 超标时，首先要确定超标原因是否与 SS 有关。可将出水过滤后重新测定 TP，若 TP 正常，则应解决 SS 问题。

当出水 SS 超标时，首先测定二级出水 SS 浓度，根据测定结果进行如下分析：

① 若二级出水 SS 浓度过高，可能是深度处理前的系统问题。建议检查、维修刮（吸）泥机、排泥泵，测定进水负荷、生化池 MLSS 及好氧池末端 DO 等指标。若进水负荷过高，建议调整配水设备，避免不均匀进出水；若生化池 MLSS 过高，建议减小外回流比；若好氧池末端 DO 低，建议增大曝气量。

② 若二级出水 SS 浓度正常，可能是由于深度处理设备故障。建议检查除磷药剂投加量，检修混凝沉淀池、高效沉淀池、滤布滤池、转盘滤池、连续流砂过滤、反硝化滤池、微滤等。

若与 SS 无关，则需测定 TP 具体成分，包括 PO_4^{3-}-P 浓度和有机磷浓度。根据测定结果进行如下分析：若有机磷浓度过高，建议排查上游排污企业；若出水 PO_4^{3-}-P 浓度过高时，可采取以下两种措施。

① 强化生物除磷：若池内 pH 值异常（小于 6.8 或高于 8.5），需投加药剂调整；若厌氧池硝态氮高，建议减小回流量或改变回流比至低硝态氮处；若厌氧池 DO 高，建议增加进水或减小外回流，适当降低好氧池末端 DO；若进水 BOD_5/TP 过低，建议外加碳源；若发现排泥不及时的问题，建议加大排泥量。

② 强化化学除磷：建议检测除磷药剂有效成分，优化除磷药剂种类及投加量、调整 pH 值为 6.5～8.0。

参考文献

[1] Lotter L H. Combined chemical and biological removal of phosphate in activated sludge plants [J]. Water Sci. Technol. ，1991，23（44）：611-621.

[2] De Haas D W，Wentzel M C，Ekama G A. The use of simultaneous chemical pre-cipitation in modified activated sludge systems exhibiting biological excess phosph-ateremoval part 4：Experimental periods using ferric chloride [J]. Water SA，2000，26（4）：485-504.

[3] Roske I，Schonborn C. Interactions between chemical and advanced biological phosphorus elimination [J]. Water Re-search，1994，28（5）：1103-1109.

[4] 姚婧梅. 化学同步除磷药剂对活性污泥系统的影响研究 [D]. 重庆：重庆大学，2012.

[5] 胡晗. 同步沉析对生物除磷抑制作用的试验研究 [D]. 武汉：武汉科技大学，2012.

[6] 马宏涛，孙水裕，许明鑫. 臭氧联合混凝沉淀法去除浮选废水中有机磷 [J]. 环境工程学报，2017，11（1）：285-290.

[7] 刘佳. 超滤＋反渗透＋芬顿有机磷废水除磷工艺研究 [D]. 杭州：浙江理工大学，2015.

[8] 李京雄. 化学除磷絮凝剂的选择 [D]. 广州：广东工业大学，2005.

[9] 刘洋. 城市污水处理厂化学强化除磷投药量（Fe/P）与残余磷浓度的关系研究 [D]. 西安：西安建筑科技大学，2020.

[10] 王进. 生物除磷影响因素试验研究 [D]. 武汉：武汉理工大学，2011.

[11] 任绵绵. 城市污水处理厂不同工段污水中磷的化学去除效果及污水化学除磷特性研究 [D]. 西安：西安建筑科技大学，2018.

[12] 吴娅. 曝气生物滤池化学除磷药剂的选择 [D]. 哈尔滨：哈尔滨工业大学，2010.

[13] 侯艳玲. 城市污水处理厂化学除磷工艺优化运行与控制系统研究 [D]. 北京：清华大学，2010.

[14] 张端鑫. 城市污水处理化学除磷药剂的应用 [J]. 化工设计通讯，2020，46（11）：188-189.

［15］贾军峰，吴俊奇，王真杰，等．不同化学药剂的除磷效果及经济性分析［J］．应用化工，2020，49（06）：1381-1385.

［16］李瑾．城市污水处理厂二级处理出水中磷的组分及去除特性研究［D］．西安：西安建筑科技大学，2015.

［17］王冬波．SBR 单级好氧生物除磷机理研究［D］．长沙：湖南大学，2011.

［18］姜涛．温度与碳源对生物除磷系统中 PAO 和 GAO 影响及除磷效能研究［D］．哈尔滨：哈尔滨工业大学，2011.

［19］王荣斌，李军，张宁，等．污水生物除磷技术研究进展［J］．环境工程，2007（01）：84-88，6.

［20］葛艳辉．强化生物除磷系统除磷效果及微生物群落结构分析［D］．天津：天津大学，2014.

［21］苗志加．强化生物除磷系统聚磷菌的富集反硝化除磷特性［D］．北京：北京工业大学，2013.

设备设施全流程诊断

7.1 预处理

7.1.1 格栅

格栅是城市污水处理中最常见的预处理设备之一，它的主要功能是采用物理方法截留城市污水中的漂浮物、悬浮物等固体无机物质，防止这些物质堵塞后续单元的提升水泵、排泥泵及膜设备等。

格栅的种类繁多，根据格栅间隙尺寸的不同，一般可分为粗格栅（间隙为 10～20mm）、细格栅（间隙为 3～10mm）和超细格栅（间隙小于 3mm）。根据格栅的工作方式，格栅可以分为回转式、三索式、阶梯式、转鼓式、内进流式等类型。

7.1.1.1 回转式格栅

回转式格栅示意如图 7-1 所示。

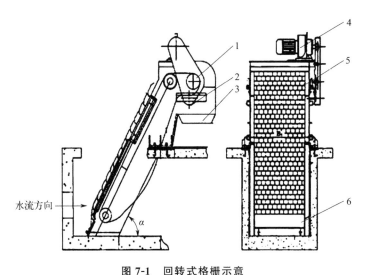

图 7-1　回转式格栅示意
1—传动系统；2—轴承座；3—出料口；4—减速机；5—耙齿；
6—底部挡污装置；α—格栅安装角度

（1）特点及适用范围

① 可现场人工控制和远程监控、除污能力较强、能耗较低、抗腐蚀性强、操作简单。

② 可作为各种规模污水处理厂的进水粗、细格栅使用。

（2）基本工艺技术参数

① 格栅间距：3～20mm。

② 格栅渠宽：600～1500mm。

③ 格栅安装角度：60°～80°。

（3）运行管理要求及操作要点

① 设备作业过程中需定时巡检，及时清除卡阻格栅正常运转的垃圾，发现异常及时停止运行，待查明原因解决问题后再恢复生产。

② 格栅减速机需定期更换润滑油（寒冷地区应添加防冻油），一般半年更换一次，日常巡检时应检查减速机油面刻度线，当润滑油不足时应及时补充。润滑油不能添加太高，否则在运转过程中油会溢出。

③ 格栅动轴承一般每季度添加锂基润滑油脂，添加的饱和度以轴承轴座空间的 1/2 为宜，轴承定时保养是格栅维护的重点。

④ 当发生运行过载时，格栅安全销会自动切断，应立即进行停机检查，直到运行故障彻底解除后恢复运行，禁止用增强安全销的方式来强行恢复运行。长时间运转尽量使用标准安全销，不用螺栓替代。

⑤ 日常巡检时定期检查格栅的耙齿、轴端挡圈等有无松动或脱落现象，必要时及时进行更换。格栅刚使用一年内，应注意夏天气温升高发生耙齿膨胀，导致耙齿轴变形。

⑥ 定期检查格栅的传动链条及大、小套等附件运行情况，如发现有磨损老化严重时应及时更换。

⑦ 定期检查减速机的传动链条是否张紧，格栅的传动链条是否张紧，如发现松弛应及时张紧。

（4）常见问题及优化对策（表 7-1）

表 7-1 回转式格栅常见问题及优化对策

常见问题	原因分析	优化对策
1. 电动机转动但其他耙齿链等设备不动，格栅无法清捞垃圾	（1）格栅电动机过载，安全销已自动切断；（2）格栅传动链脱落或发生断裂	（1）查找过载原因，解决后更换安全销，恢复运行；（2）更换格栅传动链
2. 格栅耙齿损坏	（1）坚硬杂物插入耙齿链中，导致格栅出现严重的卡堵；（2）设备运行时间较长，耙齿磨损严重	（1）清空格栅井，检查格栅底部运行情况，清除垃圾及卡堵物；（2）更换耙齿
3. 格栅卸渣时有较多栅渣翻越格栅后侧	格栅后侧的旋转刷磨损严重或格栅有较多垃圾缠绕	（1）更换旋转刷；（2）及时清理格栅垃圾，不得出现垃圾堆积；（3）检查栅后螺旋输送机是否运行正常

7.1.1.2 三索式钢丝绳牵引格栅

三索式钢丝绳牵引格栅示意如图 7-2 所示。

（1）特点及适用范围

① 拦截垃圾容量较大，水下部分没有传动装置，故障率较低，容易维修。

② 可作为各类泵站、污水处理厂进水泵房等设施的粗格栅使用，主要用于拦截较大垃圾污染物。

（2）基本工艺技术参数

① 栅距：15～100mm。

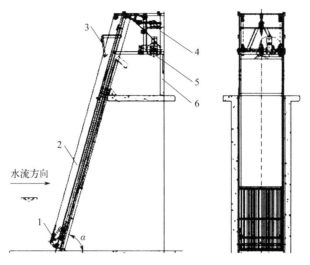

图 7-2　三索式钢丝绳牵引格栅

1—耙斗；2—格栅面；3—撤渣机构；4—耙斗启闭机构；5—起升机构；6—机架；α—格栅安装角度

② 渠宽：1～5m（移动式可实现较长跨度）。

③ 渠深：4～12m。

④ 安装角度：60°～80°。

（3）运行管理要求及操作要点

① 设备作业过程中应定时巡检，及时清除格栅垃圾，发生异常时及时停止运行，待查明原因解决问题后再恢复生产。

② 格栅日常保养要求：行走齿轮每两周加一次黄油；钢丝绳水下部分每两周涂黄油一次，水上部分每月涂黄油一次，其他活动部位每季度用润滑脂润滑一次；格栅滑轮轴一个月涂黄油一次（夏季两周一次）；滚筒轴每季度涂黄油一次，格栅限位开关每半年检测灵敏度一次。日常巡检时注意检查油面刻度线，当油面低于油标线时应及时补充。

③ 定期（一般是一年）对格栅进行一次全面检查，包括检查导轨的变形情况，格栅条的变形情况及锈蚀情况等，并对检查出的问题及时进行修复。

④ 日常巡检时，需检查下行轨道是否有阻碍物，应及时清理。需检查格栅牵引的钢丝绳两边的松紧是否一致，需检查抓斗是否倾斜，如果出现较大差异应及时校正，中部的牵引钢丝绳在停止工作时须放松，不能紧绷。

⑤ 开耙绳应根据刮泥耙的运行情况进行适当调节，当刮泥耙关闭不严实、有较多泄漏时应把中间开耙绳适当放长；反之，当刮泥耙张开角度不够时应收缩开耙绳，直到起提垃圾正常。

⑥ 日常巡检时应注意钢丝绳的破损情况，及时涂抹润滑黄油。若检查发现钢丝绳在6倍直径的长度内有超过10根断裂情况，应立即进行更换；如发现钢丝绳断裂平均周期不超过一年的，是保养不当或设计缺陷。

⑦ 定期（每季度）检查耙齿的位置，耙齿与挡板之间的距离是否有偏离，如有偏离则用格栅机左右两侧板的调整装置进行纠偏。

⑧ 对格栅橡胶刮板每季度检查一次，并定期进行更换。

⑨ 日常巡检时应注意检查格栅行走轨道以及格栅车轮表面是否整洁，及时进行清洗，确保行程开关正常工作。

⑩ 长期未运行的格栅，在启动时首先应观察电机的转动情况，如不能转动必须及时断电，先卸掉电机外的保护罩，将刹车盘向后拉动几次，然后再通电观察运行情况，直至电机正常运行。

⑪ 行程开关和接近开关更换时应采用 IP68 防护等级。接近开关是该设备最易发生故障部件，平时应存有备件可随时更换，以确保连续运转。

（4）常见问题及优化对策（表 7-2）

表 7-2　三索式钢丝绳牵引格栅常见问题及优化对策

常见问题	原因分析	优化对策
1. 格栅耙齿向下行程无法到达指定位置	（1）钢丝绳行程开关出现异常；（2）钢丝绳脱出；（3）格栅底部残渣堆积过多	（1）重新检查校正行程开关；（2）重新安装钢丝绳；（3）清除格栅下部残渣
2. 格栅耙齿无法执行下行指令	（1）格栅钢丝绳断裂；（2）格栅耙齿启闭电机发生异常；（3）耙齿行程开关调整错误；（4）控制电器故障	（1）重新更换钢丝绳；（2）维修保养启闭设备；（3）重新修复行程开关；（4）检查开关修复电器
3. 格栅在运行过程中自动停止	（1）提升钢丝绳的长度有差异或断裂；（2）格栅耙齿有卡堵造成停机；（3）故障行程开关受潮短路假接通；（4）电器故障导致停电	（1）修复格栅钢丝绳；（2）及时清除卡堵垃圾；（3）修理行程开关；（4）检查修理电箱
4. 格栅刮泥耙关闭不严	开耙绳太紧	调整开耙绳
5. 格栅齿耙与挡板发生碰撞或摩擦	齿耙与挡板的间距错误	调节格栅滚轮，重新调整两者的间距
6. 格栅卸渣效果不佳	（1）格栅卸渣设施的定位不准确；（2）格栅清污机构有倾斜；（3）格栅刮板位置不准确，无法完全清除残渣	（1）调节定位机构；（2）重新调节钢丝绳，使之保持水平；（3）重新安装刮板，调节定位机构
7. 格栅钢丝绳脱落	格栅钢丝绳掉出滚筒	重新安装钢丝绳

7.1.1.3　网板式阶梯格栅

网板式阶梯格栅示意如图 7-3 所示。

（1）特点及适用范围

① 格栅过滤装置设计成阶梯孔板式，多为不锈钢材质，拦截垃圾能力强，尤其针对细长毛发、纤维类杂物的拦截效果较好；

② 抗腐蚀性强，生命周期长；

③ 网板格栅运行时还利用中压、高压反冲洗，清除网板上残渣的能力强；

④ 可作为城市污水、工业废水等处理工艺的细格栅使用。

（2）基本工艺技术参数

① 孔径：2～10mm。

② 安装角度：60°～70°。

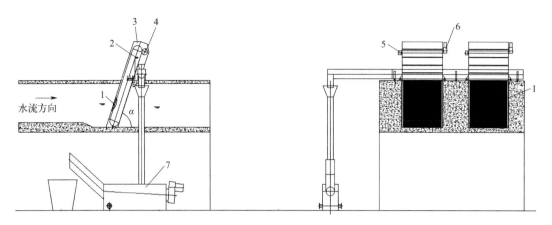

图 7-3　网板式阶梯格栅

1—台阶式网板；2—反冲洗喷管；3—机架；4—清洗刷；5—转刷减速机；6—提升减速机；7—高排水螺旋压榨机

③ 渠深：5m 以下。

④ 渠宽：2m 以下。

（3）运行管理及操作要点

① 设备作业过程中应定时巡检，及时检查格栅前后液位差，发生异常时应及时停止运行，待查明原因解决问题后再恢复生产；

② 定期（每月一次）检查格栅齿轮箱油位，及时补充润滑油，并检查齿轮箱油封位置有无渗漏；

③ 定期（每月两次）对格栅轴承加注润滑脂；

④ 定期（每月一次）检查格栅滚刷的完好情况以及与网板的相对位置是否合适，及时清洗或更换滚刷；

⑤ 定期（一年一次）对格栅进行停产大修检查，包括检查格栅链条、网板、滚刷、反冲洗管路等的运行情况是否完好，如磨损严重应及时更换；

⑥ 定期（每月一次）检查反冲洗线路运行状况及反冲洗效果，如效果不佳应及时调整水压及运行时间，以保证网板的清洁。

（4）常见问题及优化对策（表 7-3）

表 7-3　网板式阶梯格栅常见问题及优化对策

常见问题	原因分析	优化对策
1. 网板上的残留垃圾卸到格栅下游	（1）格栅的滚刷有磨损或与网板的相对位置发生偏差；（2）反冲洗效果不好；（3）栅板间因水压导致间隙过大	（1）重新定位滚刷的位置，确保滚刷拦截垃圾效果好或直接更换滚刷；（2）检查反冲洗系统运行情况，增加反冲洗强度或运行时间
2. 网板过滤孔污堵较多，过水量减少，上下游液位差较大	反冲洗系统有故障或堵塞	检查反冲洗用水是否清洁，有无较多杂质，同时检查喷嘴是否堵塞，及时清通冲洗干净反冲洗系统

7.1.1.4 转鼓格栅（鼓转）

转鼓格栅示意如图 7-4 所示。

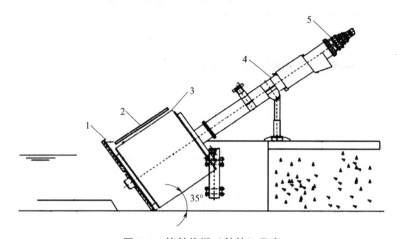

图 7-4 转鼓格栅（鼓转）示意
1—挡水板；2—冲洗喷头；3—栅框；4—输送压榨螺旋；5—减速机

（1）特点及适用范围

① 转鼓格栅分为鼓转型和刷转型，鼓转型较为常见，鼓转型又分栅条型和孔板型；

② 拦截能力较强，栅条型对纤维状污物去除效果不佳；

③ 整合了格栅除污系统，同时具有污水过滤、栅渣运输及压榨等功能；

④ 格栅多用不锈钢材质，抗腐蚀性强，生命周期长；

⑤ 可作为城市污水、工业废水等污水工艺的细格栅或超细格栅使用；

⑥ 栅渣清理较难，应尽量配备中高压冲洗装置定时清理。

（2）基本工艺技术参数

① 栅距：0.5～5mm。

② 转鼓直径：600～3000mm。

③ 安装角度：35°～45°。

④ 适应渠深：2.5m 以下。

（3）运行管理及操作要点

① 调试试运行时，应现场手动操控电动机点动，确认格栅螺旋叶片旋转方向是否准确，待格栅运行正常后方可开启自动模式。

② 格栅减速机需定期更换润滑油，一般半年更换一次；日常巡检时应检查减速机油面刻度线，当润滑油脂不足时应及时补充。

③ 格栅运行时需结合现场截污情况，设定格栅运行转动的时间间隔及单次运行作业时间等参数。

④ 设备作业过程中应定时巡检，发现异常应及时停止运行，待查明原因解决问题后再恢复生产。

⑤ 日常巡检时应检查格栅冲洗情况及冲洗效果，定期（每两周一次）检查格栅喷嘴

运行情况，如发生堵塞应及时清洗，现场可配备手动高压冲洗水枪。

（4）常见问题及优化对策（表7-4）

表 7-4　转鼓格栅常见问题及优化对策

常见问题	原因分析	优化对策
1. 格栅过水量较小，达不到设计要求	（1）格栅内侧堵塞较严重；（2）冲洗系统有堵塞，冲洗效果不佳	（1）在格栅转鼓表面用高压水冲洗干净，解决格栅污堵问题；（2）检查格栅喷嘴堵塞情况及冲洗水压是否正常，及时进行清洗；（3）适当增加格栅的单次运行时间及频率
2. 格栅传输系统有异响	（1）格栅传输系统有异物进入；（2）格栅传输系统磨损严重	（1）格栅进行停机检查，清除杂物；（2）及时维修或更换传输部件
3. 鼓转型格栅运行时转鼓有振动或异响	格栅转鼓支撑滚轮磨损严重或者滚轮内轴承损坏	及时更换滚轮或轴承
4. 刷转型格栅转刷运转不顺畅，卡顿有异响	（1）栅条变形；（2）转刷与栅条间距没调好	（1）整修栅条；（2）调整转刷与栅条的间距
5. 刷转型格栅转刷旋转不到位	接近开关位置错误，导致转刷提前倒转	调整接近开关感应装置的位置

7.1.1.4　内进流式网板格栅

内进流式网板格栅示意如图 7-5 所示。

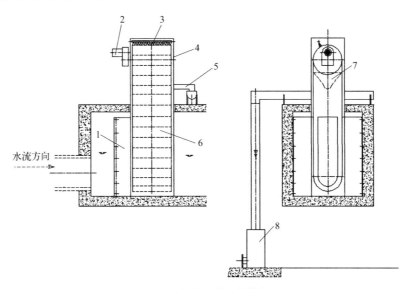

图 7-5　内进流式网板格栅

1—导流板；2—驱动装置；3—冲洗系统；4—机架；5—排污水槽；
6—网板；7—内集污斗；8—高排水螺旋压榨机

（1）特点及适用范围

① 截污能力强，效果好。

② 污水从格栅前面进入，格栅前后有挡板阻断，无栅渣流入格栅下游；同时又是两

侧网板过水，过水流量大。

③ 网板一般分不锈钢和非金属两种材质，不锈钢网板强度较高，可在高液位差（不大于 1m）下工作；非金属材质较厚，丝状物不容易穿透，也不易挂垃圾。

④ 可作为污水处理厂细格栅及超细格栅使用。

（2）基本工艺技术参数

① 孔径：0.5～4mm。

② 渠深：不大于 3m。

（3）运行管理要求及操作要点

① 格栅开机前，应检查系统是否正常，有无杂物卡堵，经确认正常后方可启动。

② 开机后应现场观察几分钟，查看格栅运行是否平稳，有无异常振动或杂音。

③ 冲洗水一般用中水（不含氯），可分为高压冲洗和中压冲洗两种，正常配置为高压外冲洗。如有必要，可增加中压内冲洗。运行人员应加强日常巡检，检查格栅冲洗效果。

④ 格栅运行采用远程和现场控制两种模式，应及时监控格栅前后液位差，确保其不得大于 1m，以防止破坏格栅。

⑤ 格栅冲洗采用液位差控制和时间控制两种模式，优先启动液位差控制模式。

⑥ 定期（一般为每月一次）清洗格栅清洗管道过滤器滤网，当日常运行中压力表压力小于 0.6MPa 时，应停机及时清洗过滤网，以确保格栅过滤拦截效果良好，如使用中水冲洗，应定期检查喷嘴堵塞情况，有喷嘴清洗设施的应定时放空，清理杂物。

⑦ 当格栅清洗工作结束，重新开始运行前应检查格栅前后的闸门有无开启。

⑧ 格栅传动轴需定期添加黄油以确保润滑。

⑨ 格栅两侧应设置溢流闸，防止因堵塞严重而损坏格栅，或发生过水超负荷。

（4）常见问题及优化对策（表 7-5）

表 7-5　内进流式网板格栅常见问题及优化对策

常见问题	原因分析	优化对策
格栅前后液位差加大，栅前液位上升较快	（1）格栅进水量过大；（2）反冲洗系统运行不正常或反冲洗水源供应异常；（3）格栅进水中悬浮物或油脂过多堵塞格栅	（1）减少格栅进水量，同时增加格栅反冲洗时间；（2）及时检查反冲洗系统和水源供应系统是否正常并及时解决；（3）增加格栅反冲洗时间，加大反冲洗频率，适当添加次钠药剂进行反洗，必要时暂停进水或超越格栅

7.1.2　沉砂池

沉砂池是污水一级预处理的重要构筑物，其主要作用是利用水流在沉砂池中的运动，以及无机颗粒和部分依附在无机颗粒表面的有机物的重力或离心力，分离并去除进水中密度较大的无机颗粒和部分有机物。沉砂池可以去除相对密度 2.65、粒径 0.2mm 以上的砂粒等颗粒物，在工艺流程中，沉砂池通常被设计在细格栅之后。根据水力特点，沉砂池主要分为平流式、旋流式、曝气式等常见类型。

7.1.2.1 平流式沉砂池

平流式沉砂池由进水渠、出水渠、闸板及沉砂斗组成。污水在水平方向上从进水渠流向出水渠，其中密度较大的无机颗粒及部分有机物在重力作用下下沉，从而被分离并去除。平流式沉砂池的示意如图 7-6 所示。

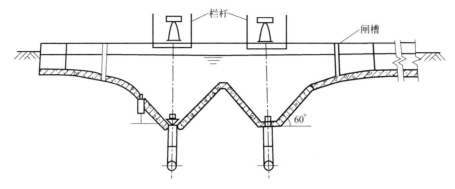

图 7-6 平流式沉砂池

（1）特点及适用范围

① 构造简单，方便日常操作。有利于较大颗粒的分离去除，但对较小颗粒、悬浮颗粒的去除效果一般。

② 适用于中小规模污水处理厂，但占地较大，需要综合考虑。

（2）基本工艺技术参数

① 水流运行最大流速不超过 0.30m/s，最小流速不低于 0.15m/s。水力停留时间一般不少于 30s，可控制在 30～60s 内。

② 池内有效水深一般应小于 1.5m，每格池宽不宜小于 0.6m。

③ 砂斗容积一般控制在 2 d 的砂量，斗壁与水平面倾角不小于 55°。

④ 池底坡度控制在 0.01～0.02 内。如果设置除砂设备，应结合其技术参数的设计要求做相应调整。

（3）运行管理要求及操作要点

① 定期观察除砂效果。日常巡检时应经常观察沉砂池出水的含砂情况，通过计算沉砂池的除砂率，判断沉砂池运行状态，如除砂率经常低于设计要求的 95%，应查明具体原因并采取相应措施解决。

② 控制停留时间。当沉砂池停留时间过短时，细小颗粒就不容易完全沉降下来，导致除砂效果不好。可适当控制进水水平流速，以延长水力停留时间，提高除砂率。

③ 进行出砂清洗。由于沉砂池排出来的砂粒会包裹部分有机物，时间长容易产生恶臭气体，因此应定期进行清洗。

④ 调整吸砂系统、砂水分离系统自动运行时间间隔，以提高除砂率。

⑤ 日常巡检时应注意观察吸砂系统、砂水分离系统的运行情况以及砂斗的积砂情况，避免吸砂泵或吸砂管堵塞，一旦发现有堵塞现象应及时进行清理。

⑥ 日常巡检时应注意观察沉砂池前端细格栅前后的液位差，当格栅前后液位差大于20cm时应及时清捞垃圾，防止进水未经过格栅漫流到下游。

⑦ 定期（每月一次）对沉砂池进、出水闸门进行日常润滑保养。日常操控闸门时，作业人员应在现场观察电动闸门的运行情况，发现异常情况应紧急关闭电源，排除故障后恢复运行。

⑧ 运行人员应对沉砂池沉渣定期取样，化验其含水率和灰分，每日记录沉砂量。

⑨ 运行人员应注意及时排砂，一般每天一次。排砂时须关闭进出水闸门，逐步打开排砂闸门，也可以用中水冲洗池底，把池底排空。排砂设备不能超负荷运转，运转间隔时间宜根据实际砂量确定。

（4）常见问题及优化对策（表7-6）

表7-6　平流式沉砂池常见问题及优化对策

常见问题	原因分析	优化对策
1. 除砂效果不佳，达不到设计要求	进水流量变化较大，停留时间较短	根据现场实际进水流量，调整进水渠道运行数目，延长水力停留时间，提高除砂率
2. 积砂有恶臭，池面有较多气泡和浮渣	沉砂池无洗砂功能，大量砂粒携带有机物进行厌氧发酵，产生恶臭	(1) 改造除砂系统，增加洗砂功能；(2) 定期清理贮砂池，减少贮砂池中的有机物含量
3. 沉砂池出砂系统堵塞	(1) 砂斗的存砂量变化较大，导致排砂不及时，易发生排砂管堵塞；(2) 格栅前污水漫流进入沉砂池，垃圾颗粒较大易导致排砂管堵塞	(1) 增加排砂频率，检查排砂系统、吸砂系统运行情况，发现堵塞时及时进行疏通；(2) 检查细格栅运行状况，及时清理栅前垃圾，降低格栅前后液位，防止格栅漫流

7.1.2.2　旋流式沉砂池

旋流式沉砂池利用水流旋转产生的离心剪切力，将密度不同的大小砂粒从污水中剪切分离。常见的旋流式沉砂池主要有比氏沉砂池和钟氏沉砂池等类型。比氏沉砂池的示意如图7-7所示，钟氏沉砂池的示意如图7-8所示。

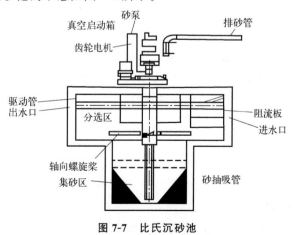

图7-7　比氏沉砂池

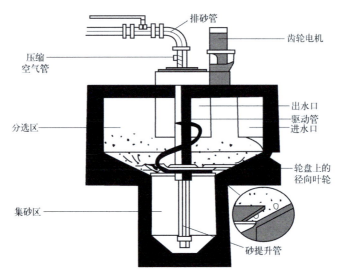

图 7-8　钟氏沉砂池

（1）比氏沉砂池（涡流原理）

该旋流式沉砂池的进水渠设计较为平直，末端设有斜坡，进水口处安装有阻流板。污水在经过平直的进水渠后，其紊流程度降至最低。进水渠末端的斜坡设计使得已经发生沉降的部分砂粒能够顺着斜坡滑入沉砂池。进水口的阻流板则使冲击到板上的污水被迫下折至分选区的底板上，而轴向螺旋桨将污水带向池心，随后污水向上流动，形成涡流。在这个过程中，密度较大的砂粒在靠近池体中心的环形孔口处落入集砂区；而密度较小的悬浮颗粒或有机物由于螺旋桨的作用与砂粒分离，并最终被引入出水渠。

（2）钟氏沉砂池（重力原理）

该沉砂池的进水渠相较于比氏沉砂池要短，分选区水流分为两个环流：一个内环和一个外环。内环在叶轮的推动下向上流动，而外环则保持静止。当污水流入沉砂池后，较大的砂粒由于重力作用沉降至外环的斜底，并顺着斜坡进入集砂区。密度较小的悬浮物则在径向叶轮的作用下与砂粒分离，并流入下游。这种设计有助于提高沉砂池对不同密度颗粒的分离效率。

上述两类沉砂池在除砂率上相当。钟氏沉砂池的斜底设计较为复杂，因此其土建成本相对较大。从运行角度来看，比氏沉砂池的螺旋桨转速和高度是固定的，池内液位也不变。相比之下，钟氏沉砂池的转盘转速和高度都是可调的，池内液位可以发生变化。因此，钟氏沉砂池在灵活性和适应性方面表现更好，但这也意味着在日常运行中需要更多的维护工作。

1）特点及适用范围

① 旋流式沉砂池适用于进水量变化较大、用地紧张的地区；

② 除砂效果一般。

2）基本工艺技术参数

① 沉砂池分隔数一般不小于 2，进水流速 0.6～0.9m/s。

② 停留时间不应少于 30s。

③ 表面水力负荷宜为 $150\sim200m^3/(m^2 \cdot h)$。

④ 有效水深宜为 $1.0\sim2.0m$，池径和池深比宜为 $2.0\sim2.5$。

⑤ 螺旋桨叶距池底一般 75mm 左右，叶片倾角 $45°$。叶片高度可视进水有机物含量进行调节，如有机物较多，可适当降低叶片，反之则适当调高。

⑥ 沉砂池贮砂斗的容积不小于 24h 的沉砂量。

⑦ 提砂周期不宜大于 8h，避免砂斗内部出现板结。

3）运行管理要求及操作要点

① 定期观察除砂效果。日常巡检时须经常观察沉砂池出水的含砂情况，通过计算沉砂池的除砂率，判断沉砂池的运行状态。如除砂率经常低于设计要求的 95%，则应查明具体原因并采取相应措施解决。

② 运行人员应根据实际进水量的变化来调整沉砂池搅拌机转速及搅拌桨的具体位置，以达到最优的除砂率。

③ 运行人员应定期检查洗砂装置的运行效果是否良好，并不断加以改进，以防止砂斗内砂粒产生恶臭现象。

④ 当采用气提或砂泵除砂时，运行人员需定期检查提砂高度，同时还应检查气水比或真空度是否满足设计要求，气提应设置反冲洗装置，可解决轻微板结现象。气提正常工况下确保半天内提砂一次，否则底部容易板结。

⑤ 调整吸砂系统、砂水分离系统自动运行时间间隔，以提高除砂率。

⑥ 日常巡检时应注意观察吸砂系统、砂水分离系统的运行情况以及砂斗的积砂情况，避免吸砂泵或吸砂管堵塞，一旦发现有堵塞应及时进行清理。

⑦ 运行人员应对沉砂池沉渣定期取样，化验其含水率和灰分，每日记录沉砂量，以合理调配沉砂池运行数量。

⑧ 当沉砂池后续处理单元积砂严重时，应对沉砂池进行停产大修，清理沉砂池积砂。

⑨ 日常巡检时应注意观察沉砂池前端细格栅前后的液位差不能过大，当格栅前后液位差大于 20cm 时应及时清捞垃圾，防止进水未经过格栅漫流到下游。

⑩ 定期（每月一次）对沉砂池进、出水闸门进行日常加油保养。日常操控闸门时作业人员应在现场观察电动闸门的运行情况是否正常，发现异常情况应紧急关闭电源，排除故障后恢复运行。

4）常见问题及优化对策（表 7-7）

表 7-7 旋流式沉砂池常见问题及优化对策

问题	原因分析	优化对策
1. 砂水分离器冒水	前端细格栅可能出现漫流，大颗粒堵塞排砂管道，导致砂水分离器冒水	冲洗水孔及清通孔，检查细格栅运行状况，及时清理栅前垃圾，降低格栅前后液位，防止格栅漫流
2. 吸砂管堵塞	沉砂池长期不运转，导致积砂堆积，堵塞吸砂管	应及时冲洗，冲洗不能解决时应清理池底部。问题解决后应调整吸砂时间，避免长时间堆积

问题	原因分析	优化对策
3. 积砂腐臭	当排砂方式为气提时，洗下来的有机物大部分仍滞留在集砂区，容易发生厌氧发酵，导致腐臭和刺激性气味	调整提砂的运行周期和气提强度，提高洗砂的效果
4. 提砂高度不足，排砂不畅	提砂时真空度被破坏，导致提砂失败或者提砂率低	检查真空度和气提运行情况，确保提砂真空度符合设计要求，核算吸砂泵所需扬程，更换扬程更大的设备
5. 除砂率降低	进水量超负荷运行，提砂过程异常导致积砂	调整沉砂池运行数目，确保沉砂池不超负荷运行，优化提砂周期和曝气强度，改造为转速可调，根据实际出砂情况调整转速；优先采用双曲面桨叶，并使桨叶旋转方向与进水方向相反，并根据实际出砂情况调整搅拌桨距离集砂区底部距离；检查提砂设备是否正常运行以及优化提砂周期

7.1.2.3 曝气式沉砂池

曝气沉砂池通常呈矩形设计，池底一侧设有 0.1～0.5 的坡度，坡向另一侧的集砂斗。曝气装置位于集砂斗一侧，空气扩散板距离池底大约 0.6～0.9m，这使得池内水流产生旋流运动。曝气沉砂池的示意如图 7-9 所示。这种设计有助于提高沉砂池的除砂率，同时通过曝气可以促进颗粒物的沉降。

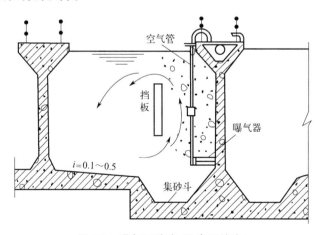

图 7-9 曝气沉砂池（i 表示坡度）

（1）特点及适用范围

① 曝气沉砂池利用曝气使无机颗粒之间不断进行摩擦，以去除无机颗粒表面附着的有机物，从而通过重力作用进行沉淀分离。该沉砂池适用于进水量变化大、含油脂较多的污水处理厂。

② 通过曝气提高了污水中的溶解氧，但容易破坏后续工艺段厌氧过程，从而影响除磷效果。

③ 曝气沉砂池日常运行较稳定，能用于各种规模的污水处理厂，适用范围广泛。

（2）基本工艺技术参数

① 沉砂池分格数：一般不小于 2。

② 进水水平流速：不宜大于 0.1m/s。

③ 污水停留时间：宜大于 5min。

④ 池的有效水深：2～3m。池宽与池深比一般为 1.0～1.5，池的长宽比可达 5。

⑤ 一般多采用穿孔管曝气，孔径为 2.5～6.0mm，距池底约为 0.6～0.9m，曝气量宜为 5.0～12.0L/(m·s)。

⑥ 在池底设置集砂斗，池底有 $i=0.1～0.5$ 的坡度，以保证砂粒滑入集砂斗。

（3）运行管理要求及操作要点

① 定期观察除砂效果。日常巡检时须经常观察沉砂池出水的含砂情况，通过计算沉砂池的除砂率，判断沉砂池运行状态，如除砂率经常低于设计要求的 95%，则须查明具体原因并采取相应措施解决。

② 控制沉砂池曝气强度，宜将气水比控制在 0.25m³/m³ 左右，避免曝气过度或曝气不足。

③ 日常巡检时应注意观察吸砂系统、砂水分离系统的运行情况以及砂斗的积砂情况，避免吸砂泵或吸砂管堵塞，一旦发现有堵塞现象须及时进行清理。

④ 运行人员应对沉砂池沉渣定期进行取样化验其含水率和灰分，每日记录沉砂量。合理调配沉砂池运行数量，控制好水力停留时间；合理设置吸砂系统，砂水分离系统运行时间间隔。

⑤ 日常巡检时应注意观察沉砂池前端细格栅前后的液位差不能过大，当格栅前后液位差大于 20cm 时应及时清捞垃圾，防止进水未经过格栅漫流到下游。

⑥ 当沉砂池后续处理单元积砂严重时，应对沉砂池进行停产大修，清理沉砂池积砂。

⑦ 运行人员应注意及时排砂，一般每天一次。排砂设备不能超负荷运转，运转间隔时间宜根据实际砂量确定。

⑧ 定期（每月一次）对沉砂池进、出水闸门进行日常加油保养。日常操控闸门时作业人员应在现场观察电动闸门的运行情况，发现异常情况应紧急关闭电源，排除故障后恢复运行。

（4）常见问题及优化对策（表 7-8）

表 7-8　曝气式沉砂池常见问题及优化对策

常见问题	原因分析	优化对策
1. 除砂率下降	（1）吸砂、排砂系统堵塞；（2）停留时间不够	（1）清通吸砂、排砂系统；（2）合理调配沉砂池运行数量，增加水力停留时间
2. 沉砂池底积砂	吸砂泵运行不正常	检查吸砂泵运行情况，及时解决吸砂系统存在问题

常见问题	原因分析	优化对策
3. 出砂有机物含量高	曝气管设置不当，无法形成旋流	重新布置曝气管角度，直至渠中形成明显的旋流，也可在设置曝气装置的一侧装设挡板
4. 出水溶解氧过高	曝气强度过大，或者停留时间过长	根据进水量的大小，调节沉砂池运行数目；优化曝气方式和曝气管角度，适当降低曝气强度

7.1.3 初沉池

7.1.3.1 概述

初沉池是污水处理厂一级处理的重要组成部分，通常位于沉砂池之后、生物池之前。其主要功能是通过沉淀作用去除污水中密度较大的固体悬浮颗粒，减轻后续生物处理的负荷，减少无机悬浮物对后续工艺运行的影响，并可去除部分有机物。此外，初沉池还有调节水量、改善水质、减轻生物处理有机负荷、提高污泥活性等作用。

污水进入初沉池后，流速迅速减小，减轻了水流对沉降悬浮物的冲击，使得悬浮物依靠重力沉降。初沉池可去除约 $40\%\sim55\%$ 的悬浮物（SS），同时还可去除 $20\%\sim30\%$ 的生化需氧量（BOD_5）。对于进水 SS 大于 150mg/L 或 SS/BOD_5 比值大于 1.5 的城镇污水处理厂，建议设置初沉池。如果污水处理厂进水 SS 和 BOD_5 偏低，总氮（TN）偏高，且出水 TN 要求较高时，可以考虑不设初沉池。对于已建初沉池但实际进水 SS 较低（小于 150mg/L）或初沉池出水 BOD_5（或化学需氧量 COD_{Cr}）出现较大幅度降低的情况，可以考虑部分或全部超越初沉池，以减少碳源的损失。

初沉池按水流方式及池型结构可分为平流式、辐流式、竖流式和斜板（管）式，使用的主要设备为刮泥机。平流式和辐流式沉淀池适用于各种规模的污水处理厂，应用广泛；竖流式沉淀池一般用于小型污水处理厂；对于需要挖掘原有沉淀池潜力或建造沉淀池面积受限的污水处理厂，可采用斜板（管）沉淀池。各类沉淀池均包含进水区、沉淀区、缓冲区、污泥区和出水区等区域。初沉池一般规定如下：

① 表面水力负荷 [斜板（管）沉淀池除外]：$1.5\sim4.5m^3/(m^2 \cdot h)$。

② 沉淀时间：0.5～2.0h。

③ 污泥含水率：$95\%\sim97\%$。

④ 出口堰最大负荷：$\leqslant2.9L/(s \cdot m)$。

⑤ 超高：不小于 0.3m，通常为 0.3～0.5m。

⑥ 有效水深：2.0～4.0m。

⑦ 污泥斗斜壁与水平面倾角：方斗 60°，圆斗 55°。

⑧ 泥区容积：4～48h 污泥量。

⑨ 排泥管直径：$\geqslant200mm$。

⑩ 静压排泥水头：≥1.5m。

出口堰前应设置挡渣板阻拦漂浮物，同时还应设计浮渣收集和排除装置。挡渣板应高出水面 0.15～0.2m，浸没水下 0.3～0.4m，距出水口处 0.2～0.5m。升流式异向流斜管（板）沉淀池的设计表面水力负荷，可按普通沉淀池设计表面水力负荷的 2 倍计。

平流式、竖流式、辐流式及斜板（管）式沉淀池的优缺点及适用范围见表 7-9。

表 7-9　平流式、竖流式、辐流式及斜板（管）式沉淀池的优缺点及适用范围

池型	优点	缺点	适用范围
平流式	（1）易于运行管理；（2）沉淀效果好；（3）对冲击负荷和温度变化的适应能力较强；（4）施工方便；（5）可与其他工艺段合建，节省占地；（6）布置合理，可降低水头损失，降低能耗	（1）配水不易均匀；（2）多斗排泥时，需要单独设置排泥设备，操作工作量大；（3）采用刮泥机排泥时，浸没于水中的部件易腐蚀，巡检难度大，检修困难；（4）对施工质量要求高	（1）适用于大、中、小型污水处理厂；（2）适用于地下水位高、地质条件差的地区
竖流式	（1）不需设刮泥设备，排泥方便，管理简单；（2）池径较小，占地面积较小	（1）池深大，尤其是采用单斗排泥，施工较其他池型困难；（2）对冲击负荷和温度变化的适应能力差；（3）池径过大可能导致布水不匀	适用于小型污水处理厂
辐流式	（1）多为机械排泥，排泥方便，运行管理简单；（2）集水渠沿池周边布置，出水堰较长，故出水堰负荷较小；（3）结构受力条件好；（4）机械刮排泥设备已有定型产品	（1）占地面积大；（2）机械排泥设备复杂；（3）排泥管长，至少大于池半径，堵塞后维修清理难度大；（4）大型沉淀池集泥时间较长，污泥在池内停留时间较长；（5）对施工质量要求高	适用于大、中、小型污水处理厂
斜板（管）式	（1）沉淀效率高；（2）停留时间短；（3）占地面积小	（1）不加盖或无遮光措施，特定条件下，斜板（管）上可能会滋生藻类，尤其是夏季，给维护管理带来困难；（2）斜板（管）有积泥现象，需设冲洗设施；（3）多为重力排泥，底部可能形成积泥区，需定期放空冲洗	适用于需要挖掘原有沉淀池潜力或建造沉淀池面积受限的污水处理厂

7.1.3.2　平流式初沉池

平流式初沉池通常呈长方形设计，具有布局合理、施工简易、沉淀效果较好等优点。如果生物池与初沉池相连建设，还可以节省占地面积。常见的平流式沉淀池示意如图 7-10～图 7-12 所示。

（1）特点及适用范围

① 污水进入平流式沉淀池后，从一端水平向前推进，污泥借助重力下沉，污水则从其另一端流出。为使污水能够均匀、稳定地进出沉淀池，防止短流，对进、出水一般都需

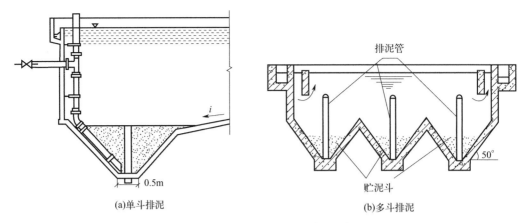

(a)单斗排泥   (b)多斗排泥

图 7-10　重力排泥平流式沉淀池示意（i 表示坡度）

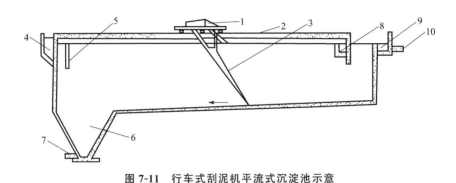

图 7-11　行车式刮泥机平流式沉淀池示意

1—刮泥行车；2—刮渣板；3—刮泥板；4—进水槽；5—挡流板；6—泥斗；
7—排泥管；8—浮渣槽；9—出水槽；10—出水管

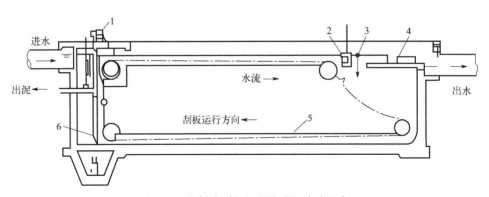

图 7-12　链板式刮泥机平流式沉淀池示意

1—集渣器驱动；2—浮渣槽；3—挡板；4—可调节出水堰；5—刮板；6—排泥管

采取消能和整流措施。进水多采用挡流墙或挡板，挡板一般高出水面 0.15～0.20m，浸没深度≥0.25m，一般为 0.5～1.0m，挡板距进水槽 0.5～1.0m；出水采用三角堰，应设有堰板高度和水平度调节装置。

　　② 集泥和排泥方式主要有两种：第一种是静压重力排泥，排泥管下端插入污泥斗，可采用带刮泥机的单斗排泥或多斗排泥，采用多斗式排泥可减少沉淀池深度，多斗式沉淀

池可不设机械刮泥设备，在池的宽度方向污泥斗一般不超过两排。静压重力排泥方式一般适用于小型处理厂。第二种是机械排泥，有行车式刮泥机和链板式刮泥机两种方式，刮泥机将污泥刮至泥斗，再用污泥泵或排泥管将污泥从泥斗中排出。行车式刮泥机一般设有刮渣板，在刮泥的同时将浮渣刮至浮渣槽内，链板式刮泥机的刮板在回转时可将浮渣刮至沉淀池另一端的浮渣槽内。

③ 常用于污水处理厂一级处理，一般设在沉砂池之后、生物池之前。适用于大、中、小型污水处理厂初次沉淀工艺。

（2）基本工艺技术参数

① 表面负荷：仅沉淀处理，$1.5\sim2.5m^3/(m^2\cdot h)$，生物处理前，$2.0\sim4.5m^3/(m^2\cdot h)$。

② 停留时间：仅沉淀处理，$1.5\sim2.0h$，生物处理前，$0.5\sim1.5h$。

③ 长宽比：$\geqslant4$，一般 $4\sim5$ 为宜。

④ 长度与有效水深比：$\geqslant8$，一般 $8\sim12$ 为宜。

⑤ 池长：$\leqslant60m$，一般 $30\sim50m$ 为宜。

⑥ 水平流速：$\leqslant7mm/s$。

⑦ 缓冲层高度：非机械排泥时，缓冲层高度 $0.5m$；机械排泥时应根据刮泥板高度确定，且缓冲层上缘宜高出刮泥板 $0.3m$。

⑧ 池底坡纵：$\geqslant0.01$，一般 $0.01\sim0.02$。

⑨ 刮泥机行进速度：$0.3\sim1.2m/min$，通常为 $0.6m/min$。

（3）运行管理要求及操作要点

① 生产人员应根据池组设置（若设置多个池组）、进水水质水量变化等工艺参数调节各池进水量，使各池配水均匀。若考虑后续处理单元脱氮除磷对碳源的需求，可减少设施运行组数或超越运行。

② 核算并控制水力停留时间、表面负荷、溢流堰负荷等工艺参数在设计范围内，以保证均匀进出水，防止异常进水条件对初沉池处理效果的影响。

③ 应定期观察沉淀池的沉淀效果及运行状态，根据污泥沉降性能、污泥界面高度、污泥量等工艺参数确定合适的排泥频率和时间。共用配水井（槽、渠）和集泥井（槽、渠）的初沉池，且采用静压排泥的，应平均分配水量，并应按相应的排泥时间和频率排泥。初沉池排泥宜间歇进行，以使排放污泥的含水率小于97%，确保排泥效果；同时也要防止污泥上浮影响出水水质。一般夏季排泥间隔时间为 $4\sim12h$；冬季排泥间隔时间为 $12\sim24h$，一次持续排泥时间一般为几分钟到几十分钟不等。

④ 在进水水质符合设计指标时，初沉池 BOD_5、COD_{Cr}、SS 的去除率应分别大于25%、30%和40%。日常生产运行应跟踪监测初沉池进、出水水质。当进水水质异常时可不作上述去除率要求，应根据实际情况确定。

⑤ 沉淀池堰口应保持出水均匀，不得有污泥溢出。若出水堰口被浮渣堵塞，应及时清除，否则会造成堰口出水不均匀，易造成短流，影响处理效果。

⑥ 应经常检查除渣装置、浮渣斗和排渣管道的排渣情况，如有堵塞需及时疏通，排

出的浮渣应及时处理或处置，必要时应辅以水冲或人工清捞。

⑦ 初沉池宜每年排空 1 次，清理配水渠、管道和池体底部积泥并检修刮泥机及水下部件等。主要检查的内容有：水下部件的锈蚀程度及是否需要重新防腐；池底是否有积砂，池内是否有死区；刮板与池底是否密合；排泥斗及排泥管路内是否有积砂；刮板与支承轮的磨损；池壁或池底的混凝土抹面是否有脱落，刮泥机桁架是否有变形或断裂等。

⑧ 日常巡视密切注意刮泥机的运行情况，确保无异常振动、噪声等，减速机、驱动轮机链条等定期做好润滑、上油等维护保养工作。应经常检查刮泥机电机的电刷、行走装置、浮渣刮板、刮泥板等易磨损件，发现损坏应及时更换。

⑨ 刮泥机运行时，不得多人同时在刮泥机走道板（若有）上滞留，以避免过载。

⑩ 长时间超越、停运及大修时，应将池内污泥放空，否则可能导致池底污泥板结，恢复运行时可能造成刮泥机损坏。恢复运行时，应先注入少量污水浸润底泥，再点动刮泥机，避免过载，多次点动并运转正常后方可正常运行。低温季节应避免放空检修和刮泥机长时间停运。

（4）常见问题及优化对策（表 7-10）

表 7-10　平流式初沉池常见问题及优化对策

常见问题	原因分析	优化对策
1. 出水不均，出水堰口有杂物，局部短流	（1）污泥黏附、藻类滋生。（2）浮渣等杂物漂在池边、卡在堰口上	（1）经常清理出水堰，防止污泥、藻类在堰口积累和生长。（2）及时清理浮渣，并排除格栅等前处理工艺段故障问题。（3）校正堰板水平度，固定堰板的螺栓、螺母等应使用不锈钢材质。（4）二组以上池子时，应注意出水堰安装水平标高一致
2. 污泥上浮，池面气泡增多	（1）由于沉淀污泥解体上浮。（2）排泥不及时、水温较高、停留时间长、有机负荷高等导致污水缺氧而腐败，污泥上浮。（3）设计上若有二沉池污泥回流至初沉池，因回流污泥硝酸盐含量较高，在初沉池内发生缺氧反硝化反应，产生氮气并附着污泥上浮	（1）加快除渣频率，检查并排除排泥设备、管道等故障，加强排泥，调整排泥时间。（2）清除沉淀池内壁、部件或某些死角的污泥。（3）可控制后续生化处理系统，在氨氮达标的前提下适当减少泥龄，调整曝气强度，减轻污泥老化程度；适当减少回流污泥量，降低初沉池反硝化程度
3. 出水中夹带浮渣，浮渣从出水堰口流出	（1）浮渣刮板与溢流堰、浮渣槽不密合或损坏。（2）浮渣挡板淹没深度不够或出渣口位置设置离出水堰太近。（3）除渣不及时	（1）检修浮渣刮板。（2）调整浮渣挡板淹没深度，更改出渣口位置，使浮渣收集远离出水堰。（3）加快除渣频率
4.SS 去除率降低，出水浑浊、悬浮颗粒增多	（1）水力负荷过高，或存在短流。（2）排泥不及时。（3）进水有机物浓度高	（1）适当降低进水量，检查并调整进水挡流板高度位置，检查并调整出水堰高度，防止短流；投加混（絮）凝剂，提高沉淀效果。（2）加强排泥；检查刮泥机、排泥泵运行是否正常；检查并清理集泥斗和排泥管。（3）确定高浓度有机废水来源；若影响后续生化处理工艺，应适当降低进水量

常见问题	原因分析	优化对策
5. 排泥管堵塞，造成污泥上浮或出水带泥	（1）预处理段格栅、沉砂池处理效果差或故障，导致塑料、布条、纤维等杂物进入池中，造成排泥管堵塞。（2）排泥间隔时间过长，造成排泥管堵塞。（3）若有混凝沉淀功能，混凝剂的投加可能加速排泥管堵塞。（4）检修、超越等长时间停运未放空清理，导致底泥板结堵塞排泥管	（1）保证预处理格栅、沉砂池等运行效果，排泥管通畅后增加排泥频率。（2）通入压缩空气冲洗疏通排泥管；将沉淀池放空清理冲洗；堵塞特别严重时需要人工下池清掏。（3）优化混凝沉淀功能。（4）长时间停运应放空清理沉淀池，恢复运行时应检查排泥管，确保畅通。（5）排泥尽量采用多时段的方式，减少污泥堵塞现象，但耗电相对多。可通过监测泥层厚度，找到最合适的模式，既节能又安全
6. 排泥浓度下降，污泥含水率偏高	（1）排泥时间太长。（2）多池运行时各池排泥不均匀。（3）贮泥斗积砂严重，有效容积减小。（4）刮泥与排泥步调不一致	（1）减少排泥时间及频次。（2）调整各池排泥时间，均匀排泥。（3）提高沉砂工艺运行效率，清理贮泥斗。（4）调整刮泥机运行时间和排泥时间
7. 刮泥机故障，过载或跳电	（1）排泥周期过长、排泥量少，导致沉淀池内污泥积累过多或板结。（2）初沉池内掉入物体，如采样时掉入采样器、检修时掉入工具导致刮泥机过载。（3）刮泥机电气故障	（1）加大排泥，防止板结。（2）检查刮泥机是否被砖石、工具或松动的零件卡住，及时更换损坏的链条、刮泥板等部件；必要时，将初沉池排空检修。（3）电气维修。（4）监测池内泥位，防止泥位过高，造成负载过高。（5）检查减速齿轮油位，是否过低造成过热现象

7.1.3.3 竖流式初沉池

竖流式初沉池的平面图可以是圆形、正方形或多角形。污水从中心管流入，在沉降区内由下向上进行竖向流动，然后从池的顶部周边流出。这种设计有助于提高沉淀效率，特别是在处理高浓度悬浮物时。常见的竖流式沉淀池示意如图 7-13 和图 7-14 所示。

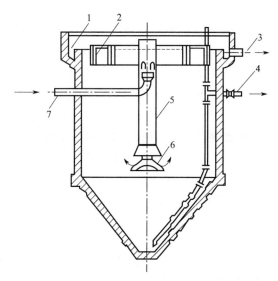

图 7-13 竖流式沉淀池示意
1—集水槽；2—挡渣板；3—出水；4—排泥管；5—中心导流管；6—反射板；7—进水管

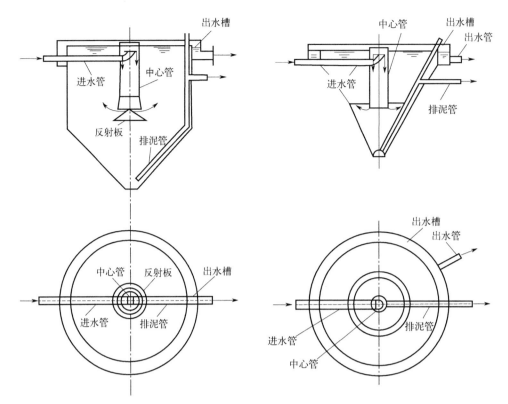

图 7-14 竖流式沉淀池主视图及对应俯视图示意

（1）特点及适用范围

① 在竖流式沉淀池中，污水从下往上以流速 v 做竖向运动，悬浮颗粒受重力作用以速度 u 下沉。悬浮颗粒在污水中有以下三种状态：a. $u>v$ 时，沉入下部污泥斗，得以去除；b. $u=v$ 时，呈随机悬浮状态；c. $u<v$ 时，不能沉降，会被上升水流带走，污水经溢流堰流入出水槽排出。沉淀的污泥在污泥斗中进一步浓缩，一般采用静水压力排泥，不需设刮泥设备，排泥方便，易于管理。中心管下口设有喇叭口和反射板，以消除进入沉淀区的水流能量，保证沉淀效果。池底污泥斗呈锥形，它与水平的倾角常不小于 45°。池径不宜过大，否则易导致布水不均。当池径（或正方形的一边）小于 7m 时，污水沿池周边排出；当池径（或正方形的一边）大于 7m 时，应增设辐射集水支渠。

② 竖流式沉淀池单池容量小，节省占地面积，但池深大，施工困难，并且对水量冲击负荷和水温度变化适应能力不强，只适用于小型污水处理厂。

（2）基本工艺技术参数

① 表面负荷：仅沉淀处理，$1.5\sim2.5\text{m}^3/(\text{m}^2\cdot\text{h})$，生物处理前，$2.0\sim4.5\text{m}^3/(\text{m}^2\cdot\text{h})$。

② 停留时间：仅沉淀处理，$1.5\sim2.0\text{h}$，生物处理前，$0.5\sim1.5\text{h}$。

③ 直径（或正方形的一边）：$\leqslant10\text{m}$，一般为 $4\sim7\text{m}$。

④ 直径与有效水深之比：$\leqslant3$。

⑤ 中心管内流速：$\leqslant30\text{mm/s}$，中心管下口应设有喇叭口和反射板，其间流速 $\leqslant$

40mm/s，板底面距离泥面≥0.3m。

⑥ 排泥管下端距离池底不大于0.2m，管上端超出池面不小于0.4m。

（3）运行管理要求及操作要点

① 生产人员应根据池组设置（若设置多个池组）、进水水质水量变化等工艺参数，调节各池进水量，使各池配水均匀。若考虑后续处理单元脱氮除磷对碳源的需求，可减少设施运行组数或超越运行。

② 核算并控制水力停留时间、表面负荷、溢流堰负荷等工艺参数在设计范围内，确保均匀进出水，防止异常进水条件对初沉池处理效果的影响。

③ 定期观察沉淀池的沉淀效果及运行状态，根据污泥沉降性能、污泥界面高度、污泥量等工艺参数确定合适的排泥频率和时间。共用配水井（槽、渠）和集泥井（槽、渠），且采用静压排泥的初沉池，应平均分配水量，并应按相应的排泥时间和频率排泥。初沉池排泥宜间歇进行，以使排放污泥的含水率小于97%，确保排泥效果；同时也要防止污泥上浮，影响出水水质。一般夏季排泥间隔时间为4~12h；冬季排泥间隔时间为12~24h，一次持续排泥时间一般为几分钟到几十分钟不等。

④ 在进水水质符合设计指标时，初沉池 BOD_5、COD_{Cr}、SS 的去除率应分别大于25%、30%和40%，日常生产运行应跟踪监测初沉池进出水水质。当进水水质异常时可不作上述去除率要求，应根据实际情况确定。

⑤ 沉淀池堰口应保持出水均匀，不得有污泥溢出，若出水堰口被浮渣堵塞，应及时清除，否则会造成堰口出水不均匀，易造成短流，影响处理效果。

⑥ 初沉池宜每年排空1次，清理配水渠、管道和池体底部积泥并检修水下部件等。主要检查的内容有：水下部件的锈蚀程度及是否需要重新防腐；池底是否有积砂，池内是否有死区；排泥斗及排泥管路内是否有积砂；池壁或池底的混凝土抹面是否有脱落等。

⑦ 长时间超越、停运及大修时，应将池内污泥放空，否则可能导致池底污泥板结，恢复运行时可能造成排泥管堵塞。恢复运行时，应先注入少量污水浸润底泥，检查并确保排泥管畅通。低温季节应避免放空检修和长时间停运。

（4）常见问题及优化对策

参见7.1.3.2中"常见问题及优化对策"。

7.1.3.4　辐流式初沉池

辐流式初沉池通常为圆形或正方形设计。这种类型的沉淀池直径较大，在大型污水处理厂中，其直径通常超过40米。辐流式沉淀池在城镇污水处理厂中应用广泛，可以根据进水和出水方式的不同分为三种类型：中心进水周边出水型（图7-15），污水从中心进入，然后从周边流出；周边进水周边出水型（图7-16），污水从周边进入，然后从周边流出；周边进水中心出水型（图7-17），污水从周边进入，然后从中心流出。前两种类型在实际应用中较为常见。

（1）特点及适用范围

① 中心进水辐流式沉淀池在池中心进水，污水由沉淀池中心管上的孔口流入池内，在穿孔挡板的作用下，平稳均匀地流向四周，溢入出水槽内。

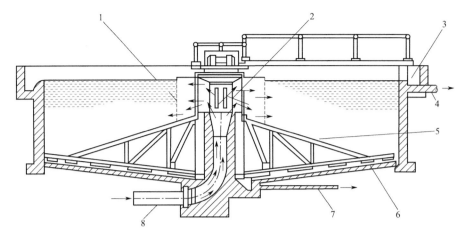

图 7-15　中心进水周边出水沉淀池示意

1—穿孔挡板；2—中心管；3—出水槽；4—出水管；5—刮泥机；6—刮泥板；7—排泥管；8—进水管

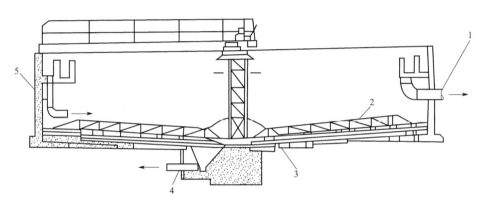

图 7-16　周边进水周边出水沉淀池示意

1—出水管；2—刮泥机；3—刮泥板；4—排泥管；5—进水管

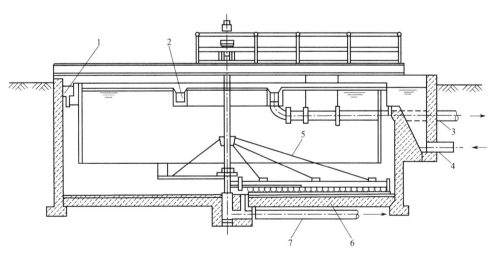

图 7-17　周边进水中心出水沉淀池示意

1—进水槽；2—出水槽；3—出水管；4—进水管；5—刮泥机；6—刮泥板；7—排泥管

② 周边进水辐流式沉淀池在池周边进水，进水槽断面较大，槽底孔较小，布水时水头损失集中在孔上，布水较均匀。若进水设有挡流板，污水进入沉淀区的流速更小，有利于悬浮颗粒的沉降。但进水槽内浮渣排除较难，需要人工定期操作进水渠末端排泥阀手动排除。

③ 出水采用三角堰溢流整流措施。为防止浮渣随水流走，在出水堰内侧设浮渣挡板，浸没深度 0.3～0.4m。

④ 辐流式沉淀池一般采用底部旋转式刮泥机，刮泥机刮板将沉底污泥刮到池中心污泥斗，可采用静水压力或污泥泵排泥。刮泥机的驱动方式包括中心传动或者周边传动，当池径小于 20m 时，一般采用中心传动；当池径大于 20m 时，一般采用周边传动。刮泥机有全桥和半桥之分，当池体直径较大时，为保证排泥的速度和不超过最大周边刮泥速度，采用全桥形式；当初沉池直径较小时，采用半桥。回转桥上的浮渣刮板在刮泥的同时可把浮渣刮至浮渣斗中。

⑤ 辐流式沉淀池因运行可靠、管理简单、出水堰负荷较小、刮泥机故障率较小及排泥方便等优点，在城镇污水处理厂中应用广泛，适用于规模较大的污水处理厂。

（2）基本工艺技术参数

① 表面负荷：仅沉淀处理，$1.5～2.5m^3/(m^2 \cdot h)$，生物处理前，$2.0～4.5m^3/(m^2 \cdot h)$。

② 停留时间：仅沉淀处理，1.5～2.0h，生物处理前，0.5～1.5h。

③ 直径（或正方形的一边）与有效水深之比：6～12。

④ 直径：不宜大于 50m。

⑤ 池底坡度：≥0.05。

⑥ 有效水深：2～4m。

⑦ 径深比：6～12。

⑧ 入流流速：<1m/s。

⑨ 刮泥机旋转速度：1～3r/h。

⑩ 刮泥板外缘线速度：≤3m/min。

⑪ 缓冲层高度：非机械排泥时，0.5m；机械排泥时应根据刮泥板高度确定，且缓冲层上缘宜高出刮泥板 0.3m。

（3）运行管理要求及操作要点

① 生产人员应根据池组设置（若设置多个池组）、进水水质水量变化等工艺参数，调节各池进水量，使各池配水均匀。若考虑后续处理单元脱氮除磷对碳源的需求，可减少设施运行组数或超越运行。

② 核算并应控制水力停留时间、表面负荷、溢流堰负荷等工艺参数在设计范围内，保证均匀进出水，防止异常进水条件对初沉池处理效果的影响。

③ 应定期观察沉淀池的沉淀效果及运行状态，根据污泥沉降性能、污泥界面高度、污泥量等工艺参数确定合适的排泥频率和时间。共用配水井（槽、渠）和集泥井（槽、渠）的初沉池，且采用静压排泥的，应平均分配水量，并应按相应的排泥时间和频率排泥。初沉池排泥宜间歇进行，以使排放污泥的含水率小于 97%，确保排泥效果；同时也要

防止污泥上浮，影响出水水质。一般夏季排泥间隔时间为 4～12h；冬季排泥间隔时间为 12～24h，一次持续排泥时间一般为几分钟到几十分钟不等。

④ 在进水水质符合设计指标时，初沉池 BOD_5、COD_{Cr}、SS 的去除率应分别大于 25%、30%和40%，日常生产运行应跟踪监测初沉池进出水水质。当进水水质异常时可不作上述去除率要求，应根据实际情况确定。

⑤ 沉淀池堰口应保持出水均匀，不得有污泥溢出，若出水堰口被浮渣堵塞，应及时清除，否则会造成堰口出水不均匀，易造成短流，影响处理效果。

⑥ 应经常检查除渣装置、浮渣斗和排渣管道的排渣情况，如有堵塞需及时疏通，排出的浮渣应及时处理或处置，必要时应辅以水冲或人工清捞。

⑦ 初沉池宜每年排空 1 次，清理配水渠、管道和池体底部积泥并检修刮泥机及水下部件等。主要检查的内容有：水下部件的锈蚀程度及是否需要重新防腐；池底是否有积砂，池内是否有死区；刮板与池底是否密合；排泥斗及排泥管路内是否有积砂；刮板与支承轮的磨损；池壁或池底的混凝土抹面是否有脱落，刮泥机桁架是否有变形或断裂等。

⑧ 日常巡视密切注意刮泥机的运行情况，确保无异常振动、噪声等，减速机、驱动装置等定期做好润滑、上油等维护保养工作。应经常检查刮泥机电机的电刷、行走装置、浮渣刮板、刮泥板等易磨损件，发现损坏应及时更换。

⑨ 刮泥机运行时，不得多人同时在刮泥机走道板上滞留，以避免过载。

⑩ 长时间超越、停运及大修时，应将池内污泥放空，否则可能导致池底污泥板结，恢复运行时可能造成刮泥机损坏。恢复运行时，应先注入少量污水浸润底泥，再点动刮泥机，避免过载，多次点动并运转正常后方可正常运行。低温季节应避免放空检修和刮泥机长时间停运，以防冰冻。

（4）常见问题及优化对策

参见 7.1.3.2 中"常见问题及优化对策"。

7.1.3.5 斜板（管）初沉池

斜板（管）初沉池是根据浅层沉淀原理设计的，在方形池内设置若干斜板或蜂窝斜管，以实现悬浮固体的浅层沉淀。斜板（管）沉淀池的示意如图 7-18 所示。通过斜板或斜管的设置，可以增加沉淀面积，从而提高沉淀效率。

（1）特点及适用范围

① 按水流与沉降污泥的相对运动方向，斜板（管）沉淀池可分为异向流、同向流和侧向流三种形式。在城市污水处理厂中主要采用升流式异向流斜板（管）沉淀池。

② 升流式异向流斜板（管）沉淀池的表面负荷不宜过大，否则沉淀效果不稳定，宜按普通沉淀池的2倍设计。长期生产运行，斜板（管）上会有积泥现象，斜板（管）沉淀池应设冲洗设施。

③ 斜板（管）初沉池具有去除率高、停留时间短、占地面积小等优点。当需要挖掘原有沉淀池潜力或建造沉淀池面积受限制时，从技术经济角度考虑可采用斜板（管）沉淀池。

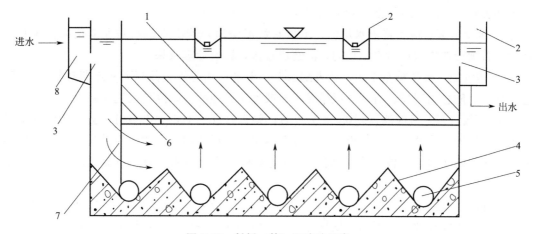

图 7-18 斜板（管）沉淀池示意

1—斜板（管）；2—集水槽；3—淹没孔口；4—污泥斗；5—穿孔排泥管；
6—阻流板；7—整流墙；8—配水槽

（2）基本工艺技术参数

① 表面负荷：仅沉淀处理，$1.5 \sim 2.5 m^3/(m^2 \cdot h)$；生物处理前，$2.0 \sim 4.5 m^3/(m^2 \cdot h)$。

② 停留时间：仅沉淀处理，$1.5 \sim 2.0h$；生物处理前，$0.5 \sim 1.5h$。

③ 斜板垂直净距（或斜管孔径）：$80 \sim 100mm$。

④ 斜板（管）斜长：$1.0 \sim 1.2m$。

⑤ 斜板（管）水平倾角：$60°$。

⑥ 斜板（管）区上部水深：$0.7 \sim 1.0m$。

⑦ 缓冲层高度：$1.0m$。

⑧ 污泥斗倾角：$55° \sim 60°$。

（3）运行管理要求及操作要点

① 生产人员应根据池组设置（若设置多个池组）、进水水质水量变化等工艺参数，调节各池进水量，使各池配水均匀。若考虑后续处理单元脱氮除磷对碳源的需求，可减少设施运行组数或超越运行。

② 核算并应控制水力停留时间、表面负荷、溢流堰负荷等工艺参数在设计范围内，保证均匀进出水，防止异常进水条件对初沉池处理效果的影响。

③ 应定期观察沉淀池的沉淀效果及运行状态，根据污泥沉降性能、污泥界面高度、污泥量等工艺参数确定合适的排泥频率和时间。共用配水井（槽、渠）和集泥井（槽、渠）的初沉池，且采用静压排泥的，应平均分配水量，并应按相应的排泥时间和频率排泥。初沉池排泥宜间歇进行，以使排放污泥的含水率小于 97%，确保排泥效果；同时也要防止污泥上浮，影响出水水质。一般夏季排泥间隔时间为 $4 \sim 12h$；冬季排泥间隔时间为 $12 \sim 24h$，一次持续排泥时间一般为几分钟到几十分钟不等。

④ 在进水水质符合设计指标时，初沉池 BOD_5、COD_{Cr}、SS 的去除率应分别大于 25%、30% 和 40%，日常生产运行应跟踪监测初沉池进出水水质。当进水水质异常时可不

作上述去除率要求，应根据实际情况确定。

⑤ 沉淀池堰口应保持出水均匀，不得有污泥溢出，若出水堰口被浮渣堵塞，应及时清除，否则会造成堰口出水不均匀，易造成短流，影响处理效果。

⑥ 初沉池宜每年排空 1 次，清理配水渠、出水渠和池体底部积泥并定期对斜板（管）进行检修，防止因坍塌、折坏造成排泥不畅或发生其他故障，降低沉淀效果。

⑦ 斜板（管）沉淀池运行 1～2 个月后，斜板（管）上积泥太多时，会造成污泥上浮现象，可以通过降低水位使斜板（管）部分露出，然后使用高压水进行冲洗。冲洗时应控制好水压，防止损坏斜板（管），同时应避免斜板（管）在阳光直射下暴露时间过长，使材质发生变化。

⑧ 长时间超越、停运及大修时，应将池内污泥放空，否则可能导致池底污泥板结，恢复运行时可能导致排泥不畅。恢复运行时，应先注入少量污水浸润底泥，检查并确保排泥管畅通。低温季节应避免放空检修和长时间停运。

⑨ 沉淀池未加盖或无遮光措施，特定条件时，斜板（管）上可能会滋生藻类，尤其是夏季，给维护管理带来困难。因此需要视实际运行情况考虑是否定期清理。

（4）常见问题及优化对策（表 7-11）

表 7-11　斜板初沉池的常见问题及优化对策

常见问题	原因分析	优化对策
污泥上浮，初沉池表面浮渣增多和池面冒泡	（1）斜板下的污泥浓度过大；（2）斜板阻塞；（3）泥位过高；（4）池底存在污泥死区	（1）加快排泥或用局部排污阀对初沉池进行局部排泥；（2）斜板上积泥太多时，可适当放空露出斜板（管），小心冲洗清理斜板，防止斜板（管）被损坏；（3）加快排泥，延长排泥时间；（4）进行改造优化或定期放空冲洗

其余参见 7.1.3.2 中"常见问题及优化对策"。

7.1.3.6　初沉池刮泥机

刮泥机是初沉池中的主要排泥设备，它能够将沉淀在池底的污泥刮集至污泥斗内，然后通过静水压力或污泥泵将污泥排至污泥处理设施。根据沉淀池类型的不同，初沉池采用的刮泥机类型也有所区别：平流式初沉池的刮泥机主要有行车式抬耙刮泥机和链板式刮泥机；辐流式初沉池的刮泥机主要有中心传动刮泥机和周边传动刮泥机，中心转动刮泥机还包括垂架式和悬挂式两种类型。

刮泥机的运行通常采用可编程逻辑控制器（PLC）控制，可以采取手动或自动方式运行。一般而言，刮泥机的平均无故障工作时间不应少于 8000 小时，使用寿命不应少于 15 年。在运行过程中，如果刮板刮臂由异物卡塞、积泥砂过多等导致刮泥机过载时，刮泥机会自动切断电源，停机并报警，以保障设备的正常运行和安全。

本章节主要介绍以下几种类型的初沉池刮泥机：

（1）行车式抬耙刮泥机（提板式与之类似）

行车式刮泥机可根据需要设置刮渣板（耙），适用于平流式沉淀池的刮泥和撇渣，具有结构简单、安装方便的特点。按照水流方向，行车式刮泥机可以分为逆向刮泥逆向排渣和逆向刮泥同向排渣两种方式。刮泥机行车横跨在平流沉淀池两边的轨道上，由两台电机分别驱动行走轮行走，通过行程开关确定启停位置，根据池长可以在中间位置设置一到二处同步检测，避免故障的发生。全过程由电气自动控制。集泥槽、集渣槽可以设置在沉淀池的同一端或分设两端。

两种设置刮泥机构的工作过程有所不同。简而言之，去程时（需要刮泥或刮渣时）刮泥耙下降至池底、刮渣板（耙）略微浸入水面，分别把底泥和浮渣刮至集泥槽、集渣槽；回程时（不需要刮泥或刮渣时）刮泥耙上提离开池底、刮渣板（耙）上提离开液面，回到初始端后停机并按设置进行下一次循环。此外，有的刮泥机在不刮泥或刮渣回程时刮泥耙全部抬起，当回到刮泥的初始位置时，刮泥耙或刮渣板落下，这样周而复始地工作。

行车式抬耙刮泥机主要由行车、刮泥耙、撇渣耙、驱动装置和控制柜等组成。行车式抬耙刮泥机的示意如图 7-19 所示。

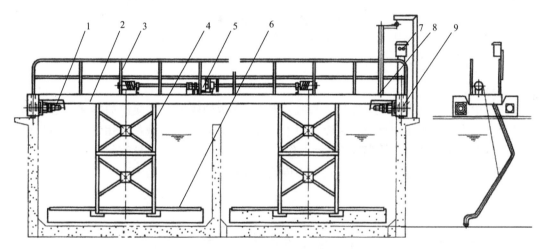

图 7-19 行车式抬耙刮泥机示意
1—端梁与传动机构；2—主梁；3—栏杆；4—桁架；5—卷扬机构；
6—刮板；7—电控系统；8—输电装置；9—轨道

（2）链板式刮泥机

链板式刮泥机适用于平流式沉淀池的刮泥和撇渣。主要由驱动装置、传动链条与链轮、牵引链与链轮、刮板、导向轮、张紧装置、链轮轴、导轨支架等部分组成。该刮泥机工作原理为：通过驱动装置带动链条运动，从而牵引链条上刮板移动，将底泥刮至集泥槽，浮渣刮至除渣管。链板式刮泥机特点如下：

① 刮板数量多，刮泥能力强。

② 刮板的移动速度慢，对污水扰动小，有利于悬浮物沉淀。

③ 刮板在池中做连续的回转运动，不需往返换向，驱动装置设在池顶的平台上，配电机维修方便。

④ 刮板回转至液面时可兼作刮渣板。

⑤ 链条式刮泥机的链条多采用不锈钢材质；而非金属链条式刮泥机的链条采用聚缩

醛树脂或者玻璃钢材质。和金属链条相比，不锈钢链条具有质软、表面光滑、耐腐蚀、质量轻、抗变形及抗拉强度高等特点。宽度超过 8 米尽量不使用非金属链条式刮泥机。

链板式刮泥机示意如图 7-20 所示。

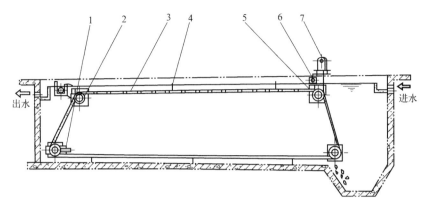

图 7-20　链板式刮泥机示意

1—张紧装置；2—从动轴；3—牵引链条；4—刮渣板；5—主动轴；6—链条调紧器；7—驱动装置

（3）中心传动刮泥机

1）悬挂式

悬挂式中心传动刮泥机主要适用于直径不超过 16 米的辐流式沉淀池的排泥。这种刮泥机没有中心支墩，主要依靠横跨沉淀池的工作桥来支撑，整机荷载都作用于工作桥的中心，因此得名"悬挂式"。其结构主要由工作桥、栏杆、驱动装置、导流筒、传动轴、拉杆、刮臂、刮泥板等部件组成。悬挂式中心传动刮泥机示意如图 7-21 所示。

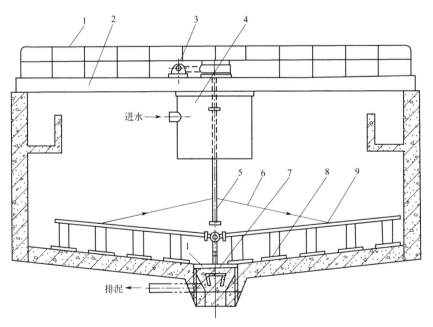

图 7-21　悬挂式中心传动刮泥机示意

1—栏杆；2—工作桥；3—驱动装置；4—导流筒；5—传动轴；6—拉杆；7—小刮板；8—刮泥板；9—刮臂

该刮泥机的工作原理是：采用中心进水的污水经过中心导流筒均匀地流向池的四周。随着过流面积的增大，流速逐渐降低，污水中的悬浮物沉于池底。沉底的污泥由刮板沿池周刮至中心的积泥区，然后通过静水压力经排泥管排出。污水经过溢流堰流入出水槽。这种设计简化了土建结构，降低了施工难度和成本。

2）垂架式

垂架式中心传动刮泥机设有中心支墩，广泛应用于污水处理厂的辐流式沉淀池排泥和撇渣。刮泥机设备固定在旋转竖架上，刮臂在驱动装置的驱动下绕中心轴旋转。垂架式中心传动刮泥机主要由驱动装置、中心传动竖架、工作桥、刮臂、刮泥板及撇渣机构等部件组成。垂架式中心传动刮泥机示意如图7-22所示。

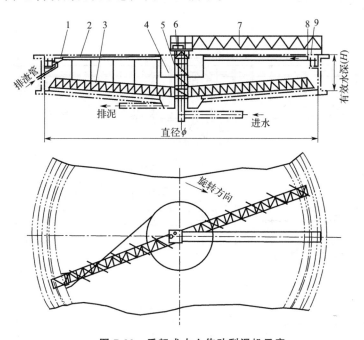

图7-22　垂架式中心传动刮泥机示意
1—电控箱；2—撇渣机构；3—刮臂及刮泥板；4—导流筒；5—中心传动竖架；
6—驱动装置；7—工作桥；8—刮渣挡版；9—出水堰板

该刮泥机的工作原理是：采用中心进水的污水经过中心导流筒均匀地流向池的四周。污水中的悬浮物沉于池底，沉底的污泥由刮泥板刮至中心的积泥区，然后通过静水压力经排泥管排出。撇渣装置将水面上的浮渣撇向池边，再由刮板刮进集渣斗内排出。污水经过溢流堰流入出水槽。

（4）周边传动刮泥机

周边传动刮泥机主要用于较大直径的辐流式初沉池的排泥和撇渣。这种刮泥机的传动装置布置在沉淀池的边缘，根据工作桥的不同，可以分为全桥式和半桥式两种形式。

该刮泥机的工作原理是：采用中心进水的污水经过中心导流筒均匀地流向池的四周，或者采用周边进水的污水由周边进水渠的进水孔进入沉淀池（一般用于二沉池），呈辐射流向沉淀池周边，然后经过溢流堰流入出水槽。随着辐向流速的降低，污水中的悬浮物沉于池底，沉底的污泥由刮泥板刮至中心的积泥区，然后通过静水压力经排泥管排出。撇渣装置将水面上的浮渣撇向池边，再由刮板刮进集渣斗内排出。

全桥式周边传动刮泥机在工作桥的两端对称位置各设置一套驱动装置，包括电机、减速机、齿轮组、传动轴、轴承及轮子等部件。运行时，两套驱动装置同时绕池转动，并且必须同步，以避免整机受力不均。半桥式周边传动刮泥机则只需要一套驱动装置。由于其驱动轮一般采用橡胶轮或轨道式钢轮，日常运行中应密切关注传动装置的运行情况，如橡胶轮老化破损应及时更换，钢轮打滑应查明原因并及时解决。

全桥式或半桥式周边传动刮泥机主要由中心旋转支座、旋转桥架、导流筒、刮板、撇渣机构、集电装置、驱动装置及轨道等部件组成。全桥式周边传动刮泥机示意如图 7-23 所示，半桥式周边传动刮泥机示意如图 7-24 所示。

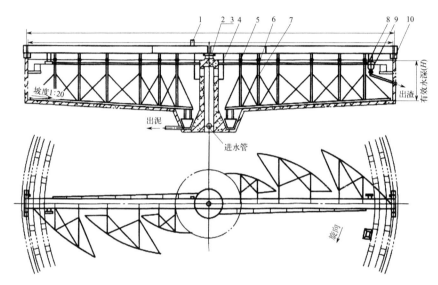

图 7-23　全桥式周边传动刮泥机示意

1—电控箱；2—中心支座；3—集电装置；4—导流筒；5—支架；6—刮臂与刮板组合；
7—集泥坑小刮板；8—撇渣板；9—渣斗；10—驱动装置

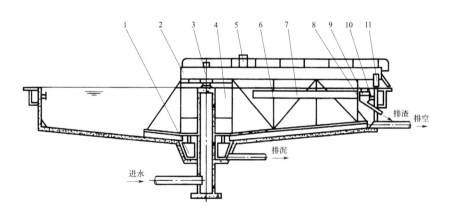

图 7-24　半桥式周边传动刮泥机示意

1—小刮板；2—主梁；3—中心支座；4—导流筒；5—电控柜；6—刮泥桁架；7—浮渣刮板；
8—渣斗；9—撇渣板；10—溢流堰；11—驱动装置

表 7-12 为常用初沉池刮泥设备比较。

表 7-12 常用初沉池刮泥设备比较

设备名称	适用沉淀池类型	池径或者池宽/m	池底坡度 i	刮泥速度/(m/min)	优点	缺点
行车式抬耙刮泥机	平流式	池宽4~30	0.01~0.02	0.6~1.2	1. 可根据污泥量确定排泥频次； 2. 传动部件脱离水面，检修方便； 3. 回程时收起刮板，不扰动底部污泥	1. 电气元件如设在户外，易损坏； 2. 刮泥机做往复运动，需要行程开关
链板式刮泥机	平流式	池宽≤6	0.01	0.4~0.6	1. 刮板数多，刮泥能力强； 2. 刮泥兼顾撇渣； 3. 刮板的移动速度慢，对污水扰动小，有利于悬浮物沉淀； 4. 刮板在池中做连续的回转式运动，不往返换向，不需要行程开关； 5. 驱动装置设在池边平台上，配电及维修方便	1. 池宽受到刮板的限制； 2. 链条易拉伸磨损，对材质的要求较高； 3. 对安装质量要求高
悬挂式中心传动刮泥机	辐流式	φ6~12	0.01~0.02	刮板外缘线速度1~3	1. 运行稳定且连续； 2. 结构简单，安装维护方便； 3. 较为节能	1. 刮泥速度受刮板外缘的速度控制； 2. 刮排泥设备较为复杂； 3. 安装时桥架和集电环的同心度要一致，否则容易发生故障
垂架式中心传动刮泥机		φ14~60				
周边传动刮泥机		φ14~100				

7.2 生物处理

污水生物处理是利用某些生物具有吸收与降解污染物的能力来净化污水的措施或技术。微生物能从污水中获取养分，不断生长和繁殖，同时利用和降解污水中的污染物，从而使污水得到净化。污水生物处理是现代污水处理流程中应用最广泛的方法之一，具有能耗低、效率高、成本低、工艺操作管理方便可靠和无二次污染等优点。

活性污泥法是污水处理厂中广泛应用的一种生物处理技术。它是在人工条件下对污水中的微生物群体进行连续混合和培养，形成悬浮状的活性污泥。活性污泥法通过分解去除水中的有机污染物，并使污泥与水分离。部分污泥回流至生物反应池，多余部分则作为剩余污泥排出活性污泥系统。

常见的活性污泥法工艺包括厌氧-缺氧-好氧（AAO）系列、序批式活性污泥法（SBR）系列、氧化沟系列等。AAO工艺因其具有良好的脱氮除磷功能，相对于其他同步脱氮除磷工艺来说，具有构造简单、总水力停留时间短、运行费用低、控制简单、不易发生污泥膨胀等优点，因此在污水处理厂改扩建时被视为最佳的备选工艺。

典型的具有脱氮除磷功能的 AAO 工艺活性污泥系统由厌氧池、缺氧池、好氧池及二沉池组成，AAO 工艺活性污泥系统示意如图 7-25 所示。

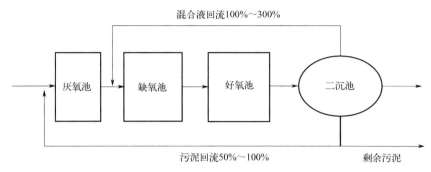

图 7-25 AAO 工艺活性污泥系统示意

7.2.1 好氧池

好氧池是生物反应池中的充氧区域，其主要功能包括生物合成、有机物去除、硝化反应和好氧吸磷。好氧池的运行依赖于充分的氧气供应，以支持微生物的代谢活动。好氧池的主要设备包括鼓风机和曝气设备。鼓风机用于向池中输送空气，提供微生物所需的氧气。曝气设备则将空气分散到池水中，以提高氧气的溶解度和分布均匀性。常见的曝气设备有曝气头、曝气盘、微孔曝气器等。好氧池的设计、运行管理要求及建议如下：

① 好氧池设计水力停留时间应不低于生物段的 50%，DO 宜控制在 2mg/L 以上，低水温时，可通过提高 DO 和污泥浓度，提高系统的硝化能力。

② 可通过增加好氧池容积提高硝化效果，不具备新增池容条件时，可通过投加填料提高硝化效果。

③ 宜在混合液回流点前设消氧区，降低回流混合液 DO 对缺氧池反硝化的影响。

④ 应结合进水氨氮浓度变化、水温变化情况等动态调整好氧池曝气量。条件允许时可在好氧池后段安装氨氮在线仪表，有效监测硝化效果，指导曝气系统运行。

⑤ 可在缺氧池与好氧池之间设置可按好氧/缺氧切换运行的过渡区，同时安装推流/搅拌器和曝气器。按好氧模式运行时，有利于提高硝化效果。

⑥ 宜采用对进水水质波动缓冲能力较强的循环流或完全混合池型，综合考虑池型、推进/搅拌、曝气等对水力流态的影响，防止混合液返混至缺氧池。

⑦ 应定期分析好氧池 DO、氨氮及其他工艺控制指标，评估好氧池运行效果。

7.2.1.1 鼓风机

鼓风机是污水生物处理工艺段的关键核心设备之一，鼓风机的主要作用是给好氧池供氧，提高好氧池内的溶解氧，为好氧菌降解污染物创造好氧环境。目前污水处理厂比较常用的鼓风机包括罗茨风机、多级离心风机、齿轮增速单级离心风机以及磁（空气）悬浮轴承单级离心风机等。

（1）罗茨风机

罗茨风机是低压容积式鼓风机，利用叶形转子在气缸内做相对运动来压缩和输送气体，当风压在一定范围内波动时，其容积回转式结构能够保证较稳定的曝气量。罗茨风机转子头数一般为2头或3头。两头转子一般为直叶，三头转子有直叶和扭叶两种。罗茨风机示意如图7-26所示。

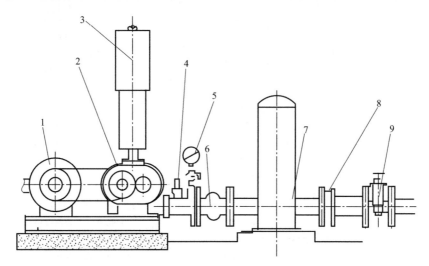

图 7-26　罗茨风机示意
1—电机；2—主机；3—进口消音器；4—安全阀；5—压力表；6—弹性接头；
7—出口消音器；8—单向阀；9—闸阀

1）特点及适用范围

① 构造较为简单，对工作环境要求比较低。出口风压、进气温度等工况发生波动对风机运行影响较小，设备购置及日常运行成本较低，但运行时噪声较大。

② 适用于规模较小的污水处理厂曝气设备。

2）基本工艺技术参数

① 环境温度：−15～45℃。

② 排气压力：10～100kPa。

③ 风量：3～150m³/min。

④ 功率：1～400kW。

3）运行管理要求及操作要点

① 设备运行前须安装上皮带罩，根据皮带罩的箭头方向，点动鼓风机以确认转向准确。另外还需调节安全阀来保护风机运行。

② 运行时禁止关闭吸入侧的阀门，如需关闭须先停止运行。

③ 定期（每季度一次）更换润滑油以及轴承润滑脂。

④ 运行人员在巡检中须观察风机噪声、压力、转速、温度等参数是否正常，如出现

异常应及时停机检查，解决问题后再开机运行。

⑤ 风机正常运行时出口压力、电流值等参数须在铭牌规定值以下；压力表开关处于关闭状态，如需检查压力时可以打开。

⑥ 风机严禁用排气侧阀门来调节风量，可采用设置风量调节管路或者改变转速的方法，调节风量时也要注意运行功率和噪声的变化。

4）常见问题及优化对策（表 7-13）

表 7-13　罗茨风机常见问题及优化对策

常见问题	原因分析	优化对策
1. 电机无法转动或转动电流值过大，超过额定电流	(1) 电机接线有错误； (2) 转子黏合； (3) 有异物进入； (4) 电机反转； (5) 吸入、排气侧有异常阻力	(1) 接线重新检查修复； (2) 清理黏合物； (3) 清除进入的异物； (4) 停机检查原因，解决后再开机
2. 噪声有异常	(1) 皮带打滑； (2) 齿轮油缺失； (3) 轴承润滑油脂不够； (4) 有异物粘接； (5) 内部有接触	(1) 皮带拉直或更换； (2) 及时补充润滑油； (3) 及时补充润滑油脂； (4) 清理内部； (5) 点检内部
3. 振动较大	(1) 旁路单向阀故障； (2) 安全阀动作不良； (3) 室内换气不佳； (4) 部分紧固部位松动	(1) 点检单向阀或更换； (2) 点检调整安全阀； (3) 检查并改善换气设施； (4) 紧固松动部位
4. 风机温度异常，有发热现象	(1) 排风压力上升； (2) 室内换气不佳； (3) 空气滤清器堵塞	(1) 查出原因并解决； (2) 检查并改善换气设施； (3) 清理空气滤清器
5. 风机有漏油现象	(1) 加油过多； (2) 部分紧固部位松动； (3) 密封垫损坏	(1) 在停机状态放油到油标中间； (2) 紧固松动部位； (3) 更换密封垫
6. 曝气风量不足	(1) 管道漏气； (2) 安全阀动作不佳； (3) 排气或吸气压力上升； (4) 转速不足； (5) 空气滤清器堵塞	(1) 消除配管部位的漏气； (2) 重调安全阀； (3) 查明原因并解决； (4) 检查皮带张紧度； (5) 清扫空气滤清器

（2）多级离心风机

多级离心风机工作原理：空气进气从轴向进入叶轮，利用高速旋转的叶轮对空气进行加速后进入扩压器改变成径向气流，减速后使动能（速度）转换成势能（压力），在扩压过程中用回流器使气流进入下一个叶轮不断升高压力。多级离心风机示意如图 7-27 所示。

1）特点及适用范围

① 多级离心风机具有效率高、噪声低、风量调节空间较大、运行维护较简便等优点。

② 适用于大中型污水处理厂的鼓风曝气。

2）基本工艺技术参数

① 风机转速一般不超过 3000r/min。

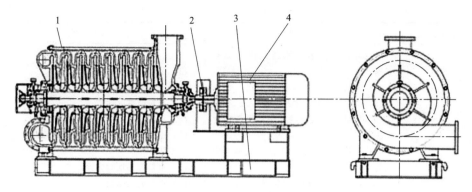

图 7-27 多级离心风机示意
1—主机；2—联轴器；3—底座；4—电机

② 出口压力一般控制在最高运行水深 $1000mmH_2O$ 范围（$1mmH_2O=9.80665Pa$）。

③ 进口温度一般不超过 40℃。

④ 主要技术参数：

a. 进口流量：$20\sim400m^3/min$。

b. 出口压力：$10\sim100kPa$。

c. 电机功率：$20\sim800kW$。

3）运行管理要求及操作要点

① 运行人员需严格根据设备运行手册要求进行启停风机操作。

② 巡检时须观察电流表读数，根据所需风量来调节进口阀门。

③ 巡检时须记录各仪表读数，如出现异常应及时排查原因并解决。

④ 定期（每天一次）监测风机轴承的声音和温度等参数。轴承最高温度不得超过 85℃，若出现异常及时停机检修。

⑤ 按照设备运行手册进行润滑油、润滑脂的添加保养操作。

⑥ 根据现场实际情况定期检查更换滤网。

4）常见问题及优化对策（表 7-14）

表 7-14 多级离心风机的常见问题及优化对策

常见问题	原因分析	优化对策
1. 噪声异常或有内部发出噪声	（1）轴承或其保护架磨损严重或发热异常； （2）轴承固定螺母松动； （3）轴承座磨损严重，轴承相对轴承座转动； （4）进气不纯导致叶轮磨损； （5）风机喘振； （6）风机内有异物； （7）电压不正常，太低或太高； （8）电动机内部零件有松动现象； （9）运行频率较低	（1）检查联轴器对中情况以及皮带轮是否平行，及时进行纠正。检查轴承润滑情况是否良好，必要时更换轴承。 （2）拧紧或更换螺母。 （3）更换轴承座或轴承。 （4）改善进气环境，保持进入风机的气体清洁。 （5）增加进气量。 （6）及时清除。 （7）稳定运行电压。 （8）及时进行紧固或更换。 （9）适当增加运行频率

常见问题	原因分析	优化对策
2. 风机振动过大	(1) 叶轮上附着杂物或风机内部有杂物； (2) 轴承或滚动轴承磨损严重； (3) 电动机安装不平衡； (4) 机组找正精度或转子动平衡精度损坏； (5) 在喘振工况区域工作或载荷急剧变化； (6) 地脚螺栓出现松动情况； (7) 缓冲橡胶磨损严重； (8) 电动机引起谐波振动； (9) 设备基础有松动	(1) 及时进行清理。 (2) 更换相应轴承。 (3) 重新调整电动机。 (4) 重新进行校正。 (5) 迅速调整蝶阀开启度调节风机性能，适应载荷变化。 (6) 重新拧紧地脚螺栓。 (7) 重新更换橡胶。 (8) 变动发动机速度以排除振动。 (9) 重新加固地基。
3. 电动机发热异常	(1) 绝缘极温度太高； (2) 滚动轴承安装位置错误或磨损严重； (3) 电压或周波错误； (4) 润滑脂变质； (5) 冷却水管关闭； (6) 短路绝缘失灵； (7) 电动机过载	(1) 冷却电动机或变更较高绝缘极电动机。 (2) 更换或重新安装滚动轴承。 (3) 调整至正确的电压或周波。 (4) 更换润滑脂。 (5) 打开冷却水管阀门。 (6) 修理或更换电动机。 (7) 把蝶阀开小或安装更大的电动机

（3）齿轮增速单级离心风机

单级离心风机通过其机械齿轮箱变速装置来提高风机的运转速度，一般运转速度大于10000r/min。因此相同条件下比多级离心风机运行效率更高。齿轮增速单级离心风机结构和组成示意如图7-28所示。

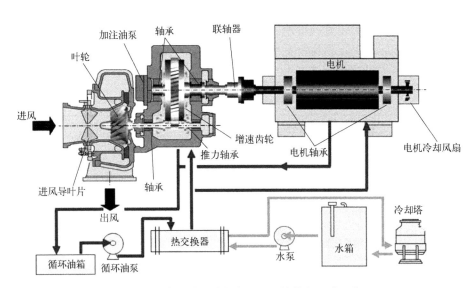

图7-28 齿轮增速单级离心风机结构和组成示意

1）特点及适用范围

① 单级离心风机运行效率高，但日常操作管理要求、购置及维修成本都较高。

② 利用导叶调节风量，在工况压力恒定时，双导叶调节可拥有 50％～100％的流量调节范围，在恒水位、风量变化大的工况下适用性强；在工况压力变化时，相同的导叶开度下风量变化较小，在变水位工况下适用性较强。

③ 对出口风压波动比较敏感，适用于较大规模的污水处理厂。

④ 设备使用寿命相对较长，一般 15～20 年。

2）基本工艺技术参数

① 进风风量：$40～2080 m^3/min$。

② 风机出口风压：不大于 200kPa。

③ 电机功率：60～1350kW。

3）运行管理要求及操作要点

① 风机自动控制系统具有运行程序自动控制、风机故障自检、故障报警记录传输、风机运行程序安全联锁等功能。运行人员应理解掌握风机的运行自动控制流程，出现故障信号或者程序性互锁信号时，严禁强行启动风机，应及时维修把故障排除后再启动运行程序。

② 巡检时应注意观察电流表读数不得超过其额定电流。

③ 巡检时须记录各仪表读数，如出现异常应及时排查原因并解决。

④ 定期（每天）监测风机轴承、齿轮箱的声音和温度，出现异常及时停机检修。

⑤ 根据设备手册进行润滑油、润滑脂的添加保养。

⑥ 根据现场实际情况定期检查更换滤网。

⑦ 如果风机长时间不运行，应每周辅助油泵运转一次，并手动缓慢转动风机。

⑧ 非专业维修或培训人员严禁启动"紧急停车"按钮，防止损坏设备。

4）常见问题及优化对策（表 7-15）

表 7-15　齿轮增速单级离心风机的常见问题及优化对策

常见问题	原因分析	优化对策
1. 风机程序性锁死，无法正常启动	（1）停止后再启动时间间隔较短，风机温度较高，自动锁死； （2）传感器出现故障； （3）单元环节程序动作超时或传感器超限； （4）进风温度过高； （5）油压过低； （6）油温过高； （7）风机振动较大； （8）出口压力波动过大； （9）其他保护性设置条件超限	（1）延长风机停机时间，待温度下降后再重新启动； （2）更换传感器； （3）找出问题传感器，确认并更换，检查单元设备是否存在故障并排除； （4）检测风机传感器和排风换气扇是否正常，及时排除问题； （5）检测风机传感器以及油位、油质、油路和油泵是否正常； （6）检查风机轴承、齿轮箱温度、噪声、振动，确保正常，如异常及时维修； （7）检测空气管路及其设备是否正常，如有异常及时解决； （8）查阅自控系统相关说明文件，找出问题并排除故障

常见问题	原因分析	优化对策
2. 风机总风管放空过于频繁	(1) 管压增加； (2) 曝气支管阀门故障； (3) 曝气风量过大； (4) 放空阀故障	(1) 空气管上各阀门是否正常，曝气是否正常，如有异常及时排除； (2) 及时维修阀门并及时排除故障； (3) 调整运行风量； (4) 及时维修放空阀

（4）磁悬浮轴承/空气悬浮轴承单级离心风机

磁悬浮轴承/空气悬浮轴承单级离心风机采用高速永磁同步直联电机和智能化直流调速系统，使叶轮最高转速可达 50000r/min 以上。磁悬浮轴承/空气悬浮轴承单级离心风机示意如图 7-29 所示。

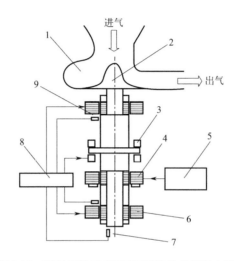

图 7-29　磁悬浮轴承/空气悬浮轴承单级离心风机
1—涡壳；2—叶轮；3—轴向磁轴承；4—电机；5—变频电源（电机驱动器）；6—径向磁轴承；
7—轴向传感器；8—磁悬浮轴承控制器；9—径向传感器

1）特点及适用范围

① 采用磁/空气悬浮轴承和高速电机技术，不需要独立机械增速和润滑油系统，运行效率较高，结构较简单，日常维护成本小，体积较小。

② 广泛应用于各种大中型污水处理厂的曝气系统。

③ 空气悬浮风机对进风质量要求高，一般不允许超过 $20\mu m$ 的颗粒物进入，反之则易造成轴承或轴颈的损坏。

2）基本工艺技术参数（表 7-16）

表 7-16　磁悬浮轴承和空气悬浮轴承单级离心风机参数

项目	磁悬浮轴承单级离心风机	空气悬浮轴承单级离心风机
转速范围	<20000r/min	10000~100000r/min
空气流量范围	700~16000m³/h	900~14700m³/h

项目	磁悬浮轴承单级离心风机	空气悬浮轴承单级离心风机
空气流量调节范围	30%～100%	45%～100%
压力范围	40～125kPa	30～150kPa
功率范围	70～400kW	35～250kW
噪声	噪声低，一般低于80dB	

注：上述磁悬浮轴承单级离心风机参数摘自欧美产品简介；空气悬浮轴承单级离心风机参数摘自东亚产品简介。

3）运行管理要求及操作要点

① 运行人员应严格按照设备使用说明手册进行操作；

② 运行人员应理解掌握风机的运行自动控制流程，出现故障信号或者程序性互锁信号，严禁强行启动风机，应及时维修把故障排除后再启动运行程序；

③ 巡检时应注意观察电流表读数不得超过其额定电流；

④ 巡检时须记录各仪表读数，如出现异常应及时排查原因并解决。

4）常见问题及优化对策（表7-17）

表7-17　磁悬浮轴承或空气悬浮轴承单级离心风机的常见问题及优化对策

常见问题	原因分析	优化对策
1．风机程序性锁死，无法正常启动	（1）停止后再启动时间间隔较短，风机温度较高，自动锁死； （2）传感器出现故障； （3）单元环节程序动作超时或传感器超限； （4）风机振动较大； （5）出口压力波动过大； （6）其他保护性设置条件超限	（1）延长风机停机时间，待温度下降后再重新启动； （2）找出问题传感器，确认并更换； （3）检查单元设备是否存在故障并排除； （4）检查风机轴承、齿轮箱温度、噪声、振动，确保正常，如异常及时维修； （5）检测空气管路及其设备是否正常，如有异常及时解决； （6）查阅自控系统相关说明文件，找出问题并排除故障
2．风机总风管放空过于频繁	（1）管压增加； （2）曝气支管阀门故障； （3）曝气风量过大； （4）放空阀故障	（1）检查空气管上各阀门是否正常，曝气是否正常，如有异常及时排除； （2）及时维修阀门及时排除故障； （3）调整运行风量； （4）及时维修放空阀

7.2.1.2　曝气设备

曝气设备具有提供生化池溶解氧和搅拌/推流混合液的功能。目前常用的曝气设备有微孔曝气器和表面曝气机等，常用的微孔曝气器有刚玉微孔曝气器和橡胶膜微孔曝气器，常用的表面曝气机有转碟曝气机、转刷曝气机和倒伞型曝气机。

（1）刚玉微孔曝气器

刚玉微孔曝气器是由刚玉微孔曝气件和连接件组成的气体扩散器，在通气条件下，在水中可产生直径小于或等于 3mm 的气泡。刚玉微孔曝气器的结构型式分为盘式和管式，盘式又分为圆板形、钟罩形、球冠形和球形（组合式和分体式）。微孔曝气器与管路的连接有插板式、螺纹式等方式。常见结构型式示意分别见图 7-30～图 7-32。

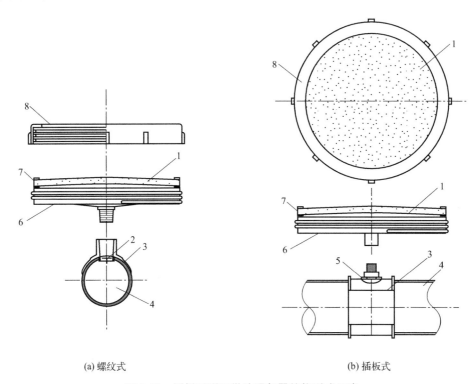

(a) 螺纹式   (b) 插板式

图 7-30　圆板形刚玉微孔曝气器结构型式示意
1—刚玉微孔体；2—止回阀；3—连接件；4—布气管；5—O 形密封圈；
6—底盘；7—密封垫圈；8—压盖

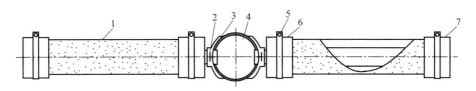

图 7-31　管形刚玉微孔曝气器结构型式示意
1—刚玉微孔体；2—止回阀；3—连接件；4—布气管；5—卡箍；6—密封接头；7—密封堵头

1）特点及适用范围

① 刚玉微孔体是由刚玉原砂和高温黏土添加成孔材料及黏合剂充分混合均匀后，经机械挤出或压制成型后再经过 1300℃ 高温烧结而成的微孔体，Al_2O_3 含量不低于 75%，因此刚玉曝气器具有耐老化、耐腐蚀、寿命长等特点；

② 曝气器及布气管安装在生化池底部，从生化池底部向上扩散曝气，其结构简单、装配方便，充氧能力强、搅动性强；

③ 适用于各种类型及规模的污水处理厂。

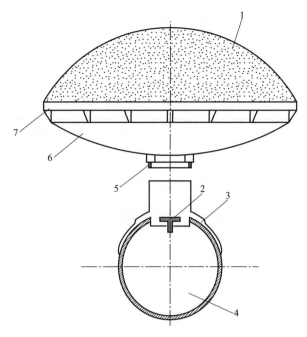

图 7-32　球冠形刚玉微孔曝气器结构型式示意

1—刚玉微孔体；2—止回阀；3—连接件；4—布气管；5—密封垫圈；6—支撑体；7—压盖

2）基本工艺技术参数

① 环境温度：4～50℃。

② 曝气件的装配面不平度偏差应小于1mm。当圆板形、钟罩形、球冠形和球形（组合式和分体式）曝气件的外径为178～240mm时，允许偏差应为±1mm；当管形曝气件的外径为50～70mm时，允许偏差应为±0.5mm，长度为750mm时，允许偏差应为±3.5mm，当厚度为10～15mm时，允许偏差应为±0.2mm。

③ 曝气件刚玉材料孔隙率≥40%，抗压强度≥40MPa，抗弯强度≥20MPa。

④ 微孔曝气件底盘采用丙烯腈-丁二烯-苯乙烯（ABS）底盘，表面应光滑无裂纹，外径为188～207mm时，允许偏差应为±0.5%。

⑤ 盘式刚玉微孔曝气器的充氧性能指标参见表7-18。

表 7-18　盘式刚玉微孔曝气器的充氧性能指标

指标	单位	规格						
有效直径	mm	178～240			≥240			
测试池面积	m²	0.5			0.5 或 1			
标准通气量（标准状态）	m³/h	1	2	3	2	3	4	5
标准氧传质速率（充氧能力）	kg/h	≥0.09	≥0.18	≥0.26	≥0.20	≥0.28	≥0.35	≥0.40

指标	单位	规格						
标准氧传质效率（氧利用率）	%	≥35	≥33	≥31	≥36	≥34	≥32	≥30
标准曝气效率	kg/(kW·h)	≥9.2	≥8.6	≥8.0	≥9.3	≥8.7	≥8.2	≥7.7
阻力损失	Pa	≤2500	≤3000	≤3500	≤2500	≤3000	≤3500	≤4000

注：测试水深为 6m，测试用清水 TDS≤1g/L，CND≤2ms/cm，其他未列规格盘式曝气器的充氧性能指标要求按相近规格执行。

⑥ 管式刚玉微孔曝气器的充氧性能指标参见表 7-19。

表 7-19　管式刚玉微孔曝气器的充氧性能指标

指标	单位	规格							
有效直径×有效长度	mm	（60～70）×750				100×750			
测试池面积	m²	0.5 或 1				0.5 或 1			
标准通气量（标准状态）	m³/h	2	4	6	8	4	6	8	10
标准氧传质速率（充氧能力）	kg/h	≥0.20	≥0.37	≥0.50	≥0.60	≥0.39	≥0.53	≥0.64	≥0.72
标准氧传质效率（氧利用率）	%	≥37	≥33	≥30	≥27	≥35	≥32	≥29	≥26
标准曝气效率	kg/(kW·h)	≥9.7	≥8.5	≥7.7	≥6.9	≥9.1	≥8.3	≥7.4	≥6.6
阻力损失	Pa	≤2500	≤3500	≤4500		≤3000	≤3500	≤4000	≤4500

注：测试水深为 6m，测试用清水溶解性总固体≤1g/L，电导率≤2ms/cm，其他未列规格管式曝气器的充氧性能指标要求按相近规格执行。

3）运行管理要求及操作要点

① 曝气器系统应由供货方负责安装或派专业人员指导，安装完主风管及空气分配器后输入高压空气约 10min 以清除管内杂物，再安装曝气器。单组曝气干管区域内，布气支管允许水平面高度误差为 ±10mm，曝气系统安装完毕后，通清水至超过曝气器表面 5～10cm，进行通气测试，布气管及所有接口处不应有漏气现象。

② 运行人员巡检时应观察生化池池面曝气均匀性，避免出现气量不足、曝气不均匀、局部大气泡等情况，如出现应及时处理解决。

③ 进入微孔曝气器的空气应为滤后空气，微孔曝气器系统应周期性进行甲酸冲洗或间歇性适当加大气量冲洗，以避免因曝气器堵塞使阻力损失和能量消耗增加。

④ 运行人员巡检时如发现风机出口压力过高，并通过检查后确认是因为曝气阻力过大时，应及时组织清洗曝气器或整体更换曝气器。清洗方式为：在正常曝气情况下，用空气射流将甲酸清洗液通过曝气支管专用清洗口送入清洗，清洗过程中须严格按腐蚀药剂、压力容器专项操作规程操作，也可以放空生物池拆卸后浸泡清洗。

4）常见问题及优化对策（表7-20）

表 7-20　常见问题及优化对策

常见问题	原因分析	优化对策
1. 好氧池整体曝气量不足，好氧池 DO 偏低	（1）曝气器堵塞，无机盐沉积物（结垢）、活性污泥或有机物堵塞出气孔； （2）曝气器老化，曝气器使用年限过长	（1）组织在线清洗或拆卸清洗； （2）整体更换曝气器
2. 好氧池局部曝气量不足，部分区域曝气量小	（1）曝气支管阀门开度较小； （2）局部曝气器堵塞或老化	（1）调节曝气支管阀门开度； （2）清洗或更换曝气器
3. 好氧池局部曝气量过大，且周围区域曝气量明显不足	曝气器或曝气管道局部破损、脱落	组织维修或更换曝气器、曝气管
4. 鼓风机出口压力持续升高	曝气器堵塞	组织清洗或更换曝气器

（2）橡胶膜微孔曝气器

橡胶膜微孔曝气器是由橡胶膜片和支撑体组成的气体扩散器，在通气条件下，在水中可产生直径小于或等于 3mm 的气泡。空气通过橡胶膜片时，其上孔缝张开；停止供气时，孔缝闭合。橡胶膜微孔曝气器的结构型式分为盘式（一体式和分体式）、管式及板式，污水处理厂常用管式曝气器。橡胶膜微孔曝气设备如图 7-33 所示。

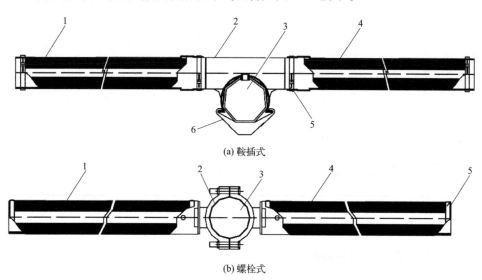

(a) 鞍插式

(b) 螺栓式

图 7-33　橡胶膜微孔曝气设备

1—橡胶膜；2—连接件；3—布气管；4—支撑管；5—卡箍；6—楔片

1）特点及适用范围

① 微孔橡胶膜采用三元乙丙橡胶为主要原料，因此曝气器具有化学稳定性好、耐老化、耐腐蚀、膜片有充足的延展量等特点；

② 曝气器及布气管安装在生化池底部，从生化池底部向上扩散曝气，其结构简单、装配方便，充氧能力强、搅动性强；

③ 曝气管安装方法灵活，可采用固定式、悬挂式、可提升式等；

④ 适用于各种类型及规模的污水处理厂。

2）基本工艺技术参数

① 环境温度：4～40℃。

② 微孔橡胶膜外观应光洁，平整，无杂质、气泡和裂纹。

③ 管式橡胶膜常用尺寸：外径 62～70mm、93mm；厚度 1.6～2.0mm；长度650mm、1000mm。

④橡胶膜材料硬度（邵尔 A）（60＋3）°，拉伸强度≥14MPa，拉断伸长率≥500％，撕裂强度≥19 kN/m，回弹性≥40％。

⑤支撑体组件采用丙烯腈-丁二烯-苯乙烯（ABS）材质的底盘、插板、压盖，表面应光滑无裂纹，外径为 200mm 时，允许偏差应为±0.5％；支撑体组件采用增强聚丙烯材质的底盘、插板、压盖、支撑板、U 形环卡环，表面应光滑无裂纹；曝气器的卡箍材质应为不锈钢。

⑥ 管式橡胶膜微孔曝气器的充氧性能指标见表 7-21。

表 7-21　管式橡胶膜微孔曝气器的充氧性能指标

指标	单位	规格										
有效直径×有效长度	mm	62×650			65×1000				93×1000			
测试池面积	m²	0.5			1				1			
标准通气量（标准状态）	m³/h	4	6	8	4	6	8	10	6	8	10	12
标准氧传质速率（充氧能力）	kg/h	≥0.38	≥0.52	≥0.62	≥0.39	≥0.55	≥0.69	≥0.81	≥0.58	≥0.71	≥0.84	≥0.94
标准氧传质效率（氧利用率）	%	≥34	≥31	≥28	≥35	≥33	≥31	≥29	≥35	≥32	≥30	≥28
标准曝气效率	kg/(kW·h)	≥8.8	≥7.9	≥7.1	≥9.0	≥8.4	≥7.9	≥7.3	≥8.9	≥8.1	≥7.6	≥7.1
阻力损失	Pa	≤3500	≤4500	≤5000	≤3500	≤4500	≤5000	≤5500	≤4000	≤5000	≤5500	

注：测试水深为 6m，测试用清水 TDS≤1g/L，CND≤2ms/cm，其他未列规格管式曝气器的充氧性能指标要求按相近规格执行。

3）运行管理要求及操作要点

① 曝气器系统应由供货方负责安装或派专业人员指导安装，安装完主风管及空气分配器后输入高压空气约 10min 以清除管内杂物，再安装曝气器。单组曝气干管区域内，布气支管允许水平面高度误差为±10mm，曝气系统安装完毕后，通清水至超过曝气器表面5～10cm，进行通气测试，布气管及所有接口处不应有漏气现象。

② 进入微孔曝气器的空气应为滤后空气，微孔曝气器系统应周期性进行甲酸冲洗或间歇性适当加大气量冲洗，以避免因曝气器堵塞使阻力损失和能量消耗增加。

③ 运行人员巡检时应观察生化池池面曝气均匀性，避免出现气量不足、曝气不均匀、局部大气泡等情况，如出现应及时处理解决。

④ 运行人员巡检时如发现风机出口压力过高，并通过检查后确认是因为曝气阻力过大时，应及时组织清洗或更换曝气器，清洗方法参考刚玉曝气器清洗方式。

4）常见问题及优化对策

参见 7.2.1.2 中"常见问题及优化对策（表 7-20）"。

（3）转碟表面曝气机

转碟曝气机是通过水平转动碟片进行充氧和推流的设备，其碟片是两侧表面规律性分布有凸块和凹块的圆盘状部件。其工作原理为通过转碟高速运转，在生化池表面不断实现充氧过程，同时推动生化池内混合液连续循环流动，使池内污水与活性污泥充分混合接触并搅拌均匀，并保持池内混合液始终处于悬浮状态，不发生不均匀沉降现象。转碟曝气机由驱动装置、联轴器、转轴、碟片、轴承座及防护装置等组成。曝气机按结构型式分为单向单轴、单向双轴和双向双轴。单向单轴转碟曝气机结构型式示意如图 7-34 所示。

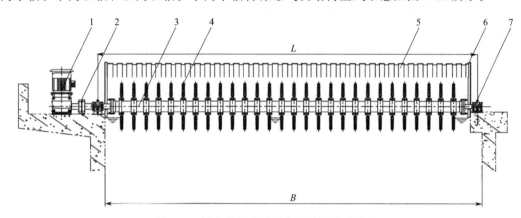

图 7-34 单向单轴转碟曝气机结构型式示意

1—驱动装置；2—联轴器；3—转轴；4—碟片；5—防护罩；6—防溅板；

7—轴承座；B—氧化沟宽度；L—支承距离

1）特点及适用范围

① 转碟曝气机兼有充氧、推进、混合等功能，具有充氧效率高、推流能力强、混合效率高等特点；

② 安装及日常运行维护方便、维修简单；

③ 当充氧能力不足时，可另外加装碟片以提高其充氧能力；

④ 适用于污水处理厂氧化沟工艺，可根据氧化沟宽度灵活布置，并可根据溶解氧自动控制运行。

2）基本工艺技术参数

① 结合设计要求设备参数配备碟片密度以提供足够的充氧和推流搅拌速度。

② 曝气机无故障工作时间应不小于 6000h，正常使用寿命不小于 10 年。

③ 驱动装置宜具有调速功能，减速器的速比应满足转速要求，并密封可靠，不应有渗漏现象，联轴器宜采用挠性联轴器，运行时减速器油池温升应不大于 60℃。

④ 转轴宜采用空心轴，转轴两周颈同轴度误差应不大于 $\phi 0.1mm$，转轴应进行静平衡测试，不平衡力矩应不大于 4N·m，转轴在静态条件下挠度应不大于 1/1000L（L 为

轴承座间距离）。

⑤ 碟片宜采用聚丙烯、聚苯乙烯等耐腐蚀、强度高、质量轻的材料制造，碟片表面应平整光滑、无翘曲、无毛刺飞边、无气泡、无裂纹，碟片应由两半圆组成，任意两片之间的质量差≤0.2kg，碟片应在转轴的有效长度内等距离安装，相邻两碟片间距偏差应不大于±1mm，累积误差应不大于±10mm，碟片与转轴间应安装耐腐蚀的防滑条。

⑥ 轴承宜采用调心滚子轴承，采用锂基润滑脂进行润滑，宜采用双向密封结构；转轴末端支承应采用轴向可游动的滚动轴承座，轴承座铸件不应有裂纹、冷隔、缩孔、夹渣等缺陷。

⑦ 运行水体温度为 4～50℃，pH 值为 5～10。

⑧ 参考参数见表 7-22。

表 7-22　转碟表面曝气机的参考参数

直径 /mm	转速 /(r/min)	浸没深度 /mm	氧化沟宽度/m	曝气机单碟氧传质性能			
				测试浸没深度/mm	转速 /(r/min)	充氧能力 /(kg/h)	动力效率 /[kg/(kW·h)]
1400	30～60	230～530	≤9	400	55	≥0.80	≥1.50
				500	55	≥1.08	≥1.50
1500	30～60	300～550	≤9	500	55	≥1.08	≥2.10
				550	55	≥2.20	≥2.50

3）运行管理要求及操作要点

① 运行人员需结合设备说明书、操作手册和工艺设计运行要求，及时调节转碟浸水深度或转速；

② 运行人员在巡视过程中须检查转碟是否出现松动、位移或缺损等情况，如出现应及时紧固、更换；

③ 运行人员应定期检查设备是否运转平稳，不应有振动、异常声音等异常现象，如有出现及时检查维修；

④ 运行人员须定期（每月一次）对轴承检查或加注润滑脂，每半年检查变速箱齿轮有无点蚀痕迹、有无胶合现象；保持变速箱及轴承润滑良好。

4）常见问题及优化对策（见表 7-23）

表 7-23　转碟表面曝气机的常见问题及优化对策

常见问题	原因分析	优化对策
1. 运行摆动不平稳	同轴度不符合要求	检查复核纠正同轴度
2. 充氧不足，推流不足	转碟转速过慢或浸没深度不够	调整转碟转速及浸没深度
3. 转碟松动、位移	转碟松动、位移	紧固转碟
4. 转碟破损	转碟破损	更换转碟
5. 设备异响，运行噪声大	轴承、联轴器、齿轮等破损或断裂	维修轴承、联轴器、齿轮等

（4）转刷曝气机

转刷曝气机是通过水平转动转刷进行充氧和推流的设备。其工作原理与转碟曝气机相似。转刷曝气装置对池内的活性污泥混合液进行强制充氧，以满足好氧微生物对溶解氧的需要，同时推动混合液在沟内保持连续循环流动，使得污水与活性污泥充分混合接触，并且始终处于悬浮状态。转刷曝气机由电动机、减速装置、柔性联轴器、转刷主体和尾部轴承座及防护装置等组成，曝气转刷是由多个刷片形成的圆形放射状曝气器。转刷曝气机结构型式示意如图7-35所示。

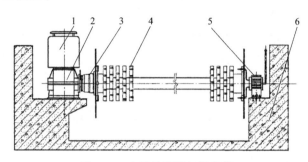

图 7-35　水平转刷曝气机示意

1—电动机；2—减速装置；3—柔性联轴器；4—转刷主体；5—尾部轴承座组件；6—氧化沟池壁

1）特点及适用范围

① 转刷曝气机兼有充氧、推进、混合等功能，具有充氧效率高、推流能力强、混合效率高等特点；

② 转刷叶片在转动过程中扰动气、液交接面，把大量水滴和片状水幕抛向空中，使得液体与空气充分接触从而增加氧气溶解量；

③ 安装及日常运行维护方便、维修简单；

④ 适用于污水处理厂氧化沟工艺，可根据氧化沟宽度灵活布置，并可根据溶解氧自动控制运行。

2）基本工艺技术参数

① 结合设计要求设备参数配备转刷密度以提供足够的充氧和推流搅拌速度。

② 运行水体温度为 4～50℃，pH 值为 5.5～9，运行交流电电压为 380V±40V。

③ 曝气机无故障工作时间应不小于 6000h，整机使用年限不少于 10 年。

④ 转刷曝气机在运行电压下，电流波动范围在±5％之内；进行负载试验时，应运转平稳，不得有异常响声和振动，减速箱的油池温升≤35℃，电机的温度升不得大于 40℃。

⑤ 曝气机安装完毕后，需进行整机静平衡试验，静平衡质量力矩的变化应小于 50N·m。

⑥ 转刷应做防腐处理，水平轴、叶片、挡水板采用浸锌或其他优于浸锌的工艺，其他外露部分均应刷涂防腐材料，其厚度不小于 200μm。

⑦ 转刷曝气机高速运转时空载噪声应低于 85dB（A），低速运转时空载噪声应低于 80dB（A）。

⑧ 挡板上应标明转刷轴的旋转方向和叶片最大浸没深度；减速器应允许在电动机起动和停车时产生超过额定负载一倍的短时超载。

⑨ 每组叶片应垂直安装于主轴表面，转刷安装时，减速机的水平度不应大于0.2/1000mm，转刷轴的水平度不应大于0.3/1000mm；转刷轴与减速机输出轴应在同一轴线上，其角度误差不应大于0.5°，转刷安装完毕后，用手转动挡水板，应手感均匀，无卡阻现象。

⑩ 转刷曝气机参考性能参数见表7-24。

表7-24　转刷曝气机参考性能参数

水平轴转刷曝气机		电动机功率/kW	转速/(r/min)	浸没深度/mm	充氧能力/(kg/h)	动力效率/[kg/(kW·h)]	氧化沟设计有效水深(H)/m	推动力/(m³/m)
转刷直径/mm	转刷有效长度/mm							
700	1500	7.5	70	150~300	4.0~4.5	2.0~2.5	2.0~2.5	>155
	2500	11						
	3500	15	40~80					
1000	4500	15	40~80		4.0~4.6		2.5~3.0	
		18.5/22	48/72					
		22	72					
	6000	22/28	48/72				3.0~3.5	>500
		30	72		6.5~8.5			
	7500	26/32	48/72					
		37	72					
	9000	32/42	48/72					
		45	72					

3）运行管理要求及操作要点

① 运行人员需结合设备说明书、操作手册和工艺设计运行要求，及时调节转刷浸水深度或转速。

② 运行人员应定时巡视，查看设备运行有无异常，如果发现问题或故障及时进行检修，电机表面温度不得高于60℃，电机运转应无异响。

③ 运行人员在巡视过程中须检查转刷是否出现松动、位移或缺损等情况，如出现应及时紧固、更换。

④ 运行人员须定期（每月一次）对轴承检查或加注润滑脂，每半年检查变速箱齿轮油质、油位，保证油位至齿轮箱1/3体积处，检查齿轮箱内齿面有无点蚀痕迹、有无胶合现象；保持变速箱及轴承润滑良好。

⑤ 转刷曝气机每年检修一次，每两年大修一次。

4）常见问题及优化对策（见表7-25）

表7-25　转刷曝气机常见问题及优化对策

常见问题	原因分析	优化对策
1.运行摆动不平稳	同轴度不符合要求	检查复核纠正同轴度
2.充氧不足，推流不足	转刷转速过慢或浸没深度不够	调整转刷转速及浸没深度

常见问题	原因分析	优化对策
3. 刷片松动、位移	刷片松动、位移	紧固刷片
4. 刷片破损	刷片破损	更换刷片
5. 设备异响，运行噪声大	轴承、联轴器、齿轮等破损或断裂	维修轴承、联轴器、齿轮等

（5）倒伞型曝气机

倒伞型曝气机是通过倒伞叶轮的转动进行充氧和推流的设备。曝气机倒伞叶轮旋转将底部混合液沿叶轮倒锥螺旋状提升，上升的污水挟带周边水体从叶轮边缘甩出，使曝气池表面产生水跃，把混合液水滴和膜状水抛向空气中与空气接触，由于气水接触界面大，从而使空气中的氧快速溶于水中，随着曝气机不断转动，表面水层不断更新，氧气不断溶入，同时下层混合液向上环流与表面充氧区发生交换，从而提高整个曝气池 DO 含量。倒伞型曝气机是由倒伞叶轮、竖轴、连接装置、减速箱和电动机等构成的表面曝气机。倒伞型曝气机分为立式和卧式两种，立式倒伞型曝气机示意如图 7-36 所示。

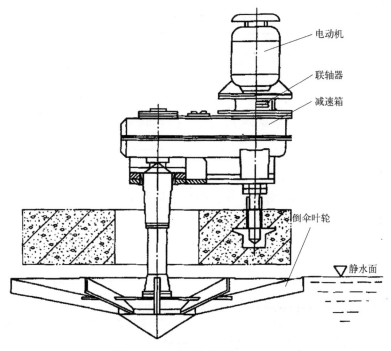

图 7-36　立式倒伞型曝气机示意

1）特点及适用范围

① 倒伞型曝气机兼有充氧、搅拌、推流等功能，具有充氧效率高、推流能力强、混合效率高等特点；

② 倒伞型曝气机叶轮结构简单，不挂垃圾，不会堵塞，叶轮高度可调节，可通过改变浸没深度来调节充氧量；

③ 曝气机运行平稳，噪声低，机械效率高，运转可靠，使用寿命长；

④ 常用于污水处理厂氧化沟工艺，其他类型水处理工艺亦可使用。

2）基本工艺技术参数

① 运行水体温度为 4～50℃，pH 值为 6～9，运行交流电电压为（380±22.6）V。

② 曝气机无故障工作时间应不少于 6000h，整机使用年限不少于 10 年。

③ 曝气机在稳定工况下运行时，电流波动范围在±5％之内。

④ 动力效应大于 2.20kg/（kW·h），曝气机同时具备相应的搅拌能力，底部流速不小于 0.2m/s。

⑤ 曝气机负载运行时，应运转平稳，不得有异响和振动，噪声应低于 85dB（A），在额定转速下连续运转 2h 后，减速箱内油池温升不得超过 45℃，最高油温不得超过 90℃；减速箱空载试验时，噪声应低于 80dB（A），在额定转速下连续运转 2h 后，减速箱内油池温升不得超过 35℃。

⑥ 设备外观应完好，紧固件不得松动，整机运转平稳无冲击，各密封处不得有漏油现象。

⑦ 倒伞型曝气机参考参数见表 7-26。

表 7-26　倒伞型曝气机参考参数

项目	单位	数值
叶轮公称直径	mm	600、800、1000、1200、1400、1600、1800、2000、2200、2400、2600、2800、3000、3250、3500、3750、4000
动力效率	kg/（kW·h）	＞2.20
叶轮浸没深度	mm	供应商需在产品说明书中给出叶轮浸没深度范围，包括浸没深度推荐值和允许调整的范围

3）运行管理要求及操作要点

① 运行人员需结合产品说明书、设备操作手册和工艺设计运行要求，调节适宜的转刷浸水深度或转速；

② 运行人员应定时巡视，查看设备运行有无异常，如果发现问题或故障及时进行检修；

③ 整机运行一年应进行一次维修保养，加润滑脂，检查转动处的油封，拆卸升降装置时，须注意将叶轮吊装固定，以防脱落，电动机、减速机等使用和维护保养按说明书进行；

④ 曝气机经长期使用，轴承出现间隙过大，倒伞座产生抖颤、噪声或轴摆动时，应对轴承进行清除润滑脂、调整间隙、填充润滑脂操作。

4）常见问题及优化对策（见表 7-27）

表 7-27　倒伞型曝气机常见问题及优化对策

常见问题	原因分析	优化对策
1. 减速箱有异响	（1）齿轮齿面毛刺、磕碰； （2）齿面破损； （3）轴承磨损严重，间隙过大	（1）去除毛刺或打磨磕碰处； （2）更换齿轮； （3）更换轴承或调整轴承间隙

常见问题	原因分析	优化对策
2. 减速箱漏油	(1) 油封不好； (2) 结合面渗漏	(1) 更换或重新安装油封； (2) 结合面除去毛刺，涂抹密封胶
3. 减速箱油温高	(1) 油面太低或太高； (2) 润滑油变质	(1) 添加润滑油至油尺规定刻度； (2) 更换润滑油
4. 轴承异响	(1) 轴承内腔缺少润滑脂； (2) 减速箱轴承无间隙	(1) 添加润滑脂； (2) 调整轴承间隙
5. 齿轮泵不供油	(1) 油黏度大； (2) 齿轮泵磨损或密封圈损坏	(1) 冬天启动时，应将润滑油加热； (2) 更换齿轮泵或更换密封圈
6. 电动机有噪声和振动大	电动机故障	维修或更换电动机

7.2.2　缺氧池

缺氧池的主要作用是利用池中的反硝化细菌，以污水中未分解的含碳有机物为碳源，将好氧池内通过内循环回流进来的硝酸盐氮还原为氮气（N_2），从而完成脱氮过程。缺氧池还可以去除部分生化需氧量（BOD_5）。缺氧池内主要的设备包括回流泵和推流器。回流泵用于将好氧池处理后的污水通过内循环回流至缺氧池，以提供硝酸盐氮和维持缺氧环境。推流器则用于维持池内水流的均匀性和推动污水与微生物的充分接触。一般情况下，缺氧池还安装有氧化还原电位（ORP）在线监测仪，用于监测池内氧化还原环境的变化。ORP 值可以反映缺氧池中反硝化反应的强度和脱氮效果，是控制和优化缺氧池运行的重要参数。通过缺氧池的处理，污水中的氮含量可以显著降低，从而减少对水体富营养化的影响。

缺氧池设计、运行管理要求及建议如下：

① 缺氧池设计水力停留时间宜不低于 4h，宜不超过生物系统停留时间的 40%，当采用悬浮填料强化硝化或 MBR 工艺时，缺氧池设计水力停留时间可超过 40%。内回流比宜为 100%～300%。

② 应尽量降低进水和内回流混合液 DO，有条件时应在好氧池增设消氧区。

③ 应优先利用进水碳源，必要时可按所需去除硝态氮量的 4～5 倍（以有效 COD_{Cr} 计）投加外碳源，缺氧池碳源投加点不宜设置在混合液回流点、进水点附近，以降低高 DO 对碳源的消耗。需要优化控制碳源投加量。

④ 进水碳源充足且缺氧区 HRT 足够时，可通过增加内回流比提高系统脱氮效率；进水碳源不足时，仅增加内回流比无法提高脱氮效率，通常需投加外碳源。

⑤ 可在缺氧池与好氧池之间设置可按好氧/缺氧切换运行的过渡区，同时安装推流/搅拌器和曝气器。按缺氧模式运行时，有利于提高反硝化效果。

⑥ 宜在缺氧池设置氧化还原电位（ORP）、硝酸盐氮在线仪表，对缺氧池的运行环境进行实时监控。

⑦ 宜采用对进水水质波动缓冲能力较强的完全混合或循环流池型。

⑧ 注重缺氧池的混合搅拌环境，搅拌功率密度宜为 $2\sim5\mathrm{W/m^3}$。

⑨ 应定期检测缺氧池硝态氮浓度，跟踪分析 ORP 值，评估缺氧池反硝化效果。

7.2.2.1 回流泵

在反硝化脱氮工艺中，需要使用回流泵将混合液回流。混合液回流泵一般采用比普通水泵效率更高的低扬程、大流量潜水泵。该设备一般采用自动耦合安装，导轨固定在池壁上，可以沿导轨自由上下移动，安装和维修比较方便。回流泵示意如图 7-37 所示。

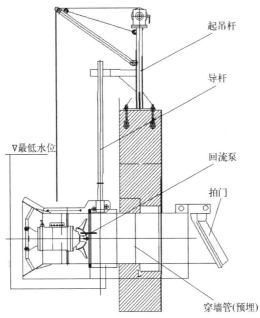

图 7-37　回流泵示意

（1）特点及适用范围

① 低扬程、大流量、效率高；

② 抗堵塞、缠绕，使用可靠，可连续运行 10000h 以上；

③ 结构紧凑、安装维修方便；

④ 体积小，精度高，耐腐蚀，无噪声；

⑤ 设置漏电漏水及电机过载保护装置。

（2）基本技术参数

① 电动机：电动机的电气绝缘热分级应不低于 GB/T 14711 规定的 B 级要求，电动机的外壳防护等级达到 IP68。

② 电缆：电缆应采用不少于 7 芯的防水橡套电缆，橡套应采用相对耐酸碱材料。

③ 减速机构：不宜采用摆线针轮减速传动形式，减速机构齿轮材料性能应不低于 20CrMnTi 合金钢的标准，运转应平稳，无撞击、振动及不正常啮合所产生的异常噪声。

④ 叶轮：一般为 2 片或 3 片，应采用高强度、耐腐蚀的轻金属合金、非金属材料或不锈钢，不锈钢材料应为奥氏体不锈钢，叶轮应光滑、平整，无积瘤、凹凸和微裂纹等缺陷，叶轮最大旋转尺寸 $D > 800mm$ 时，应进行静平衡试验；叶轮最大旋转尺寸 $D \leqslant 800mm$ 时，应进行动平衡试验，叶轮对称点的轴向偏差应小于 $0.15\% \, D$，叶轮旋转时的径向跳动偏差不得大于 $0.15\% \, D$。

⑤ 密封：静密封为旋转唇形密封或 O 形密封圈。轴密封为机械密封，将油室与周围介质隔离。

⑥ 机壳：若采用铸铁件，材料性能不低于 HT250 或 QT400。若采用铸钢件，材料性能不低于 ZG230-450；若采用焊接件，材料性能不低于 Q345 低合金高强度结构钢或不低于奥氏体不锈钢及其复合材料，非不锈钢机壳表面防腐可采用喷漆、喷瓷、喷锌、喷塑、喷高分子材料等措施，采用喷漆防腐时，防腐漆应符合 GB/T 6822 的规定，喷漆层厚度应大于 0.2mm，若采用铸铁外包不锈钢薄板结构，薄板应选用奥氏体不锈钢。

⑦ 轴承、螺栓等标准件：设计选用轴承，应以 24h 连续运转作为使用条件，按预期寿命 100000h 确定轴承的寿命系数，直接接触水体的紧固件应采用不锈钢材质。

⑧ 起吊机构：起吊机构可使用手动卷扬机或环链葫芦起吊机构，起吊机构应正、反向起吊灵活、轻便，无卡阻，并能在任意位置自锁，与水体接触的导杆宜采用奥氏体不锈钢。

（3）运行管理要求及操作要点

① 泵启动前应检查叶轮转向是否正确；

② 采用软启动或变频器启动，操作人员需等泵正常运行后才能离开；

③ 巡视时要注意电流是否正常，有无异常振动或噪声；

④ 现场热备设备回流泵应定期轮用（至少每月运行 2h）；

⑤ 提泵时要注意保护潜水电缆，不能让电缆受力；

⑥ 每半年应将泵取出，检查油室密封情况，检查叶轮及紧固件，检查电机绝缘情况；

⑦ 定期应将泵取出并解体，清理电机，对两端轴承检查并重新润滑。

（4）常见问题及优化对策（表7-28）

表7-28 回流泵的常见问题及优化对策

常见问题	原因分析	优化对策
1. 泵不出水或水量小	（1）耦合装置破损导致回流泵异常振动或无法固定； （2）叶轮中卡堵杂物	（1）关闭水泵并及时检修； （2）将泵吊出清理
2. 油室漏水报警	水泵机械密封不好	将泵提出更换油室润滑油，如短期内再次发生，建议更换机械密封
3. 泵噪声、振动大	（1）叶轮松动； （2）轴承损坏	提出检查，更换轴承或维修叶轮

7.2.2.2 推流式潜水搅拌机

潜水搅拌机是一种具搅拌混合和推流功能为一体的浸没式设备，可以搅拌混合污泥，使活性污泥均匀分布，确保微生物与污水之间充分接触；可以推动污水和污泥混合液以一定的流态和流速在池体内循环流动，防止污泥沉积在底部，减少池内有效容积，影响处理效果。潜水推流式搅拌机按叶轮转速及主要功能可分为低速、中速、高速三种类型。低速主要侧重远距离推流，提高流体流速，防止沉淀；中速主要侧重介于远、近距离间推流，提高流体流速，防止沉积；高速主要侧重近距离推流，提高流体混合效果，防止沉积，外加罩壳后可用作污泥回流泵。

潜水搅拌机主要由壳体、电机、减速机、搅拌叶轮、密封机构、提升机构、电器控制等部分构成。推流器示意如图7-38所示。

（1）特点及适用范围

① 结构紧凑、操作维护简单、安装检修方便、使用寿命长；

② 叶轮具有良好的水力设计结构，工作效率高，后掠式叶片具有自洁功能，可防杂物缠绕、堵塞；

③ 与曝气系统混合使用可使能耗大幅度降低，充氧量明显提高，有效防止沉淀；

④ 电机绕组绝缘等级应不低于B级，防护等级为IP68，选用进口轴承的电机防凝露装置，电机的工作更加安全可靠；

⑤ 机械密封材质为耐腐蚀的碳化钨，橡胶材质为氟橡胶，所有紧固件均为不锈钢材质；

⑥ 在生化处理系统的厌氧池、缺氧池中，一般需要设置推流式潜水搅拌机。

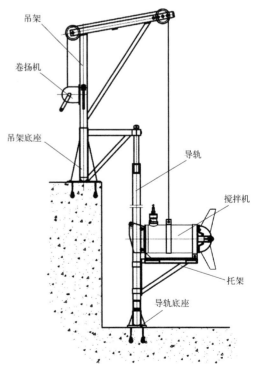

图7-38 推流器示意

（2）基本技术参数

① 中、高速潜水推流式搅拌机叶轮直径一般为 200～900mm，低速型叶轮直径一般为 1000～3000mm。叶轮转速范围一般为 15～1450r/min，其中，低速型：小于 120r/min；中速型：120～350r/min；高速型：大于 350r/min。

② 潜水搅拌机的工作环境为：

a. 搅拌介质温度为 0～45℃；

b. 搅拌介质 pH 值为 5～10；

c. 搅拌介质的密度不超过 1150kg/m³；

d. 最大潜入深度不大于 20m；

e. 使用电压（交流）380V±20V，50Hz。

（3）运行管理要求及操作要点

① 定期检查所有螺钉接头处、电缆入口与电缆状况是否完好；检查起吊装置与导杆的间隙距离与磨损情况，如发现异常应及时维修。

② 运行人员在日常巡检时应检查运行电流、工作电压是否正常。

③ 定期起吊搅拌器，检查叶轮磨损情况，如磨损严重应及时更换。检查电机运行情况，发现问题及时整改。

④ 推流式潜水搅拌机其他要求：

a. 潜水搅拌机机座、端盖、轴及外露紧固件、叶轮等材料均达到一定的强度要求，且应耐腐蚀。

b. 潜水搅拌机叶轮转动应灵活、平稳、无卡滞，叶片表面应平整光洁，并对几何形状及尺寸进行检测。叶片的断面形状误差与名义尺寸偏差不得大于 0.3%。直径≤800mm 的叶轮端面摇摆允差≤3mm，直径＞800mm 的叶轮端面摇摆允差≤5mm；直径≤800mm 的叶轮径向跳动允差≤3mm，直径＞800mm 的叶轮径向跳动允差≤8mm。

c. 潜水搅拌机机轴径向跳动允差≤0.2mm，轴向位移允差≤1mm。

d. 推流式潜水搅拌机及其配套的潜水电机应采用双向机械密封结构，潜水电机的机械密封性能应良好，无渗漏，防护等级应符合 IP68 级的规定，绝缘等级应符合 F 级的规定。内腔应能承受 0.2MPa 下历时 10min 的压力，无渗漏。

e. 推流式潜水搅拌机的无故障运行时间不少于 4000h。推流式潜水搅拌机的设计寿命不低于 15 年。减速机传动装置的设计寿命为 75000h，轴承设计寿命不低于 100000h。

f. 潜水搅拌机最大潜入水深不大于 20m，工作有效区内流速应大于 0.3m/s，整体流速 0.15～0.3m/s。整体流速太低则达不到推流搅拌效果；太高则会影响工艺运行效果并造成浪费。

（4）常见问题及优化对策（表 7-29）

表 7-29　推流式潜水搅拌机的常见问题及优化对策

常见问题	原因分析	优化对策
1. 搅拌器未启动	（1）螺旋桨卡死； （2）供电系统故障	（1）清洁搅拌器； （2）修复供电系统

常见问题	原因分析	优化对策
2. 电机在运转，但水流不循环	(1) 螺旋桨方向错误； (2) 螺旋桨叶轮受损； (3) 内部零件过度磨损	(1) 调整螺旋桨方向； (2) 维修更换受损的叶轮； (3) 更换磨损的内部零件
3. 有噪声、振动大	(1) 安装不符合要求引起振动； (2) 运行电机有问题	(1) 按照要求加固基础； (2) 维修或更换电机

7.2.3 厌氧池

厌氧池（厌氧区）在生物处理系统中扮演着关键角色，其通过与好氧池、缺氧池等功能区的组合，实现污染物的高效生物去除。该区域的主要功能是进行厌氧释磷，确保生物除磷的效果，并通过活性污泥的吸附和降解作用去除部分有机物。生物除磷过程主要依赖于聚磷菌（PAOs）在厌氧条件下释放磷和在好氧条件下过量吸收磷的能力。随后，通过排出剩余污泥，有效去除污水中的磷。在厌氧条件下，PAOs 吸收挥发性脂肪酸，并利用聚磷水解和细胞内多糖水解产生的能量，将物质运输到细胞内，同化合成聚 β-羟基丁酸（PHB）。同时，细胞原生质内的聚磷颗粒中的磷酸盐被释放出来，完成释磷过程。在厌氧条件下合成的 PHB 为好氧吸磷过程提供能量。有效的厌氧释磷反应确保了好氧状态下的过量吸磷，通过排放富含磷的污泥，实现对磷的高效去除。生物除磷的效果受多种因素影响，包括碳源水平、厌氧池中硝态氮的浓度，以及是否同步进行化学除磷等。

在设备方面，厌氧池的主要设备是潜水搅拌机（详见本书 7.2.2.2 节）。而在仪表方面，主要使用的是 ORP（氧化还原电位）在线监测仪。

（1）特点及适用范围

① 厌氧区具备独立的空间或时间功能分区，在不同生物处理系统中进水分配有所差异。运行模式可调控，运行参数和效果可监控。

② 厌氧池运行维护简单，安装设备少，不需要像曝气池一样在池底安装曝气设备，仅需要安装推流搅拌系统实现空间上的传递和泥水的混合。

③ 厌氧区能否发挥较好的除磷功能受厌氧区硝态氮、厌氧区搅拌效果、化学除磷对生物除磷的抑制以及进水冲击等因素影响。

④ 污水处理厂中，厌氧池可应用于仅发挥除磷功能的 ApO 系列、发挥脱氮除磷功能的 AAO 及其改良系列等。

（2）基本工艺技术参数

① 厌氧区设计水力停留时间宜为 1.0～1.5h，如停留时间过长，可能产生无效释磷问题。

② 厌氧区的进水宜采用淹没出流方式，避免跌水复氧，降低碳源损耗。

③ 厌氧区 DO 宜小于 0.2mg/L，硝态氮宜小于 1.5mg/L，以降低 DO 和硝态氮对厌

氧释磷的影响。可在厌氧区前设置预缺氧区去除回流污泥中的硝态氮，消除硝态氮对厌氧释磷的不利影响。预缺氧区的水力停留时间宜为0.5~1.5h，进水比例宜为0%~30%，DO宜小于0.2mg/L。若生物系统采用多点进水运行方式，应根据工艺布置及除磷脱氮的具体需求，调节进入厌氧池的水量。

④ 厌氧区应配置氧化还原电位（ORP）在线仪表，ORP值宜小于-250mV。

⑤ 条件允许时，可在厌氧区设置内回流点。协同化学除磷抑制生物除磷功能时，厌氧区可按缺氧区运行。

⑥ 关注厌氧区的混合搅拌环境，搅拌功率密度宜为2~5W/m³。

⑦ 应定期检测厌氧区的硝态氮和磷酸盐浓度，跟踪分析ORP值，评估厌氧区的厌氧环境和释磷效果。

（3）运行管理要求及操作要点

① 经常关注ORP在线监测仪读数，该数据可一定程度上反映厌氧池运行环境情况。通常ORP小于-250mV。应按期清洗电极、标定等，确保数据准确。

② 定期跟踪监测进入厌氧池的回流污泥DO、硝酸盐氮含量等，避免破坏厌氧环境。

③ 每2h巡视检查潜水搅拌机运行状态，检查有无异常振动，观察厌氧池污泥混合推流效果，观察厌氧池内是否有浮泥、泥水分层现象等。

④ 经常检查污泥回流泵运行状态，确保活性污泥在系统里循环。

（4）常见问题及优化对策（表7-30）

表7-30　厌氧池的常见问题及优化对策

常见问题	原因分析	优化对策
1. 生物除磷效果差，出水总磷高	（1）进水总磷高； （2）厌氧区硝态氮含量高，高于1.5mg/L； （3）厌氧区搅拌效果差； （4）化学除磷对生物除磷的抑制； （5）进水分配不合理，厌氧池内缺少碳源	（1）加强源头管控，必要时增设强氧化剂或臭氧等高级氧化单元，实现有机磷的降解； （2）在厌氧区前设置预缺氧区，降低进入厌氧区的硝态氮浓度； （3）检查维修潜水搅拌机； （4）合理控制化学除磷药剂投加量，减少过量值，有条件的优先采用后置化学除磷方式； （5）调整各池进水量，满足厌氧释磷所需碳源，或投加适量碳源
2. OPR仪故障	（1）变送器故障； （2）传感器（电极）故障； （3）电源或线缆损坏	检查维修
3. 厌氧区污泥上浮	（1）搅拌机故障或搅拌能力衰减； （2）搅拌机导杆脱落，搅拌机抖动厉害； （3）搅拌机角度设置不当，推流搅拌循环效果差	（1）检查维修或更换； （2）维修导杆； （3）调整安装角度
4. 搅拌能力不足，厌氧区出现泥水分层	搅拌能力不足，无法完成对现有生物池混合液的推流搅拌	（1）对池型、流态进行分析，优化设计和选型； （2）对于有角度调节功能的推流搅拌机，可通过调节推流搅拌机推流角度，改善泥水分层现象

常见问题	原因分析	优化对策
5. 推流搅拌机的效率下降	(1) 搅拌机的叶片被垃圾缠绕; (2) 搅拌机磨损腐蚀严重; (3) 同步化学除磷易造成搅拌机腐蚀,严重影响正常使用	(1) 强化预处理段对于悬浮物的去除,并及时清理生物池垃圾; (2) 选用耐磨损和腐蚀的推流搅拌机; (3) 尽量避免使用腐蚀性严重的聚合硫酸铁等除磷药剂
6. 厌缺氧池内出现大量死区,污泥沉降现象严重	搅拌机选型不合理造成,搅拌不力导致池底沉泥,搅拌不匀,活性污泥活性下降,处理效果降低	(1) 选择合适的推流搅拌机,优化推流搅拌机的布局,使之完成对生物池的完全搅动; (2) 厂家进行相对应的水力模型进行模拟,根据模型匹配效果选择合适的搅拌机

7.2.4 二沉池

7.2.4.1 概述

二沉池(二次沉淀池)在污水处理厂的二级处理中扮演着至关重要的角色,它是活性污泥法系统的一个核心组成部分,通常位于生物反应池(如曝气池、氧化沟、AAO 工艺等)之后。其主要功能是通过沉淀作用,实现活性污泥混合液中的泥水分离和初步污泥浓缩。澄清后的出水通过溢流排出,确保后续深度处理工艺的顺畅运行。沉淀浓缩后的活性污泥通常通过排泥管进入污泥回流井或回流泵房,其中一部分回流至生物池,以保持生物池中适宜的污泥浓度,满足降解有机物的需求;另一部分则作为剩余污泥排出。

二沉池的设计有多种形式,包括平流式沉淀池、辐流式沉淀池、竖流式沉淀池以及斜板(管)沉淀池,均可作为二沉池使用。二沉池的沉淀原理与初沉池相似,但初沉池主要去除污水中密度较大的固体悬浮颗粒,而二沉池则主要实现泥水分离。在污水处理厂中,辐流式和平流式二沉池是较为常用的类型。辐流式二沉池包括中心进水周边出水和周边进水周边出水两种形式。竖流式沉淀池通常仅适用于小型污水处理厂。对于需要挖掘原有沉淀池潜力或受限于建造面积的污水处理厂,斜板(管)沉淀池是一个可行的选择。

二沉池基一般规定如下:

① 表面水力负荷〔斜板(管)沉淀池除外〕:生物膜法后,$1.0 \sim 2.0 m^3/(m^2 \cdot h)$;活性污泥法后,$0.6 \sim 1.5 m^3/(m^2 \cdot h)$。

② 沉淀时间:$1.5 \sim 4.0 h$。

③ 污泥含水率:生物膜法后,$96\% \sim 98\%$;活性污泥法后,$99.2\% \sim 99.6\%$。

④ 固体负荷:$\leqslant 150 kg/(m^2 \cdot d)$,周边进水周边出水辐流式沉淀池固体负荷不宜超过 $200 kg/(m^2 \cdot d)$。

⑤ 出口堰最大负荷:$\leqslant 1.7 L/(s \cdot m)$。

⑥ 超高:不小于 $0.3 m$,通常为 $0.3 \sim 0.5 m$。

⑦ 有效水深:$2.0 \sim 4.0 m$。

⑧ 污泥斗斜壁与水平面倾角：方斗 60°，圆斗 55°。

⑨ 污泥区容积：生物膜法后，4h 污泥量；活性污泥法后，≤2h。

⑩ 排泥管直径：≥200mm。

⑪ 静压排泥水头：生物膜法后，≥1.2m；活性污泥法后，≥0.9m。

二沉池应设置浮渣的撇除、输送和处置设施。挡渣板应高出水面 0.15～0.2m，浸没水下 0.3～0.4m，距出水口处 0.25～0.5m。升流式异向流斜板（管）沉淀池的设计表面水力负荷，可按普通沉淀池设计表面水力负荷的 2 倍计。

平流式、竖流式、辐流式及斜板（管）式沉淀池的优缺点及适用范围见本书 7.1.3.1 表 7-9。

7.2.4.2 平流式二沉池

平流式二沉池的池型为长方形，其设计特点包括布局合理、施工简便和沉淀效果优良。当生物池与二沉池合并建设时，可以显著节省占地面积。根据功能的不同，沉淀池可以分为五个区域：流入区、流出区、沉降区、污泥区以及缓冲层。在行车式平流式二沉池中，通常采用行车式刮（吸）泥机进行污泥的清理。在链板式平流式二沉池中，常使用链板式刮泥机。图 7-39 展示了常见的链板式平流式二沉池。

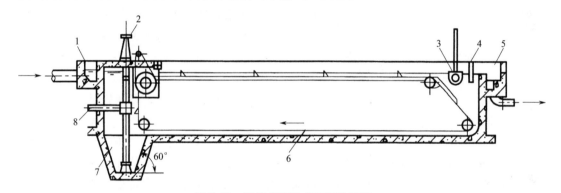

图 7-39　链板式平流式二沉池示意

1—进水槽；2—排泥阀；3—浮渣槽；4—挡渣板；5—出水槽；
6—链条式刮泥机；7—污泥斗；8—排泥管

（1）特点及适用范围

① 污水进入平流式二沉池后，从一端水平推进，污泥则借助重力沉下，污水从其另一端流出。为使污水能够均匀、稳定地进出沉淀池，防止短流，对进、出水一般都需采取消能和整流措施。进水多采用挡流墙或挡板，挡板一般高出水面 0.15～0.20m，浸没深度 ≥0.25m，一般为 0.5～1.0m，挡板距进水槽 0.5～1.0m；出水采用三角堰，并设有堰板高度和水平度调节装置。

② 链板式刮泥机将污泥刮至泥斗，再用污泥泵或排泥管将污泥从泥斗中排出，刮板在回转时可将浮渣刮至沉淀池另一端的浮渣槽内。由于活性污泥的相对密度小，呈絮状，含水率约 99% 以上，较难被刮除，一般采用虹吸式、静压式或泵吸式排泥。

③ 平流式二沉池常用于生物池之后，在污水处理厂中应用广泛。

（2）基本工艺技术参数

① 表面负荷：生物膜法后，$1.0\sim2.0\mathrm{m}^3/(\mathrm{m}^2\cdot\mathrm{h})$，活性污泥法后，$0.6\sim1.5\mathrm{m}^3/(\mathrm{m}^2\cdot\mathrm{h})$。

② 停留时间：$1.5\sim4.0\mathrm{h}$。

③ 长宽比：$\geqslant4$，一般 $4\sim5$ 为宜。

④ 长度与有效水深比：$\geqslant8$，一般 $8\sim12$ 为宜。

⑤ 池长：$\leqslant60\mathrm{m}$，一般 $30\sim50\mathrm{m}$ 为宜。

⑥ 水平流速：$\leqslant5\mathrm{mm/s}$。

⑦ 缓冲层高度：非机械排泥时，$0.5\mathrm{m}$，机械排泥时应根据刮泥板高度确定，且缓冲层上缘宜高出刮泥板 $0.3\mathrm{m}$。

⑧ 池底坡纵：$\geqslant0.01$，一般 $0.01\sim0.02$。

⑨ 刮吸泥机速度：$0.3\sim1.2\mathrm{m/min}$，通常为 $0.6\mathrm{m/min}$。

（3）运行管理要求及操作要点

① 生产人员应根据池组设置（若设置多个池组）、进水水质水量变化，调节各池进水量，使各池配水均匀。若水量长期小于设计水量的一半，可减少设施运行组数。

② 核算并控制水力停留时间、表面负荷、溢流堰负荷等工艺参数在设计范围内，应根据本厂不同季节（如雨季汛期、冬季低温等）的污水特征和本厂污泥的沉降性能，确定表面负荷最佳范围，保证均匀进出水，防止异常进水条件对二沉池处理效果的影响。

③ 应定时观察沉淀池的沉淀效果，查看出水悬浮物、泥面高度（可安装泥位计）、水面浮泥或浮渣状况是否满足感官要求。

④ 日常生产运行应跟踪监测二沉池出水 SS、浊度等水质指标，以减轻对后续工艺段（如深度处理）的影响。

⑤ 沉淀池出水堰口应保持出水均匀无堵塞，应保持堰板与池壁之间密合，不漏水。二沉池若未加盖，池内易滋生藻类、浮萍等，尤其是夏季，严重时可能导致出水不均、局部短流；若被浮泥浮渣堵塞，也应及时清除，避免影响出水效果。应定期清刷撇渣板、出水堰，清理时应采取有效的安全监护措施。

⑥ 可根据生物池水温、污泥沉降比、MLSS、污泥回流比、污泥龄及泥面高度等工艺参数确定合适的排泥量。二沉池排泥宜间歇进行，以使污泥有足够的沉降及初步浓缩时间，确保排泥效果的同时，维持适宜的回流污泥浓度；同时也要防止排泥时间间隔过久导致污泥上浮，影响出水水质。一般排泥间隔时间为 $4\sim12\mathrm{h}$，夏季排泥频次可适当增加，一次持续排泥时间一般为 $0.5\sim2\mathrm{h}$。

⑦ 对设有集泥槽的刮吸泥机，应定期清除槽内污物。

⑧ 应经常检查除渣装置、浮渣斗和排渣管道的排渣情况，如有堵塞需及时疏通，排出的浮渣应及时处理或处置，必要时应辅以水冲或人工清捞。

⑨ 操作人员应经常检查刮吸泥机以及排泥闸阀，应保证吸泥管、排泥管路畅通。

⑩ 日常巡视密切注意刮泥机的运行情况，确保无异常振动、噪声等，减速机、驱动轮机链条等定期做好润滑、上油等维护保养工作。应经常检查刮泥机电机的电刷、行走装置、浮渣刮板、刮泥板等易磨损件，发现损坏应及时更换。

⑪ 刮泥机运行时，不得多人同时在刮泥机走道板上滞留，以避免过载。

⑫ 可根据实际运行情况定期排空二沉池，并进行池底清理以及刮吸泥机水下部件的检查、维护，检修时操作人员应注意采取有效的安全防护措施，避免跌落或碰伤。主要检查的内容有：水下部件的锈蚀程度及是否需要重新防腐；池底是否有死区；刮板与池底是否密合；排泥斗及排泥管路内是否有堵塞；刮板与支承轮的磨损；池壁或池底的混凝土抹面是否有脱落，刮泥机桁架是否有变形或断裂等。

⑬ 长时间大修或停运时（＞10d），应将池内污泥放空，并对刮吸泥机采取防变形措施，否则可能导致池底污泥板结，恢复运行时可能造成刮泥机损坏。恢复运行时，应先注入少量污水浸润底泥，再点动刮泥机，避免过载，多次点动并运转正常后方可正常运行。低温季节应避免放空检修和刮泥机长时间停运。

（4）常见问题及优化对策（表7-31）

表7-31 二沉池的常见问题及优化对策

常见问题	原因分析	优化对策
1.SS去除率降低，出水带有细小悬浮物	（1）水力负荷过高； （2）存在短流现象； （3）排泥不及时； （4）撇渣装置、刮吸泥机、排泥泵故障等； （5）生物池污泥膨胀，污泥沉降比（SV_{30}）高； （6）生物池曝气过量使污泥自身氧化分解、污泥老化严重等，污泥沉降性能降低	（1）适当降低进水量，检查并调整进水挡流板，检查并调整出水堰高度，防止短流，投加混（絮）凝剂，提高沉淀效果； （2）调整进水、出水配水设施，避免不均匀进出水，减轻冲击负荷的影响，避免短流； （3）加强排泥； （4）检查刮泥机、排泥管或排泥泵运行是否正常，检查并清理集泥斗和排泥管； （5）查明污泥膨胀原因，加强工艺调控，加强排泥的同时时刻关注出水水质； （6）查明污泥老化原因，加强工艺调控； （7）如水力负荷过高，添加助沉剂，加速沉淀
2.污泥上浮，池面气泡增多或有块状污泥上浮	（1）排泥不及时、水温较高、停留时间长等导致污水缺氧而腐败，污泥上浮； （2）沉淀池内存在污泥堆积区域； （3）进入二沉池污泥硝酸盐含量较高，适当条件下发生缺氧反硝化反应，产生氮气并附着污泥上浮； （4）污泥处理不及时，消化池或浓缩池中轻质腐化污泥重新进入污水处理系统	（1）加快除渣频率，检查并排除排泥设备、管道等故障，加强排泥，调整排泥时间； （2）清除沉淀池内壁、部件或某些死角的污泥； （3）通过调控或生化池外加碳源强化生物脱氮的方式降低进入二沉池的硝酸盐浓度；加大回流污泥量，减少停留时间； （4）及时处理消化池或浓缩池污泥，防止腐化污泥回流至污水处理系统； （5）检查排泥设备是否出现脱落，刮泥机是否出现死角
3.出水中夹带浮渣，浮渣从出水堰口流出	（1）浮渣刮板与溢流堰、浮渣槽不密合或损坏； （2）浮渣挡板淹没深度不够或出渣口位置设置离出水堰太近； （3）除渣不及时	（1）检修浮渣刮板（撇渣板）； （2）调整浮渣挡板淹没深度，更改出渣口位置，使浮渣收集远离出水堰； （3）加快除渣频率

常见问题	原因分析	优化对策
4. 出水不均，出水堰口有杂物，局部短流	(1) 污泥黏附、藻类滋生； (2) 浮渣等杂物漂在池边、卡在堰口上	(1) 经常清理出水堰，防止污泥、藻类在堰口积累和生长，适当加氯消毒阻止污泥、藻类在堰口的生长积累； (2) 及时清理浮渣，并排除格栅等前处理工艺段故障问题； (3) 校正堰板水平度，固定堰板的螺栓、螺母等材料应使用不锈钢材质
5. 排泥管堵塞、破损或排泥泵故障，造成污泥上浮或出水带泥	(1) 预处理段格栅、沉砂池处理效果差或故障，导致纤维、布条等杂物进入池中，造成排泥管堵塞； (2) 排泥管锈蚀破损，化学除磷时，混凝剂的投加可能加速排泥管锈蚀破损，导致不能正常排泥； (3) 排泥泵故障； (4) 检修、超越等长时间停运未放空清理，导致底泥板结堵塞排泥管	(1) 保证预处理格栅、沉砂池等运行效果，排泥管通畅后增加排泥频率； (2) 维修更换排泥管，减少含铁混凝剂的投加； (3) 维修排泥泵； (4) 长时间停运应放空清理沉淀池，恢复运行时应检查排泥管，确保畅通
6. 排泥浓度下降，污泥含水率偏高	(1) 排泥时间过长或生物池污泥浓度低； (2) 多池运行时各池排泥不均匀； (3) 刮泥与排泥步调不一致	(1) 减少排泥时间及频次； (2) 调整各池排泥时间，均匀排泥； (3) 调整刮泥机运行时间和排泥时间
7. 刮泥机故障，过载或跳电	(1) 排泥周期过长、排泥量少，导致沉淀池内污泥积累过多或板结； (2) 二沉池内掉入物体，如采样时掉入采样器、检修时掉入工具导致刮泥机过载	(1) 减小贮泥时间，降低存泥量； (2) 检查刮泥机是否被砖石、工具或松动的零件卡住，及时更换损坏的链条、刮泥板等部件，必要时，将二沉池排空检修

7.2.4.3 竖流式二沉池

竖流式二沉池的平面图可为圆形、正方形或多角形。污水自中心管流入，在沉降区内由下向上进行竖向流动，从池的顶部周边流出。常见竖流式沉淀池示意如图7-13所示。

（1）特点及适用范围

① 工作原理与初沉池基本一致。沉淀的污泥在污泥斗中进一步浓缩，一般采用静水压力排泥，不需设刮泥设备，排泥方便，易于管理。中心管下口设有喇叭口和反射板，以消除进入沉淀区的水流能量，保证沉淀效果。池底污泥斗呈锥形，它与水平的倾角常不小于45°。需注意池径不宜过大，否则易导致布水不均。当二沉池直径（或正方形的一边）小于7m时，污水沿池周边流出；当二沉池直径（或正方形的一边）大于7m时，应增设辐射集水支渠。

② 竖流式沉淀池单池容量小，节省占地面积，但池深大，施工困难，对水量冲击负荷和水温度变化适应能力不强，仅适用于小型污水处理厂。

（2）基本工艺技术参数

① 表面负荷：生物膜法后，$1.0 \sim 2.0 \mathrm{m^3/(m^2 \cdot h)}$，活性污泥法后，$0.6 \sim 1.5 \mathrm{m^3/(m^2 \cdot h)}$。

② 停留时间：$1.5 \sim 2.5 \mathrm{h}$。

③ 直径（或正方形的一边）：≤10m，一般为 4～7m。

④ 直径与有效水深之比：≤3。

⑤ 中心管内流速：≤30mm/s，中心管下口应设有喇叭口和反射板，其间流速≤40mm/s，板底面距离泥面≥0.3m。

⑥ 排泥管下端距离池底不大于 0.2m，管上端超出池面不小于 0.4m。

（3）正常运行的标准

① 生产人员应根据池组设置（若设置多个池组）、进水水质水量变化，调节各池进水量，使各池配水均匀。若水量长期小于设计水量的一半，可减少设施运行组数。

② 核算并控制水力停留时间、表面负荷、溢流堰负荷等工艺参数在设计范围内，应根据本厂不同季节（如雨季汛期、冬季低温等）的污水特征和本厂污泥的沉降性能，确定表面负荷最佳范围，保证均匀进出水，防止异常进水条件对二沉池处理效果的影响。

③ 应定时观察沉淀池的沉淀效果，查看出水悬浮物、泥面高度、水面浮泥或浮渣状况是否满足感官要求。

④ 日常生产运行应跟踪监测二沉池出水 SS、浊度等水质指标，以减轻对后续工艺段（如深度处理）的影响。

⑤ 沉淀池出水堰口应保持出水均匀无堵塞，应保持堰板与池壁之间密合，不漏水。二沉池若未加盖，池内易滋生藻类、浮萍等，尤其是夏季，严重时可能导致出水不均、局部短流；若被浮泥浮渣堵塞，也应及时清除，避免影响出水效果。应定期清刷撇渣板、出水堰，清理时应采取有效的安全监护措施。

⑥ 可根据生物池水温、污泥沉降比、MLSS、污泥回流比、污泥龄及泥面高度等工艺参数确定合适的排泥量。二沉池排泥宜间歇进行，以使污泥有足够的沉降及初步浓缩时间，确保排泥效果的同时，维持适宜的回流污泥浓度；同时也要防止排泥时间间隔过久导致污泥上浮，影响出水水质。一般排泥间隔时间为 4～12h，夏季排泥频次可适当增加，一次持续排泥时间一般为 0.5～2h。

⑦ 操作人员应经常检查排泥管路，确保畅通。

⑧ 可根据实际运行情况定期排空二沉池，并进行池底清理以及刮吸泥机水下部件的检查、维护，检修时操作人员应注意采取有效的安全防护措施，避免跌落或碰伤。主要检查的内容有：水下部件的锈蚀程度及是否需要重新防腐；池底是否有死区；污泥斗及排泥管路内是否有堵塞；池壁或池底的混凝土抹面是否有脱落等。

⑨ 定期检查进、出水阀门，排泥阀并进行保养，加注润滑油。长时间大修或停运时（>10 d），应将池内污泥放空。否则可能导致池底污泥板结，堵塞排泥管。恢复运行时，应先注入少量污水浸润底泥，检查并确保排泥管畅通。低温季节应避免放空检修和长时间停运。

（4）常见问题及优化对策

参见本书 7.2.4.2 中"常见问题及优化对策（表 7-31）"。

7.2.4.4 辐流式二沉池

辐流式二沉池一般为圆形或正方形。辐流式沉淀池直径较大（一般 40m 以上），在城镇污水处理厂中应用广泛。常见类型为中心进水周边出水型（图7-15）、周边进水周边出水型（图7-16），周边进水中心出水型较为少见。

（1）特点及适用范围

① 工作原理与初沉池基本一致，只是前者用于悬浮颗粒物的沉降去除，后者用于活性污泥混合液泥水分离。沉淀池一般采用底部旋转式刮吸泥机，刮吸泥机刮板将沉底污泥刮到池中心污泥斗，可采用静水压力或污泥泵排泥。刮吸泥机的驱动方式包括中心传动或者周边传动。当池径小于20m时，一般采用中心传动；当池径大于20m时，一般采用周边传动。旋转桥上的浮渣刮板在刮吸泥的同时可把浮渣刮至浮渣斗中。

② 中心导流筒流速大，活性污泥在筒内难以絮凝，且进水相对密度大，向下流易冲击底泥。

③ 辐流式沉淀池具有运行可靠、管理简单、出水堰负荷较小、刮泥机故障率较小、排泥方便等优点，在城镇污水处理厂中应用广泛，适用于规模较大的污水处理厂。

（2）基本工艺技术参数

① 表面负荷：生物膜法后，$1.0 \sim 2.0 \mathrm{m}^3/(\mathrm{m}^2 \cdot \mathrm{h})$，活性污泥法后，$0.6 \sim 1.5 \mathrm{m}^3/(\mathrm{m}^2 \cdot \mathrm{h})$。

② 停留时间：$1.5 \sim 4.0 \mathrm{h}$。

③ 直径（或正方形的一边）与有效水深之比：$6 \sim 12$。

④ 直径：不宜大于50m。

⑤ 池底坡度：$\geqslant 0.05$。

⑥ 有效水深：$2 \sim 4 \mathrm{m}$。

⑦ 径深比：$6 \sim 12$。

⑧ 入流流速：$< 1 \mathrm{m/s}$。

⑨ 刮泥机旋转速度：$1 \sim 3 \mathrm{r/h}$。

⑩ 刮泥板外缘线速度：$\leqslant 3 \mathrm{m/min}$。

⑪ 缓冲层高度：非机械排泥时，0.5m，机械排泥时应根据刮泥板高度确定，且缓冲层上缘宜高出刮泥板0.3m。

（3）运行管理要求及操作要点

① 生产人员应根据池组设置（若设置多个池组）、进水水质水量变化，调节各池进水量，使各池配水均匀。若水量长期小于设计水量的一半，可减少设施运行组数。

② 核算并控制水力停留时间、表面负荷、溢流堰负荷等工艺参数在设计范围内，应根据本厂不同季节（如雨季汛期、冬季低温等）的污水特征和本厂污泥的沉降性能，确定表面负荷最佳范围，保证均匀进出水，防止异常进水条件对二沉池处理效果的影响。

③ 应定时观察沉淀池的沉淀效果，查看出水悬浮物、泥面高度（可安装泥位计）、水面浮泥或浮渣状况是否满足感官要求。

④ 日常生产运行应跟踪监测二沉池出水SS、浊度等水质指标，以减轻对后续工艺段（如深度处理）的影响。

⑤ 沉淀池出水堰口应保持出水均匀无堵塞，应保持堰板与池壁之间密合，不漏水。

二沉池若未加盖，池内易滋生藻类、浮萍等，尤其是夏季，严重时可能导致出水不均、局部短流；若被浮泥浮渣堵塞，也应及时清除，避免影响出水效果。应定期清刷撇渣板、出水堰，清理时应采取有效的安全监护措施。

⑥ 可根据生物池水温、污泥沉降比、MLSS、污泥回流比、污泥龄及泥面高度等工艺参数确定排泥量。二沉池排泥宜间歇进行，以使污泥有足够的沉降及初步浓缩时间，保证排泥效果的同时，维持适宜的回流污泥浓度；同时也要防止排泥时间间隔过久导致污泥上浮，影响出水水质。一般排泥间隔时间为 $4\sim12h$，夏季排泥频次可适当增加，一次持续排泥时间一般为 $0.5\sim2h$。

⑦ 对设有集泥槽的刮吸泥机，应定期清除槽内污物。

⑧ 应经常检查除渣装置、浮渣斗和排渣管道的排渣情况，如有堵塞需及时疏通，排出的浮渣应及时处理或处置，必要时应辅以水冲或人工清捞。

⑨ 操作人员应经常检查刮吸泥机以及排泥闸阀，应保证吸泥管、排泥管路畅通。

⑩ 日常巡视密切注意刮泥机的运行情况，确保无异常振动、噪声等，减速机、驱动轮机链条等定期做好润滑、上油等维护保养工作。应经常检查刮泥机电机的电刷、行走装置、浮渣刮板、刮泥板等易磨损件，发现损坏应及时更换。

⑪ 刮泥机运行时，不得多人同时在刮泥机走道板上滞留，以避免过载。

⑫ 可根据实际运行情况定期排空二沉池，并进行池底清理以及刮吸泥机水下部件的检查、维护，检修时操作人员应注意采取有效的安全防护措施，避免跌落或碰伤。主要检查的内容有：水下部件的锈蚀程度及是否需要重新防腐；池底是否有死区；刮板与池底是否密合；排泥斗及排泥管路内是否有堵塞；刮板与支承轮的磨损；池壁或池底的混凝土抹面是否有脱落，刮泥机桁架是否有变形或断裂等。

⑬ 长时间大修或停运时（$>10\ d$），应将池内污泥放空，并对刮吸泥机采取防变形措施。否则可能导致池底污泥板结，恢复运行时可能造成刮泥机损坏。恢复运行时，应先注入少量污水浸润底泥，再点动刮泥机，避免过载，多次点动并运转正常后方可正常运行。低温季节应避免放空检修和刮泥机长时间停运。

（4）常见问题及优化对策

参见本书 7.2.4.2 中"常见问题及优化对策（表 7-31）"。

7.2.4.5 斜板（管）二沉池

斜板（管）二沉池是根据浅层沉淀原理，在方形池内设置若干斜板或蜂窝斜管，使悬浮固体实现浅层沉淀，以节省占地面积和提高沉淀效率。斜板（管）二沉池示意同斜板（管）初沉池，如图 7-18 所示。

（1）特点及适用范围

① 斜板（管）沉淀池由斜板（管）沉淀区、进水配水区、清水出水区、缓冲区和污泥区组成。按水流与沉降污泥的相对运动方向不同，斜板（管）沉淀池可分为异向流、同向流和侧向流三种形式。在城市污水处理厂中主要采用升流式异向流斜板（管）沉淀池，一般采用重力排泥。

② 升流式异向流斜板（管）沉淀池的表面负荷不宜过大，否则沉淀效果不稳定，宜按普通沉淀池的 2 倍设计。长期生产运行，斜板（管）上会有积泥现象，斜板（管）沉淀池需要设置冲洗设施。

③ 斜板（管）沉淀池具有去除率高、停留时间短、占地面积小等优点。当原有污水处理厂需要挖掘或扩大处理能力改造时采用，可用于小型污水处理厂的二次沉淀池。

（2）基本工艺技术参数

① 表面负荷：生物膜法后，$1.0 \sim 2.0 m^3/(m^2 \cdot h)$，活性污泥法后，$0.6 \sim 1.5 m^3/(m^2 \cdot h)$。

② 停留时间：$<60min$。

③ 斜板垂直净距（或斜管孔径）：$80 \sim 100mm$。

④ 斜板（管）斜长：$1.0 \sim 1.2m$。

⑤ 斜板（管）水平倾角：$60°$。

⑥ 斜板（管）区上部水深：$0.7 \sim 1.0m$。

⑦ 缓冲层高度：$1.0m$。

⑧ 污泥斗倾角：$55° \sim 60°$。

（3）运行管理要求及操作要点

① 生产人员应根据池组设置（若设置多个池组）、进水水质水量变化，调节各池进水量，使各池配水均匀。若水量长期小于设计水量的一半，可减少设施运行组数。

② 核算并控制水力停留时间、表面负荷、溢流堰负荷等工艺参数在设计范围内，应根据本厂不同季节（如雨季汛期、冬季低温等）的污水特征和本厂污泥的沉降性能，确定表面负荷最佳范围，保证均匀进出水，防止异常进水条件对二沉池处理效果的影响。

③ 应定时观察沉淀池的沉淀效果，查看出水悬浮物、泥面高度、水面浮泥或浮渣状况是否满足感官要求，斜板（管）上应无大量积泥。

④ 日常生产运行应跟踪监测二沉池出水 SS、浊度等水质指标，以减轻对后续工艺段（如深度处理）的影响。

⑤ 沉淀池出水堰口应保持出水均匀无堵塞，应保持堰板与出水渠之间密合，不漏水。斜板沉淀池若未加盖，池内易滋生藻类、浮萍等，尤其是夏季，严重时可能导致出水不均、局部短流；若被浮泥浮渣堵塞，也应及时清除，避免影响出水效果。应定期清刷出水堰，清理时应采取有效的安全监护措施。

⑥ 可根据生物池水温、污泥沉降比、MLSS、污泥回流比、污泥龄及泥面高度等工艺参数确定排泥量。二沉池排泥宜间歇进行，以使污泥有足够的沉降及初步浓缩时间，确保排泥效果的同时，维持适宜的回流污泥浓度；同时也要防止排泥时间间隔过久导致污泥上浮，影响出水水质。一般排泥间隔时间为 $4 \sim 12h$，夏季排泥频次可适当增加，一次持续排泥时间一般为 $0.5 \sim 2h$。

⑦ 操作人员应经常检查排泥闸阀、排泥管路，确保排泥畅通。

⑧ 斜板（管）表面及斜管管内沉积产生的絮体泥渣应定期用中高压水进行冲洗，可根据实际运行情况定期排空二沉池，清理池底，并对斜管支架等进行防腐处理。

⑨ 长时间大修或停运时（＞10d），应将池内污泥放空。否则可能导致池底污泥板结，堵塞排泥管。恢复运行时，应先注入少量污水浸润底泥，检查并确保排泥管畅通。低温季节应避免放空检修和长时间停运。

⑩ 3～5 年应对支撑框架进行修理，斜板（管）局部更换等。

⑪ 启用斜板（管）沉淀池时，初始的上升流速应缓慢，防止斜板（管）漂起，池体放空时应缓慢排水，以免斜板（管）垮塌。

（4）常见问题及优化对策（表 7-32）

表 7-32　斜板二沉池常见问题及优化对策

常见问题	原因分析	优化对策
污泥上浮，在二沉池出现污泥异常增多和池面冒泡的现象	（1）斜板下的污泥浓度过大； （2）斜板阻塞； （3）泥位过高； （4）池底存在污泥死区	（1）加快排泥或用局部排污阀进行二沉池局部排泥； （2）斜板上积泥太多时，可适当放空露出斜板（管），小心冲洗清理斜板，防止斜板（管）被损坏； （3）加快排泥，延长排泥时间； （4）进行改造优化或定期放空冲洗； （5）刮板离池底间隙过大，导致底部有死泥区

其余参见本书 7.2.4.2 中"常见问题及优化对策（表 7-31）"。

7.2.4.6　二沉池刮吸泥机

二沉池的主要设备为刮吸泥机，主要作用是在刮泥的同时将沉淀于池底的活性污泥吸出。刮吸泥机平均无故障工作时间不应少于 8000h，使用寿命不应少于 15 年。根据不同的沉淀池类型，平流式二沉池的刮吸泥机主要是行车式刮吸泥机；根据排泥方式不同分为虹吸式和泵吸式。辐流式二沉池的刮吸泥机主要有中心传动刮吸泥机和周边传动刮吸泥机，中心传动又分为垂架式和悬挂式。刮吸泥机的运行一般采用近远程控制，现场和远程均可运行。在运行过程中，如果因刮板刮臂或吸泥管受异物卡塞、积泥砂过多等原因导致吸泥机过载，会自动切断电源，停机并报警。

本章节主要介绍行车式刮吸泥机、中心传动刮吸泥机、周边传动刮吸泥机。

（1）行车式刮吸泥机

行车式刮吸泥机适用于平流式沉淀池，随着工作桥和吸泥系统在池底来回行走，刮泥的同时吸泥，池面浮渣刮至浮渣槽排出。其排泥方式主要是虹吸式和泵吸式，虹吸式刮吸泥机利用虹吸原理，采用真空泵或水射器，形成虹吸后关闭，利用水位差，将吸泥管口处的活性污泥抽出池外，吸泥流程结束后打开上部进气电磁阀破坏虹吸；泵吸式刮吸泥机直接用污泥泵排泥，将污泥抽出池外。行车式刮吸泥机可根据平流沉淀池运行需求排泥，排泥效率高、操作方便。

行车式刮吸泥机（虹吸式）示意如图 7-40 所示；行车式刮吸泥机（泵吸式）示意如图 7-41 所示。

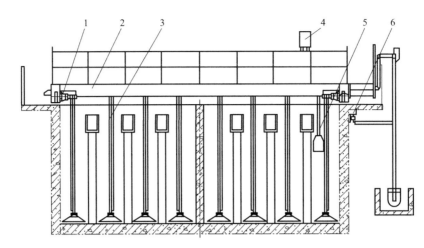

图 7-40　行车式刮吸泥机（虹吸式）示意

1—驱动装置；2—主梁；3—吸泥系统；4—电控系统；5—真空系统；6—输电装置

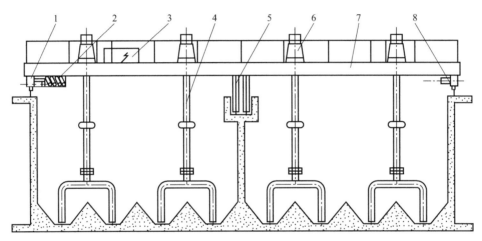

图 7-41　行车式刮吸泥机（泵吸式）示意

1—驱动装置；2—电缆滚筒；3—电控箱；4—吸泥管；5—排泥管；6—污水泵；
7—行走大梁；8—轨道及行程控制系统

（2）中心传动刮吸泥机

中心传动刮吸泥机适用于辐流式二沉池的排泥，刮吸泥机可采用单管或多管式。中心进水周边出水垂架式中心传动刮吸泥机主要由工作桥、中心驱动装置、中心传动竖架、刮臂桁架、集泥板、吸泥管、导流筒、撇渣排渣装置等组成。垂架式中心传动刮吸泥机示意如图 7-42 所示。

污水经中心导流筒布水后均匀流向池四周，随着过流面积增大，流速逐渐降低，活性污泥沉于池底，在驱动装置的作用下，刮泥板将污泥刮至吸泥管口，然后在静水压力作用下污泥通过吸泥管排至集泥槽，一部分污泥外排，其余部分回流至生物池，水面的浮渣通过旋转撇渣装置撇至排渣斗内排出池外，污水经溢流堰流入出水槽。

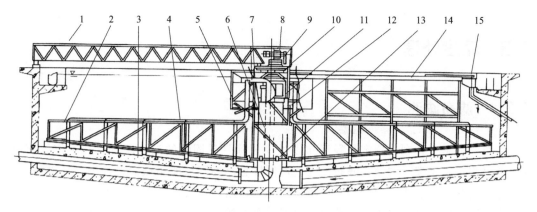

图 7-42　垂架式中心传动刮吸泥机示意

1—工作桥；2—刮臂；3—刮板；4—吸泥管；5—导流筒；6—中心进水管柱；7—中心集泥槽；8—摆线减速机；
9—涡轮减速器；10—旋转支撑；11—扩散器；12—中心传动竖架；13—水下轴承；14—撇渣板；15—排渣斗

（3）周边传动刮吸泥机

周边传动刮吸泥机适用于直径大于 16m 的辐流式二沉池的排泥，吸泥机可采用单管或多管式。周边传动刮吸泥机主要由工作桥、吸泥管、集泥槽、虹吸管、抽真空系统、中心泥缸、中心支座、驱动机构、刮渣板、集电器、电控箱等组成。周边传动刮吸泥机示意如图 7-43 所示。

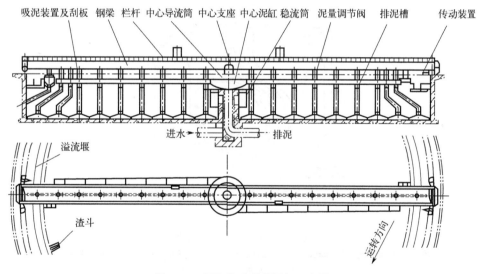

图 7-43　周边传动刮吸泥机示意图

污水经中心导流筒布水后均匀流向池四周，随着过流面积增大，流速逐渐降低，活性污泥沉于池底，在驱动装置的作用下，刮泥板将污泥刮到吸泥管口，在静水压力作用下污泥通过吸泥管排至集泥槽，污泥部分外排，部分回流至生物池，水面的浮渣通过旋转撇渣装置撇至渣斗内排出池外，污水经溢流堰流入出水槽。减速机应选用同步电机驱动。周边传动对池的圆度以及轮子经过的池面有一定的要求，如果安装了出水槽清水刷，应确保出水槽同心度。

7.3 深度处理

7.3.1 滤布滤池

滤布滤池是一种利用特定孔径滤布以过滤去除悬浮固体的过滤系统。其工作原理是，原水通过固定在支架上的微孔滤布流动，而固体悬浮物则被滤布截留在外侧。在过滤过程中，过滤转盘保持静止。随着滤布上污泥的积累，过滤阻力逐渐增加，滤池内水位上升至预设水位时，便启动清洗程序。此时，过滤转盘开始旋转，同时抽吸泵通过负压抽吸滤布表面，去除滤布外表面积聚的污泥颗粒。转盘内的水同时被抽吸，水从内向外冲洗滤布，并排出清洗水。

滤布滤池的结构如图7-44所示，主要由垂直安装于中央集水管上的平行过滤转盘串联而成，用以支撑滤布。过滤转盘由防腐材料制成，每片转盘外包裹着纤维滤布。反冲洗装置包括反洗水泵、反抽吸装置及阀门，而排泥装置则由排泥管、排泥泵及阀门组成。值得注意的是，排泥泵与反洗水泵通常为同一水泵。

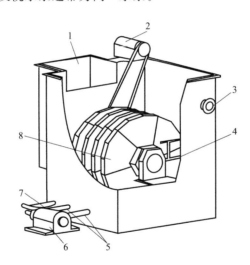

图 7-44　滤布滤池结构示意
1—出水槽；2—驱动装置；3—进水管；4—反抽吸装置；5—反洗电动阀门；6—反洗水泵（排泥泵）；
7—排泥电动阀门；8—过滤转盘

滤布滤池的运行状态包括过滤、清洗、排泥状态，通过 PLC 自动控制运行。

7.3.1.1 过滤

各池通过进水堰门调节均匀布水，污水流进滤池，使滤盘全部浸没在污水中，通过滤盘表面的滤布进行过滤，外进内出，再由中心集水管收集滤后水经出水堰排出滤池。过滤时滤盘静止，可连续过滤，即便在清洗过程中，过滤仍在进行。

7.3.1.2 清洗

随着滤布上拦截颗粒的积聚，过滤阻力增加，滤池水位逐渐升高，通过压力传感器或液位计监测滤池水位情况，高液位触发后，PLC即可启动反冲洗系统，开始清洗过程。清洗时驱动装置带动滤盘缓慢旋转，反洗水泵抽吸滤布表面积聚的固体颗粒和滤盘内的水，使滤布恢复过滤功能。反洗废水经由反洗管道排至厂区污水管网。

7.3.1.3 排泥

滤池底部一般为斜坡设计，固体颗粒或杂质在池底沉积，定期经排泥泵（也可以采用重力排泥）排至厂区污水管网。既可减轻滤布污堵，又可以延长过滤周期，减少反洗水量。

（1）特点及适用范围

① 可以根据设定的滤池运行液位自动进行反冲洗过程，并且在反冲洗时仍可进行过滤，反冲洗的吸程一般为 $-0.06MPa$。

② 结构紧凑，占地面积小，模块化安装，维护使用简便。

③ 高效的清洗。清洗面积占过滤总面积的 2% 左右，由于滤布介质的厚度仅为 2~3mm，因此透过介质的清洗水流很强劲，清洗效果好。

④ 滤布滤池为表面过滤技术，冲洗能耗低，约为常规滤池气水反冲能耗的 1/3。

⑤ 过滤水头小。水头损失为 0.2~0.4m，一般不需要二次提升。

⑥ 对 SS 的去除率可达 50% 以上，同时去除 SS 中的 TP。但当处理水中 SS 过高或其黏附性较强时，滤布易发生污染和堵塞。

⑦ 用于污水厂深度处理、中水回用进一步去除出水悬浮物 SS，特别适合用地紧张、水力高程有限的场合。

⑧ 不建议将高效沉淀池（高密度沉淀池）与滤布滤池组合使用。高效沉淀池运行中需要投加大量化学药剂达到除磷效果，但过量投加的药剂会在滤布滤池过滤环节被拦截在滤布表面，长期运行导致滤布表面堵塞严重，反冲洗频繁则会影响滤布滤池的正常运行。建议采用以下两个工艺组合：同步化学除磷＋二沉池＋滤布滤池、高效沉淀池＋活性砂滤池/V 型滤池。

（2）基本工艺技术参数

① 滤布材质：聚酯编织针毡滤布或合成纤维绒毛滤布，孔径可低至 $10\mu m$，表面浸没度 100%。

② 滤盘直径：0.9~3.0m，一般为 2m。

③ 滤速：8~10m/h，或根据实验确定。

④ 滤盘反洗转速：0.5~1.0r/min。

⑤ 反冲洗水量：处理水量的 1%。

⑥ 反冲洗泵扬程：7~15m。

⑦ 冲洗前水头损失：0.2~0.4m。

（3）运行管理要求及操作要点

① 生产人员应根据池组设置（若设置多个池组）、水质水量变化等情况，调节各池进水量，使各池配水均匀；

② 加强巡视，每 2h 巡视一次，观察系统运行状况及周期，及时清除漂浮物；

③ 应密切监测过滤水头损失，池内液位上升是否正常，及时调整反冲洗程序和排泥；

④ 日常生产运行应跟踪监测滤池出水 SS、浊度等水质指标，出水 SS 应小于 10mg/L，以减轻对后续工艺段（如消毒等）的影响；

⑤ 定期巡检 PLC 控制系统、驱动装置（链条）、反冲洗水泵（排泥泵）、电动阀门、管道、压力表等设施设备，及时消除异常故障，并定期维护保养；

⑥ 滤布寿命一般为 3～5 年，应定期检查滤盘滤布，如有破损及时更换；

⑦ 滤布滤池一般需放在室内或加装遮阳棚，以防止由于光照滋生藻类；

⑧ 若滤布堵塞严重，需及时排查滤布堵塞的原因，必要时在设备厂家指导下对滤布进行化学清洗以恢复过滤效果。

（4）常见问题和优化对策（表 7-33）

表 7-33　滤布滤池的常见问题和优化对策

常见问题	原因分析	对策
1. 滤布易堵塞，反冲洗频繁	（1）前处理段出水 SS 过高或者出现跑泥或污泥上浮； （2）高效沉淀池混凝剂投加过量导致滤布表面堵塞，反冲洗频繁则会影响滤布滤池的正常运行； （3）滤布滤池前采用加药微絮凝增加了进水 SS 浓度	（1）优化前处理工艺段运行，减小 SS 负荷，严格控制进水量及 SS，保持进水 SS≤30mg/L。 （2）严格控制高效沉淀池混凝剂投加量或实验确定能否在生物池投加混凝剂。实际设计时慎用"高效沉淀池＋滤布滤池"组合工艺。 （3）设计上通过适当提高水头差、前段强化去除 TP 与 SS、优化化学清洗方式减少滤布的堵塞
2. 抗冲击负荷能力弱；滤池内处于高液位，频繁或连续反冲无法解决，直至池内进水溢出	（1）滤布滤池属于表面过滤，其对进水水质要求较高，抗冲击负荷能力相对较弱； （2）活性污泥沉降性差，导致二沉池出水 SS 过高； （3）二沉池出现跑泥或污泥上浮； （4）滤布滤池前采用加药微絮凝增加了进水 SS 浓度	（1）时刻关注进水水质水量的变化情况，合理调控，避免冲击。 （2）严格控制进水水量及 SS，保持进水 SS≤30mg/L，调整工艺运行改善污泥沉降性能。 （3）增加外回流及排泥量，降低二沉池泥位；增加生物池曝气量防止二沉池污泥厌氧上浮。 （4）停止滤布滤池前微絮凝加药
3. 反洗较频繁，反洗泵易堵塞，滤布滤池反洗后水位下降较少，反洗频率较高	进水中携带的垃圾杂质等堵塞反洗泵叶轮，造成反洗泵无法出水	（1）拆卸并检查清理反洗泵。 （2）定期巡视，注意观察池内液位，发现驱动链条断裂及时停水更换。 （3）设计和运行过程中不断优化选型，合理维护，并强化预处理段对悬浮物的去除，减少设备故障
4. 驱动链断裂，滤布滤池连续反洗，池内液位始终处于高液位	驱动链断裂，造成转盘反洗时无法旋转，无法清洗过滤表面	

7.3.2 V型滤池

V型滤池是快速滤池的一种变体，其名称来源于其进水槽的V字形设计，也被称为均粒滤料滤池，因为其使用的是均质滤料，即粒径一致的滤料。V型滤池的工作过程主要包括过滤和反冲洗两个阶段。在过滤阶段，V型滤池使用均粒石英砂作为滤料，以深层截留污染物。这种设计减轻了滤池在反冲洗过程中由于水力分级对过滤效果产生的不利影响。V型滤池具有强大的纳污能力，较长的过滤周期，以及良好的耐水力负荷冲击性能。此外，它采用气水联合反冲洗方式，进一步提高了过滤效果。某污水厂的V型滤池实际运行和原理图如图7-45所示，V型滤池的示意如图7-46所示。

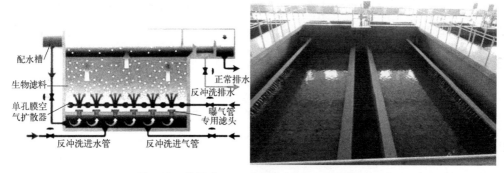

图 7-45　某污水厂 V 型滤池实际运行和原理图

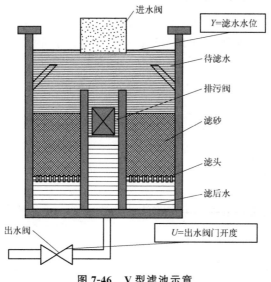

图 7-46　V 型滤池示意

7.3.2.1　特点及适用范围

① 恒水位等速过滤。滤池出水阀开度可随水位变化不断调节，使池内水位在整个过滤周期内保持不变，滤层不出现负压。当某单格滤池反冲洗时，待滤水继续进入该格滤池

作为表面扫洗水，使其他格滤池的进水量和滤速基本不变。

② 冲洗一般采用"气冲-气水同时反冲-水冲"联合方式，提高了冲洗效果并节约冲洗用水。

③ V型进水槽（反冲洗时兼做作表面扫洗布水槽）和排水槽沿池长方向布置，单池面积较大时，有利于布水均匀。

④ 采用均粒石英砂滤料，承托层较薄，滤层厚度和面积比普通快滤池厚，截污量也比普通快滤池大，故滤速较高，过滤周期长，出水效果好。

⑤ 冲洗时，滤层保持微膨胀，提高了滤料使用寿命，减少了滤池补砂、换砂费用。

⑥ 池型结构较复杂，尤其是配水配气系统精度要求高。

⑦ 适用于污水处理厂过滤截留去除 SS、TP 及生物脱氮（若设置）深度处理，发挥除磷功能时，通常采用"高效沉淀池＋V型滤池"的组合工艺去除 SS 和 TP；同时也适用于工业废水处理回用工艺。

7.3.2.2 基本工艺技术参数

① 进水 SS：宜＜20mg/L。

② 滤料有效粒径：0.90～1.3mm，允许扩大到 0.7～2.0mm。

③ 滤料不均匀系数：$K_{80}＝1.4～1.6$。

④ 滤层厚度：1.0～1.5m。

⑤ 滤速：7～20m/h，一般为 12.5～15m/h。

⑥ 表面扫洗强度：2～3L/(m² · s)。

⑦ 单独气冲强度：13～17L/(m² · s)，历时 2～4min。

⑧ 气水联合冲洗时气冲强度为 13～17L/(m² · s)，水冲强度为 2～3L/(m² · s)，历时 3～4min。

⑨ 单独水冲强度：4～6L/(m² · s)，历时 3～4min。

⑩ 滤池工作周期：12～36h。

⑪ 滤池水头损失：2.0～3.0m。

⑫ 滤层表面以上水深：≥1.2m。

⑬ 单池尺寸：池宽一般在 3.5m 以内，最大不超过 5m。池长 8.60～20.0m，面积不超过 100m²。

⑭ 滤池宜设有冲洗滤池表面污垢和泡沫的冲洗水管，可设置临时性加氯措施。

7.3.2.3 运行管理要求及操作要点

① 如果仅过滤处理，可以适当提高滤池进水负荷，正常周期反洗；如果采取混凝过滤或者外加碳源生物脱氮，应选取合适的进水负荷，并缩短运行周期，加大反冲洗频次。

② 生产人员应根据池组设置（若设置多个池组）、进水水质水量变化等情况，调节各池进水量，使各池配水均匀。

③ 日常生产运行应跟踪监测滤出水 SS、浊度等水质指标，以减轻对后续工艺段（如消毒等）的影响。

④ 当水头损失达到规定值或滤池出水 SS、浊度偏高时，滤池应进行反冲洗。反冲洗时需将水位降到排水槽顶后进行，滤层保持微膨胀状态，避免出现跑砂现象。

⑤ 定期巡检 PLC 控制系统、供气系统、反冲洗水泵、阀门管道等滤池辅助设施设备，及时消除异常故障，确保滤池正常运行。鼓风机、空压机、冷干机、水泵等主要设备应根据设备使用说明书及实际运行情况定期维保。

⑥ 发挥反硝化脱氮功能时，需根据进水流量及进出水硝酸盐浓度，实时调控并优化碳源投加量，以免投加过量导致 COD/BOD 超标，同时避免滋生大量真菌、软体动物导致滤池堵塞。

⑦ 发挥反硝化功能时进水 TP 不宜过低，以维持微生物生长所需的 C、N、P 营养比例。

⑧ 发挥除磷功能时，应严格控制混凝剂投加量，否则会导致出水 SS 偏高，并影响出水色度。

⑨ 每年检查滤料流失程度，滤料表面是否干净，是否有积泥现象，应每年做一次 20% 总面积的滤池滤层抽样检查，含泥量不应大于 3%。

⑩ 滤池初用或冲洗后上水时，严禁暴露砂层。

⑪ 滤池停运一周以上，恢复时必须进行有效的消毒、反冲洗后才能重新启用。

7.3.2.4 常见问题及优化对策（表 7-34）

表 7-34 V 型滤池的常见问题及优化对策

常见问题	原因分析	优化对策
1. 形成泥球，滤层出现板结，影响出水水质	(1) 为降低水耗和电耗，减少了反冲洗次数，延长了过滤周期； (2) 过滤截留的油、活性污泥和其他无机物积淀导致	(1) 结合实际运行情况，选择合适的反冲洗次数和反冲洗强度； (2) 检查滤池过水性，进行数据对比，定期进行滤头清洗，确保滤池的过水性及反冲洗均匀性，根据季节温度调整反冲洗强度
2. 滤池堵塞，过滤周期缩短，反冲洗频次增大	(1) 藻类生长导致； (2) 进水 SS 偏高； (3) 反冲洗强度不够使下层滤料得不到彻底冲洗	(1) 定期清理，加氯除藻； (2) 确保前处理工艺段运行正常； (3) 选择合适的反冲洗次数和反冲洗强度
3. 滤料流失，滤层膨胀或轻微膨胀，滤料不产生或不明显产生水力分级现象	(1) 滤层上部装入轻质、大粒径滤料，下部装入重质、小粒径滤料。反冲洗后，虽然在各层中还会出现水力分级现象，但是就整个滤层而言从上到下其孔隙变化的总趋势还是逐渐减小的； (2) 反冲洗时为满足下层重质滤料膨胀的反冲强度有可能使上层轻质滤料被冲跑，造成滤料流失； (3) 反冲洗流量过大； (4) 表面扫洗水流过大	(1) 更换表层滤料； (2) 调节气、水联合反冲洗周期； (3) 适当降低反冲洗流量； (4) 检查水流，必要时降低水量
4. 出水 SS 偏高，出水浊度高	(1) 进水 SS 过高； (2) 混凝剂投加过量	(1) 确保前处理工艺段运行正常； (2) 降低混凝剂投加量

常见问题	原因分析	优化对策
5. 生物堵塞，滤池液位高，反冲洗频次增大	碳源投加量大，滤池真菌滋生	控制碳源投加量，若要求日常出水 TN<10mg/L，应考虑在生物段强化脱氮，V 型滤池不建议使用脱氮功能
6. 气冲不正常，池面气泡较少或不均匀	滤头堵塞或损坏	清洗或更换滤头
7. 反洗强度不容易掌握，滤料得不到彻底冲洗	反冲强度不够使下层滤料得不到彻底冲洗	选择合适的反冲洗次数和反冲洗强度
8. 反冲洗无法按程序设置进行，反冲洗失败或报警，滤池液位偏高	空压机故障、管路压力低、管路积水多、气动阀故障、鼓风机故障、反冲洗水泵故障、清水池液位低、废水池液位高等	(1) 检查故障原因，启用备用设备或检修故障； (2) 消除报警和故障后，手动清洗各组滤池，切换为自动运行后持续监控滤池运行状态

7.3.3 深床反硝化滤池

深床反硝化滤池是一种将生物脱氮和过滤功能集于一体的处理单元，它结合了深床过滤技术和生物膜法，用于污水的深度处理。这种滤池采用重力流固定床形式，滤床较深，并铺设有多层介质。底部装有布水布气系统，上方铺设承托层，承托层之上则铺设高等级石英砂作为滤料。在补充碳源的情况下，深床反硝化滤池能有效去除总氮（TN），并同时去除悬浮固体（SS）和总磷（TP）。它将反硝化功能和深床过滤功能有机结合，通过滤池内滤料上附着的生物膜的氧化分解作用、滤料及生物膜的吸附截流作用、沿水流方向形成的食物链分级捕食作用，以及生物膜内部的微环境和缺氧条件下的反硝化作用，共同实现脱氮的目标。

深床反硝化滤池采用气-水协同反冲洗。反冲洗污水一般通过厂内污水管网回流至进水端。反冲洗水量一般为处理水量的 2%～4%。深床反硝化滤池示意如图 7-47 所示。

7.3.3.1 特点及适用范围

① 去除 TN：适当投加碳源，附着生长在滤池内的微生物（主要是反硝化细菌）把 $NO_x\text{-}N$ 还原成 N_2 完成脱氮反应过程，可实现较好的脱氮效果。

② 去除 SS：滤池介质具有高负荷截留性能，有较好的悬浮物截留效果，同时可以避免窜流或穿透现象。当前处理工艺段运行异常，如发生污泥膨胀、二沉池跑泥等情况时，可短时间适应较高的水力负荷及 SS 负荷。正常情况下可实现出水浊度<2NTU 或 SS<5mg/L。

③ 去除 TP：去除 SS 的同时可去除部分 TP。亦可在深床反硝化滤池前设置絮凝搅拌区，适当投加混凝剂（如 PAC 等），经机械混合后进入滤池，可实现出水 TP≤0.2mg/L（进水 TP≤2mg/L）。

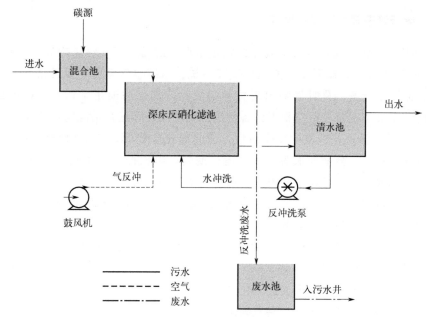

图 7-47　深床反硝化滤池

④ 运行采用 PLC 自动控制及现场手动方式，自动化程度较高。

⑤ 深床反硝化滤池通常用于对出水 SS、TP 和 TN 具有更高要求的新建及提标改造深度处理项目，以保证后续工艺如消毒工艺等稳定运行。建议优先考虑强化生化段脱氮效果，当生化段采用强化措施后，TN 仍不能达标时，可后置深床反硝化滤池进一步脱氮。

7.3.3.2　基本工艺技术参数

① 水力负荷：可根据脱氮需求灵活运用，按反硝化模式运行时，水力负荷 $120 \sim 160 \mathrm{m}^3/(\mathrm{m}^2 \cdot \mathrm{d})$；仅按滤池模式运行时，水力负荷可提升至 $160 \sim 240 \mathrm{m}^3/(\mathrm{m}^2 \cdot \mathrm{d})$。

② 水力停留时间：$20 \sim 30 \mathrm{min}$。

③ 容积负荷（以 $NO_3^- \text{-N}$ 计）：$0.5 \sim 1.5 \mathrm{kg}/(\mathrm{m}^3 \cdot \mathrm{d})$。

④ 石英砂有效粒径：$2 \sim 4 \mathrm{mm}$。

⑤ 石英砂密度：$2.5 \sim 2.7 \mathrm{g}/\mathrm{cm}^3$。

⑥ 滤料厚度：$1.5 \sim 2.5 \mathrm{m}$。

⑦ 碳源投加量：$NO_3^- \text{-N}$：甲醇 $= 1:(2.6 \sim 3.2)$。

⑧ 反冲洗参数：

a. 气反冲：气冲强度 $90 \sim 120 \mathrm{m}^3/(\mathrm{m}^2 \cdot \mathrm{h})$；历时 $4 \sim 6 \mathrm{min}$。

b. 气水混合反冲：气冲强度 $90 \sim 100 \mathrm{m}^3/(\mathrm{m}^2 \cdot \mathrm{h})$；水冲强度 $13 \sim 16 \mathrm{m}^3/(\mathrm{m}^2 \cdot \mathrm{h})$；历时 $10 \sim 20 \mathrm{min}$。

c. 水反冲：水冲强度 $13 \sim 16 \mathrm{m}^3/(\mathrm{m}^2 \cdot \mathrm{h})$；历时 $3 \sim 5 \mathrm{min}$。

d. 反冲洗周期：一般 $12 \sim 24 \mathrm{h}$。

7.3.3.3 运行管理要求及操作要点

① 定期检查各池水量的均配，每个滤池进水堰上的涌水高度应保持基本一致。

② 定期巡检 PLC 控制系统、鼓风机供气系统、压缩空气系统、反冲洗水泵、阀门管道等滤池辅助设施设备，及时消除出现异常的故障，确保滤池正常运行。鼓风机、空压机、冷干机、水泵等主要设备应根据设备使用说明书及实际运行情况定期维保。

③ 定期进行反冲洗，恢复生物膜活性，去除老化生物膜。滤池内悬浮物不断地被截留及过多氮气的积聚，会增加水头损失，运行期间，需根据水力负荷、SS 负荷、运行液位等参数判断滤池污堵程度及水头损失，适当调整反冲洗各阶段时间及周期，通过高强度的反冲洗去除截留的固体物，通过反冲洗或其他驱氮技术驱散积聚的氮气，从而减少水头损失。反冲洗周期一般为 12～24h。

④ 发挥反硝化脱氮功能时，应根据进水流量及进、出水硝酸盐浓度，实时调控并优化碳源投加量，以免投加过量导致 COD 或 BOD 超标。同时还应严格控制滤池进水溶解氧，当采用上进下出流态时，可通过优化设计或优化工艺运行方式，如采取导流板、高液位运行等措施减轻滤池跌水复氧，避免碳源的浪费。

⑤ 发挥反硝化功能时，进水 TP 不宜过低，以维持微生物生长所需的 C、N、P 营养比例。

⑥ 发挥除磷功能时，严格控制混凝剂投加量，否则会导致出水 SS 偏高，并影响出水色度。

⑦ 应加强对反硝化滤池的监控，滤池应布水布气均匀，合理调节反冲洗的强度以及均匀性，尽量避免滋生大量真菌、软体动物导致滤池堵塞，合理控制脱氮负荷及碳源投加量。

⑧ 每年检查滤料流失程度，检查滤料表面是否干净、是否有积泥现象。

⑨ 滤池初用或冲洗后上水时，严禁暴露砂层。

⑩ 滤池停运一周以上，恢复时必须进行有效的消毒、反冲洗后才能重新启用。

7.3.3.4 常见问题及优化对策（表 7-35）

表 7-35 深床反硝化滤池的常见问题及优化对策

常见问题	原因分析	优化对策
1. 滤料板结，液位高、过水量减少，影响出水水质	过滤截留的油、活性污泥和其他无机物积淀导致	（1）加强监控，进行生物镜检，了解生物膜的老化情况，及时处理； （2）定期检查滤池过水性，定期进行数据对比，定期进行滤头清洗，确保滤池的过水性及反冲洗均匀性，根据季节、温度等因素调整反冲洗强度； （3）滤头滤帽型滤池易堵塞，优先选用滤板滤砖型滤池
2. 滤料流失	（1）反冲洗强度不当； （2）出水堰不平或沉降	（1）合理控制反冲洗强度或反冲洗过程外加拦截设施； （2）找平、调整出水堰

常见问题	原因分析	优化对策
3. 反硝化效果不佳，出水 TN 不达标	碳源投加不足	根据实际二级出水水质适当补充碳源，但要注意出水 BOD_5 变化
4. 出水 SS 过高，出水透明度下降	(1) 进水 SS 负荷过高； (2) 混凝剂投加过量	(1) 确保前处理工艺段运行正常； (2) 降低混凝剂投加量
5. 生物堵塞，滤池液位高，反冲洗频次增大	碳源投加量大，滤池内生长了大量的水栉霉真菌	日常出水 TN<10mg/L，建议考虑在生物段强化脱氮
6. 出水 BOD_5 高于进水 BOD_5	碳源投加过量	降低碳源投加量。一般甲醇：N 为 3：1，乙酸：N 为 (5～5.5)：1，乙酸钠：N 为 (5.5～6)：1
7. 气冲不正常，池面气泡较少或不均匀	(1) 滤头（滤砖）堵塞或损坏； (2) 封口有松动	(1) 清洗或更换滤头（滤砖）； (2) 密实封口
8. 反冲洗无法按程序设置进行，反冲洗失败或报警，滤池液位偏高	空压机故障、管路压力低、管路积水较多、气动阀故障、鼓风机故障、反冲洗水泵故障、清水池液位低、废水池液位高等	(1) 检查故障原因，启用备用设备或检修故障； (2) 消除报警和故障后，手动清洗各组滤池，切换为自动运行后持续监控滤池运行状态
9. 水头损失	(1) 滤速有改变； (2) 氮气积累	(1) 检查原水或澄清水是否分配均匀； (2) 调整驱氮周期

7.3.4 活性砂滤池

连续流砂过滤池是一种上向流过滤装置，能够实现连续清洗滤料和连续过滤，同时完成絮凝、澄清和过滤功能。活性砂过滤池基于逆流原理工作，原水通过进水管进入过滤池内部，并通过布水器均匀分配后进行上向逆流。在过滤过程中，水中的杂质通过絮凝（如有应用）和滤料层的截留作用被去除，过滤后的水通过排放口排出。在过滤过程中，随着原水的过滤，水中污染物的含量降低，而石英砂滤料中的污染物含量增加，使得下层滤料中的污染物含量高于上层滤料。位于过滤池中央的空气提升泵在空压机的驱动下，将底层的石英砂滤料提升至过滤器顶部的洗砂器中进行清洗。清洗后的砂粒返回滤床，同时将清洗过程中产生的污染物排出过滤器外。

连续流砂过滤可以采用圆柱形罐体及钢筋混凝土池体，主要由水路、砂路、气路、洗砂器和控制系统五个部分组成，具体如图 7-48、图 7-49 所示。

7.3.4.1 特点及适用范围

① 效率高，可连续运行，无需停机反冲洗，洗砂器中下落砂粒与过滤后上升的清水进行逆流冲洗。

② 无需反冲洗泵、阀门等，附属设备较少，占地面积小。

③ 不投加混凝剂时，可通过砂床过滤作用去除 SS；投加混凝剂时，可通过微絮凝作用，经过砂床的过滤作用将沉淀物捕捉去除总磷。

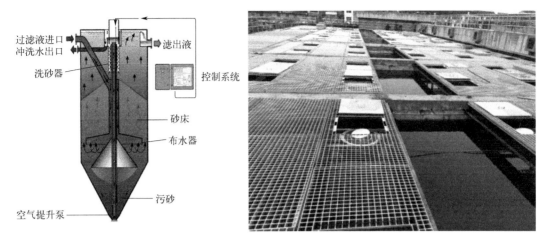

图 7-48 某污水厂活性砂滤池实际运行和原理图

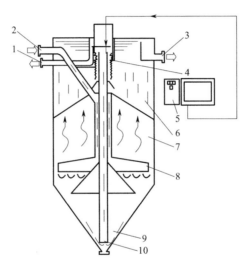

图 7-49 连续流砂过滤系统

1—清洗水出口；2—进水口；3—滤液排放口；4—洗砂器；5—控制系统；6—滤后清液；
7—滤料；8—布水器；9—污砂；10—空气提升泵

④ 当外加碳源时，可通过反硝化作用去除总氮，当增加曝气盘后可通过硝化作用去除氨氮。

⑤ 耐冲击负荷较强，滤料清洗及时，出水水质稳定。

⑥ 可根据水量变化灵活增加或删减过滤器数量，易于改扩建。

⑦ 连续流砂过滤系统适用于市政污水、工业废水深度处理的硝化及反硝化脱氮、去除总磷及悬浮物。但因活性砂滤池在实际运行过程中易出现跑砂、洗砂器及提砂管堵塞、板结、布水不均等问题，新建污水处理厂不建议选用活性砂滤池。

7.3.4.2 基本工艺技术参数

① 石英砂床高度：2.0～2.5m。

② 滤料有效粒径：0.8～1.2mm，不均匀系数小于1.5。

③ 滤速：8～12m/h。

④ 连续气提反冲洗气水比：1：5。

⑤ 反冲洗水量：3%～7%。

⑥ 压缩空气压力：0.4～0.8MPa。

⑦ 水头损失：≤1.2m，宜采用0.5～1.0m。

⑧ 反洗方式：连续压缩空气提升反洗。

7.3.4.3　运行管理要求及操作要点

① 控制前处理段出水SS，进水SS应小于20mg/L。

② 空气提升泵正常提砂，不跑砂，过滤器四周滤砂沉降速度均匀，定期检查密封圈。

③ 操作人员应至少每2h巡检供气系统运转是否正常、空气提升泵是否正常提砂、洗砂机及加药系统（如有）设备是否正常运行。

④ 防止杂物、藻类等杂质进入堵塞提砂管，滤池前若设有杂质截留过滤器，也需要定期巡检清理。宜采取防止生物生长堵塞滤池的措施。

⑤ 启动方式：

a. 开启连续流砂滤池进水闸门，使过滤器进入过滤运行状态；

b. 开启空气压缩机，向连续流砂过滤器提供压缩空气，定期排放管道内冷凝水；

c. 调节空气控制柜进口减压阀，使空气压力稳定在设计值，一般0.4～0.6MPa；

d. 调节空气控制柜内每个气体流量计的流量；

e. 调节连续流砂清洗水流速，一般为过滤器空气提升泵提砂流量的1.5～2倍；

f. 通过调节空气流量调节滤砂的沉降速度。

⑥ 当运行稳定后，滤砂沉降速度和清洗水流量需再次调节，以达到最佳效果。

⑦ 定期清理洗砂器、防溅帽、洗砂出水堰圈周围附着生长的藻类及絮体生物。

⑧ 当系统长期停机，会发生内部长藻类或微生物导致砂粒板结的风险。停机时间2～7天，停机前需用足量清水清洗砂粒；更长时间的停机，则需要用清水彻底清洗砂粒后进行消毒杀菌处理，最后打开底阀排干水。

7.3.4.4　常见问题及优化对策（表7-36）

表7-36　活性砂滤池的常见问题及优化对策

常见问题	原因分析	优化对策
1. 易跑砂，洗砂过程会导致其中的活性砂流失，从而损失微生物，不易挂膜，反硝化效果不佳	（1）提砂空气量过大； （2）挡砂板与防溅帽截留效果不好； （3）洗砂器堵塞，上方导流筒内砂满外溢	（1）调整合适的提砂空气量； （2）调节挡砂板高度； （3）疏通洗砂器，活性砂滤池进水渠增设滤网，防止前处理设施青苔、水藻等进入滤池，砂滤池增设遮阳装置； （4）滤池后增设沉砂池，截留的砂回用

常见问题	原因分析	优化对策
2. 提砂困难或提砂管不提砂，造成洗砂过程停止	（1）供气量过小或供气系统故障； （2）提砂管堵塞	（1）加大供气量； （2）检查空压机、供气管、控制柜等是否正常； （3）检查并疏通提砂管
3. 滤后水浊度较高	（1）进水量或 SS 超出设计范围； （2）洗砂速度过慢或提砂故障； （3）混凝剂投加过量	（1）减少进水量，通过工艺调控降低进水 SS； （2）检查滤砂沉降速度是否正常，提砂是否正常； （3）二级出水减少混凝剂投加量
4. 布水不均	滤池布水位置施工表面不平	优化施工水平，确保布水器运行稳定
5. 池底易板结、易堵塞，运行液位高、过水量减少，影响出水水质	过滤截留的油、活性污泥和其他无机物积淀导致滤料的板结	（1）增设进水超越管，防止堵塞后水流无处可去； （2）定期增大压缩空气流量，适当增大砂床循环速度，减少板结或堵塞现象，但应注意防止跑砂

7.3.5 高效沉淀池(高密度沉淀池)

高效沉淀池（也称为高密度沉淀池）是一种集混凝、絮凝、沉淀分离、浓缩及循环功能于一体的处理设施。它采用新一代的快速沉淀技术，能够有效去除二级出水中的悬浮固体（SS）、总磷（TP）等污染物。这种工艺具有特殊的反应区和沉淀区，适用于污水处理厂的深度提标改造、中水回用以及污水的高标准排放等领域。高效沉淀池的反应区分为混凝反应区和絮凝反应区。沉淀区则包括预沉淀区、斜板（管）沉淀区以及浓缩区。

7.3.5.1 混凝反应区

原水自流或通过泵的提升进入混凝区后，投加混凝剂（如 PAC），在快速搅拌机的搅拌作用下，投加的混凝剂快速分散，原水与混凝剂快速混合，形成小的絮体。

7.3.5.2 絮凝反应区

絮凝反应区由快速搅拌反应和推流（慢速）反应区两部分串联组成。在快速搅拌反应区内，经过混凝后的原水从搅拌机底部进入絮凝池导流筒内，同时投加絮凝剂（PAM），混凝后的原水、回流污泥和絮凝剂由导流筒内的搅拌桨由下至上混合均匀；在推流（慢速）反应区内，主要是靠推流使絮凝以较慢的速度进行，以获得大量的高密度、均质的絮体矾花，使得污泥具有较好的沉降性，可至沉淀区内快速沉淀，而不影响出水水质。但需要合理控制推流反应区混合液进入预沉淀区域的速度，不仅要确保矾花不在此处沉积，还要确保矾花不会发生破损。

7.3.5.3 沉淀/浓缩区

沉淀区包括预沉淀区、斜板（管）沉淀区及浓缩区。混合污水采用自下而上的进水方式进入沉淀区，在预沉淀区和斜板（管）沉淀区内，易于沉淀的絮体被快速沉降，未来得及沉淀以及不易沉淀的微小絮体被斜管捕获，SS 和 TP 得以去除。高质量的出水通过池顶集水槽收集排出后进入后续处理工艺段，沉淀物通过刮泥机刮至泥斗中，由污泥循环泵将部分污泥送回至反应池，其余剩余污泥排放。

池体絮凝反应区设置手动撇渣管，对加药中产生的浮渣进行撇除。为了保持斜板（管）冲洗系统长期运行过程中的功能效果，需要定期对其进行反冲洗。

高效沉淀池主要设备有混合搅拌机、絮凝搅拌装置、（悬挂式）中心传动浓缩刮泥机、斜板（管）填料、污泥循环泵、剩余污泥泵等。高效沉淀池示意如图 7-50 所示。

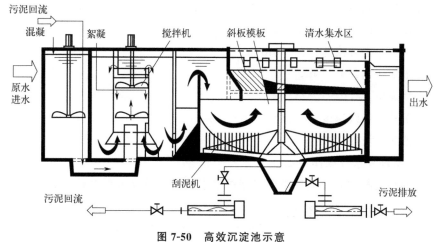

图 7-50　高效沉淀池示意

（1）特点及适用范围

① 启动快，运行方便，占地面积小，土建投资低；

② 出水水质好，沉淀效率高，受进水流量及污染物负荷变化影响较小；

③ 从低速反应区到沉淀区，产生的矾花可以保持完整，且质均、密度高；

④ 采用高效斜管沉淀，沉淀区上升流速可达 20～40m/h，可较好地沉淀高密度矾花；

⑤ 污泥回流可控，提高了絮凝剂的使用率，比传统斜板（管）沉淀池节约 10%～30% 的药剂，节省运行成本；

⑥ 浓缩排放的污泥含固率较高，不需再设置污泥浓缩池，产生的污泥可以直接进行脱水处理；

⑦ 采用高效沉淀池工艺，只需要 10min 就可以完成絮凝，少于 20min 的沉淀时间可以获得良好的处理水质；

⑧ 可应用于雨水处理、城镇污水处理、饮用水处理等领域，近年来在污水处理厂改扩建工程及深度除磷工艺中应用较多。

（2）基本工艺技术参数

① 混合反应区停留时间：0.5～2.0min。

② 混凝搅拌强度：80～120r/min。

③ 絮凝反应区停留时间：8～15min。

④ 絮凝搅拌强度：15～20r/min。

⑤ PAC 投加量 10%～20%，PAM 投加量 0.1%～0.3%。

⑥ 絮凝反应区导流筒筒内流速 0.4～1.2m/s，筒外流速 0.1～0.3m/s，出水区（上升区）流速 0.01～0.10m/s，出水区停留时间 1.5～5.0min。

⑦ 污泥回流量：3%～6%。

⑧ 沉淀区表面负荷：6～13m³/(m²·h)。

⑨ 沉淀区进口流速：60m/h。

⑩ 斜管参数：倾角60°，管径 50～100mm，长度 0.6～1.5m，斜板（管）沉淀池清水区高度≥1.0m，底部配水区高度≥1.5m。

⑪ 斜板（管）上升流速：6～13m/h。

⑫ 污泥浓缩时间：5～10h。

⑬ 沉淀池泥位：1.0～1.8m。

⑭ 刮泥机外边缘线速度：0.04～0.07m/s。

⑮ 沉淀池底板坡度：0.07。

（3）运行管理要求及操作要点

① 混凝剂和絮凝剂的投加量需要根据进水水质情况以及出水水质要求实验之后确定。

② 生产人员应根据池组设置（若设置多个池组）、进水水质水量变化等情况，调节各池进水量，使各池配水均匀。若水量长期小于设计水量的一半，可减少设施运行组数。

③ 核算并控制水力停留时间、表面负荷、溢流堰负荷等工艺参数在设计范围内，应根据本厂不同季节（如雨季汛期、冬季低温等）的污水特征和本厂污泥的沉降性能，确定表面负荷最佳范围，保证均匀进出水，防止异常进水条件对沉淀池处理效果的影响。

④ 日常生产运行应时刻关注原水水质、药耗、污泥回流比、剩余污泥浓度等运行数据。应定时检查沉淀池混凝搅拌、絮凝搅拌效果及沉淀效果，查看出水悬浮物、泥位、水面浮泥或浮渣状况是否满足感官要求，斜板（管）应上无大量积泥。定期利用清洗装置清洗斜板。

⑤ 日常生产运行应跟踪监测沉淀池出水 SS、浊度、TP 等水质指标，及时调整运行参数。

⑥ 沉淀池出水堰口应保持出水均匀无堵塞，应保持堰板与出水渠之间密合，不漏水；斜板沉淀池若未加盖，池内易滋生藻类、浮萍等，尤其是夏季，严重时可能导致出水不均、局部短流；若被浮泥浮渣堵塞，也应及时清除，避免影响出水效果。应定期清刷出水堰，清理时应采取有效的安全监护措施。

⑦ 日常巡检以及定期维护保养混合搅拌机、絮凝搅拌装置、（悬挂式）中心传动浓缩刮泥机、斜管填料、污泥循环泵、剩余污泥泵等主要设施设备。

⑧ 操作人员应经常检查排泥闸阀、排泥管路，确保排泥畅通。

⑨ 3～5 年应对支撑框架进行修理，斜板（管）局部更换等。

（4）常见问题及优化对策（表7-37）

表7-37　高效沉淀池的常见问题及优化对策

常见问题	原因分析	优化对策
1.SS 去除率降低，出水带有细小悬浮物	（1）水力负荷过高； （2）存在短流现象； （3）排泥不及时； （4）撇渣装置、刮吸泥机、排泥泵故障等	（1）适当降低进水量，检查并调整进水挡流板，检查并调整出水堰高度，防止短流；投加混（絮）凝剂，提高沉淀效果。 （2）调整进水、出水配水设施，避免不均匀进出水，减轻冲击负荷的影响，避免短流。 （3）加强排泥。 （4）检查刮泥机、排泥管或排泥泵运行是否正常；检查并清理集泥斗和排泥管
2. 出水不均，出水堰口有杂物，局部短流	（1）污泥黏附、藻类滋生； （2）浮渣等杂物漂在池边、卡在堰口上	（1）经常清理出水堰，防止污泥、藻类在堰口积累和生长。 （2）及时清理浮渣，转动撇渣管撇除浮泥，必要时喷洗。 （3）校正堰板水平度，固定堰板的螺栓、螺母等材料应使用不锈钢材质
3. 排泥管堵塞、破损或排泥泵故障，造成污泥上浮或出水带泥	（1）排泥管堵塞； （2）排泥管锈蚀破损，导致不能正常排泥； （3）排泥泵故障； （4）检修、超越等长时间停运未放空清理，导致底泥板结堵塞排泥管	（1）维修疏通排泥管。 （2）维修更换排泥管。 （3）维修排泥泵。 （4）长时间停运应放空并清理沉淀池，恢复运行时应检查排泥管，确保畅通
4. 排泥浓度下降，剩余污泥含水率偏高	（1）排泥时间过长； （2）多池运行时各池排泥不均匀； （3）刮泥与排泥步调不一致	（1）减少排泥时间及频次。 （2）调整各池排泥时间，均匀排泥。 （3）调整刮泥机运行时间和排泥时间
5. 刮泥机故障，过载或跳电	（1）排泥周期过长、排泥量少，导致沉淀池内污泥积累过多或板结； （2）沉淀池内掉入物体，如采样时掉入采样器、检修时掉入工具导致刮泥机过载	（1）减少贮泥时间，降低存泥量。 （2）检查刮泥机是否被砖石、工具或松动的零件卡住，及时更换损坏的链条、刮泥板等部件；必要时，将沉淀池排空检修
6. 污泥上浮，在沉淀池出现污泥异常增多和池面冒泡的现象	（1）斜板（管）沉淀池内污泥浓度过大； （2）斜板（管）阻塞； （3）泥位过高； （4）池底存在污泥死区	（1）加快排泥或通过适当放空的方式紧急排泥。 （2）斜板（管）上积泥太多时，可适当放空露出斜板（管），小心冲洗清理斜板，防止斜板（管）被损坏。 （3）加快排泥，延长排泥时间。 （4）进行改造优化或定期放空冲洗
7. 混凝、絮凝效果不好，出水 TP、SS 偏高	（1）药剂投加不够； （2）搅拌机转速过低或过高； （3）回流污泥量过低或过高； （4）固态悬浮物在反应区沉积，影响搅拌效果	（1）适当增加药剂投加量。 （2）调整搅拌机转速。 （3）调整回流污泥量。 （4）将搅拌机转速逐步提高到最大，维持 5～15min

7.3.6 MBR工艺

膜生物反应器（membrane bioreactor，MBR）是一种将膜分离技术与生物处理技术相结合的创新型污水处理系统。该系统利用膜组件实现固液分离，从而替代了传统生物处理技术中末端的二次沉淀池出水。MBR能够在生物反应器中维持较高的污泥浓度，这不仅提高了生物处理的有机负荷，还增强了整体出水的质量，并显著减少了污水处理设施的占地面积。此外，MBR采用的一体化自动操作管理方式也相对简便。典型的"AAO-MBR"工艺流程如图7-51所示。

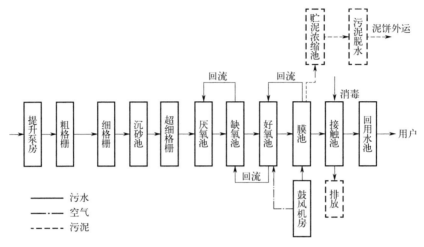

图7-51　典型"AAO-MBR"工艺流程（3段回流）

7.3.6.1 特点及适用范围

（1）出水水质优良稳定

① 利用膜高效分离作用，使膜生物反应器的出水清澈透明，悬浮物和浊度很低；

② 泥水分离彻底，使膜池内可以持续维持较高的微生物量，污泥浓度一般控制在8～10g/L，对污染物的去除率高，抗冲击能力强，出水水质稳定可靠；

③ 膜生物反应器实现了反应器污泥龄STR和水力停留时间HRT的分别控制，因此其整体的设计和操作流程十分简易；

④ 由于膜生物反应器能够维护较高的污泥浓度，除了对污水中COD和氨氮的去除率较高外，还对总氮的去除也有一定作用，因此在市政污水处理中得到广泛应用；

⑤ 由于膜的截流作用使SRT延长，不仅有利于增殖缓慢的微生物富集，也有利于提高难降解大分子有机物的处理效率和促使其彻底分解。

（2）占地比较小，系统流程较紧凑

从整个处理系统分析，MBR工艺省略了传统工艺中占地较大的二沉池，并把生化段和深度处理段紧密结合起来，因此结构比较紧凑；也可做成地面式、半地下式或地下式等多种形式，较传统工艺占地面积较小。

（3）剩余污泥产量较少

MBR 污泥负荷一般为 $0.03 \sim 0.55 \mathrm{kg}/(\mathrm{kg} \cdot \mathrm{d})$，低于传统活性污泥法 $0.4 \sim 0.8 \mathrm{kg}/$（$\mathrm{kg} \cdot \mathrm{d}$）。由于在低污泥负荷下运行，MBR 产泥量略低于常规处理工艺。

（4）运行管理方便

MBR 实现了 HRT 与 SRT 的完全分离，膜分离单元不受污泥膨胀等因素影响，一般设计成自动控制系统，日常运行管理简单高效。通常来说，在前端的生化工况正常，膜日常清洗到位的情况下，MBR 系统的运行十分稳定、简便。

（5）MBR 运行不足之处

在工程建设方面：膜组器价格较高，MBR 的基建投资高于同等规模下传统污水处理工艺。日常运行方面：随着使用时间的增加，膜会老化，膜的通量也会逐年衰减，从而导致系统产水量降低。一般来说，使用 $5 \sim 7$ 年后需要更换新膜，膜更换成本较高。膜的化学离线清洗方法目前比较复杂，会增加运行成本。为减少膜污染，需用膜下曝气方式在膜面提供较大的擦洗风量，导致运行能耗较高。整体的运行高度依赖自控系统，当自控系统出现故障时，将导致整体停运。

（6）MBR 的适用范围

市政污水资源化再生利用，包括传统污水处理厂（提标、扩容）升级改造；与厌氧技术结合处理高浓度有机工业废水（食品废水、淀粉废水、屠宰废水、啤酒废水等）；与高级氧化技术结合处理难降解工业废水（焦化废水、石化废水、印染废水、制药废水、垃圾渗滤液等）；与生物预处理技术结合处理受污染水源（受污染河水和地下水）等，也适用于自来水厂的终端出水。

7.3.6.2 基本工艺技术参数

（1）预处理单元

与常规工艺相比，预处理单元需要增设超细格栅（膜格栅），目的是进一步去除进水中的较大颗粒无机物、纤维、毛发等缠绕物质。在沉砂池系统的设计中，通常选择采用"曝气沉砂池"。这种设计的主要作用是去除进水中的油类物质，防止这些物质进入膜池并黏附在膜丝表面，从而降低膜的透水性能。

（2）生化单元

生化单元基本工艺技术参数如表 7-38 所列。

表 7-38　生化单元基本工艺技术参数

序号	设计参数		单位	数值
1	厌氧池	水力停留时间	h	1.5~3.0
		污泥浓度	g/L	3~5
2	缺氧池	水力停留时间	h	2~6
		污泥浓度	g/L	4~6
		回流比（缺氧-厌氧）	%	100~200

序号	设计参数		单位	数值
3	好氧池	水力停留时间	h	4～8
		污泥浓度	g/L	6～8
		回流比（好氧-缺氧）	%	200～400
		污泥负荷（以 BOD$_5$ 计）	kg/（kg·d）	0.05～0.15
		污泥龄	d	15～25
		回流比（膜池-好氧）	%	300～500
4	总泥龄		d	15～30
5	设计水深		m	5～7

（3）膜分离单元

膜分离单元基本工艺技术参数如表 7-39 所列。

表 7-39　膜分离单元基本工艺技术参数

项目	常规工艺参数
膜形式	帘式中空纤维膜、平板膜、管式膜
膜孔径	0.04～0.4μm
膜材料	聚偏氟乙烯（PVDF）、氯化聚氯乙烯（C-PVC）、聚乙烯（PE）
平均膜通量（20℃）[①]	14～25L/（m^2/h）
膜丝抗拉强度	无内衬不做要求，有内衬≥100N
水温条件	12～30℃
水力停留时间	1.5～3.0h
跨膜压差	0～30kPa
膜池有效水深	4.0～5.0m
预处理工艺	3mm 细格栅、曝气沉砂池、1mm 超细膜格栅
MBR 膜池污泥浓度	8～10g/L
膜质保期	≥5 年
断丝率	≤0.5%
出水浊度	<10NTU

① 平均膜通量是指 MBR 系统设计产水量（包括反冲洗水等系统自用水量）时，实际参与工作的膜面积的名义通量。

（4）膜污染控制单元

膜污染控制单元基本工艺技术参数如表 7-40 所列。

7.3.6.3　运行管理要求及操作要点

（1）进水管理

1）水量不均匀性调节

MBR 工艺常采用"恒流量"产水模式，各膜池间的液位基本一致，正常工况下应将

表 7-40　膜污染控制单元基本工艺技术参数

序号	设计参数		单位	数值
1	间歇抽吸	运行/停止时间比	min/min	（7~12）：1
2	在线化学清洗	次氯酸钠浓度（低浓度）	mg/L	500~800
		清洗周期	d	7
		次氯酸钠浓度（高浓度）	mg/L	1000~3000
		清洗周期	d	30
		柠檬酸（草酸）酸洗浓度（质量分数）	%	1.0~2.0
		清洗周期	月	1~6
		反洗周期	可调整	—
3	离线清洗	清洗周期	a	1~2
		次氯酸钠浓度	mg/L	3000~5000
		浸泡时间	h	24
		柠檬酸浓度（质量分数）	%	1.5~2.0
		浸泡时间	h	4~6
		水温	℃	25~30

膜的出水量调到设计水量，以达到最大经济效益比。在出现跨膜压差升高的情况下，可以适当降低膜的产水量，并执行在线清洗或离线清洗操作。当生化段受到进水冲击时，应相应减少进水量及膜廊道的出水量，或者根据实际情况减少或暂时停止产水膜廊道的工作，以实现进出水的平衡。在正常工作条件下，应将膜的出水量调整至设计水量，以实现最佳的经济效益。

2）水质监测控制

MBR工艺在遇到进水水质冲击时，较常规工艺有一定优势，主要是依靠膜池内较高浓度的活性污泥和膜的高效截留作用。但在膜过滤过程中，需要监测一些油类和有毒物质指标，避免对膜系统造成堵塞或更大伤害，具体指标如下：

① 油类：包括植物油和石油类（矿物油），植物油含量一般不高于50mg/L，石油类含量一般不高于3.0mg/L。石油类较难被微生物降解，黏附在膜表面会堵塞膜孔，使膜透水性能迅速下降。石油类冲击一般多为由污水偷排放导致，冲击时间比较短暂，造成系统产水能力急速下降甚至崩溃。

② 毒性物质：包括对微生物产生毒害作用或对膜材料有损伤作用的有机物或无机物，如重金属、强酸、强碱、氧化剂等。

（2）膜分离单元管理

① 投入运行数量：根据进水量的实际情况，选择膜池投入运行的数量，尽量降低能耗。

② 膜组器底部曝气的强度和均匀性：通过鼓风机或供气管路阀门调节曝气量，确保不同膜池间、不同膜组器间曝气强度基本一致。一般帘式中空纤维膜组器吹扫强度（标准状况下）应在$100~150m^3/(m^2 \cdot h)$范围内。另外需根据实际跨膜压差情况调整曝气量，

尽量减少能源损耗。

③ 回流比：控制在 300%～500% 范围，保证膜池和好氧池污泥浓度均衡。如果回流比过低会造成膜池污泥浓度升高，从而造成跨膜压差升高，同时还要考虑整个生化系统各系列回流比的匹配，保证整个生化系统污泥浓度的平衡。

④ 膜通量和压差控制：根据膜通量选择范围确定产水量，各膜池间的产水量应尽量保持基本一致。膜通量应结合膜使用年限控制在合理范围内，防止膜通量过大导致膜池污泥在膜表面板结形成严重污堵，跨膜压差一般控制在 0～30kPa 范围内，过高的跨膜压差也会导致膜污染速率加快，形成膜丝严重污堵板结。

（3）污泥混合液性质管理

① 污泥浓度：尽量控制在 10g/L 以下，过高会引起膜污染物含量增加，加速膜污染，SV_{30} 一般控制在 90% 以下。

② 过滤性（VF）：VF 与进水悬浮固体（SS）的浓度以及格栅的运行状况直接相关。通常，通过污泥混合液在重力作用下透过滤纸的速率来评估污泥过滤性的优劣。过滤性越好，膜污染的潜力越低，污染速率越慢，跨膜压差（TMP）越低，膜的稳定操作周期越长。相反，过滤性较差会导致膜快速污染，造成严重的污堵问题。测试 VF 的方法如下：使用 50mL 的污泥混合液通过中速定性滤纸，5 分钟后测定滤后液的体积来表征过滤性。当 VF 值超过 25 时，表示过滤性良好；当 VF 值在 15 到 25 之间时，表示过滤性不佳，应查明原因并进行调整；当 VF 值低于 15 时，表示不适宜进行过滤，应停机进行检查。

③ 污泥黏度：在正常运行状态（水温 12～25℃ 和污泥浓度 <10g/L）下，污泥黏度一般不超过 10mPa·s。如果运行状态不正常，会导致污泥混合液黏度显著上升，影响其过滤性，导致膜污染加剧。

（4）膜污染管理

膜污染控制措施包括间歇性抽吸和曝气擦洗、在线化学药剂清洗、离线清洗等。

1）间歇性抽吸和曝气擦洗

间歇性抽吸可有效缓解膜过滤过程中膜池内高浓度污泥在膜丝表面黏附的概率，同时利用曝气擦洗，使膜丝不断振动，可进一步减少膜表面附着的污泥，降低膜污染。

2）在线化学药剂清洗

膜系统在长时间运行后，膜丝表面会不可避免地累积污染物，这会导致跨膜压差持续升高，进而影响膜的透水性能。因此，需要定期进行在线化学药剂清洗或离线清洗，以维持膜系统的稳定运行。根据膜丝污染程度或跨膜压差的不同，在线清洗可以分为低浓度清洗、高浓度清洗、草酸清洗和柠檬酸清洗等多种方式。具体清洗要求如表 7-41 所列。

表 7-41　在线清洗要求

污染物质类型	药品名称	药液浓度	注入药液量	每次清洗时间	清洗间隔时间
有机物	次氯酸钠	500～3000mg/L （有效氯浓度）	2～4L/膜元件	2～4 小时	每周一次
无机物	草酸	1.0%～1.5%	2～4L/膜元件	1～3 小时	根据污染
无机物	柠檬酸	1.0%～2.0%	2～4L/膜元件	1～3 小时	程度确定

中空纤维膜在线清洗操作流程如图 7-52 所示。

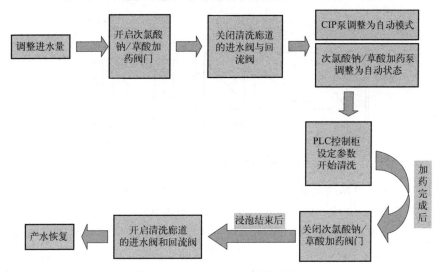

图 7-52　中空纤维膜在线清洗示意

平板膜在线清洗操作流程如图 7-53 所示。

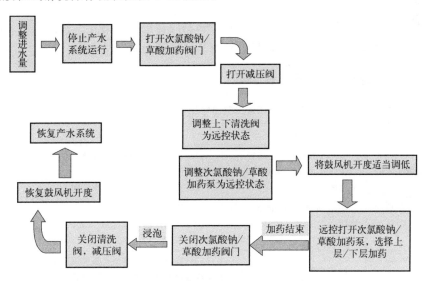

图 7-53　平板膜在线清洗示意

3）离线清洗

当膜系统经过在线清洗后，如果跨膜压差没有显著降低，或者降低后迅速反弹上升，且膜系统长期在高跨膜压差和低通量状态下运行，导致产水量明显下降时，就需要进行膜箱的离线清洗。通常，这种清洗每年进行 1～2 次。离线清洗过程包括逐一拆解膜组器，对膜片（膜丝）进行清洗以清除附着的污泥，然后根据膜污染的类型，使用不同的化学药剂进行浸泡处理。待膜的过滤性基本恢复后，将膜组器重新安装回生产线，继续进行自动化运行。离线清洗示意如图 7-54 所示。

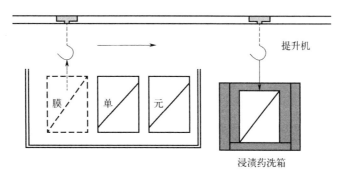

图 7-54 离线清洗示意

一般用于浸泡膜组器的次氯酸钠溶液浓度（有效氯）应控制在 3000～5000mg/L，碱洗后进一步进行弱酸（1%～2%，柠檬酸或草酸）浸泡处理。

平板膜、双层膜组件等也可采用原位化学清洗，即在单个膜池关闭进出水阀门（堰门），放空池内污水，再放入清水及化学药剂进行浸泡清洗，清洗完成后需将药液抽出处理。该离线清洗方式虽然不需要起吊膜组器，一次性化学清洗的工作效率较高，但弊端是药剂的损耗太大，并且酸碱化学药剂对原膜池内的其他设备产生一定的化学腐蚀。

4）膜丝检测

运行人员应定期对膜组器进行取样检测，检测内容包括膜通量、泡点压力、膜丝酸碱清洗后的通量、膜丝污染物分析等，根据检测结果来确定膜清洗方案。

7.3.6.4 常见问题及优化对策（表7-42）

表 7-42　MBR 工艺的常见问题及优化对策

常见问题	原因分析	优化对策
1. 进水量变化幅度较大，导致膜池液位变化较大	（1）进水量分布不均匀； （2）进水提升泵变频控制不合理	（1）通过进水泵房、调节池、蓄水池等调蓄进水量，使进入膜池系统水量均匀； （2）合理调节进水泵变频范围
2. 膜出水水质突变，跨膜压差突然升高	（1）进水水质指标突然超标； （2）有工业废水偷排现象	（1）适当增加污泥浓度，提高抗冲击能力； （2）适当增加好氧池曝气量，控制 DO 和 ORP 在合理区间
3. 生化池或膜池出现大量泡沫，活性污泥性能变差	（1）进水中含有较多石油类物质或表面活性剂； （2）进水中含有强酸、强碱类物质，导致 pH 值异常； （3）进水中含毒性物质，导致微生物中毒，死亡	（1）降低进水量或加大曝气沉砂池排油措施，减少石油类或表面活性剂进入生化池和膜池； （2）在生化段投加酸性或碱性药剂进行中和； （3）微生物中毒后，可适当投加絮凝剂，加强排泥，尽量让毒性物质沉降并排出系统； （4）如果膜组器被严重污染，则须通过在线清洗或离线清洗的方式恢复膜通量
4. 膜组器缠绕较多毛发或纤维缠绕物	（1）细格栅或膜格栅运行不正常，格栅筛网损坏，栅前污水直接穿过格栅； （2）膜格栅堵塞严重，格栅前端污水漫流到下游	（1）对格栅破损处进行修复； （2）加强格栅冲洗强度或冲洗频率，及时清除格栅上的污堵，恢复格栅过水能力； （3）采用离线清洗，清除膜组器上的缠绕物

常见问题	原因分析	优化对策
5. 膜组器污泥板结	(1) 膜组器曝气强度低或不均匀、运行通量过高,活性污泥过滤性下降、膜在线清洗效果不好; (2) 膜组器夹杂较多毛发纤维或垃圾,导致过滤面积减少	(1) 加大膜组器曝气强度和保持曝气均匀性; (2) 膜运行通量设置在合理范围; (3) 通过投加药剂、降低污泥浓度、调整曝气量等方式调控混合液,提高其过滤性; (4) 提高在线清洗药剂浓度,增加在线清洗频率,或增加反冲洗,减少膜污染; (5) 通过空曝气4~12小时或离线清洗,减少膜污堵
6. 曝气管路堵塞,鼓风机出口压力上升,跨膜压差升高	(1) 污泥浓度过高或无机物质含量过高,在线清洗时停止曝气时间过长; (2) 大量死泥进入曝气管路内堵塞管道	(1) 空曝气4~8小时,将曝气管中堵塞的污泥颗粒清除; (2) 加强排泥; (3) 清理膜池,清除堆积的死泥; (4) 调整污泥浓度在合理范围
7. 膜组器出现较多断丝或脱皮	(1) 膜组器内有异物,割断膜丝; (2) 离线清洗时清洗水压过高,导致膜丝脱皮	(1) 清除膜组器内异物; (2) 局部断丝采用接丝方式修复; (3) 超过一定数量断丝或脱皮,更换膜组器
8. 出水浊度升高	膜组器抽水系统有泄漏点	(1) 采用气泡实验法,逐一检查泄漏部位; (2) 修复泄漏点
9. 冬季跨膜压差上升速度较快,产能下降	(1) 冬季低温导致污泥过滤性下降,黏度增大,膜透水性能下降; (2) 低温条件下,微生物活性降低,污泥黏度升高,膜清洗效果降低	(1) 膜运行通量控制在中低范围,降低膜污染速率,延长清洗周期; (2) 膜在线化学清洗采用中低强度的药剂浓度,提高药液温度,提高清洗效果; (3) 适当增加在线反冲洗时间或频次,控制膜污染,降低跨膜压差

7.3.7 臭氧氧化单元

臭氧(O_3)是氧气(O_2)的一种同素异形体,由三个氧原子组成。在常温常压下,臭氧是一种淡蓝色、具有刺激性气味的不稳定气体,很容易分解成氧气。臭氧具有很强的氧化性,反应速度快,即使在低浓度下也能迅速发生反应,其杀菌能力是氯的数百倍。此外,臭氧处理过程中不产生污泥和酚臭味,且不会造成二次污染。

在污水经过二级处理后,剩余的化学需氧量(COD)大多为难生物降解的有机物。这些物质可以通过臭氧氧化技术进一步降解。臭氧氧化技术的原理是臭氧在水中发生氧化还原反应,生成氧化能力极强的单原子氧(O)和羟基自由基(·OH),从而快速分解水中的有机物质。因此,在目前的深度处理系统后增加臭氧氧化方法是一个值得考虑的方案,以确保出水COD稳定达到排放标准。

臭氧的氧化能力很强,在天然元素中仅次于氟。它能与许多有机物或官能团发生反应,如$C=C$、$C\equiv C$、芳香化合物、杂环化合物、$N=N$、$C=N$、$C-Si$、$-OH$、$-SH$、$-NH_2$、$-CHO$ 等,导致难生物降解有机分子破裂,通过将大分子有机物转化为小分子有机物来改变其分子结构,降低出水中的COD,同时实现除臭、脱色和消毒的效果,从而达到净化水的目的。

虽然臭氧可去除污水处理厂二级出水（如二沉池）中部分难降解COD，但其效果并不稳定，甚至可能出现处理后COD浓度上升现象。这可能是由于O_3氧化能力不足以将COD完全氧化，只是将其中长链COD转化为短链COD，使原有的检测方法检测不出的COD转化为可检测的COD，从而使COD浓度上升。由此可见，臭氧只能氧化部分有机物，无法稳定去除出水中所有难降解有机物。

产生臭氧的方法主要有：高压无声放电法、紫外线照射法、电解法。高压无声放电法在污水处理厂中应用较多，由成套的臭氧发生器制备臭氧，其原理是让净化干燥的空气或者氧气流过电极间隙，通过交变高压电场在气体中产生电晕，电晕中的自由高能电子离解氧气分子，经碰撞聚合为臭氧分子。高压无声放电型臭氧发生器具有能耗相对较低、单机臭氧产量大等特点，应用最为广泛。臭氧发生器按臭氧产量分为小型（5~100g/h）、中型（100~1000g/h）和大型（>1000g/h）。

用高压无声放电法生产臭氧时，完整的臭氧工艺系统包括气源系统、臭氧发生系统、臭氧接触反应系统、尾气处理系统。图7-55为臭氧产生及投加示意。

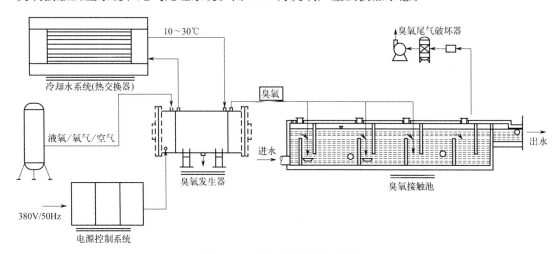

图7-55　臭氧产生及投加示意

7.3.7.1　气源系统

臭氧的气源有空气源或氧气源，氧气可以在现场制备，也可以购买液态氧通过蒸发取得。三种气源的特点各有不同。干燥纯净的压缩空气：空气源容易获得，但效率低，能耗高，需要对空气进行除尘、除油、除湿及去除污染物。液态纯氧：效率高，具有灵活性，可直接购买，使用时液态氧需要经汽化器汽化。现场制氧气：效率高，可靠性好，但需要制氧机。污水处理厂应根据水处理规模、所需臭氧产量、浓度及单位成本等要求，从技术经济角度比较后选择合适的气源。

7.3.7.2　臭氧发生系统

臭氧易于分解无法贮存，需要在现场制取使用。臭氧发生系统是臭氧工艺系统的主体设备，包括臭氧发生器、供电及控制设备（调压器、升压变压器、控制设备等）及发生器冷却设备（水泵、热交换器等）。

臭氧发生器根据臭氧发生单元的结构型式可以分为管式和板式两种；根据放电频率的不同，可以分为工频（50～60Hz）、中频（100～1000Hz）和高频（＞1000Hz）三种类型。中频和高频发生器，尤其是高频发生器，因其体积小、功耗低、臭氧产量大等特点，成为目前最常用的产品。

臭氧发生器功率较大，在交流高频电压作用下，气体放电时会导致气体电离和介电材料的损耗，从而使臭氧发生管内的工作气体温度上升。由于臭氧在较高温度下容易分解，这会造成臭氧产量的减少。因此，冷却放电间隙中的工作气体非常重要。小型臭氧发生器通常采用空气冷却式，而中大型臭氧发生器则常采用水冷却式。

介电材料的选择包括石英管、陶瓷管、陶瓷板、玻璃管和搪瓷管等类型。目前，使用较多的是石英管和陶瓷管两种材料。电极电压、温度、交流电频率、原料气含氧量及清洁度、放电形式、放电电极的结构尺寸和形状、放电室间隙厚度以及介电材料的不同，都会对臭氧的产量和浓度产生影响。

7.3.7.3 臭氧接触反应系统

臭氧接触氧化设备有臭氧接触氧化塔、臭氧接触氧化池等，应根据臭氧处理的对象不同选择合适的接触反应设备，并保证一定的接触反应时间。在污水处理中，使臭氧气体扩散到处理水中并使之与水全面接触和完成反应的处理构筑物称为臭氧接触氧化池。臭氧通过臭氧扩散装置投加到水中，与水中的杂质进行氧化反应。影响臭氧接触反应性能的因素主要有：①水中污染物的种类、浓度及其水溶性；②气相臭氧的浓度和投加量；③接触方法与时间；④气泡大小；⑤水的压力与温度；⑥干扰物质的影响。臭氧气体通过管道输送，常用臭氧扩散（投加）装置包括微孔扩散器、涡轮注入器、水射器、填料塔、气液混合泵、管道混合器等。

7.3.7.4 尾气处理系统

从臭氧接触氧化系统排出的尾气中，仍含有剩余臭氧直接排入大气中。当浓度（体积分数）大于 0.1×10^{-6} 时，即会对人们的眼、鼻、喉以及呼吸器官产生刺激作用，因此需要进行处理。常用的尾气处理方法有电加热分解、催化剂接触分解及活性炭吸附分解等，不过，以氧气为气源的臭氧处理设施尾气不应采用活性炭吸附分解。

（1）特点及适用范围

① 臭氧的强氧化性能够导致难生物降解有机分子破裂，通过将大分子有机物转化为小分子有机物来改变分子结构，降低了出水中的 COD。

② 氧化能力强，反应快，能把水中的 Fe、Mn 离子及 Pb、Ag、Ni、Hg、Cd 等重金属离子除去，并对除臭、脱色、杀菌、去除有机物都有明显效果。

③ 废水中的臭氧在接触氧化过程中分解，尾气也易分解，不产生二次污染。

④ pH＝5.6～9.8，水温 0～39℃范围内，臭氧的氧化能力不受影响。

⑤ 使用臭氧较少产生附加的化学污染物，不会产生如氯酚那样的臭味，也不会产生三卤甲烷等氯消毒的副产物。

⑥ 臭氧（O_3）是一种强氧化性气体，广泛应用于城市污水、再生水厂、纺织废水、印刷废水、石油废水、化工废水、垃圾渗滤液等污水处理中。用于二级处理后的臭氧氧化可设置在沉淀池、滤池之后。

⑦ 臭氧发生器电耗高，需有效提高效率。

（2）基本工艺技术参数

臭氧氧化单元的设计可参考《室外给水设计标准》（GB 50013），并符合《水处理用臭氧发生器技术要求》（GB/T 37894）。

1）投加量

根据待处理水的水质情况，并结合实验结果确定。

2）接触材料

臭氧具有强腐蚀性，所有与臭氧气体或溶解有臭氧的水体接触材料应耐臭氧腐蚀。耐腐蚀材料可用不锈钢或塑料。

3）规格

臭氧发生器额定臭氧产量规格应符合表 7-43 的规定。

表 7-43　臭氧发生器额定臭氧产量规格

臭氧发生器产量单位	额定臭氧产量
g/h	5、10、15、20、25、30、40、50、60、70、80、90、100、120、150、200、250、300、400、500、600、700、800
kg/h	1、1.2、1.5、2.0、2.5、3.0、4.0、5.0、6.0、7.0、8.0、10.0、12、15、18、20、25、30、40、50、60、70、80、90、100、110、120、130、140、150……

注：生产、订购优先选用额定臭氧产量表中的系列产品。

4）工作条件

① 臭氧发生器额定技术指标检测工作条件应符合下列要求：

a. 环境温度 20℃±2℃，相对湿度≤60%；

b. 冷却水进水温度≤22℃±2℃；

c. 氧气源型产生 1kg/h 臭氧的冷却水流量≤2m^3/h，空气源型产生 1kg/h 臭氧的冷却水流量≤4m^3/h；

d. 工作电源应符合 AC380V/220V，三相五线制/单相三线制，50Hz±0.5Hz；

e. 海拔不高于 1000m。

② 臭氧发生器正常工作条件应符合下列要求：

a. 环境温度≤45℃，相对湿度≤85%；

b. 冷却水进水温度≤35℃；

c. 氧气源型产生 1kg/h 臭氧的冷却水流量≥1.5m^3/h，空气源型产生 1kg/h 臭氧的冷却水流量≥3m^3/h。

5）气源装置

① 以空气为气源，臭氧发生器产生的氮氧化物（NO_x）量不得大于臭氧量的 2.5%。

② 气源装置供气量及供气压力：满足臭氧发生装置最大发生量的要求，且气源装置

邻近臭氧发生装置。

③ 以空气为气源的气源装置应有备用设备。

④ 以液氧为气源的液氧储存量：≥最大日用量的 3 倍，液氧汽化装置设置备用。

⑤ 以液氧为气源应设有备用液氧储罐，储备不少于 2 天用量的液氧。

⑥ 以空气或制氧机为气源的装置应设置在室内，并采取隔声降噪措施；以液氧为气源的装置宜露天设置，并按规定设置防火距离及防火措施。

⑦ 臭氧发生器对各类气源要求不低于表 7-44 的规定。

表 7-44　臭氧发生器的供气气源要求

气源种类		供气压力/MPa	常压露点/℃	氧气浓度（体积分数）	杂质颗粒度/μm
空气		≥0.2	≤−55	21%	≤0.1
空气 PSA/VPSA 制氧	<1m³/h	≥0.1	≤−50	≥90%	≤0.1
	≥1m³/h	≥0.2	≤−60	≥90%	≤0.1
液氧		≥0.25	≤−70	≥99.5%	≤0.1

6）冷却水

直接冷却臭氧发生器的冷却水应符合下列条件：

① pH 值：$6.5 \leqslant pH \leqslant 8.5$。

② 氯化物含量：≤250mg/L。

③ 总硬度（以 $CaCO_3$ 计）：≤450mg/L。

④ 浑浊度（散射浑浊度单位）：≤1NTU。

7）可靠性

可靠性应满足下列要求：

① 臭氧发生器主体器件寿命应大于 15 年；

② 臭氧发生器在额定功率下连续运行满 1 年时，额定技术指标下降不应超过 5%，臭氧发生单元击穿率不应超过 0.5%。

8）臭氧发生器其他要求

① 臭氧发生器的额定技术指标按标准状态（NTP）计算，应符合表 7-45 的规定。

表 7-45　臭氧发生器的额定技术指标

气源种类	臭氧产量	臭氧浓度/(g/m³)	臭氧电耗/(kW·h/kg)
空气源	按表 7-43 选定	25	≤17
氧气源	按表 7-43 选定	150	≤10
	按表 7-43 选定	180	≤12

注：1kg/h（按氧气源计）以上的臭氧发生器的额定功率因数（$\cos\varphi$）不应小于 0.92。

② 当冷却水温度不等于额定进水温度时，臭氧产量应按产品"臭氧产量-冷却水温度特性曲线"修正。

③ 臭氧发生室的外观不应有机械损伤，表面应光滑平整。

④ 臭氧发生器运行 4h 后，在设定的额定功率及进气流量的工况下，2h 内臭氧浓度与臭氧电耗的变动值不应超过 5%。

⑤ 臭氧产量应能在 25%～100% 范围进行调节和控制。

⑥ 臭氧发生器工作时噪声不应高于 85dB（A）。

⑦ 臭氧发生装置应设臭氧及氧气泄漏探测及报警设备。

⑧ 机械通风换气频次：8～12 次/h。

⑨ 介质材料的介质强度：不小于实际工作最高介质强度的 2 倍。

⑩ 电极材料：应保证在放电条件下和臭氧环境中可长期稳定工作。

⑪ 不同等级的臭氧发生器无故障工作时间应符合表 7-46 要求。

表 7-46　不同等级的臭氧发生器无故障工作时间

项目	优级品	一级品	合格品
无故障工作时间/h	>15000	10000～15000	8000～10000

9）臭氧输送管道

① 直径满足最大输气量要求，设计流速≤15m/s，采用 316L 不锈钢材质。

② 管道可采用架空、地埋或管沟敷设方式，设置在室外的臭氧气体管道宜外包绝热材料。

10）臭氧接触氧化池

① 个数或能单独排空的分格数不少于 2 个，每格布气量应根据需要分配，并保证一定的停留时间。

② 接触时间：根据工艺需求及水质情况，通过实验确定。

③ 臭氧接触池应全密闭。池顶设置臭氧尾气排放管和自动双向压力平衡阀，池内水面与池顶间距 0.5～0.7m。

④ 池内水流宜采用竖向流，并设置导流板作为分隔，导流板间间距不小于 0.8m。

⑤ 接触池水深：5.5～6.0m。

11）尾气消除装置

① 应安装臭氧浓度监测仪及报警设备。

② 最大设计气量应与臭氧发生装置最大设计气量一致。

③ 尾气消除装置应设置备用。

（3）运行管理要求及操作要点

因臭氧氧化单元仪器仪表、设备、阀门等较多，对安全操作的要求较高，且臭氧发生器结构较为复杂，操作人员应严格按照各系统使用说明书、供货商提供的运行手册、操作规程等运行、管理和维护。

① 气源露点应满足设计值，严禁在不符合条件的温度下开启发生器；同时确保气体干燥洁净，严禁发生器原料气体含有腐蚀性气体等。

② 以空气或氧气作为气源均应设置相应的过滤器，保持气源洁净。

③ 以空气源制氧时，应定期检查维护空压机、储气罐、冷干机、压缩空气管道等，

确保压缩空气系统运转正常，定期检定泄压阀、压力表；以液氧制氧时，液氧罐及制氧设备现场须符合安全距离、安全压力、防火防爆等安全规定，并定期进行巡检。

④ 臭氧发生器进气压力在正常工作范围内，符合设备参数运行范围。

⑤ 应定期调校系统管路上的减压阀、流量控制阀以及发生器内的电磁阀。

⑥ 臭氧系统在线仪表应工作正常，包括臭氧浓度检测仪，臭氧流量计、水中余臭氧分析仪、环境臭氧检测仪等，附属仪器仪表等元器件出现问题应及时检查或更换。

⑦ 系统供电系统稳定、运行正常。

⑧ 应定期巡检臭氧发生系统、冷却系统、尾气破坏系统、进气和尾气管路及水样采集管路上各种阀门及仪表的运行状况，检查外观、清洁度、防腐及有无异物等。

⑨ 若臭氧浓度和产量明显下降时，应及时检查，若无法查明应委托制造商对系统（包括气源系统）进行检修。

⑩ 在自动控制模式下，系统程序会自动控制系统内各设备的开启和关闭；在手动控制模式下，操作人员须按照系统的启动和停机操作规程进行操作。

⑪ 如果在现场发现系统有异常情况或设备发生突发性故障时，应启动紧急停机程序即启动紧急停机按钮，紧急停机按钮应在故障查明或排除后解锁。

⑫ 巡视过程中，若室内臭氧检测系统发出报警或发觉车间内有明显的臭氧气味时，应及时撤离现场。待车间通风系统将臭氧气味排出后，再做系统故障排查，寻找泄漏点源。

⑬ 运行过程中应详细记录系统运行参数。

⑭ 如果发生器长时间不工作，应把发生器内的冷却水排放掉，尤其是冬季。

⑮ 以水为冷却剂的臭氧发生器，单位臭氧产量下冷却水消耗量不宜超过设计值，冷却水进、出水温度均应控制在规定范围内。同时应根据季节温度调节冷却水量，定期更换循环水，确保循环水洁净，防止结垢，以免影响发生器的散热效果。

⑯ 冷却水系统（水泵、热交换器等）应根据季节温度、湿度大小增减排污次数，冷却器若长期停用，应放尽冷却水及污水。

⑰ 热交换器在操作过程中，应确保压力稳定，避免忽高忽低。

⑱ 臭氧接触池气量分配，应根据池内曝气效果进行调节。

⑲ 接触池排空之前应确保进气和尾气排放管路已切断。切断进气和尾气管路之前，必须先用压缩空气将布气系统及池内剩余臭氧气体吹扫干净。

⑳ 定期进行接触池排空清洗，并严格按照设备操作手册规定的步骤进行。

㉑ 定期检查布气系统，确保畅通无堵塞。

（4）常见问题及优化对策（表7-47）

表 7-47　臭氧发生器的常见问题及优化对策

常见问题	原因分析	优化对策
1. 电机设备故障、报警和停机	（1）电机工作电流超过额定电流； （2）电机损坏	（1）投入备用设备； （2）检修，排除设备故障
2. 压力变送器故障、报警	（1）空气/氧气颗粒过滤器堵塞严重，需要更换滤芯； （2）压力变送器故障	（1）检查过滤器滤芯，如确认需要更换，则立即更换； （2）维修或更换压力变送器

常见问题	原因分析	优化对策
3. 露点仪故障、报警	(1) 空气/氧气气源品质不合格； (2) 露点仪故障	(1) 检测分析气源品质； (2) 维修或更换露点仪
4. 臭氧发生器故障、报警和停机	(1) 进气气源露点高于设定值； (2) 进气压力过高或过低； (3) 内循环进水水温过高； (4) 臭氧发生器供电电压过高； (5) 臭氧车间臭氧或氧气泄漏	(1) 核查分析进气露点，如有必要进行手动吸扫； (2) 核查进气压力范围，调整减压阀； (3) 核查冷却水系统是否正常工作，检查内循环水进水温度是否低于设定值； (4) 核查供电电压； (5) 检查臭氧车间报警系统和排风系统
5. 臭氧发生器放电管不工作，只进行吹扫，不生产臭氧	(1) 露点温度高； (2) 放电管故障	(1) 检查露点仪表是否正常，如有必要手动增加吸扫时间； (2) 停止系统，检查放电管
6. 臭氧发生器高温报警，臭氧发生器停止运行	(1) 冷却水温度高； (2) 冷却循环系统停止运行； (3) 发生器风扇故障	(1) 更换冷却水，确保冷却水温度小于设定值； (2) 检查冷却水循环泵是否工作正常； (3) 检查维修风扇
7. 臭氧浓度仪故障	(1) 设定臭氧产量过高，浓度超出测量范围； (2) 仪表内污染严重； (3) 仪表故障	(1) 改变臭氧进气量和设定值，调整臭氧浓度； (2) 定期用氧气自动或手动校正仪表； (3) 维修或更换仪表
8. 臭氧质量流量计故障	(1) 报警信号方式选择错误； (2) 仪表故障	(1) 依据产品说明书，复查接线方式是否正确； (2) 维修或更换仪表
9. 臭氧泄漏报警仪故障、报警	(1) 臭氧发生器管路存在泄漏，浓度过高； (2) 仪表故障	(1) 开启通风系统，检查臭氧泄漏点，排除泄漏点； (2) 臭氧泄漏报警探头过期，需要更换
10. 氧气泄漏报警仪故障、报警	(1) 系统故障； (2) 氧气泄漏，浓度过高； (3) 仪表故障	(1) 复查系统接线； (2) 检查氧气泄漏点，排除泄漏点； (3) 氧气泄漏报警探头过期，需要更换
11. 尾气破坏器故障、报警和停机，尾气排放口存在明显臭氧气味	(1) 尾气破坏器温度控制器故障或控制电路跳闸或破坏器掉电； (2) 尾气破坏器内还原剂 (若有催化剂) 失效； (3) 尾气电动阀门开不到位； (4) 臭氧浓度过高，尾气来不及处理，系统报警	(1) 检查维修温度控制器或重新上电； (2) 更换还原剂； (3) 检查阀门是否被卡住； (4) 检查臭氧投加量和水中残余臭氧浓度，增加尾气破坏器的工作台数
12. 循环系统故障	(1) 循环水压低于正常工作压力，循环水源异常，循环水流量低； (2) 循环水泵故障	(1) 检查压力表是否正常，检查循环水有无杂质等； (2) 检修循环水泵

7.3.8 活性炭/焦吸附单元

在水处理过程中，当污水处理厂生物池出水经过混凝、沉淀、过滤等常规处理工艺后，若某些有机物、有毒物质的含量或色、臭、味等感官指标仍不能满足出水水质要求，除了可以利用臭氧氧化去除其中的难降解化学需氧量（COD）等物质外，还可以采用活性炭或活性焦吸附剂来强化尾水中难降解 COD 等的去除。活性炭和活性焦都是由含碳材料制成，具有内部孔隙结构发达、比表面积大和吸附能力强等特点的微晶质碳素材料。它们能有效去除水中的有机污染物、脱色、去味等，同时对水中的重金属也具有很强的吸附能力。此外，活性炭和活性焦的化学性能稳定，使其在水处理领域得到广泛应用。

活性炭作为一种典型的吸附材料，通常由木炭、果壳、煤等含碳原料经过加工制成。根据形态的不同，活性炭主要分为颗粒活性炭和粉末活性炭两大类。粉末活性炭主要用于预处理和应急处理，而颗粒活性炭则主要用于深度处理。这两种活性炭的投加方式和设备也有所不同。活性炭因其独特的孔结构和卓越的吸附性能，能有效去除污水中的大部分有机物和某些无机物，因此在水质净化过程中得到了广泛应用。活性炭吸附法已成为城市污水和工业废水深度处理中最有效的方法之一。在国际上，比表面积达到或超过 $500\mathrm{m}^2/\mathrm{g}$、以煤为原料生产的颗粒状炭质吸附剂被称为煤质活性炭。活性炭的价格昂贵，加之污水排放量较大，水处理成本也随之升高，这使得许多污水处理厂难以承受，从而限制了活性炭的应用。因此，开发低成本的污水处理技术成为当前研究开发的重点。

活性焦是一种由褐煤制成的材料，它具有吸附和催化能力，与活性炭材料相似，中孔发达，具有良好的吸附能力。成型活性焦已在工业生产中用于烟气脱硫，并有望替代活性炭在废水处理领域获得应用，特别是在脱色方面，活性焦甚至表现出优于活性炭的性能。活性焦能够使水中的细微悬浮粒子和胶体离子脱稳、聚集、絮凝、混凝并沉淀，从而达到净化处理的效果。

活性炭/焦去除化学需氧量（COD）主要包括过滤和吸附两个过程。过滤过程涉及将水中悬浮状态的污染物截留。滤层孔隙尺度及孔隙率随着活性炭/焦料粒度的增大而增大。具体来说，活性炭/焦粒度越粗，可容纳悬浮物的空间越大，表现为过滤能力增强、纳污能力增加和截污量增大。同时，活性炭/焦滤层孔隙越大，水中的悬浮物就能被更深地输送到下一层活性焦滤层。在具有足够保护厚度的条件下，悬浮物可以更多地被截留，使中下层滤层能更有效地发挥截留作用，从而整体上增加截污量。根据吸附过程中活性炭/焦分子与污染物分子之间作用力的不同，吸附可分为物理吸附和化学吸附（又称活性吸附）。在吸附过程中，如果活性炭/焦分子与污染物分子之间的作用力是范德瓦耳斯力（或静电引力），则称为物理吸附；如果作用力是化学键，则称为化学吸附。由于物理吸附和化学吸附的作用力不同，它们在吸附热、吸附速率、吸附活化能、吸附温度、选择性、吸附层数和吸附光谱等方面表现出一定的差异。

活性炭/焦吸附池的过流方式可采用降流式或升流式，分格数不宜少于 4 个。为延长活性炭/焦的工作周期，常在炭吸附池前设置普通快速滤池、虹吸滤池等形式的滤池。通常设置在滤池后的活性炭/焦吸附池采用降流式。

活性炭/焦吸附能力失效后，为了降低运行成本，一般需将失效的活性炭进行再生后继续使用。目前，我国使用的活性炭再生方法有加热再生、蒸汽再生、酸洗或碱洗等。活性炭再生处理可在现场进行，也可返回厂家集中再生处理。

活性炭/焦再生示意见图 7-56。

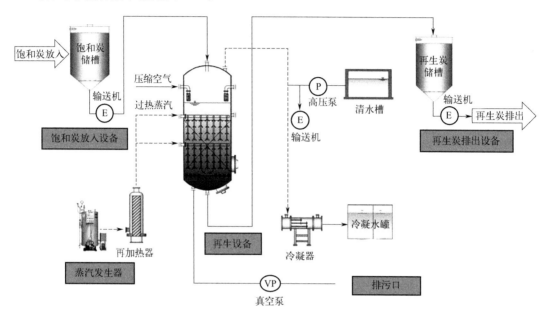

图 7-56　活性炭/焦再生示意

7.3.8.1　特点及适用范围

① 活性炭/焦可有效去除污水中的难降解有机物，其效果随着投加量的增加而增加。活性炭/焦对二级出水中的 COD 有明显去除效果。虽然不同污水处理厂的水质不同，但活性炭/焦对有机物的吸附是非选择性吸附，利用其较大的比表面积和复杂的孔结构对有机物进行吸附，对绝大部分难降解有机物均具有较好的吸附效果。

② 活性炭/焦具有吸附性能好、机械强度高、化学稳定性好、粒径适宜、可再生等特点。

③ 生物处理工艺对污染物处理能力有限，处理效果受低温、工业废水介入等不利条件影响，出水难以达到严格的出水标准。活性炭/焦吸附工艺可以使污水处理系统更加高效，是今后污水处理工艺的重要发展方向之一。

④ 活性炭的中孔和微孔发达，通常占总比表面积的 90%～95%，虽然比表面积比活性焦更大，但其机械强度低，易粉碎，在再生过程中易失去活性。

⑤ 活性焦具有较多的大孔和中孔结构，较少微孔结构，机械强度高，使用和再生过程中不易破碎，且生产成本比活性炭低 50%～70%。其比表面积大、吸附能力强，具有去

除水中有机污染物、脱色、去味等作用，对水中的重金属也有很强的吸附能力，化学性能稳定。

⑥ 可通过改进制备工艺提高吸附量、改性处理提高目标污染物去除率；可作为生化工艺的载体，先吸附后降解；活性焦处理污废水研究，对解决我国污废水深度处理中存在的问题，推动活性焦行业快速发展具有重要意义。

⑦ 实现了污染物的彻底消除而非转移，处理过程无污泥产生。

⑧ 可广泛应用于市政污水深度处理、工业污水深度处理，以及河流、湖泊水体净化领域。

7.3.8.2　基本工艺技术参数

针对待处理污水的水质、再生利用的水质要求、需要去除的污染物种类及含量等因素，建议通过静态或动态实验来确定活性炭/焦的用量、接触时间、水力负荷和再生周期等关键工艺设计参数。用于水处理的活性炭/焦，其规格、吸附特征及物理性能等，都应满足相关颗粒活性炭/焦标准的具体要求。在设计和实施活性炭/焦吸附工艺时，可以参考《室外给水设计标准》（GB 50013）的相关规定和指导。

活性炭/焦吸附池设计参数可参考下列标准：

① 空床接触时间：20～30min。

② 炭层厚度：3.0～4.0m。

③ 下向流的空床滤速：7～12m/h。

④ 水头损失：0.4～1.0m。

⑤ 经常性水冲洗：强度为 11～13L/(m^2 · s)，冲洗历时宜为 10～15min，冲洗周期宜为 3～5d，冲洗膨胀率 15％～20％。

⑥ 大流量水冲洗：强度为 15～18L/(m^2 · s)，冲洗历时宜为 8～12min，冲洗周期宜为 3～5d，冲洗膨胀率 25％～35％。

⑦ 为提高冲洗效果，可采用气水联合冲洗或增加表面冲洗方式，气冲强度为 15～17L/(m^2 · s)，冲洗历时宜为 3～5min，水冲强度为 7～12L/(m^2 · s)，冲洗历时宜为 8～12min，膨胀率 5％～20％。冲洗水可用滤池出水或炭吸附池出水，浊度应小于 5 NTU。

活性炭/焦吸附罐的设计参数可参考下列标准：

① 空池接触时间：25～35min。

② 吸附罐最小高度与直径比：2：1，直径为 1～4m。

③ 炭层厚度：≥3.0m，宜为 4.5～6.0m。

④ 升流式水力负荷为 2.5～6.8L/(m^2 · s)，降流式水力负荷为 2.0～3.3L/(m^2 · s)。

⑤ 操作压力：每 0.3m 炭层 7kPa。

7.3.8.3　运行管理要求及操作要点

① 应选择具有吸附性能好、中孔发达、机械强度高、化学性能稳定、再生后性能恢复好等特点的活性炭/焦。

② 活性炭/焦使用周期由处理后出水水质是否达到水质目标值确定，所以应将吸附池/罐进出水 COD、TN、TP 等水质指标纳入日常监测工作，并应定期取炭样检测。

③ 前处理工艺中若投加混凝剂/絮凝剂，需密切关注投加量，避免过量投加或泄漏进入活性炭/焦吸附池影响吸附效果。同时应控制前处理工艺出水 SS、浊度等指标，防止炭床堵塞缩短工作周期。

④ 露天设置的炭吸附池池面应采取隔离或防护措施，可有效防止夏季强日照时池内藻类滋生，同时避免初期雨水与空气中的粉尘对水质可能产生的污染。

⑤ 由于单水冲洗效果不如气水联合冲洗，故需要进行定期增强冲洗以冲掉附着在炭粒上和炭粒间的黏着物，周期一般可按 30d 考虑。

⑥ 由于活性炭/焦对氯有较强的吸附能力，为防止反洗水中存在余氯牺牲活性炭的吸附性能，若采用前处理工艺段出水为冲洗水源时，前处理工艺段不宜加氯。

⑦ 活性炭/焦吸附池填充活性炭/焦前应彻底清洗吸附池，装填时应先筛去因搬运产生的碎粒与粉尘，然后层层均匀铺开，以免使活性炭装填不均、不平，导致出水短流，影响使用效果。装填后应充分浸泡并冲洗上浮颗粒。

⑧ 炭层冲洗后重新启动时，可能存在初期出水浊度升高的现象。建议重新设置初滤水排放设施参数，初滤水排放时长一般可按 10~20min。

⑨ 湿度高的活性炭会消耗空气中氧，在活性炭吸附池或吸附罐内氧的消耗会形成有毒环境，若工人进入含有活性炭吸附池或吸附罐内取样或在有限空间作业，应遵守国家相关标准及作业规范。

⑩ 活性炭标志、包装、运输、贮存等应满足《煤质颗粒活性炭 净化水用煤质颗粒活性炭》（GB/T 7701.2）及《木质净水用活性炭》（GB/T 13803.2）等相关要求。参考如下（以活性炭为例）：

a. 产品包装件外表面应注明产品型号、名称、商标、净重、批号、生产日期、生产厂名。采用国际标准生产的产品，包装件外表面上应有采标标志。

b. 产品可用内衬塑料袋的编织袋、集装袋、铁桶、木桶包装，也可根据用户要求包装。包装件应附有产品合格证，合格证上应注明相关标志信息，并加盖质检部门的检验印章。

c. 运输与装卸：严格防潮，防止包装破损，严禁抛掷，严禁与其他化工产品特别是强氧化剂混装。不得用铁钩拖拽，还应防止与坚硬物质混装，轻装轻卸，以减少炭粒破碎，影响使用。

d. 贮存：仓库贮存期间，应单独存放于阴凉干燥处，同一建筑物或库房内不得存放其他化工产品，不得有任何化学气体和蒸汽，包装件分批存放，应设置垫板，库顶防漏，防止受潮和吸附空气中其他物质，影响使用效果。室外临时存放，应设置垫板，防雨篷布覆盖，做到防潮防湿贮存。

e. 防火：活性炭在储存或运输时，应避免与火源直接接触，以防着火。活性炭再生时避免进氧，并应再生彻底，再生后必须用蒸气冷却降至 800℃ 以下，否则温度高，遇氧后活性炭会自燃。

7.3.8.4 常见问题及优化对策 (表7-48)

表7-48　活性炭/活性焦吸附单元的常见问题及优化对策

常见问题	原因分析	优化对策
1. COD 去除效果不佳，吸附池出水 COD 偏高	(1) 吸附池进水 COD 偏高； (2) 水力负荷过大，停留时间不够	(1) 加强污水厂来水管控，加强生化系统运行管理，定期进行水质监测； (2) 适当调整进水量，降低吸附池水力负荷
2. COD 等污染物去除率下降	活性炭/焦处理能力下降，趋于饱和	活性炭/焦再生或补充
3. 炭床堵塞，吸附池液位高、过水量减少	(1) 过滤截留的油、活性污泥和其他无机物积淀导致； (2) 前端工艺投加混凝剂或絮凝剂过量	(1) 定期检查吸附池过水性，定期进行数据对比，加强反冲洗，确保吸附池的过水性及反冲洗均匀性，根据季节温度调整反冲洗强度； (2) 优化控制前端工艺运行，避免药剂投加过量
4. 活性炭/焦流失，反冲洗过程炭料流失	反冲洗强度不当	合理控制反冲洗强度或反冲洗过程外加拦截设施
5. 出水 SS 过高，SS 超过 5mg/L，出水透明度下降	(1) 进水 SS 负荷过高； (2) 混凝剂投加过量	(1) 确保前处理工艺段运行正常； (2) 降低混凝剂投加量
6. 气冲不正常，池面气泡较少或不均匀	滤头堵塞或损坏	清洗或更换滤头
7. 反冲洗无法按程序设置进行，反冲洗失败或报警，滤池液位偏高	空压机故障、管路压力低、管路积水过多、气动阀故障、鼓风机故障、反冲洗水泵故障等	(1) 检查故障原因，启用备用设备或检修故障； (2) 消除报警和故障后，手动清洗各组滤池，切换为自动运行后持续监控滤池运行状态

7.4　消毒处理

　　污水处理厂的主要任务是去除污水中的有机物、氮磷等污染物，以有效防止水体富营养化。为了保障公共卫生安全及人体健康，还需要对尾水进行消毒处理，确保排放的水质达到标准，去除大部分细菌、病毒等病原微生物。消毒工艺的选择应基于多个因素综合考虑，包括处理水量、原水水质、出水水质、消毒剂的来源、消毒剂运输与储存的安全要求、消毒副产物的潜在形成以及水处理的整体工艺等。通过技术经济比较来确定最适合的消毒工艺。可选的消毒工艺包括化学消毒、物理消毒以及化学与物理组合消毒。

　　污水处理厂常用的消毒方法包括紫外消毒、加氯消毒、二氧化氯消毒、次氯酸钠消毒、臭氧消毒，或者这些消毒方式的组合工艺。

7.4.1　紫外消毒

　　紫外消毒利用紫外光对细胞或病毒的核酸进行破坏，通过形成嘧啶二聚体以及核酸与核酸病变的光化学产物，来抑制基因复制和转录，从而使细胞或病毒失去繁殖活性，达到消毒的目的。紫外消毒系统的示意如图 7-57 所示。

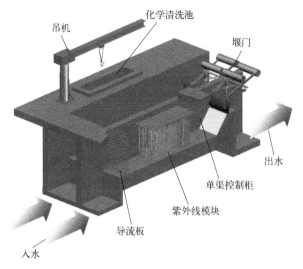

图 7-57　紫外消毒系统示意

7.4.1.1　特点及适用范围

① 优点：a. 紫外线除菌率可在几秒内达到 99%；b. 紫外线消毒不易对水质和周边环境造成二次污染；c. 紫外线消毒技术运行可靠，安全系数较高，故障排查简单；d. 紫外线系统常规维护时只需清洗石英套管、更换老化的元器件和灯管，保养成本较低。

② 缺点：a. 当紫外灯外的石英套管结垢时，会造成紫外线强度不足，杀菌能力减弱；b. 水中的浊度对紫外线消毒的影响较大，污染物也会附着在石英套管上，影响其杀菌效果；c. 紫外光对眼睛会造成严重伤害，维修或保养时不能用肉眼直视裸露的紫外灯光线；d. 病原体在光合作用或者"暗修复"的机制下可能会自我修复，持久杀菌效果差。

③ 紫外线消毒广泛应用于城镇污水、景观环境用水、饮用水等。

7.4.1.2　基本工艺技术参数

① 用于消毒的紫外线灯电压为 220V，单灯功率一般为 320W，辐射波段为 254nm。

② 适用水温为 20～40℃，温度过高或过低均会影响消毒效果，必要时应适当延长消毒时间。

③ 污水消毒的紫外线照射剂量不应低于 $50mJ/cm^2$。

④ 灯管为低压汞齐灯，使用时间为 12000 小时。

⑤ 灯管内汞合金形态为固态。

⑥ 电路连接部分只在灯管一端，方便更换，每个连接处都有四个插点。

7.4.1.3　运行管理要求及操作要点

① 紫外线消毒系统运行时，避免打开电控柜门，应关机后再打开。如必须在运行时

打开，操作时间必须少于 5 分钟。

②　紫外线消毒设备开机前，需要对触摸屏上系统设定的参数进行重新设定。

③　设备长期未使用时，每隔一个月要对石英套管进行手动清洗。

④　设备运行一段时间后，要定期对模块上的垃圾进行人工清洁，以免影响清洗系统。

⑤　对模块进行维护时，必须先戴上防紫外光眼镜才能进行。

⑥　避免频繁开关机，以延长电控柜和灯管的寿命。

⑦　设备不能启动或有故障报警时，要检查系统参数是否设定好，或者现场条件是否允许设备运行。

⑧　严禁用肉眼直视裸露的紫外灯光线，以防眼睛受紫外光严重伤害。

7.4.1.4　常见问题及优化对策（表 7-49）

表 7-49　紫外消毒常见问题及优化对策

常见问题	原因分析	优化对策
1. 紫外线消毒率低	(1) 灯管有损坏现象； (2) 出水 SS 浓度过高； (3) 灯管安装不正确	(1) 进行 2 个月一次的人工清洗，损坏的灯管及时更换。 (2) SS 控制在 10mg/L 以内。 (3) 紫外灯管及其连接管道和阀门应稳固固定，不能承受管道及附件的质量。紫外灯管的安装应便于拆卸检修和维护
2. 紫外消毒无后续杀毒能力	紫外线设备消毒时间不够	紫外照射剂量范围为 $30\sim45\mathrm{mJ/cm^2}$，需综合考虑设计紫外照射剂量与消毒时间。消毒时间增加会使反应器体积增大，投资增加。消毒时间过短，易在边壁造成短流，降低灭活率
3. 检测结果不稳定	设备选型不合理，取样方法不正确	(1) 当检测结果出现较大差异时，首先检查设备性能是否满足要求，灯管、镇流器、清洗系统、功率输出等是否运行正常。 (2) 悬浮物浓度、水量、紫外穿透率是否在设计范围之内。 (3) 取样方法是否正规，采样需使用无细菌污染的深度取样器在渠道中间、水深中间位置取样。 (4) 确保检测实验方法正确

7.4.2　加氯消毒

加氯消毒的方式有多种，目前在污水处理厂中常用的包括液氯消毒、二氧化氯消毒和次氯酸钠消毒等。液氯消毒是通过直接购买成品液氯，并利用加氯机、真空调节器、水射器等一套加氯系统将氯直接加入水中。二氧化氯消毒则是通过二氧化氯发生器生产二氧化氯，然后直接投加到水中。次氯酸钠消毒则是通过计量泵直接投加成品次氯酸钠溶液进行消毒。

7.4.2.1　液氯消毒

液氯消毒涉及将液氯汽化后，通过加氯设备投入水中，以完成氧化和消毒的过程。其基本原理是氯溶于水后生成次氯酸，由于次氯酸体积小，电荷中性，因此容易穿过细胞壁。同时，它是一种强氧化剂，能损害细胞膜，使蛋白质、RNA 和 DNA 等物质释出，并影响多种酶系统（主要是磷酸葡萄糖脱氢酶的巯基被氧化破坏），从而使细菌死亡。氯对病毒的作用在于对核酸的致死性损害。病毒由于缺乏一系列代谢酶，对氯的抵抗力较细菌强，氯较易破坏—SH 键，而较难使蛋白质变性。除了消毒作用外，氯还具有较强的氧化能力，能与水中的氨、氨基酸、蛋白质、含碳物质、亚硝酸盐、铁、锰、硫化氢及氰化物等发生氧化反应，因此也可利用氯的氧化作用来控制臭味，除藻，去除铁、锰及色度等。

当氯气溶于水中时，会发生如下水解反应：

$$Cl_2 + H_2O \rightleftharpoons HClO + H^+ + Cl^- \tag{7-1}$$

$$HClO \rightleftharpoons ClO^- + H^+ \tag{7-2}$$

次氯酸在水中的离解与 pH 值有密切关系。在 pH 值小于 5 时，水中主要以次氯酸的形式存在；在 pH 值大于 10 时，主要以次氯酸根的形式存在，HClO 的消毒效率大约是 ClO^- 的 40～80 倍。

目前，液氯投加多采用真空加氯方式，这种方式被认为安全可靠且计量准确。加氯系统主要由氯源提供系统、气体计量投加系统、监测及安全保护系统三部分组成。主要部件包括自动切换装置、蒸发器（必要时）、减压过滤装置、真空加氯机（主要由真空调节器、流量调节器、水射器等组成）。

自动切换装置主要安装在两组氯瓶之间，能够自动切换空瓶与备用瓶，以保证供气的连续性。蒸发器主要用于将液态的氯加热汽化，提高氯瓶的出氯量，适用于加氯量较大的场合。真空调节器则是将正压转变为负压的设备。流量调节器用于对气体投加量进行控制，能够稳定、准确、连续地调节加气量的大小，以达到控制投加量的目的。水射器为加氯系统中的氯气投加提供动力，通过供给水射器 0.35～0.40MPa 的压力水，在压力水通过水射器的喉管时产生真空，使水射器到真空调节器进气阀的整个系统处于负压状态，从而使氯气被送至水射器，与水完全混合后形成氯水溶液。

加氯系统的流程如图 7-58 所示。

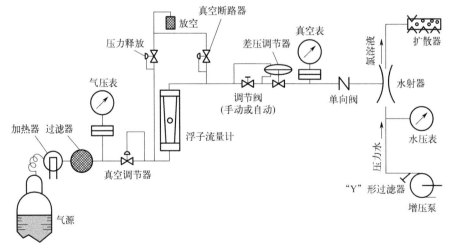

图 7-58　加氯系统流程

（1）特点及适用范围

1）氯消毒的一次性投资和运行费用均比较低，工艺成熟，消毒效果也比较稳定，且余氯具有持续消毒作用。

2）由于加氯法一般要求不少于30min的接触时间，因此接触池容积较大。

3）适用于大中型水厂出水消毒。

4）缺点：

① 长期使用氯可能会引起某些微生物的抗药性。

② 氯与水中的氨反应生成消毒效力低的氯胺。

③ 氯在pH值较高时消毒效力大幅降低。

④ 氯气是剧毒危险品，有强烈的刺激性臭味和腐蚀性，特别是对呼吸器官有刺激作用。

⑤ 存储氯气的钢瓶属于高压容器，需要按照安全规定修建贮存间和加氯间。氯的储存、运输要求严格，对污水处理厂操作人员有潜在的危险，因此应严格办理审批手续，做好相关安全检查及应急预案。

⑥ 使用氯气消毒时，氯气常与水中的有机物发生作用，产生三氯乙烷、卤乙酸、卤代腈等几十种有致癌、致畸作用的有机氯衍生物，可能给人体健康和生态环境带来不利影响。

5）影响氯消毒效果的因素

影响氯消毒效果的因素主要有初始混合的效果、污水水质、污水中颗粒物的影响、微生物的特性。

① 初始混合效果：相同条件下，在高度素流状态下投加氯，比在常规快速混合反应池中加氯的杀菌效果要高出两个数量级。

② 污水水质：污水中常见的污染物组分对氯消毒效果的影响见表7-50。

表 7-50　污水中污染组分对氯消毒的影响

组分	影响
BOD、COD、TOC 等	组成 BOD 及 COD 的有机化合物要求一定的余氯量，干扰的程度取决于其功能团及化学结构
腐殖物质	形成以余氯计量的氯化有机物，但无消毒作用，从而降低了氯的有效性
油、脂	消耗氯
TSS	屏蔽包埋的细菌
碱度	无影响或者影响不大
硬度	无影响或者影响不大
氨	与氯结合形成氯胺
亚硝酸盐	被氯氧化，形成消毒副产物 N-亚硝基二甲胺（NDMA）
二价铁	消耗氯
锰（还原态）	消耗氯
pH 值	影响 HClO 和 ClO⁻ 的比例，从而影响消毒效果

③ 污水中悬浮物的影响：污水中含有的悬浮物可能对细菌和病毒产生屏蔽作用，从而增大消毒剂的用量。

④ 微生物的特性：污水中微生物的类型、特性和龄期对消毒效果都有影响，如对于幼龄细菌（龄期为 1 d 或者小于 1 d），加 2mg/L 剂量氯时，只需 1min，即可使细菌数降低很多，当细菌培养到 10 d 或者 10 d 以上时，投加同样剂量需要 30min 才能达到相当的灭活水平。

（2）基本工艺技术参数

① 消毒系统的设计，应符合现行国家标准《室外给水设计标准》（GB 50013）及《室外排水设计标准》（GB 50014）有关规定，包括液氯瓶储存、汽化、投加和安全等方面内容。

② 无实验资料时，有效氯投加量可采用 5～15mg/L，已进行一级 A 或更高出水标准提标改造的污水处理厂接触消毒时间≥30min 时，有效氯投加量为 2～4mg/L，或根据实验确定。

③ 接触时间≥30min，水中游离性余氯（HClO、ClO⁻ 和 Cl₂）0.1～0.3mg/L，接触时间<30min 可根据实验适当增加有效氯投加量。

④ 加氯间内氯气最高允许浓度：$1mg/m^3$。

⑤ 氯瓶压力：≥0.3MPa。

⑥ 射水器压力：≥0.2MPa。

⑦ 加氯的所有设备、管道必须用防氯气腐蚀的材料。

⑧ 加氯间必须设置氯漏吸收装置，处理能力按 1h 处理 1 个满瓶漏氯量计。氢氧化钠溶液的浓度应保持在 12% 以上，并保证溶液不发生结晶结块现象。

⑨ 风机风量要满足气体循环次数：8～12 次/h。

⑩ 漏氯报警仪设定值为 0.1×10^{-6}（体积分数），报警仪探头应保持整洁、灵敏。

⑪ 液氯库的储备量：按最大日用量的 7～15 倍。

（3）运行管理要求及操作要点

1）液氯消毒系统有关设备设施运行、使用及维护保养，应符合现行国家标准《室外给水设计标准》（GB 50013）及《室外排水设计标准》（GB 50014）等有关规定。

2）确保足够的加氯量、接触时间及余氯。

3）加氯机的运行、使用和维修应严格按照设备使用说明书、供应商指导手册及相关规定执行。

4）液氯、氯气的运输、储存和使用应符合《工业用液氯》（GB/T 5138）及《化工企业氯气安全技术规范》（GB 11984）等有关规定，制定详细的操作规程和应急预案，操作人员经培训合格后上岗。氯瓶入库贮存前应对其仔细检查，发现有漏氯的可疑部位应妥善处理后，方可入库。

5）液氯消毒的维护相关规定：

① 每日检查氯瓶针形阀是否泄漏，安全部件是否完好，并保持氯瓶清洁。氯瓶应符合《移动式压力容器安全技术监察规程》的规定。可委托氯气生产厂家在充装前进行维护

保养，氯瓶应每两年检定一次。

② 应每日检查台秤是否准确，并保持干净，每年彻底检查维修一次，并校验、油漆。

③ 加氯机的维护保养应由专人负责，按期检查、处理泄漏，检查安全阀、压力表、水射器、流量计等是否正常，保持清洁。

④ 定期检查输氯系统管道、阀门是否漏氯，如发现问题应及时维修。

⑤ 加氯间的所有金属部件都应定期做防腐处理，加氯间、氯库的墙面，应3年清刷一次，门窗油漆一次，铁件应每年进行油漆防腐处理。

6）确保漏液报警装置灵敏有效。

7）投加氯前应确保氯气吸收装置设备状况正常，测试各吸氯口有足够的负压，确保氯吸收间内所有设备能够正常运行无故障，碱液浓度和液位满足要求，漏氯吸收装置应至少每周联动点检一次，确保漏氯吸收装置运行可靠。

（4）常见问题及优化对策（表7-51）

表 7-51　液氯消毒的常见问题及优化对策

常见问题	原因分析	优化对策
1. 出现漏氯情况，并达到一定的浓度	—	漏氯报警仪将报警，并且启动风机和中和系统，将空气中的氯气移至中和系统，中和系统包括碱液池、碱液泵及氯气和碱液的中和塔，中和塔分为二级，串联运行，尾气处理到符合国家排放的标准后从第二级顶部排入大气
2. 加氯机发生漏氯	—	先关闭氯瓶再进行检修
3. 氯瓶发生漏氯	—	立即停止使用，做好安全防护后将气瓶转移至空旷区域，并立即联系生产厂家更换气瓶，漏氯的气瓶由生产厂家进行专业处理处置
4. 安全阀漏氯	—	更换经校验合格后的安全阀
5. 加氯量过低，转子达不到所需刻度	压力水压力小于0.2MPa，氯瓶压力小于0.3MPa，氯瓶至加氯机连接铜管直径太小，水射器出水段直径太小	提高进水压力；更换氯瓶；更换铜管，直径必须大于8mm；更换管线，使水射器的出水段保持3m以上的直段，减少水的阻力
6. 水射器发生回灌	—	先关闭氯瓶阀，后关闭压力水阀，如发现因氯瓶抽空水已灌入氯瓶，应对该氯瓶做好标记，通知生产厂家。如氯水管阻塞引起水回灌，应疏通氯水管
7. 针形阀失灵，减压阀失灵，连接处渗氯，水射器阻塞，输氯管连接处漏氯	—	备件更换或紧固

7.4.2.2 二氧化氯消毒

二氧化氯（ClO_2）是氯的一种氧化物，被世界卫生组织确认为一种高效、广谱且安全的杀菌剂。二氧化氯分子在水中几乎 100％以分子状态存在，不发生水解反应，这使得二氧化氯在水中的扩散速率比氯快，渗透能力比氯强，尤其是在低浓度时更为显著。它能够杀灭包括细菌繁殖体、细菌芽孢、真菌、分枝杆菌和病毒在内的所有微生物，并且这些微生物不会对二氧化氯产生抗药性。二氧化氯对微生物细胞壁具有较强的吸附和穿透能力，能够有效氧化细胞内含巯基的酶，并快速抑制微生物蛋白质的合成，从而破坏微生物。

二氧化氯的制取方法主要包括化学法和电解法。污水处理厂通常采用化学法制备，通过在强酸介质存在的条件下还原氯酸盐（如亚氯酸钠、氯酸钠）来制得二氧化氯。亚氯酸钠作为原料价格较高，但在酸性条件下易于释放出二氧化氯，产品纯度高，反应速度容易控制，副产物较少，因此多用于小型二氧化氯发生器。相比之下，氯酸钠的价格比亚氯酸钠便宜，多用于较大规模地生产二氧化氯。

二氧化氯发生器主要由自动控制系统、供料系统、反应系统、安全系统、吸收系统和投加系统组成，如图 7-59 所示。

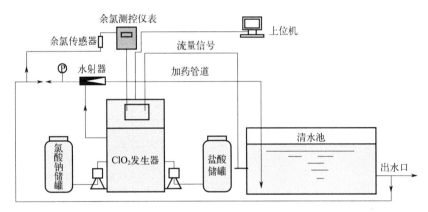

图 7-59　二氧化氯发生器示意（以 $NaClO_3$ 和 HCl 为原料）

（1）特点及适用范围

① 广谱杀菌性，除对一般的细菌有杀灭作用之外，对大肠埃希菌、异养菌、铁细菌、硫酸盐还原菌、脊髓灰质炎病毒、肝炎病毒等也有较好的杀灭作用。

② 消毒效果好，二氧化氯中的氯以正四价态存在，其有效氯含量是氯气的 2.6 倍，较低浓度也能灭杀水中的病原微生物和病毒。

③ 消毒效果受 pH 值影响小，能在 pH＝6～10 范围内保持很高的杀菌效率。

④ 不与氨氮反应，可在高 pH 值、氨含量较高的系统中发挥极好的杀菌作用。

⑤ 安全无残留，二氧化氯不会与有机物反应产生三卤甲烷、卤乙酸等副产物。

⑥ 持续时间长，二氧化氯的消毒能力低于臭氧而高于氯。和氯气相比，二氧化氯低剂量便可以达到高效杀菌能力，杀菌持续时间长。与臭氧相比，其具有持续消毒的优势。

⑦ 二氧化氯具有杀菌、漂白、除臭、消毒及保鲜的功能。

⑧ 缺点：

a. 二氧化氯具有爆炸性，必须在现场制备，并立即使用。制备含氯量低的二氧化氯较复杂，其成本较其他消毒方法高。

b. 二氧化氯的歧化产物（如 ClO_2^- 和 ClO_3^-）对可引起动物溶血性贫血和变性血红蛋白血症等中毒反应。

c. 二氧化氯适用于饮用水消毒、中小型污水处理厂出水消毒、工业污水消毒脱色、医院废水消毒、除味、脱色等。

（2）基本工艺技术参数

① 消毒设施和有关建筑物的设计，应符合现行国家标准《室外给水设计标准》（GB 50013）及《室外排水设计标准》（GB 50014）有关规定。

② 无实验资料时，有效氯投加量可采用 $5\sim15mg/L$；一级 A 或更高出水标准有效氯投加量为 $2\sim4mg/L$，或根据实验确定。

③ 接触时间：$\geqslant30min$。

④ 氯酸钠、亚氯酸钠库房建筑均应按防爆建筑要求进行设计。

⑤ 风机风量要满足气体循环次数：$8\sim12$ 次$/h$。

⑥ 室内应备有快速淋浴、洗眼器。

⑦ 二氧化氯发生与投加设备间应配备二氧化氯泄漏检测仪，并安装喷淋装置。

⑧ 原料库的储备量：最大日用量的 10 倍。

（3）运行管理要求及操作要点

① 二氧化氯消毒系统设计和选型应根据污水水质水量和处理要求确定，并考虑备用。

② 原料为强氧化性或强酸性危化品，储存间必须分开安全存放。

③ 发生器的二氧化氯产量应不低于额定值。

④ 发生器产生的消毒剂溶液中，二氧化氯（以有效氯计）占总有效氯的质量分数不小于设计值。

⑤ 主要原料如亚氯酸钠、氯酸钠的转化率不低于设计值。

⑥ 发生器在正常工况下应具备良好的密封性，发生器在室内使用时（具备良好的通风条件，环境温度以 $5\sim40℃$ 为宜），室内环境中氯气浓度应符合相关规定，其最高允许浓度应小于 $1mg/m^3$。

⑦ 二氧化氯是一种强氧化剂，其输送和存储都要使用防腐蚀、抗氧化的惰性材料，要避免与还原剂接触，以免引起爆炸。

⑧ 采用现场制备二氧化氯的方法时，要防止二氧化氯在空气中的积聚浓度过高而引起爆炸，一般要配备收集和中和二氧化氯制取过程中析出或泄漏气体的措施，或设置通风措施也可。

⑨ 在工作区和成品储物室内，要安装有通风装置和检测及警报装置，门外配备防护用品。

⑩ 稳定的二氧化氯溶液本身没有毒性，只有活化后才能释放出二氧化氯，因此活化时要控制好反应强度，以免产生的二氧化氯在空气中积聚浓度过高而引起爆炸。

⑪ 二氧化氯溶液采用深色塑料桶密闭包装，储存于阴凉通风处，避免阳光直射、与空气接触，运输时要注意避开高温和强光环境，并尽量保持平稳。

⑫ 应根据生产实际情况（原料质量、温度等）定期维护保养二氧化氯系统，如清洗发生器、清洗原料过滤网及管路、清洗原料罐、计量泵维护等。

（4）常见问题及优化对策（表 7-52）

表 7-52　二氧化氯消毒的常见问题及优化对策

常见问题	原因分析	优化对策
1. 压力稀释水流量小	背压过高	提高进水压力或将加药点靠近出水口；设加压泵
2. 前压过高，压力水流量小	管道堵塞	清通进水管线，并加装过滤器
3. 加药泵不进药	加药泵堵塞；加药泵管路有空气；隔膜破裂或损坏	清通加药泵泵头；排除出药管中的空气；检查加药泵，更换隔膜
4. 发生器内有漏气现象	活结密封圈老化	更换密封圈
5. 加药管变色	加药管老化	更换加药管
6. 设备突然停机	(1) 停电； (2) 水压不足设备自动保护； (3) 原料罐缺料，自动停机； (4) 保险断路； (5) 温控器故障	(1) 待正常供电后重新启动设备； (2) 正常供水后自动启动设备； (3) 补充原料后再开启设备； (4) 查明原因； (5) 立即停用，查明原因
7. 不产气或产气量不足	(1) 原料不符合要求； (2) 配料不符合标准（浓度低）； (3) 原料罐吸料软管不畅通或有气塞现象； (4) 原料罐的过滤器堵塞； (5) 水射器堵塞； (6) 安全塞开启； (7) 计量泵不供料	(1) 更换符合要求的原料； (2) 更换符合要求的配料； (3) 清洗、更换、排气； (4) 清洗； (5) 清洗水射器； (6) 将安全塞复位； (7) 检查计量泵，清洗泵头
8. 防爆塞开启	(1) 动力水压低； (2) 投药点阀门开关有误； (3) 水射器不射流； (4) 输送管路较远、水射器后的弯路过多； (5) 背压阀产生直流现象，原料进入反应器过量	(1) 待动力水压正常后再开设备； (2) 检查系统排除； (3) 排除堵塞及气阻现象； (4) 重新更换安装管路； (5) 查看原料罐及计量泵
9. 计量泵不能吸液	(1) 吸入管中有空气吸入； (2) 没安装阀垫片； (3) 阀的安装方向错误； (4) 泵发生了气锁； (5) 泵的冲程距离太短； (6) 进出单向阀异物堵塞； (7) 阀球卡在阀座上	(1) 正确配管； (2) 安装阀垫片； (3) 重新安装阀； (4) 进行排气操作； (5) 重新设置冲程距离，使泵在冲程距离为 100% 下运行； (6) 拆开、检查和清洁

7.4.2.3 次氯酸钠消毒

次氯酸钠是一种高效、广谱、安全的强力杀菌药剂，属于强氧化剂。次氯酸钠的消毒氧化作用与氯气及漂白粉相同，次氯酸钠在溶液中生成次氯酸离子，通过水解反应生成次氯酸，次氯酸再进一步分解形成新生态氧 $[O]$，新生态氧具有极强的氧化性。次氯酸不仅可与细胞壁发生作用，且因分子小、不带电荷，可侵入细胞内使菌体和病毒的蛋白质变性，从而使病原微生物致死。

$$NaOCl \longrightarrow Na^+ + ClO^- \tag{7-3}$$

$$ClO^- + H_2O \Longrightarrow HClO + OH^- \tag{7-4}$$

（1）特点及适用范围

① 消毒效果好，投加准确，操作安全，使用方便，易于储存。对环境而言，不存在气体泄漏，可以在任何环境状况下投加。

② 一般直接购买的成品次氯酸钠溶液可用于污水处理厂消毒，其有效氯含量≥10%，由罐车运送至厂内储罐，通过计量泵投加，操作简单，不存在液氯、二氧化氯等药剂的安全隐患，比投加液氯方便、安全。

③ 在限制使用液氯的污水厂或者再生水厂得到推广应用。

④ 缺点：

a. 消毒效果比液氯稍差，运行成本稍高于液氯，但低于二氧化氯消毒与 UV 消毒。

b. 与液氯消毒一样，使用次氯酸钠消毒也会产生具有致癌、致畸作用的三卤甲烷（THMs）。

c. 受热见光易分解，应储存于深色储罐中，同时避免环境温度过高。

⑤ 次氯酸钠广泛用于自来水、中水、工业循环水、游泳池水、医院污水等多种水体的消毒。次氯酸钠还能够破坏氰根离子和苯环等，用作处理含氰废水和一些工业重度污染废水的高级氧化，还可以用于纸浆等漂白，高浓度的次氯酸钠液体还可以用于剥离设备及管道上附着的污泥。

（2）基本工艺技术参数

① 无实验资料时，有效氯投加量可采用 5～15mg/L，或根据实验确定；一级 A 或更高出水标准有效氯投加量为 2～4mg/L，或根据实验确定。

② 接触时间：≥30min。接触时间小于 30min 可根据实验适当增加有效氯投加量。

③ 次氯酸钠溶液有效氯含量：≥10%。

④ 计量泵的选取应满足投加量需求，避免扬程不够或流量达不到要求。

⑤ 影响次氯酸钠杀菌作用的因素如表 7-53 所列。

表 7-53　影响次氯酸钠杀菌作用的因素

影响因素	影响
pH 值	pH 值对次氯酸钠杀菌作用影响最大。pH 值愈高，次氯酸钠的杀菌作用愈弱，pH 值降低，其杀菌作用增强
浓度	在 pH 值、温度、有机物等不变的情况下，有效氯浓度增加，杀菌作用增强

续表

影响因素	影响
温度	在一定范围内，温度升高能增强杀菌作用，此现象在浓度较低时较明显
有机物	有机物能消耗有效氯，降低其杀菌效能
水的硬度	水中的 Ca^{2+}、Mg^{2+} 等离子对次氯酸盐溶液的杀菌作用没有任何影响
氨和氨基化合物	在含有氨和氨基化合物的水中，游离氯的杀菌作用大大降低
碘或溴	在氯溶液中加入少量的碘或溴可明显增强其杀菌作用
硫化物	硫代硫酸盐和亚铁盐类可降低氯消毒剂的杀菌作用

（3）运行管理要求及操作要点

① 应根据水质水量变化情况及消毒要求调节次氯酸钠投加量。

② 建议污水厂安装出水余氯在线监测仪，在确保出水粪大肠菌群数达标的前提下，优化次氯酸钠投加量及接触消毒时间，确保余氯浓度小于 0.5mg/L，以降低对水环境的影响。

③ 次氯酸钠的运输应由具有危险品运输资质的单位承担。

④ 因次氯酸钠受热见光易分解，宜储存在地下的设施中并加盖。当采用地面以上的设施储存时，应做到严格密闭，确保充分的局部排风和全面通风，必须有良好的遮阳设施，高温季节应采取有效的降温措施。此外，还应注意与还原剂、酸类药剂分开储存，最好单独储存。

⑤ 次氯酸钠储存量不宜过多，一般储存量控制在最大日用量的5~7倍。

⑥ 投加次氯酸钠的所有设备、管道必须采用耐次氯酸钠腐蚀的材料。

⑦ 每2h巡检次氯酸钠加药系统，检查阀门、管道有无泄漏，计量泵运转情况等。

⑧ 次氯酸钠溶液为强腐蚀性产品，污水厂应设置洗眼器，配备护目镜、耐酸碱胶手套、胶鞋等安全防护用品。

⑨ 次氯酸钠化学品安全技术说明书（MSDS）、操作规程应上墙，操作人员须经培训合格后上岗。

（4）常见问题及优化对策（表7-54）

表 7-54　次氯酸钠消毒的常见问题及优化对策

常见问题	原因分析	优化对策
1. NaClO 泄漏	（1）管道破损、连接处泄漏； （2）阀门破损或泄漏； （3）隔膜泵膜片损坏药剂泄漏； （4）储罐泄漏	（1）立即停止加药并进行检修，检修时须做好相应的安全防护。储罐泄漏应采取应急处理措施。 （2）应急处理：疏散人员至安全区，禁止无关人员进入污染区，建议应急处理人员戴好防毒面具，穿相应的工作服。不要直接接触泄漏物，在确保安全情况下堵漏，并清理现场。 （3）消除方法：立即切断泄漏源，少量泄漏用大量水冲洗。如大量泄漏，利用围堤收容，然后收集、转移、回收或无害处理后废弃
2. 皮肤接触	—	立即脱去污染的衣服，用大量流动清水彻底冲洗

常见问题	原因分析	优化对策
3. 眼睛接触	—	立即提起眼睑,用流动清水或生理盐水冲洗,就医
4. 吸入 NaClO	—	立即脱离现场至空气新鲜处,必要时进行人工呼吸。就医
5. 食入 NaClO	—	就医

7.4.2.4 加氯消毒建议

① 当消毒接触时间≥30min 时,建议有效氯投加量控制在 2~4mg/L;当消毒接触时间<30min 时,有效氯投加量需适当增大。

② 条件受限的污水处理厂应尽量控制接触时间≥15min,在冬季气温较低时可适时延长接触时间。

③ 建议我国城镇污水处理厂优先确保出水粪大肠菌群数达标,再尽量减少消毒药剂投加量,降低出水余氯对受纳水体生态环境的影响。

④ 建议加强游离氯、总余氯及粪大肠菌群数等指标的现场检测。如现场检测到水样中含有余氯时,应及时加入适量硫代硫酸钠试剂脱氯以消除对粪大肠菌群数指标检测中的干扰。

⑤ 建议考虑在加氯消毒后出水口检测 ORP 数值,辅助判断消毒效果。

⑥ 建议在消毒工艺前端设置缓冲构筑物以保障水量的稳定性,加强对现场次氯酸钠的进料存储和使用管理。

7.4.3 臭氧消毒

污水处理厂采用臭氧消毒的原理是臭氧在水中发生氧化还原反应,产生具有强烈氧化能力的自由基态氧（·O）和羟基（·OH）,从而分解水中的有机物质和微生物。由于臭氧具有强氧化性和广谱性,因此它不仅具有消毒、杀菌、除臭、防霉、保鲜等功能。臭氧杀灭细菌和病毒的作用机制包括:侵入细胞膜内,作用于外膜脂蛋白和内部的脂多糖,促进细胞的溶解死亡;使细胞活动必需的酶失去活性,这些酶是合成细胞的重要成分;直接与细菌、病毒发生作用,破坏其细胞器和核糖核酸,分解 DNA、RNA、蛋白质等大分子聚合物,从而破坏细菌的物质代谢生长和繁殖过程。

产生臭氧的方法主要有三种:高压无声放电法、紫外线照射法和电解法。电解法和高压无声放电法在污水处理厂消毒中应用较多,而紫外线照射法应用较少。电解法利用低压直流电电解水,使特制的阳极界面氧化产生臭氧。在电解法中,阳极析出臭氧,阴极析出氢气。这种发生器可以产生较高浓度的臭氧,且产物中无有害氮氧化物。然而,电解法产生的臭氧产量较小,因此只适用于小型污水处理厂。

高压无声放电法制备臭氧的原理、工艺及示意图等内容参见"7.3.7 臭氧氧化单元"。

（1）特点及适用范围

① 消毒效果好。臭氧是一种广谱杀菌剂,几乎对所有细菌、病毒、真菌及原虫、卵

囊都具有明显的灭活效果。

②高效性。臭氧杀菌速度快。

③无污染。臭氧在其消毒杀菌过程结束后可分解为氧气，不产生残留和二次污染，是理想的消毒杀菌方式之一。

④去除其他杂质。除能消毒外，臭氧还可以降解水中含有的有害成分，去除重金属离子以及一些有机杂质，如铁、锰、硫化物、苯、酚、有机磷、氯化物等，还可以使水除臭脱色，从而达到净化水的目的。

⑤不受pH影响。pH=5.6~9.8，水温在0~35℃范围内，臭氧的消毒能力不受影响。

⑥产生的副产物较少。使用臭氧消毒较少产生附加的化学污染物，不产生氯酚类臭味，也不产生三卤甲烷等氯消毒的副产物和溶解固体等。

⑦应用广泛。已用于化工、石油、纺织、食品及香料、制药等多个领域。臭氧可用于污水处理厂二级处理或深度处理之后污水消毒，也可以与紫外消毒、加氯消毒联用，进一步强化消毒效果。

（2）臭氧消毒的缺点

①臭氧在水中不稳定，没有氯的持续消毒作用。

②臭氧消毒产生溴酸盐、醛、酮和羧酸类等副产物，其中溴酸盐是一种潜在的致癌物。

③臭氧对水质变化的适应能力不如氯强。

④腐蚀性强。

⑤臭氧消毒的设备投资及运行费用比较高。

⑥臭氧单独在城市污水消毒方面的应用较少。

（3）基本工艺技术参数

采用高压无声放电法制备臭氧的臭氧消毒单元，其设计可参考《室外给水设计标准》（GB 50013）和《水处理用臭氧发生器技术要求》（GB/T 37894）。

1）一般要求

①投加量：8~15mg/L，或根据实验结果确定。

②停留时间：10~20min。

其余参见"7.3.7臭氧氧化单元"。

2）运行管理要求及操作要点参见"7.3.7臭氧氧化单元"。

3）常见问题及优化对策参见"7.3.7臭氧氧化单元"。

7.4.4 消毒处理总结与展望

7.4.4.1 消毒处理总结

①紫外消毒的持久性较差，污水处理厂应结合已有设施的紫外线剂量范围进行不同时间、不同水量条件下的粪大肠菌群光复活率实验，以确保出水的稳定达标排放。如果无

法满足实际需求，应考虑增加其他消毒方式作为补充。对于目前使用二氧化氯消毒的城镇污水处理厂，建议对比设备厂家提供的有效氯数据和实际在污水消毒中可发挥作用的有效氯数据之间的差别，加强二氧化氯发生设备的维护保养，并确保有可正常运行的备件。在确保出水粪大肠菌群数达标的情况下，尽量降低药剂的投加量，减少余氯对受纳水体的影响。对于新建及扩建的城镇污水处理厂，如果已在深度处理末端设置了芬顿、臭氧等高级氧化工艺，且出水粪大肠菌群数稳定达标，此种情况下可不另外单独设置消毒处理单元。对消毒前端采用膜处理工艺的污水处理厂，因膜对病原微生物具有一定的截留作用，可根据实验结果相应减少消毒药剂投加量。

② 对全国 56 座城镇污水处理厂的调研结果表明，加氯消毒（次氯酸钠和二氧化氯）应用最为广泛。当前我国部分城镇污水处理厂无接触消毒池，消毒剂与污水的接触时间较短，无法充分发挥消毒作用，是导致药剂投加量偏高的原因之一。对出水执行 GB 18918—2002 一级 A 排放标准的污水处理厂，当消毒接触时间≥30min 时，有效氯投加量控制在 2～4mg/L，粪大肠菌群数可达到排放标准要求；当消毒接触时间＜30min 时，有效氯投加量需适当增大。由于受进水水质、水量、粪大肠菌群数、接触时间和水温等因素影响，消毒药剂投加量会有所差异，各厂应关注药剂投加量，定期检测粪大肠菌群数等指标，掌握药剂投加量与相关因素的关系，及时调整加药量。

③ 建议执行 GB 18918—2002 一级 A 标准的污水处理厂，加氯消毒接触时间控制应≥30min，条件受限的污水处理厂应尽量控制接触时间≥15min（15min 内消毒剂对粪大肠菌群的杀灭效率最快，时间延长后杀灭效率放缓），在冬季气温较低时可适当延长接触时间；对于一些消毒前端采用了高级氧化或 MBR 等工艺的污水处理厂，可在确保有充足接触时间的条件下根据实际情况适当减少次氯酸钠的投加量；对于无法改变接触时间或通过管道混合的污水处理厂，则需根据实际情况，通过实验来确定具体的投加量，同时还应关注出水端余氯。

④ 城镇污水处理厂如采用加氯消毒，消毒后出水中携带的余氯会一并排入自然水体，如排入自然水体余氯量过高，会对受纳水体中鱼类和水生生物产生毒性影响。建议我国城镇污水处理厂优先确保出水粪大肠菌群数达标，在此基础上，再尽量减少消毒药剂投加量，从而降低出水余氯浓度，避免对受纳水体生态环境的影响。

⑤ 城镇污水处理厂应加强游离氯、总余氯及粪大肠菌群数等指标的现场检测。针对游离氯和总余氯的检测，如现场未安装在线余氯监测仪，可采用便携式余氯测试仪快速测定余氯指标用以指导生产运行；针对粪大肠菌群数指标的检测，如现场检测到水样中含有余氯时，应及时加入适量硫代硫酸钠试剂脱氯以消除其对粪大肠菌群数指标检测的干扰，确保粪大肠菌群指标检测准确可靠。

⑥ 因氧化还原电位（ORP）可反映水中所有物质表现出来的宏观氧化还原性，通常氧化还原电位越高，氧化性越强，故可根据 ORP 数值判断消毒后出水的氧化性，从而间接预估消毒情况。根据常州市排水管理处多年运行经验和无锡市政公用环境检测研究院的研究结果，出水执行 GB 18918—2002 一级 A 排放标准的污水处理厂，当加氯消毒后出水口 ORP 数值大于 600mV 时，出水粪大肠菌群数能够小于 1000 MPN/L。因此，可考虑在加氯消毒后出水口检测 ORP 值，辅助判断消毒效果。

7.4.4.2 消毒处理展望

结合已有的研究结果和目前城镇污水处理厂实际面临的问题,以下几个方面尚需深入研究:

① 城镇污水处理厂 MBR 工艺与常规工艺对于消毒药剂投加量的影响。

② 进水粪大肠菌群数、pH 值、氨氮、还原性干扰物等因素对于不同消毒工艺运行效果的影响,重点研究我国城镇污水处理厂加氯消毒适宜的 CT 值,即加氯消毒后出水余氯和消毒接触时间与粪大肠菌群数的相关关系。

③ 城镇污水处理厂进水余氯衰减规律及对活性污泥的影响机理,为城镇污水处理厂应对含消毒剂来水时的运行调控提供技术指导。

④ 城镇污水处理厂出水不同余氯及消毒副产物浓度对于受纳水体生态环境的影响。

7.5 污泥处理

7.5.1 污泥浓缩池

污泥浓缩池的主要目的是减少污泥体积,浓缩脱水的主要对象是游离水。污泥中水的存在形式大致包括游离水、毛细水、吸附水和内部水。其中游离水是指存在于污泥颗粒间隙中的水,也称间隙水,它占污泥水分的 70％左右;毛细水是指存在于污泥颗粒毛细管中的水,占污泥水分的 20％左右;吸附水和内部水分别指黏附于污泥颗粒表面的水和存在于其内部的水,占污泥中水分的 10％左右。污泥浓缩的方式很多,目前常用的有重力浓缩、气浮浓缩等。

7.5.1.1 重力浓缩池

重力浓缩池是通过重力作用将污泥进行固液分离的污泥处理设施,它采用间歇运行和连续运行两种运行方式。

间歇运行:先把含水率高的污泥排入浓缩池,浓缩一段时间后,利用池上不同高度上清液的排放管分层排放上清液,然后通过排泥管排放污泥。间歇式浓缩池主要用于污泥处理量较小的水处理系统,两座浓缩池可轮换操作,一般不设置搅拌装置。

连续运行:浓缩池一般设计成辐流式,未经浓缩的污泥通过中心管进入浓缩池内,带有桁架或直立栅的刮泥设备将污泥持续搅动,使污泥进行沉淀和浓缩,最终浓缩污泥从底部排出。该工艺适用于污泥量较大的水处理系统。重力浓缩池示意如图 7-60 所示。

（1）特点及适用范围

① 贮存污泥能力较强。

② 操作要求简单,容易管理。

③ 运行费用较低。

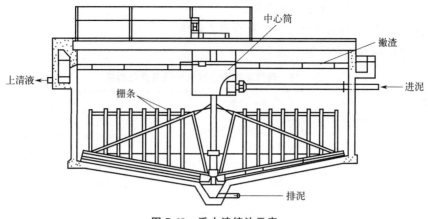

图 7-60　重力浓缩池示意

④ 占地面积较大。

⑤ 适用于浓缩剩余污泥或混合初沉污泥与剩余污泥。

⑥ 适用于各种污泥处理、各种类型污水厂。

（2）基本工艺技术参数

① 初沉污泥含水率一般为 95%～97%，污泥固体负荷宜采用 80～120kg/（m² · d）；浓缩后的污泥含水率一般为 90%～92%。

② 生化剩余污泥含水率一般为 99.2%～99.6%，污泥固体负荷宜采用 30～60kg/（m² · d）；浓缩后的污泥含水率一般为 97.5%～98.0%。浓缩时间不宜小于 12h。

③ 如果是初沉污泥与生化剩余污泥的混合污泥时，其含水率、污泥固体负荷及浓缩后的污泥含水率应按两种污泥的比例进行计算。

④ 采用栅条浓缩池刮泥机时，其外缘线速度宜为 1～2m/min，池底坡向泥斗的坡度不宜小于 0.05。

⑤ 有效水深宜为 4m。

（3）运行管理要求及操作要点

① 浓缩池进泥量须根据设计要求运行，如果进泥量过大，将导致上清液浑浊，排泥浓度降低；进泥量过低，则造成池容浪费，也可能导致污泥上浮，使浓缩过程无法顺利进行。

② 控制浓缩池水力停留时间在 12～16h 为宜，如果停留时间过长，会出现消解酸化，不利于浓缩，甚至可能出现厌氧分解和反硝化，产生污泥上浮现象。当温度低时，实际运行停留时间宜取上限；反之，则取下限。

③ 控制排泥。每次排泥不能过量，排泥速度如果大于浓缩速度，会导致排泥浓度降低，破坏污泥层。

④ 运行人员须了解浓缩池日常运行工况，包括每日检测进泥和排泥的含水率、污泥量、上清液悬浮物浓度和总磷含量，进泥及池内温度等。

⑤ 在出水总磷排放要求较高或污泥处理量较大的情况下，可增设上清液化学除磷系统。

⑥ 运行人员应及时清理浮渣、刮泥机上的杂物及集水槽中淤泥。如果长期停用，应

将池内污泥排空，严禁直接启动刮泥机。

⑦ 机械、电气设备的维护保养应符合有关规定。

（4）常见问题及优化对策（表 7-55）

表 7-55　污泥浓缩池的常见问题及优化对策

常见问题	原因分析	优化对策
1. 浓缩效果不好，浓缩后污泥含固率下降，有污泥上浮现象	(1) 未及时排泥或排泥量不足； (2) 刮泥效果不佳； (3) 进泥量不足或污泥浓缩时间过长导致污泥厌氧发酵； (4) 污水中存在难降解有机物	(1) 运行人员加强排泥质量，尽量避免排放沉降性能不好的污泥； (2) 合理调整剩余污泥排放量，按照设计要求控制浓缩时间； (3) 调整刮泥机运行速度，必要时更换刮泥机刮板
2. 浓缩池上清液不清澈	(1) 进污泥量过大，停留时间过短； (2) 进污泥量小，停留时间过长； (3) 污泥活性差，不易沉淀； (4) 浓缩池发生短流，入流挡板或导流筒脱落	(1) 调整剩余污泥排放量，按照设计要求控制浓缩时间； (2) 调整工艺参数，提高活性污泥性能； (3) 维修或更换入流挡板、导流筒、溢流板等
3. 浓缩池有异味	(1) 池面浮渣过多； (2) 池底污泥出现厌氧发酵	(1) 加装除臭装置； (2) 及时排放污泥； (3) 及时清理浮渣

7.5.1.2　气浮浓缩池

气浮浓缩池与重力浓缩池的工作原理不同，它依靠大量微小气泡附着在污泥颗粒周围，以此减少颗粒的相对密度，形成上浮污泥层，撇除浓缩污泥层到污泥槽，然后通过泥浆泵把污泥送到污泥处置设备，气浮浓缩池下层液体则回流到废水处理装置。通常用混凝剂或絮凝剂作为浮选助剂，以提高气浮性能。气浮浓缩池示意如图 7-61 所示。

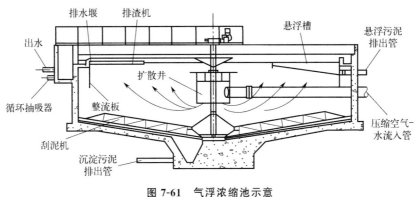

图 7-61　气浮浓缩池示意

（1）特点及适用范围

① 占地较少，但气浮浓缩池的设计及使用的设备都较为复杂，运行费用较高，浓缩后的污泥含水率比重力浓缩池含水率低，效果比重力浓缩池好。

② 适用于浓缩活性污泥和生物滤池污泥等较轻的污泥。

（2）基本工艺技术参数

① 对于活性污泥，气固比取值范围一般为 0.01～0.04，气固比与污泥的性质关系很大，当活性污泥的 SVI>350 时，即使气固比>0.06 也不可能使排泥含固率超过 2%；当 SVI 值在 100 左右时，污泥的气浮浓缩效果最好。

② 水力负荷取值范围在 1.0～3.6m³/(m²·h)，一般用 1.8m³/(m²·h)，固体负荷为 1.8～5.0kg/(m²·h)。

③ 溶气罐的容积，一般按加压水停留 1～3min 计算，其溶气压力一般为 0.3～0.5MPa，罐体高与直径之比，常用 2～4。

（3）运行管理要求及操作要点

① 气浮浓缩池及溶气水系统应根据进泥浓度及时调整空气量，保持浓缩效果较好且运行稳定状态；气量的控制将直接影响排泥浓度的高低，溶气量越大，排泥浓度越高，但能耗相应增高。

② 污泥层厚度宜控制在 150～300mm 范围内。尽量减少刮泥机频繁启动及静负荷对设备的影响，气浮池间歇排泥时间一般控制在 2～4h。刮泥机刮板移动速度控制在 0.5m/min。

③ 气浮浓缩一般采用加压溶气气浮，溶气水饱和罐进气压力一般控制在 0.3～0.5MPa 之间。

④ 污水处理厂应定期（半年）委托具备资质的第三方检定公司检定加压气溶罐的压力表。

⑤ 运行人员应控制调整好进泥量，确保气浮系统正常运行。

⑥ 如果长期停机后再恢复运行，应先降低液位，先点动，后启动。当出现底泥沉积时，应放空后启动刮泥机。

（4）常见问题及优化对策（表 7-56）

表 7-56　气浮浓缩池的常见问题及优化对策

常见问题	原因分析	优化对策
1. 浓缩池表面污泥浓度低，上清液出水含固量高	（1）空气压力过高，导致絮体破坏； （2）固体颗粒对分离速度有干扰； （3）进泥量过大，超出设计负荷； （4）刮泥机运行速度过快； （5）排泥周期不合理，太长或太短	（1）降低溶气压力，一般低于 0.5MPa； （2）适当提高循环水量和污泥进泥量； （3）调整好排泥周期，避免污泥层过厚或太薄； （4）调整刮板速度在 0.5m/min
2. 气浮装置供气不足	（1）空气压缩机故障或冷凝水未及时排出； （2）供气管道出现腐蚀导致空气泄漏； （3）释放器损坏	（1）及时维修或更换空气压缩机，及时排出冷凝水，确保压缩空气系统运行正常； （2）维修或更换供气管道并做好防腐； （3）检修或更换释放器
3. 浓缩池浮渣过多	（1）供气压力过高； （2）循环水量过大； （3）刮泥机运行速度快； （4）粗细格栅运行效果不佳，有漂浮垃圾进入下游	（1）调低压缩空气压力； （2）降低循环水量； （3）调整刮泥机运行速度和时间间隔； （4）维修相应格栅，确保运行正常
4. 污泥絮体量较低，运行效果较差	活性污泥絮凝效果不佳	投加适量高分子絮凝剂

7.5.2 带式压滤机

带式压滤机是连续运转的污泥脱水设备，主要由辊压筒、滤带、滤带张紧系统、滤带纠偏系统和驱动系统组成，其他附属设备设施包括加药系统、压缩空气系统、滤带冲洗系统等。典型的带式压滤机系统示意如图 7-62 所示。

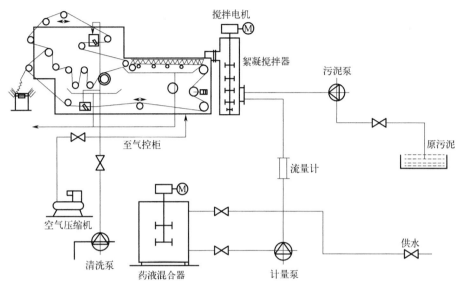

图 7-62 带式压滤机系统示意

带式压滤机一般分为四个工作区，分别是重力脱水区、楔形脱水区、低压脱水区、高压脱水区。浓缩后的污泥与调配好的絮凝剂混合后进入压滤机顶部滤带，随着设备的运行，两条张紧的滤带夹带着污泥层，从一系列按规律排列的辊压筒之间经过，依靠辊压筒作用及滤带张力形成对污泥层的压榨力和剪切力，从而分离污泥中的游离水和毛细水，形成含水率小于 80％的泥饼，泥饼随滤布运行到卸料辊时落下，实现污泥脱水。带式压滤机示意如图 7-63 所示。

（1）各工作区工作原理

① 重力脱水区。在该区，调质好的污泥随滤带水平行走，部分游离水在该区穿过滤带，从污泥中分离，重力脱水区可脱去污泥中 50％～70％的水，使含固率增加 7％～10％。

② 楔形脱水区。该区是一个三角形的空间，上下两层滤带在该区并拢，污泥在两条滤带之间逐渐被挤压。污泥的含固率进一步提高，并由半固态向固态转变，为进入压力脱水区做准备。

③ 低压脱水区。污泥被夹在两条滤带之间，绕辊压筒做 S 形上下移动。压榨力取决于滤带的张力和辊压筒的直径。张力一定时，辊压筒直径越小，压榨力越大。由于前几个辊压筒直径较大，一般在 50cm 之上，压榨力较小，因此称低压区。污泥经低压区后，含固率进一步提高，强度增大，为进行高压做准备。

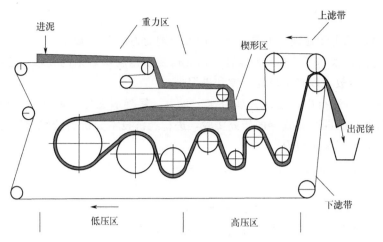

图 7-63　带式压滤机示意

④ 高压脱水区。进入高压区后，因辊压筒的直径逐渐减小，泥层受到的压榨力逐渐增大，高压区最后一个辊压筒直径一般小于 25cm，压榨力增至最大。经高压区后，污泥的含固率一般可达 20%～22%。

（2）特点及适用范围

① 采用化学调质预处理，污泥絮凝混合的效果决定脱水效果的好坏，进泥的含水率约为 95%～98%，经过带式压滤机脱水，污泥含水率可小于 80%，便于进一步外运处置。

② 应配置冲洗泵，其冲洗水压宜采用 0.4～0.6MPa。

③ 冲洗泵的冲洗流量为 5.5～11.0m^3/(m·h)，至少应有 1 台备用。

④ 进泥含水率：95%～98%。

⑤ 泥饼厚度：>5mm。

⑥ 应按照带式压滤机的要求配置空气压缩机，并至少应有 1 台备用，压缩空气压力通常为 0.4～0.6MPa。

⑦ 滤带张力：0.3～0.7MPa，一般为 0.5MPa。

⑧ 滤带速度：0.5～5m/min。

⑨ 滤带的使用寿命：≥3000h。

⑩ 絮凝剂投加量（纯药量/干泥量）：1～10kg/t。

带式压滤脱水机的性能参数一般用污泥脱水负荷表示，污泥脱水负荷应根据实验资料或类似运行经验确定，并可按照表 7-57 的规定取值。

表 7-57　带式压滤机污泥脱水负荷

污泥类别	初沉原污泥	初沉消化污泥	混合原污泥	混合消化污泥
脱水负荷/[kg/(m·h)]	250	300	150	200

注：表中混合原污泥为初沉池污泥与二沉池污泥的混合污泥，混合消化污泥为初沉池污泥与二沉池污泥混合消化后的污泥。

（3）运行管理要求及操作要点

① 控制脱水后污泥含水率小于 80%，泥饼厚度大于 5mm，连续脱落，不黏滤布，污

泥固体回收率应大于90%。

② 核算脱水机实际处理能力是否达到设计处理能力的75%以上。

③ 由于进泥含水率等具有不确定性，因此需要根据脱水效果的要求，适时调整带速、张力和加药量等参数，以确定进泥速度和进泥量。

④ 在日常生产运行中，建议开展带速、张力、絮凝剂配比、絮凝剂投加量、污泥比阻、污泥与絮凝剂的混合方式等的研究实验，进行经济技术分析后选取合适的絮凝剂，结合实际情况提高污泥脱水效果。

⑤ 经常检查纠偏系统是否灵敏有效，滤带偏离中心线10~15mm，最大偏移不能超过40mm。

⑥ 定期检查滤带冲洗系统，清理喷嘴，确保通畅无堵塞，并注意观察滤带破损情况，及时更换出现破损的滤带。经常检查刮板是否紧贴滤布。

⑦ 开机前应对压滤机及附属设施设备进行充分检查，至少冲洗5min；停机前应认真冲洗压滤机及周围地面，保持地面整洁。

⑧ 絮凝剂应在阴凉干燥处存放，现用现配，并确保溶解效果，尽量当日使用。当溶液呈乳白色时说明已变质，应停止使用。对絮凝剂投加系统应经常清理，防止药液堵塞。注意防滑，同时应将洒落在池边、地面的药剂清理干净。

⑨ 压滤机运行过程中每小时至少巡视一次，注意检查滤带是否跑偏，纠偏系统是否有效，通过调节进泥泵频率，阀门开度控制进泥量，视脱水系统效果及时调节控制进泥量和絮凝剂投加量。

⑩ 做好脱水机、空压机、进泥泵、加药泵、辊筒轴承等的维护保养工作，保持设备设施清洁。

⑪ 保持脱水机房空气流通，减轻设备、仪表的腐蚀，保障操作人员健康。

⑫ 每班测量及记录：进泥量及含水率、泥饼的厚度及含水率、滤带压力、空压机压力、滤液量及水质、絮凝剂投加量及冲洗水量等。

（4）常见问题及优化对策（表7-58）

表7-58　带式压滤机的常见问题及优化对策

常见问题	原因分析	优化对策
1. 滤带跑偏且不能有效控制	（1）纠偏装置失灵； （2）两侧换向阀安装位置不对； （3）辊筒轴线不平行； （4）气路和气动元件的故障	（1）检查纠偏装置或更换； （2）调整安装位置； （3）调整辊筒轴线平行度； （4）维修空压机、更换气管、更换气动元件
2. 泥饼厚度薄，含水率高，滤带两侧跑泥，滤液浑浊	（1）进泥量太大； （2）污泥含水率太高； （3）带速慢； （4）楔形区调整不当； （5）絮凝剂投加比例不当； （6）进泥管路堵塞； （7）进泥泵故障	（1）减小进泥量； （2）提升污泥浓缩效果； （3）提高带速； （4）重新调整上下滤布压力； （5）调整投药比例，做污泥比阻实验选择絮凝剂； （6）清通管道； （7）检修进泥泵

常见问题	原因分析	优化对策
3. 滤带经常跑偏，上下滤带偏移	(1) 进泥不均匀； (2) 辊筒损坏； (3) 纠偏装置失灵； (4) 空压机故障压力不足	(1) 调整进泥口； (2) 检查辊筒或者更换； (3) 检查纠偏装置； (4) 检查维修空压机
4. 滤带起褶	(1) 滤带张紧压力不适； (2) 辊筒轴线不平行； (3) 辊筒表面腐蚀不平	(1) 重新调整滤带压力； (2) 调整辊筒轴线； (3) 橡胶修补辊筒
5. 滤布堵塞严重，滤带有泥，冲洗不干净	(1) 冲洗水泵压力过低； (2) 喷嘴堵塞； (3) 加药过量，黏度增加； (4) 污泥含砂量太高； (5) 无机金属离子污染，如除磷药剂	(1) 检查管路及水泵压力； (2) 清理冲洗管道和喷嘴； (3) 降低絮凝剂投加量； (4) 提高污水厂除砂效果； (5) 彻底酸洗清洗滤带
6. 絮凝作用效果差，絮体小，脱水效果差	(1) 絮凝剂投加太多或太少； (2) 稀释水供给异常； (3) 混合搅拌器故障或管道混合器堵塞	(1) 检查和调整絮凝剂的供给比例； (2) 检查稀释水管路、调整絮凝剂配药浓度； (3) 检修混合搅拌器、清理管道混合器
7. 泥饼剥离效果差，黏附在滤带上	(1) 进泥量小，滤饼厚度太薄； (2) 絮凝剂投加量大； (3) 刮板磨损； (4) 滤带清洗不干净	(1) 调整进泥量； (2) 调整絮凝剂投加量； (3) 更换刮板； (4) 检查冲洗系统，如喷嘴、冲洗泵等
8. 滤带打滑	(1) 进泥量过大； (2) 滤带张力小； (3) 辊压筒损坏	(1) 降低进泥量； (2) 适当增加张力； (3) 维修或更换辊压筒

7.5.3　离心脱水机

离心脱水机主要由污泥进料系统、絮凝剂投配系统、浓缩和脱水系统、泥饼输送系统、自动控制系统等组成。

污泥由离心脱水机空心转轴送入转筒，在高速旋转产生的离心力作用下甩入转鼓腔内。由于泥水相对密度不同，实现固液分离。污泥在螺旋输送器的推动下，被输送到转鼓的锥端后，由出口连续排出；脱水后的液体则由堰口连续溢流排至转鼓外，靠重力排出。离心脱水机示意如图 7-64 所示。

（1）特点及适用范围

① 高转速、小差速系统，可得到更干的脱水污泥与更澄清的分离液。

② 采用大扭矩液压差速器，可提高脱水固体的输出量。

③ 根据负载变化，差速自动反馈调节，推料功率自动补偿，保证污泥的恒定干度。

④ 初始差速调节范围广。

⑤ 转鼓排渣口、螺旋进料口及推料面叶片为超硬耐磨材料，延长了使用寿命。

⑥ 适用于脱泥含水率在 80% 以下的各种规模污水处理厂。

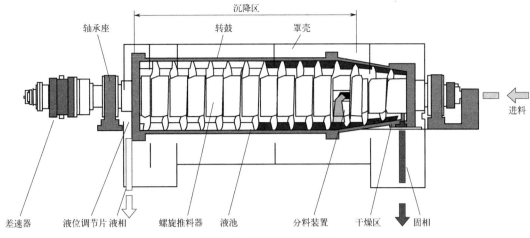

图 7-64 离心脱水机示意

⑦ 结构紧凑，附属设备少，在密闭状况下运行，臭味小，不需要过滤介质，维护较为方便，但噪声较大，脱水后污泥含水率较高，当固液密度差很小时不易分离。

⑧ 离心机对各种污泥的脱水效果：当采用无机低分子絮凝剂时，分离效果很差，故一般均采用有机高分子絮凝剂。有机高分子絮凝剂的投加量一般为污泥干重的 0.1%～0.5%，脱水后的污泥含水率可达 75%～80%。

（2）基本工艺技术参数

① 转鼓直径：250～900mm。

② 处理能力：0.5～200m³/h。

③ 转鼓转速：2000～5400r/mim。

④ 产泥能力：0.4～18m³/h。

⑤ 卧螺离心机脱水的分离因数宜小于 3000g，对于初沉和一级强化处理等有机质含量相对低的污泥，可适当提高其分离因数。

⑥ 离心脱水前应设污泥切割机，切割后的污泥粒径不宜大于 8mm。

（3）运行管理要求及操作要点

① 运行人员应结合实际进泥泥质和泥量变化，及时调整离心机工作参数，包括转速、转速差、絮凝剂投加量和进泥量等。

② 运行人员在日常巡检中应注意观察油箱的油位、轴承的油数量、冷却水及油的温度、设备振动情况、电流读数等，如有异常应立即停车检查并予以解决。

③ 离心机停车：一般先停止絮凝剂投加、进泥，注入冲洗水或一些溶剂，继续运行10min 左右，再停车，注意在转轴停转后再停止冲洗水的注入，同时关闭润滑油系统和冷却系统。离心机再次启动时应确保机内冲刷干净。

④ 进泥时污泥切割机应同时运行，运行人员应加强预处理系统对渣砂的去除管理，禁止大于 0.5cm 的浮渣以及 65 目以上的砂粒进入。

⑤ 离心机进泥量必须控制在设计范围内，减少由于负荷突然增加使系统频繁波动影响处理效果。

⑥ 温度会影响离心机脱水效果，冬季应注意适当增加污泥投药量。

⑦ 应特别注意有机高分子絮凝剂的投药点。当为阳离子型时，可直接加入转鼓的液槽中；当为阴离子型时，可加在进料管中或提升的泥浆泵前。设计时可多设几处投药点，以利运转时选用。

（4）常见问题及优化对策（见表 7-59）

表 7-59　离心脱水机的常见问题及优化对策

常见问题	原因分析	优化对策
1. 分离液浑浊，含泥量大	（1）进泥量太大； （2）转速差太大； （3）含固体量超设计负荷； （4）转鼓转速太低； （5）机械磨损严重； （6）液环层厚度薄	（1）降低进泥泵频率，适当减少进泥量。 （2）调节频率，适当降低转速差。 （3）调节储泥池运行，降低进泥含水率。 （4）调整转鼓电机频率，检修变频器或电机。 （5）维修更换部件。 （6）通过调控适当增大厚度
2. 泥饼含水率高	（1）进泥量太大； （2）加药量太少或太多； （3）转鼓转速太低； （4）转速差太大	（1）降低进泥泵频率，适当减少进泥量。 （2）选择合适絮凝剂，调整加药量。 （3）调整转鼓电机频率，检修变频器或电机。 （4）调节频率，适当降低转速差
3. 设备振动或噪声大	（1）轴承或机械密封磨损严重； （2）转鼓黏附污泥； （3）转鼓磨损； （4）基座松动	（1）更换轴承或机械密封。 （2）清理转鼓污泥。 （3）更换转鼓。 （4）紧固螺母，更换减震垫，加固基座
4. 离心机扭矩过大	（1）进泥量太大或进泥含水率太低； （2）转速太小，出泥不及时； （3）润滑系统运行不正常	（1）降低进泥泵频率，适当减少进泥量；调节储泥池运行，降低进泥含水率。 （2）调整差速器频率，增大转速差，检修差速器。 （3）轴承加注黄油或更换轴承；检修齿轮箱

7.5.4　板框压滤机

板框压滤机是一种加压过滤设备，由电液控制系统、油缸座总成、压紧板总成、滤板、自动拉板系统、止推板总成等部分组成。滤板和滤框之间夹有滤布，通过可动端将滤板和滤框压紧，从而形成一个压滤室。污泥从料液进口流入滤布，进行压滤处理。压滤后的水通过滤液排出口排出，而滤饼则堆积在框架滤布上。滤板和滤框松开后，泥饼可以用铲子从滤布上铲除，然后通过皮带输送到料斗室，再由车辆运输进行后续处理。板框压滤机的示意如图 7-65 所示，操作流程如图 7-66 所示。

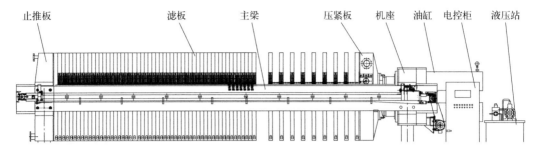

图 7-65　板框压滤机示意

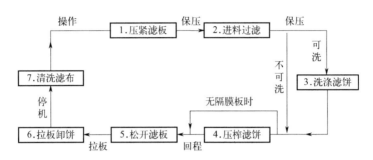

图 7-66　板框压滤机操作流程

（1）特点及适用范围

① 脱水泥饼含水率低，压滤后含水率一般在 60％以下（经过石灰和三氯化铁等药剂处理后）。

② 结构相对简单，维修保养方便。

③ 自动化程度高，运行操作简便。

④ 适用于含水率要求低于 60％的各种规模污水处理厂。

（2）基本工艺技术参数

① 过滤周期不应大于 4h。

② 过滤压力不应小于 0.4MPa。

③ 过滤面积应根据实际处理污泥量核算。

④ 污泥压入泵可选用离心泵、往复泵、柱塞泵，每台压滤机可设一台污泥压入泵，污泥进料压力宜为 0.6～1.6MPa。

⑤ 污泥压榨压力宜为 2.0～3.0MPa，压榨泵至隔膜腔室之间的连接管路配件和控制阀，其承压能力应满足相关安全标准和使用要求。

⑥ 压缩空气系统应包括空压机、储气罐、过滤器、干燥器和配套仪表阀门等部件，控制用压缩空气、压榨用压缩空气和工艺用压缩空气三部分不应相互干扰。

⑦ 压缩空气量（按标准工况计）为每立方米滤室不应小于 2m^3/min。

（3）运行管理要求及操作要点

① 进料压力不允许超过设备的正常过滤压力，否则会引起滤板破损。

② 在使用时如发现有滤板损坏，应及时更换，防止过滤时内压失衡引发连锁破板。

③ 压滤机有固定的滤板数量，运行前不可擅自取出滤板，以免因油缸活塞杆行程不足而发生顶缸、喷料事故。

④ 压滤机压紧或拉板时，禁止将手伸入滤板之间整理滤布，否则可能会造成人员伤害。压滤机滤布、滤板为化学材料，应远离明火。现场焊接施工或其他明火作业时，要做好防护工作，否则可能造成火灾事故。

⑤ 液压油缸及油管长期在高压工况下，存在爆裂的可能，压滤机起动后，不要站在油缸正后方，以免发生安全事故。

⑥ 滤板在主梁上移动时施力应均衡，防止碰撞；拆下的滤板应平整叠放，防止挠曲变形；经常检查滤板间密封面的密封性。

⑦ 清洗滤板时应保持流道畅通、表面清洁，保证良好的过滤通道，要经常冲洗滤布，并仔细检查，确保其无折叠、无破损、无夹渣，使其保持平整，以保证过滤效果。

⑧ 主梁发现弯曲时应调整压紧板回位调整螺栓。注意各部连接零件有无松动，应随时予以紧固。

⑨ 相对运动的零件必须保持良好的润滑清洁，及时补充润滑剂。液压电接点压力表指针的上、下限出厂前已调好，一般不需调整。若要调节压力，则以不漏液为下限。

⑩ 电气箱要保持干燥，各压力表、电磁阀线圈以及各个电气元件要定期检验，确保机器正常工作。

⑪ 液压油应从空气滤清器通过滤油车充入油箱，必须达到规定油面。并要防止污水及杂物进入油箱，以免液压元件生锈、堵塞。油箱、油缸、柱塞泵和溢流阀等液压元件需定期进行空载运行，采用循环法清洗，在一般工作环境下使用的压滤机每六个月需清洗一次。

⑫ 在压紧滤板前，务必将滤板排列整齐，且靠近止推板端，平行于止推板放置，避免因滤板放置不当而引起主梁弯曲变形。

⑬ 在拉板过程中人要在设备旁边，卸饼时将滤板密封面的残留物清干净，注意拉板过程中容易出现的故障，如带板、拉不到板或拉板两侧不平行等。

⑭ 滤布使用一段时间后，由于物料阻塞其过滤性能会下降，运行人员须根据使用频率对滤布进行定期冲洗。当冲洗效果不明显且滤布有变硬现象时，可用低浓度弱酸或弱碱去中和（浸泡 24 小时），恢复其性能。如浸洗后仍不能正常过滤，应考虑更换新的滤布。

⑮ 滤布用高压水枪冲洗。滤布表面冲洗，不会改变滤布的物理结构，可避免起皱、大幅度缩水、脱线等情况且节省时间。

⑯ 在拉板卸泥时，确保滤饼残渣不留在滤板的密封边缘上，尤其是不能留在下边缘上。如有滤饼残渣，要及时清除干净。清理时要使用木质或塑料铲，确保其不会损伤滤布或滤板。

⑰ 定期检查滤板或隔膜板的使用情况，发现滤板或隔膜板有破损情况应及时更换。

⑱ 滤布清洗非常重要，不经常清洗会造成过滤效率低下、滤板边缘漏料，并直接影响滤布的使用寿命。过滤通道堵塞的滤布，会造成过滤腔室内压力失衡，造成滤板破裂。

⑲ 在过滤时，如果压滤液长时间浑浊，可以判定是滤布破损引起的，需要及时更换破损滤布。

⑳ 首个连续运行月份后进行机架检查，主要检查各连接螺栓是否松动、基础是否坚固可靠，各润滑部位是否可靠润滑，各部件的焊缝是否正常，6个月后重复检查，之后每年检查。检查螺栓紧固程度应在压滤机打开状态下进行。

㉑ 首个连续运行月检查主梁是否有变形情况，止推板及油缸座是否有位移。止推板固定后不允许有任何偏移。

㉒ 首个连续运行月份中应每周检查减速齿轮或马达传动链条的张紧度（应一直保持适当张紧）及拉板链条张紧度，保证其始终得到润滑；之后每月检查并给拉板装置轴承和机械手润滑。

㉓ 每月检查拉板机械手的固定螺栓紧固情况、与链条连接牢固程度。每三个月检查拉板装置与主梁固定螺栓、链条的链槽螺钉和顶紧螺栓的紧固程度。

（4）常见问题及优化对策（表7-60）

表7-60　板框压滤机的常见问题及优化对策

常见问题	原因分析	优化对策
1. 压滤机不工作	(1) 油压缸故障； (2) 勾板机故障； (3) 输送机故障； (4) 管路系统故障	(1) 检查液压油是否足够，油位不够需及时添加；油压泵电机是否完好，线路是否正常；油压泵压力保护是否正常，能否达到正常过滤压力；油压泵推进装置是否出现异常，正常偏差＜20mm。 (2) 检查勾板机锁头是否有足够阻尼，如阻尼不够需调整勾板机锁紧螺钉；检查勾板机行程距离是否足够，需要时在触摸屏调整勾板前进后退时间；检查刹车片是否完好，需要时进行更换。 (3) 检查输送机是否有异物卡住，如有，及时进行清理；检查电机及减速机是否正常。 (4) 检查各个气动阀门是否动作正常，气室是否足够润滑；阀门信号是否能够准确提供，需要时进行调整；检查压缩空气压力是否在0.6～0.8MPa；检查各管路是否存在堵塞
2. 压滤机出泥含水率偏高	(1) 进泥量不够； (2) 跑泥； (3) 二次压榨压力不够； (4) 回吹阀未准确动作	(1) 检查调理池污泥是否调理好，管路是否堵塞，滤布是否堵塞，如堵塞需及时反冲洗；检查进泥螺杆泵是否有异常。 (2) 检查滤布是否移位，及时进行调整；检查滤布是否破损，破损时需更换；进料压力是否过大、压滤机压紧压力是否过大。 (3) 检查压榨泵是否正常；二次压榨阀是否动作正常。 (4) 检查进气压力是否在0.6～0.8MPa，检查回吹管路是否存在堵塞现象

常见问题	原因分析	优化对策
3. 液压站压力上不去，停留在某个压力值达不到使用压力	(1) 油泵故障； (2) 高压安全阀故障； (3) 高压溢流阀故障； (4) 电磁换向阀故障； (5) 油缸内漏	(1) 确认油泵电机转向是否正常，打开油箱侧面检修板，将油泵出油口接头与高压软管拆开，用手指按压出油口，如果手指能堵住则油泵没有问题。 (2) 打开油箱侧面检修板，在压紧过程中，观察高压安全阀是否漏油，如漏油，则用扳手紧固，如果还漏油，则需更换新阀。 (3) 在压紧过程中，顺时针调节溢流阀调节手柄，同时观察压力表黑指针压力变化，如无变化则需拆下清洗溢流阀；如有多台机器可通过互相调换予以确认。 (4) 在压紧过程中，用螺丝刀顶住电磁换向阀得电端，强制其切换到位。如仍无法解决，则需拆下清洗或更换。 (5) 在压紧过程中达到一定压力后断电，压力表黑指针下降速度较快，拆下高压软管与油缸回程端接头，若油缸上有液压油往接头上冒，则需更换油缸密封圈
4. 电机油泵工作均正常，压紧或回程无动作	(1) 电磁换向阀不到位或卡死； (2) 高压溢流阀故障； (3) 油泵故障	(1) 在压紧或回程过程中，用螺丝刀顶住电磁换向阀得电端，强制其切换到位。如仍解决不了，则需拆下清洗或更换。 (2) 清洗或更换新阀。 (3) 更换新泵
5. 液压系统不保压，压紧压力（压力表上黑指针）达到指定上限压力后，停泵后压力很快掉下来（电机启停频繁）	(1) 液控单向阀故障； (2) 高压安全阀漏油； (3) 高压溢流阀漏油	(1) 压紧压力到达上限停泵后，一般电机会出现反转（从上往下看为逆时针转），清洗单向阀或更换新阀。 (2) 打开油箱侧面检修板，在压紧过程中，观察高压安全阀是否漏油，如漏油，则用扳手紧固，如果还是漏油，则需更换新阀。 (3) 在压紧过程中达到一定压力后断电，压力表黑指针下降速度较快，拆下高压软管与油缸回程端接头，若油缸上有液压油往接头上冒，则需更换油缸密封圈。 (4) 更换密封圈

参考文献

[1] 中华人民共和国住房和城乡建设部. 室外排水设计标准：GB 50014—2021 [S]. 北京：中国计划出版社，2021.

[2] Henze M，van Loosdrecht M C M，Ekama G A，等. 污水生物处理——原理、设计与模拟 [M]. 施汉昌，胡志荣，周军，等译. 北京：中国建筑工业出版社，2011.

[3] Janssen P M J. 生物除磷设计与运行手册 [M]. 祝贵兵，彭永臻，译. 北京：中国建筑工业出版社，2005.

[4] 王晓莲，彭永臻，等. AAO法污水生物脱氮除磷处理技术与应用 [M]. 北京：科学出版社，2009.

[5] 中华人民共和国住房和城乡建设部. 城镇污水处理厂运行、维护及安全技术规程 [M]. 北京：中国建筑工业出版社，2014.

[6] 中华人民共和国住房和城乡建设部. 室外给水设计标准：GB 50013—2018 [S]. 北京：中国计划出版社，2018.

[7] 中华人民共和国国家发展和改革委员会. 潜水推流式搅拌机：GB/T 33566—2017 [S]. 北京：中国标准出版

社，2017.

［8］江苏省住房和城乡建设厅 . 江苏省太湖流域城镇污水厂提标建设技术导则［M］. 北京：中国建筑工业出版社，2010.

［9］江苏省住房和城乡建设厅 . 太湖地区城镇污水处理厂及重点工业行业主要水污染物排放限值：DB 32/1072—2018［S］. 北京：中国建筑工业出版社，2018.

［10］中华人民共和国住房和城乡建设部 . 城镇污水处理厂运行、维护及安全技术规程：CJJ 60—2011［S］. 北京：中国环境科学出版社，2014.

［11］中华人民共和国住房和城乡建设部 . 水处理用辐流沉淀池周边传动刮泥机：CJ/T 523—2018［S］. 北京：中国标准出版社，2018.

［12］中华人民共和国住房和城乡建设部 . 城镇污水再生利用工程设计规范：GB 50335—2016［S］. 北京：中国建筑工业出版社，2016.

［13］国家环境保护总局 . 环境保护产品技术要求 刮泥机：HJ/T 265—2006［S］. 北京：中国环境科学出版社，2006.

［14］环境保护部 . 污水过滤处理工程技术规范：HJ 2008—2010［S］. 北京：中国环境科学出版社，2010.

［15］环境保护部 . 生物滤池法污水处理工程技术规范：HJ 2014—2012［S］. 北京：中国环境科学出版社，2012.

［16］高廷耀，顾国维，周琪 . 水污染控制工程［M］. 北京：高等教育出版社，2007.

［17］廖传华，朱延风，代国俊，等 . 化学法水处理过程与设备［M］. 北京：化学工业出版社，2016.

［18］廖传华，韦策，赵清万，等 . 物理法水处理过程与设备［M］. 北京：化学工业出版社，2016.

［19］国家市场监督管理总局，中国国家标准化管理委员会 . 水处理用臭氧发生器技术要求：GB/T 37894—2019. 北京：中国标准出版社，2019.

［20］国家环境保护总局 . 环境保护产品技术要求 臭氧发生器：HJ/T 264—2006［S］. 北京：中国环境科学出版社，2006.

［21］中国标准出版社第二编辑室 . 活性炭标准汇编［M］. 北京：中国标准出版社，2010.

［22］国家市场监督管理总局，国家标准化管理委员会 . 化工企业氯气安全技术规范：GB 11984—2024［S］. 北京：中国标准出版社，2024.

［23］中国石油和化学工业联合会 . 工业用液氯：GB/T 5138—2021［S］. 北京：中国标准出版社，2021.

［24］衣颖，吴金辉，郝丽梅，等 . 气体二氧化氯应用技术的研究进展与趋势［J］. 中国消毒学杂志，2017，34（04）：360-366.

［25］李激，王燕，熊红松，等 . 城镇污水处理厂消毒设施运行调研与优化策略［J］. 中国给水排水，2020，36（08）：7-19.

［26］王慕，谈振娇，李激，等 . 城镇污水处理厂次氯酸钠消毒效果的影响因素研究［J］. 中国给水排水，2021，37（01）：22-27.

［27］支丽玲，郑凯凯，王燕，等 . 全流程分析 AAO 工艺碳源投加减量控制研究［J］. 水处理技术，2021，47（02）：119-121.

［28］环境保护部 . 环境工程 名词术语：HJ 2016—2012［S］. 北京：中国环境科学出版社，2012.

［29］中华人民共和国住房和城乡建设部 . 水处理用刚玉微孔曝气器：CJ/T 263—2018［S］. 北京：中国标准出版社，2018.

［30］中华人民共和国住房和城乡建设部 . 水处理用橡胶膜微孔曝气器：CJ/T 264—2018［S］. 北京：中国标准出版社，2018.

［31］中华人民共和国住房和城乡建设部 . 转碟曝气机：CJ/T 294—2018［S］. 北京：中国标准出版社，2018.

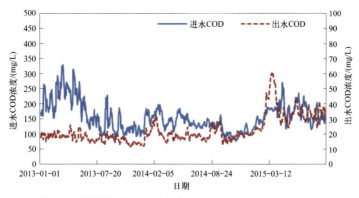

图 1-7　某污水处理厂进出水 COD 浓度（含工业废水）

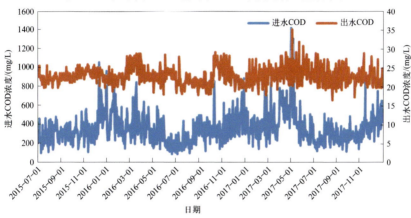

图 1-8　某污水处理厂进出水 COD 浓度（含生活污水）

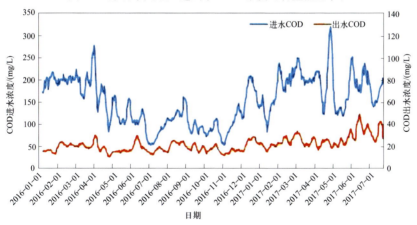

图 2-1　某污水处理厂进出水 COD 历史曲线

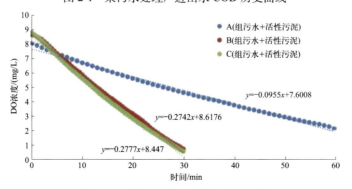

图 2-11　某污水处理厂耗氧速率曲线

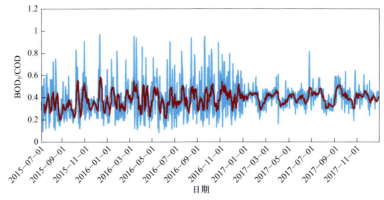

图 3-9 污水处理厂进水 BOD₅/COD（图中红色线为蓝色线的移动平均值）

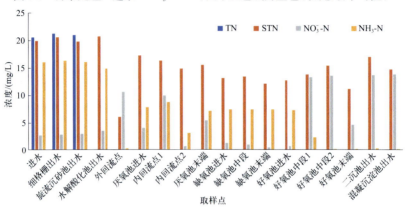

图 4-8 沿程氮含量变化情况

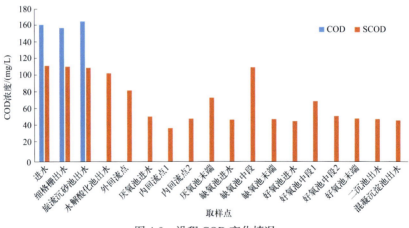

图 4-9 沿程 COD 变化情况

图 4-11 氧化沟全流程 TN、STN、NH₃-N 和 NO₃⁻-N 浓度变化

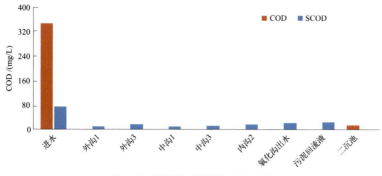

图 4-12　氧化沟全流程 COD 变化

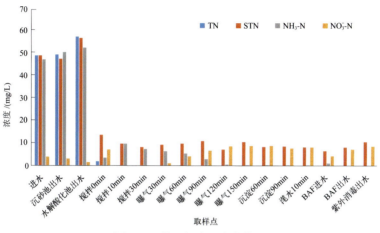

图 4-13　沿程氮含量变化情况

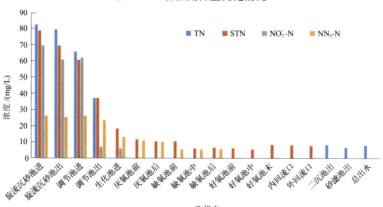

图 4-16　全流程氮元素变化情况

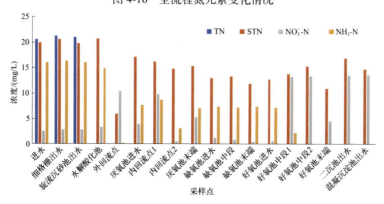

图 4-20　沿程氮含量变化情况

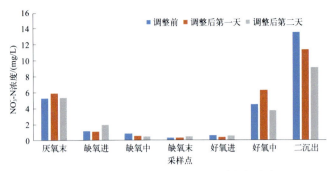

图 4-22　工艺调整前后各采样点硝态氮浓度

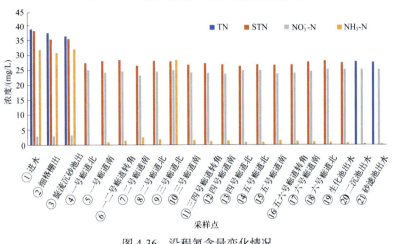

图 4-36　沿程氮含量变化情况

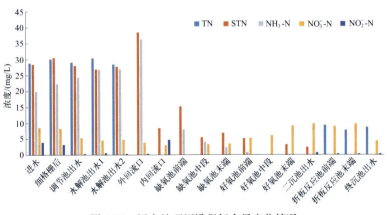

图 4-39　污水处理厂沿程氮含量变化情况

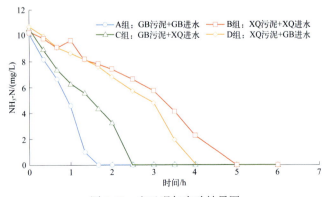

图 5-13　交叉曝气实验结果图

图 5-17　2018 年 11 月 15 ～ 17 日管网来水现场

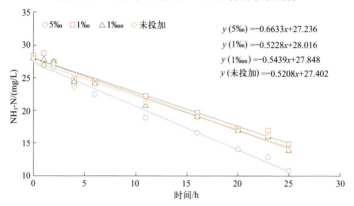

图 5-19　投加硝化菌剂硝化速率曲线

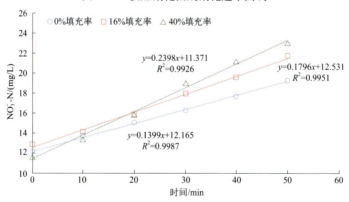

图 5-22　不同填充率下混合液硝化速率

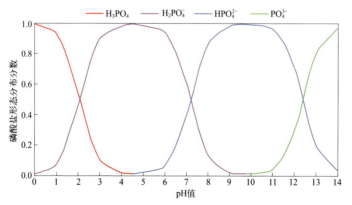

图 6-1　磷酸盐的存在形态与 pH 值的关系

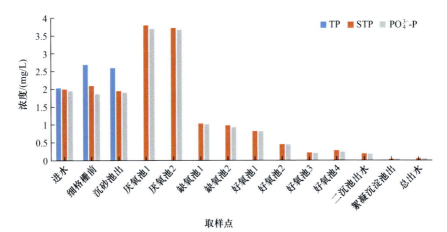

图 6-11　苏州 XCCY 污水处理厂生活污水段全流程磷分布

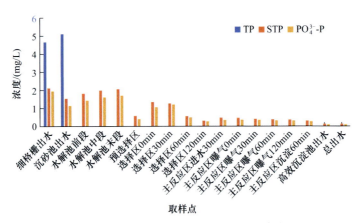

图 6-12　江苏 JYCQ 污水处理厂全流程磷分布

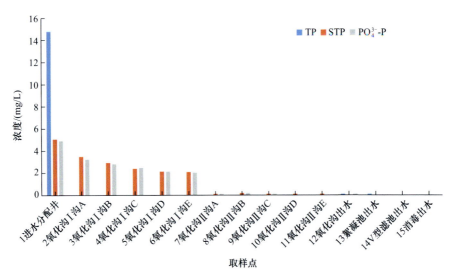

图 6-13　江苏 CSCB 污水处理厂全流程磷的分布

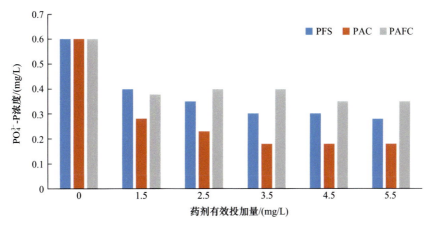

图 6-14　苏州 CSBJ 污水处理厂除磷药剂比选实验结果

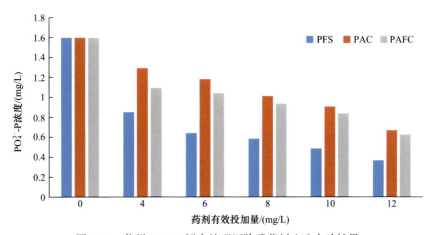

图 6-15　苏州 CSRW 污水处理厂除磷药剂比选实验结果

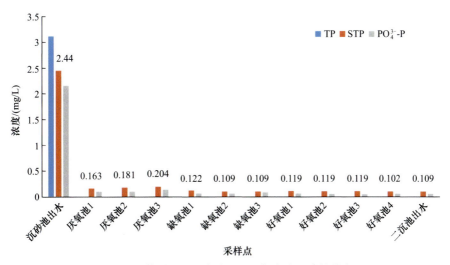

图 6-16　苏州 YD 污水处理厂二期全流程磷的分布

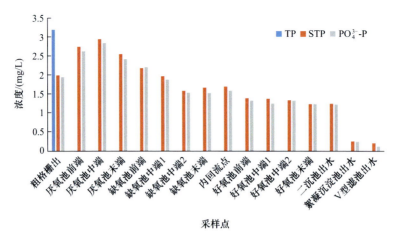

图 6-17　苏州 WJCN 污水处理厂全流程磷的分布

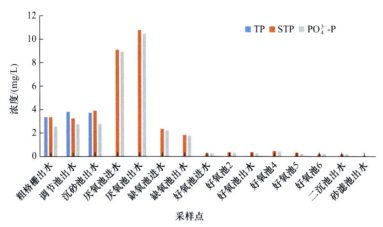

图 6-18　苏州 XCCH 污水处理厂全流程磷的分布

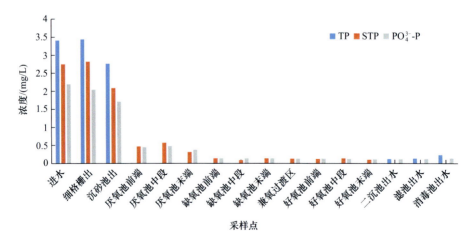

图 6-19　南京 KXY 污水处理厂全流程磷分布